"十三五"江苏省高等学校重点教材

2019-1-096

"十二五""十三五"国家重点图书出版规划项目

风力发电工程技术丛书

风电场规划与设计 （第2版）

Wind Farm Planning and Designing
(Edition 2)

许昌 钟淋涓 等 编著

中国水利水电出版社
www.waterpub.com.cn
·北京·

内 容 提 要

本书系统而全面地介绍风电场规划与设计相关的基础知识，内容包括风能资源、风电场和风力发电概况，风电场的宏观选址，风能资源测量与评估，风力发电技术与设备选型，风电场的微观选址，大气动力学与风电场选址，风电场的电气设计，风电场的运行方式，风电场的经济计算与评价，风电场的环境评价及水土保持，风电场预可行性研究报告和可行性研究报告等。

本书适合作为高等院校相关专业的教学参考用书，也适合从事风电场规划与设计的工程技术人员阅读参考。

图书在版编目（CIP）数据

风电场规划与设计 / 许昌等编著. —— 2版. —— 北京：
中国水利水电出版社，2021.6
　（风力发电工程技术丛书）
　ISBN 978-7-5170-9694-8

Ⅰ．①风… Ⅱ．①许… Ⅲ．①风力发电—发电厂—规划②风力发电—发电厂—设计 Ⅳ．①TM62

中国版本图书馆CIP数据核字(2021)第123896号

审图号：GS（2013）151号

书　　名	风力发电工程技术丛书 **风电场规划与设计（第2版）** FENGDIANCHANG GUIHUA YU SHEJI	
作　　者	许　昌　钟淋涓　等编著	
出版发行	中国水利水电出版社 （北京市海淀区玉渊潭南路1号D座　100038） 网址：www. waterpub. com. cn E - mail：sales@waterpub. com. cn 电话：（010）68367658（营销中心）	
经　　售	北京科水图书销售中心（零售） 电话：（010）88383994、63202643、68545874 全国各地新华书店和相关出版物销售网点	
排　　版	中国水利水电出版社微机排版中心	
印　　刷	天津嘉恒印务有限公司	
规　　格	184mm×260mm　16开本　22.25印张　541千字	
版　　次	2014年1月第1版第1次印刷 2021年6月第2版　2021年6月第1次印刷	
印　　数	0001—3000册	
定　　价	**78.00元**	

主要参编单位 （排名不分先后）

河海大学

中国长江三峡集团有限公司

中国水利水电出版社有限公司

水资源高效利用与工程安全国家工程研究中心

水电水利规划设计总院

水利部水利水电规划设计总院

中国能源建设股份有限公司

上海勘测设计研究院有限公司

中国电建集团华东勘测设计研究院有限公司

中国电建集团西北勘测设计研究院有限公司

中国电建集团中南勘测设计研究院有限公司

中国电建集团北京勘测设计研究院有限公司

中国电建集团昆明勘测设计研究院有限公司

中国电建集团成都勘测设计研究院有限公司

长江设计集团有限公司

中水珠江规划勘测设计有限公司

内蒙古电力勘测设计院

新疆金风科技股份有限公司

华锐风电科技（集团）股份有限公司

中国水利水电第七工程局有限公司

中国能源建设集团广东省电力设计研究院有限公司

中国能源建设集团安徽省电力设计院有限公司

华北电力大学

同济大学

华南理工大学

中国三峡新能源（集团）股份有限公司

华东海上风电省级高新技术企业研究开发中心

浙江运达风电股份有限公司

本 书 编 委 会

主　编　许　昌　钟淋涓

参编人员　Wenzhong Shen　张佳丽　胡小峰　刘　玮　张云杰

　　　　　　周　川　黄春芳　彭秀芳　赵生校　齐志诚　刘建平

　　　　　　牛国智　黎发贵　李良县

本书主要参编单位

　　　　河海大学

　　　　水电水利规划设计总院

　　　　丹麦科技大学（Technical University of Denmark）

　　　　中国三峡新能源（集团）股份有限公司

　　　　国家电力投资集团五凌电力有限公司

　　　　中国能建集团广东省电力设计研究院有限公司

　　　　中国电建集团西北勘测设计研究院有限公司

　　　　中国电建集团北京勘测设计研究院有限公司

　　　　中国电建集团中南勘测设计研究院有限公司

　　　　中国电建集团华东勘测设计研究院有限公司

　　　　中国电建集团成都勘测设计研究院有限公司

　　　　中国电建集团昆明勘测设计研究院有限公司

　　　　中国电建集团贵阳勘测设计研究院有限公司

　　　　中国能源建设集团江苏省电力设计研究院有限公司

　　　　扬州大学

第二版前言

2020 年联合国气候雄心峰会议指出：我国将提高国家自主贡献力度，采取更加有力的政策和措施控制二氧化碳排放，力争于 2030 年前达到峰值，争取在 2060 年前实现碳中和，同时到 2030 年，我国单位国内生产总值二氧化碳排放将比 2005 年下降 65％以上，非化石能源占一次能源消费比重将达到 25％左右，森林蓄积量将比 2005 年增加 60 亿 m^3，风能、太阳能发电总装机容量将达到 12 亿 kW 以上。这一宏伟而又广受好评的目标必将进一步加快推动风能从补充能源加快转变成替代能源的步伐，促进风电产业更加快速的发展。

我国风电产业经历了早期示范、产业化探索、产业化发展、大规模发展等几个阶段，2011 年我国的风电装机容量已达到世界首位，此后十多年，我国风电每年的装机容量也均位于世界首位。我国风电场规划与设计技术随着风电产业的发展而不断进步，从早期的消化吸收，发展到不断的积累创新，目前在解决工程问题方面积累了一定的经验，并时有创新，但是仍缺少系统性的教材或参考资料，特别是对于初期进入该行业的工程技术人员和大专院校的学生，相关资料甚少。

本书的编写组于 2014 年在河海大学风能与动力工程专业（现新能源科学与工程专业）"风电场规划与设计"课程的基础上，同时结合广大勘测设计单位的工程规划与设计经验，合作编写了由国家出版基金资助的《风电场规划与设计》。该书出版后，承蒙广大大专院校师生和工程技术人员的厚爱，目前具有一定的影响力，据不完全统计已经被 20 余所大专院校选作教学参考用书，同时在广大勘测设计和制造单位领域也有一定的使用量和影响力。

随着风电产业快速发展，目前风电场规划设计面临的问题和新的技术与方法不断推陈出新，如大规模风电基地、低风速风电场、海上风电场、复杂地形风电场等工程所面临的问题与早期单个规模不大、地形平坦的风电场所面临的问题有较大差异，另外在风资源测量、风资源计算、评估方法、风电场微观选址优化方法以及风电场接入电网的运行方式等方面均有较大的革新。

在江苏省重点教材项目资助下，本书编写组在第一版的基础上，针对读者反映的问题，风电发展过程状况，风电产业出现的新情况、新方法、新技术和海上风电场的规划设计等方面均进行了全面更新和补充，部分章节内容进行了细化和完善，以期望书籍能够更具有时代性和系统性，同时也弥补作者的遗憾。

本书在编写和修订过程中，得到广大兄弟单位和河海大学许昌教授课题组各届博士生、硕士生的帮助，而在此次修订过程中特别对硕士生焦志雄、张虎等的帮助，以及各个合作单位的不吝指教和帮助，在此一并表示衷心的感谢。

由于编著者水平有限，书中定有不足之处，希望广大读者批评指正。

编者

2021 年 1 月

第一版前言

　　风力发电是目前最接近市场化操作的可再生能源利用形式，风能也是最有希望的一种常规能源替代能源。我国的风力发电经过早期示范阶段（1986—1993年）、产业化探索阶段（1994—2003年）、产业化发展阶段（2004—2007年）以及大规模发展阶段（2008年至今）的发展，截至2013年年底，全国拥有建成和在建风电场超过1000个，稳步保持全球风电装机容量第一的地位。

　　我国的风电场规划与设计也和风力发电技术一样，从早期的技术引进与消化吸收到逐渐积累经验和创新，形成了一些在风电场规划与设计方面的理论和技术，相关文献不断推陈出新，但是仍然欠缺一些完整而令人满意的关于风电场规划与设计方面的参考书籍，本书在风电专业理论的基础上，结合我国几个大型风力发电规划设计单位的经验，整理成一本供相关专业人员参考和本科学生培养的书籍。

　　全书共分为11章。其中第1章至第6章由河海大学许昌编写；第7章至第11章由河海大学钟淋涓编写。其中第1章由中国水电工程顾问集团有限公司校核；第2章和第10章由中水东北勘测设计研究有限责任公司校核；第3章由上海勘测设计研究院校核；第4章由中国水电顾问集团北京勘测设计研究院有限公司校核；第5章由中国水电顾问集团华东勘测设计研究院有限公司校核；第6章由中水珠江规划勘测设计有限公司校核；第7章和第8章由内蒙古电力勘测设计院校核；第9章由中国水电顾问集团西北勘测设计研究院有限公司校核；第11章由中国水电顾问集团昆明勘测设计研究院有限公司校核。全书由河海大学刘德有教授、丹麦科技大学Wenzhong Shen教授和中国科学院工程热物理研究所张明明研究员负责总体审阅与校核。

本书编写过程中，还得到了严彦、田蔷蔷、李旻、李辰奇、杨建川、王欣等的帮助，对他们的辛勤劳动表示感谢。

　　由于编著者水平有限，书中难免有不足之处，希望广大读者批评指正。

编者

2013 年 11 月

目　录

第1章　风能资源、风电场和风力发电概况

1.1　风　电　场

以风能为动力的发电设备，称为风电机组。装有两台或多台并网型风电机组的发电站称为风力发电场，通常称风电场。风电场的风电机组产生的电能，通过电缆经箱式变电站将其电压由 0.4kV 或 0.69kV 升至 10kV 后，再经架空线路或电缆输送到风电场的变电站，在变电站将电压升高至 35kV、110kV 或更高电压等级后，经高压架空线路输入公共电网，并网型风电场构成如图 1-1 所示。

陆上风电场和海上风电场介绍

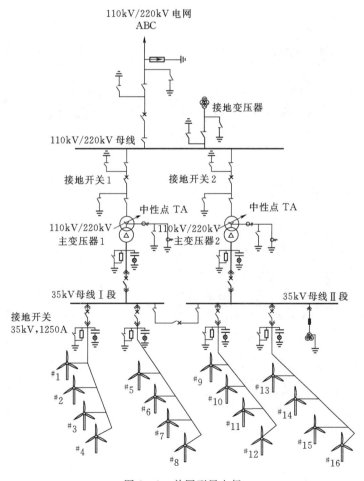

图 1-1　并网型风电场

风电场（风力发电场）通常是在风能资源较好且范围较大区域，将多台大容量风力发电机组按照一定的阵列布局方式，规模从几十兆瓦到几百兆瓦甚至更大容量，并向电网供电的风力发电系统。风电场是大规模风能利用的有效形式。

　　风电场按照地理位置通常可分为陆上风电场和海上风电场。陆上风电场指在陆地和沿海多年平均大潮高潮线以上滩涂地区开发建设的风电场，按照地形可以分为平坦地形风电场、复杂地形风电场、高原风电场等；按照规模可以分为分散式风电场、一般规模风电场和大规模风电基地等，如图 1-2 所示。海上风电场按照风电机组所处水深可分为潮间带风电场和潮下带滩涂风电场、近海风电场、深远海风电场等，如图 1-3 和图 1-4 所示。

图 1-2　陆上风电场

图 1-3　近海风电场　　　　　　　　　图 1-4　潮间带风电场

　　平坦地形风电场的特点是风电场受地形影响小，不会因地势起伏引起复杂绕流。这类风电场年平均风速和年利用小时数高，主要分布在我国"三北"地区；复杂地形风电场，陡峭山体在给施工和运行带来困难的同时会产生流动分离，引起流动方向改变和湍流增加，从而直接影响下游风电机组的出力和疲劳载荷；高原风电场，由于海拔高，空气密度低，风功率密度低，绝缘要求高，另外在低温、冰冻、雷雨、湿度大等自然条件的影响下，高原风电场风电机组的要求比一般风电场的更高。

分散式风电是风电产业可持续发展的重要补充，一般位于负荷中心附近，所产生的电能就近并入当地电网进行消纳。

　　相对于陆上风电场，海上风电场的主要优点有：①风场风况优于陆地，而海面粗糙度小，离岸 10km 的海上风速通常比沿岸陆上高约 25%；②海上风湍流强度小，具有稳定的主导风向，风电机组承受的疲劳负荷较低，使得风电机组寿命更长；③在海上开发利用风能，受噪声、景观影响以及鸟类、电磁波等干扰问题的限制较少；④海上风电场不占陆上用地，不涉及土地征用等问题，对于人口比较集中、陆地面积相对较小、濒临海洋的国家或地区较适合发展海上风电。基于海上风力发电的独特优势，世界各国正在纷纷发展海上风电产业。目前海上风力发电的开发主要集中在欧洲，我国也在近年开始开发和利用近海风能资源，特别是江苏、山东、浙江和福建等沿海省份。我国近海风电场的特点见表 1-1。

表 1-1　我国近海风电场的特点

项　　目	海 上 风 电 场 特 点
发电指标	海面平坦，利用时数高，大部分达到 7000～8000h
装机容量指标	适用 3MW 以上的大型风电机组
土地指标	不占用土地资源，海滩、海涂面积为 1.27 万 km²
电网指标	接近用电负荷中心，东部 12 个省、自治区、直辖市用电量约占 55%
成本指标	基础施工、设备安装等成本高
技术障碍	台风、盐雾、海浪、潮流等自然因素

1.2　风力发电的意义及特点

　　随着现代工业的飞速发展，人类对能源的需求明显增加，而地球上可利用的常规能源日趋匮乏。据专家预测，煤炭大约还可开采 220 年、石油大约 40 年、天然气只能用 60 年。实现能源持续发展的唯一出路就是有计划地利用常规能源、节约能源、开发和利用新能源和可再生能源。目前电能产生主要靠火力发电，但火力发电产生大量的污染物。为减少对大气的污染，实现能源的持续发展，开发和利用以风能为代表的可再生能源成为必经的途径之一。因此，作为主要绿色能源之一的风能，其巨大潜力越来越受到世界各国的重视。

　　风力发电是利用风能来发电的，与其他常规能源发电相比，风力发电的特点如下：

　　（1）风力发电是可再生的洁净能源。风力发电不消耗资源，不污染环境，这是其他常规能源（如煤电、油电）及核电等所无法实现的。

　　（2）建设周期短。风电场建设工期短，单台机组安装仅需几周，从土建、安装到投产，1 万 kW 级的风电场建设期只需 0.5～1 年时间，是煤电、核电无可比拟的。

　　（3）装机容量灵活。投资规模灵活，可根据资金情况，决定一次装机容量，有了一台资金就可加装一台，投产一台。

（4）可靠性高。把现代高科技应用于风电机组，使风力发电可靠性大大提高，目前风电机组可靠性已达98%，寿命可达20年。

（5）造价低。与常规能源相比风力发电具有竞争力，中型风电机组单位装机容量的造价和单位发电量的电价已接近火力发电的，低于油电与核电，若计及煤电的环境保护与交通运输的间接投资，则风电经济性将优于煤电。

（6）运行维护简单。风电机组自动化水平很高，完全可以无人值守，维修维护方便、简单。

（7）实际占地面积小。监控、变电等建筑仅占整个风电场范围1%的土地，其余场地仍可以供农、牧、渔业使用。

（8）发电方式多样化。风力发电既可并网运行，也可与其他能源（如柴油发电、太阳能发电、水力发电）组成互补系统，还可独立运行，如建在孤岛、海滩或边远沙漠等荒凉地带，对于解决远离电网的老、少、边地区用电发挥重大作用。

1.3　风的形成和分类

1.3.1　风的形成

空气流动现象称为风，一般指空气相对地面的水平运动。尽管大气运动很复杂，但始终遵循大气动力学和热力学变化的规律。

1.3.1.1　大气环流

风的形成是空气流动的结果，空气流动的原因是地球绕太阳运转，由于日地距离和方位不同，地球上各纬度所接受的太阳辐射强度也就各异。在赤道和低纬地区比极地和高纬地区太阳辐射强度强，地面和大气接受的热量多，因而温度高。这种温差形成了南北间的气压梯度，在北半球等压面向北倾斜，空气向北流动。

地球自转形成的地转偏向力称为科里奥利力，简称偏向力或科氏力。在此力的作用下，在北半球使气流向右偏转，在南半球使气流向左偏转。所以，地球大气的运动，除受到气压梯度力的作用外，还受地转偏向力的影响。地转偏向力在赤道为零，随着纬度的增高而增大，在极地达到最大。当空气由赤道两侧上升向极地流动时，开始因地转偏向力很小，空气基本受气压梯度力影响，在北半球，由南向北流动，随着纬度的增加，地转偏向力逐渐加大，空气运动也就逐渐地向右偏转，也就是逐渐转向东方，在纬度30°附近，偏角到达90°，地转偏向力与气压梯度力相当，空气运动方向与纬圈平行，所以在纬度30°附近上空，赤道来的气流受到阻塞而聚积，气流下沉，使这一地区地面气压升高，就是所谓的副热带高压。

副热带高压下沉气流分为两支，一支从副热带高压向南流动，指向赤道。在地转偏向力的作用下，北半球吹东北风，南半球吹东南风，风速稳定且不大，为3~4级，这是所谓的信风，所以在南北纬30°之间的地带称为信风带。这一支气流补充了赤道上升气流，构成了一个闭合的环流圈，称为哈德来（Hadley）环流，也称正环流圈，此环流圈南面上升，北面下沉。另一支从副热带高压向北流动的气流，在地转偏向力的作用下，北半球吹西风，且风速较大，这就是所谓的西风带。在60°N附近处，西风带遇到了由极地向南流来的冷空气，被迫沿冷空气上面爬升，在60°N地面出现一个副极地低压带。

副极地低压带的上升气流，到了高空又分成两股，一股向南，一股向北。向南的气流在副热带地区下沉，构成一个中纬度闭合圈，正好与哈德来环流流向相反，此环流圈北面上升、南面下沉，所以称为反环流圈，也称费雷尔（Ferrel）环流圈；向北的气流，从上升到达极地后冷却下沉，形成极地高压带，这股气流补偿了地面流向副极地带的气流，而且形成了一个闭合圈，此环流圈南面上升、北面下沉与哈德来环流流向类似，因此也称正环流。在北半球，此气流由北向南，受地转偏向力的作用，吹偏东风，在60°～90°N之间，形成了极地东风带。

综上，由于地球表面受热不均，引起大气层中空气压力不均衡，因此，形成地面与高空的大气环流。各环流圈伸屈的高度，以热带最高，中纬度次之，极地最低，这主要由于地球表面增热程度随纬度增高而降低的缘故。这种环流在地球自转偏向力的作用下，形成了赤道到纬度30°N环流圈（哈德来环流）、30°～60°N环流圈和纬度60°～90°N

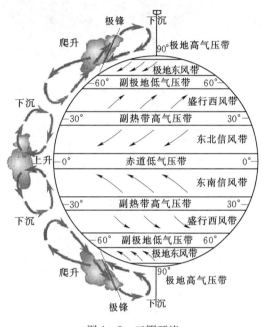

图1-5 三圈环流

极地环流圈，这便是著名的"三圈环流"，如图1-5所示。

当然，三圈环流是一种理论的环流模型，由于地球上海陆分布不均匀，实际的环流比上述情况要复杂得多。

1.3.1.2 季风环流

1. 季风定义

在一个大范围地区内，盛行风向或气压系统有明显的季节变化，这种在1年内随着季节不同，有规律转变风向的风，称为季风。季风盛行地区的气候又称季风气候。

季风明显的程度可用一个定量的参数来表示，称为季风指数，它是根据地面冬夏盛行风向之间的夹角来表示，当夹角在120°～180°之间，认为是属于季风气候，季风指数为1月和7月盛行风向出现的频率相加除2，即$I=(F_1+F_2)/2$，如图1-6所示，当$I\leqslant40\%$时，为季风区（一区）；当$I=40\%～60\%$时，为较明显季风区（二区）；当$I\geqslant60\%$时，为明显季风区（三区）。由图1-6可知，全球明显季风区主要在亚洲的东部和南部，东非索马里和西非几内亚。季风区有澳大利亚的北部和东南部，北美的东南岸和南美的巴西东岸等地。

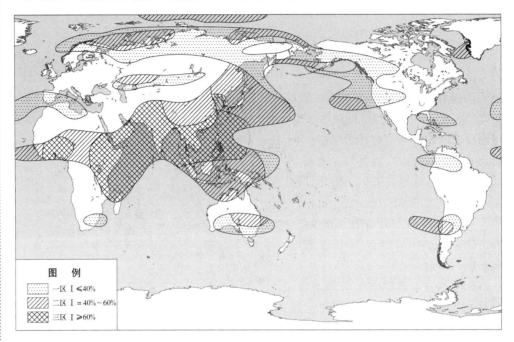

图 1-6　季风的地理分布

亚洲东部的季风主要包括我国的东部，朝鲜、日本等地区；亚洲南部的季风，以印度半岛最为显著，这是世界闻名的印度季风。

2. 我国季风环流的形成

我国位于亚洲的东南部，所以东亚季风和南亚季风对我国天气气候变化都有很大影响。形成我国季风环流的因素很多，主要由于海陆差异，行星风带的季节转换以及地形特征等综合形成的。

（1）海陆分布对我国季风的作用。海洋的热容量比陆地大得多，其中：在冬季，陆地比海洋冷，大陆气压高于海洋，气压梯度力自大陆指向海洋，风从大陆吹向海洋；夏季则相反，陆地很快变暖，海洋相对较冷，陆地气压低于海洋，气压梯度力由海洋指向大陆，风从海洋吹向大陆。海陆热力差异引起的季风示意图如图 1-7 所示。

（2）我国东临太平洋，南临印度洋，冬夏的海陆温差大，所以季风明显。

（3）行星风带位置季节转换对我国季风的作用。地球上存在着 5 个风带。从图 1-5 中可以看出，信风带、盛行西风带、极地东风带在南半球和北半球是对称分布的。这几个风带，在北半球的夏季都向北移动，而冬季则向南移动。这样冬季西风带的南缘地带，夏季可以变成东风带。因此，冬夏盛行风向就会发生 180°的变化。

（4）冬季我国主要在西风带影响下，强大的西伯利亚高压笼罩着全国，盛行偏北气流。在夏季，西风带北移，我国在大陆热低压控制之下，副热带高压也北移，盛行偏南风。

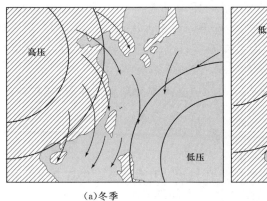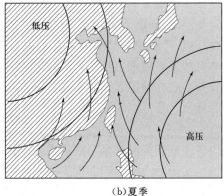

(a)冬季 (b)夏季

图1-7 海陆热力差异引起的季风示意图

（5）青藏高原对我国季风的作用。青藏高原占我国陆地的1/4，平均海拔在
4000m以上，对应于周围地区具有热力作用。在冬季，高原上温度较低，周围空气
温度较高，这样形成下沉气流，从而加强了地面高压系统，使冬季风增强；在夏
季，高原相对于周围自由空气是一个热源，加强了高原周围地区的低压系统，使夏
季风得到加强。另外，在夏季，西南季风由孟加拉湾向北推进时，沿着青藏高原东
部南北走向的横断山脉流向我国的西南地区。

1.3.1.3 局地环流

1. 海陆风

海陆风的形成与季风相同，也是大陆与海洋之间温度差异的转变引起的，不过
海陆风的范围小，以日为周期，势力也薄弱。

由于海陆物理属性的差异，造成海陆受热不均，白天陆地升温较海洋快，空气
上升，而海洋上空气温相对较低，使地面有风自海洋吹向陆地，补充陆地上升气
流，而陆地的上升气流流向海洋上空而下沉，补充海上吹向陆地气流，形成一个完
整的热力环流；夜间环流的方向正好相反，所以风从陆地吹向海洋。将这种白天从
海洋吹向陆地的风称海风，夜间从陆地吹向海洋的风称陆风，所以将在一天中海陆
之间的周期性环流风总称为海陆风，如图1-8所示。

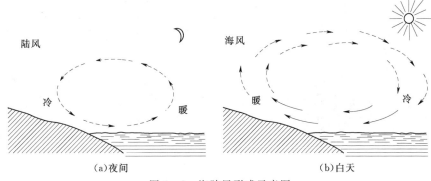

(a)夜间 (b)白天

图1-8 海陆风形成示意图

海陆风的强度在海岸最大，随着离岸的距离而减弱，一般影响距离在20～50km。海风的风速比陆风大，在典型的情况下，风速可达4～7m/s，而陆风一般仅2m/s左右。海陆风最强烈的地区，发生在温度日变化最大及昼夜海陆温度最大的地区。低纬度日射强，所以海陆风较为明显，尤以夏季为甚。

此外，在大湖附近同样日间有风自湖面吹向陆地称为湖风，夜间自陆地吹向湖面称为陆风，合称湖陆风。

2. 山谷风

山谷风的形成原理跟海陆风类似。白天，山坡上空受到太阳光照较多，空气升温较快，而山谷上空，同高度上的空气因离地较远，升温较慢，山坡上的暖空气不断上升，并从山坡上空流向谷底上空，谷底的空气则沿山坡向山顶补充，这样便在山坡与山谷之间形成一个热力环流，即下层风由谷底吹向山坡，称为谷风。到了夜间，山坡上的空气受山坡辐射冷却影响，空气降温较快，而谷底上空，同高度的空气因离地面较远，降温较慢，于是山坡上的冷空气因密度大，顺山坡流入谷底，谷底的空气会汇合而上升，并向山顶上空冲去，形成与白天相反的热力环流，即下层风由山坡吹向谷底，称为山风。山风和谷风又合称为山谷风，如图1-9所示。

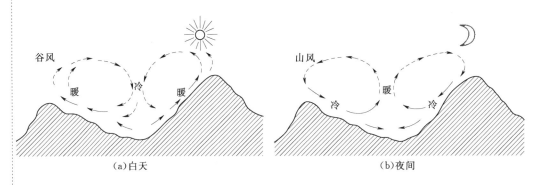

(a)白天　　　　　　　　　　　(b)夜间

图1-9　山谷风形成示意图

图1-10　焚风形成示意图

一般山谷风较弱，其中谷风比山风大一些，谷风一般为2～4m/s，有时可达6～7m/s。山风一般仅1～2m/s，但在峡谷中，风力还能增大一些。

3. 焚风

焚风如图1-10所示。当气流跨越山脊时，背风面产生一种热而干燥的风，这种风被称为焚风。这种风不像山风那样经常出现，而是在山岭两面气压不同的条件下发生的。

在山岭的一侧是高气压，另一侧是低气压时，空气会从高气压区向低气压区流动。但因受山岭阻碍，空气被迫上升，气压降低,空气膨胀,温度也随之降低。空气每上升 100m,气温则下降约 0.6℃。当空气上升到一定高度时,水汽遇冷凝结,形成雨水。空气到达山脊附近后,则变得稀薄干燥,然后翻过山脊,顺坡而下,空气在下降的过程中变得紧密且温度增高。空气每下降 100m,气温则会上升约 1℃。因此,空气沿着高大的山岭沉降到山麓的时候,气温常会有大幅度的提升。迎风和背风的两面即使高度相同,背风面空气的温度也总是比迎风面的高。每当背风山坡刮炎热干燥的焚风时,迎风山坡却常常下雨或落雪。

1.3.2 风力等级

风速是表示风移动的速度,即单位时间内风移动的距离,是描述风能特性的一个重要参数。风力等级是风速的数值等级,它是表示风强度的一种方法,风越强,数值越大。用风速仪测得的风速可以套用为风力等级,同时也可用目测海面、陆地上物体征象估计风力等级。

1. 风力等级

风力等级(简称风级)是根据风对地面或海面物体影响而引起的各种现象,按风力的强度等级来估计风力的大小,国际上采用的系英国人蒲福(Francis Beaufort,1774—1859)于 1805 年所拟定的,故又称蒲福风级,他把风从静风到飓风分为 13 级。自 1946 年以来对风力等级进行了修订,由 13 级变为 17 级,各种风的等级及特征见表 1-2。

表 1-2 蒲 福 风 力 等 级 表

风力等级	风速		风力强度	海面浪高(一般/最高)/m	环境自然现象
	km/h	m/s			
0	<1.0	0~0.2	无风	—	无风;炊烟直上
1	1~5	0.3~1.4	软风	—	炊烟飘动;风标几乎无转动
2	6~11	1.7~3.1	清风	0.15/0.30	人面感觉有风;树叶摇摆;风标开始转动
3	12~19	3.3~5.3	微风	0.60/1.00	树叶及细枝不停摇动;旗子飘动
4	20~28	5.6~7.8	和风	1.00/1.50	沙土、纸盒、树叶被风吹起;细树干开始摇动
5	29~38	8.0~10.6	轻劲风	1.80/2.50	小树开始晃动
6	39~49	10.8~13.6	强风	3.00/4.00	大树开始摇动;电线杆上的电线发出啸声
7	50~61	13.9~16.9	疾风	4.00/6.00	整个大树被吹动;迎风行走困难
8	62~74	17.2~20.6	大风	5.50/7.50	细枝及细树干被吹断;迎风行走非常困难
9	75~88	20.8~24.4	烈风	7.00/9.75	简易屋顶被吹走
10	89~102	24.7~28.3	狂风	9.00/12.50	树连根拔起;房屋结构受到严重破坏,陆上很少发生

续表

风力等级	风 速		风力强度	海面浪高（一般/最高）/m	环 境 自 然 现 象
	km/h	m/s			
11	103～117	28.6～32.5	暴风	11.30/16.00	陆上很少发生；破坏力强
12	118～133	32.8～36.9	飓风	13.70	通常发生在海洋上，陆上绝少见，摧毁力极大
13	134～149	37.2～41.4			
14	150～166	41.7～46.1			
15	167～183	46.4～50.8			
16	184～201	51.1～55.8			
17	202～220	56.1～61.1			

注：13～17 级风力是当风速可以用仪器测定时使用，故未列特征。

2. 风速与风级的关系

除查表外，还可以通过风速与风级之间的关系来计算风速，如计算某一风级时，其关系为

$$\overline{v}_N = 0.1 + 0.824 N^{1.505} \qquad (1-1)$$

式中：N 为风的级数；$\overline{v}_N$ 为风的平均风速，m/s。

计算 N 级风的最大风速 $\overline{v}_{Nmax}$ 时，可近似计算为

$$\overline{v}_{Nmax} = 0.2 + 0.824 N^{1.505} + 0.5 N^{-0.56} \qquad (1-2)$$

计算 N 级风的最小风速 $\overline{v}_{Nmin}$ 时，可近似计算为

$$\overline{v}_{Nmin} = 0.824 N^{1.505} - 0.56 \qquad (1-3)$$

1.3.3　风速特点

平均风速是对瞬时风速的数字滤波。风速特性的观察记录表明，风具有紊流特性，即风向和风速在不停地发生改变，甚至在极短的时间内，会有相当大的变化。

10min 内风速、风向随时间的瞬时变化过程如图 1-11 所示。对于风电机组，计算载荷、设计功率调节系统和设计调向系统等，这些都需要准确地了解瞬时风速和风向的变化情况。

风向和风速的瞬时变化可以看成是均匀气流和旋流的叠加。一个切向速度 $\Delta\vec{v}$ 的简单旋流，被速度为 $\vec{v}_m$ 的均匀气流所夹带，其方向和速度变化规律为

$$\vec{v} = \vec{v}_m + \Delta\vec{v} \qquad (1-4)$$

当 $\vec{v}_m$ 和 $\Delta\vec{v}$ 的方向相同时，速度最大；当 $\vec{v}_m$ 和 $\Delta\vec{v}$ 的方向相反时，速度最小。据实际统计，$|\Delta\vec{v}/\vec{v}_m| = 0.15～0.4$。设 $\Delta\vec{v}$ 的大小固定，则可写为

$$v_{max} = v_m + \Delta v \qquad (1-5)$$

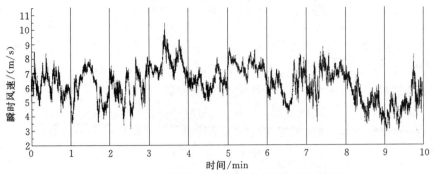

（a）10min 内风速随时间的瞬时变化（采样频率为 35Hz）

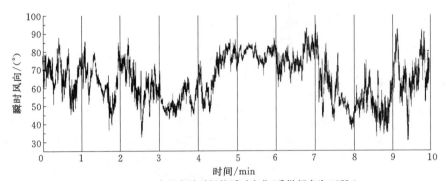

（b）10min 内风向随时间的瞬时变化（采样频率为 35Hz）

图 1-11　10min 内风速、风向随时间的瞬时变化过程

$$v_{\min} = v_m - \Delta v \qquad (1-6)$$

由此可得

$$v_m = (v_{\max} + v_{\min})/2 \qquad (1-7)$$

$$\Delta v = (v_{\max} - v_{\min})/2 \qquad (1-8)$$

设 β 为 $\vec{v}_m$ 和瞬时风速 $\vec{v}$ 之间的最大夹角（图 1-12）。则风向波动的最大幅度为

$$\sin\beta = \left| \frac{\Delta \vec{v}}{\vec{v}_m} \right| \qquad (1-9)$$

观察表明，风速风向在垂直面的变化很小，仅为水平面变化的 $1/10 \sim 1/9$，更加不利的因素发生在水平方向上，所以风能利用中更加关注风在水平方向上的波动。

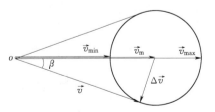

图 1-12　阵风的产生

在实际测试风的紊流脉动变化时，应有足够快的采样速度（最小 1Hz），且常采用标准差与某一测试时间内的平均值的关系式来计算，即湍流度为

$$I_t = \frac{\sigma}{v_m} = \frac{1}{v_m}\sqrt{\frac{1}{n}\sum_{i=1}^{n}(v_i - v_m)^2} \tag{1-10}$$

式中：I_t 为湍流度；v_m 为平均风速；σ 为风速的标准方差。

典型的紊流特性是风速在平均风速的 $\pm(10\%\sim20\%)$ 浮动。图 1-13 给出了平均风速分别为 7m/s 和 14m/s 的风速模拟图，从图 1-13 中可以看出，平均风速越大湍流扰动越大，符合自然风速特性。

在某一时间段内，最大风速的估算可推导为

$$v_{max} = v_m\left[1 + \frac{3}{\ln\left(\frac{h}{h_0}\right)}\right] \tag{1-11}$$

式中：v_{max} 为某一段时间内的最大风速；h 为离地面某一高度；h_0 为地面粗糙度。

常用的湍流风速变化的频谱之一是卡门湍流谱，其形式为

$$\frac{fS_u(f)}{\sigma^2} = \frac{4f\left(\frac{L_t}{v_m}\right)}{\left[1 + 70.8\left(\frac{fL_t}{v_m}\right)^2\right]^{5/6}} = \frac{4fI_tL_t}{\sigma\left[1 + 70.8\left(\frac{fL_t}{v_m}\right)^2\right]^{5/6}} \tag{1-12}$$

式中：$S_u(f)$ 为脉动风速功率谱，也称纵向自谱密度函数；f 为风速变化的频率；σ 为风速的标准方差；L_t 为湍流积分尺度；v_m 为平均风速；I_t 为湍流度。

可见，功率谱密度与湍流强度 I_t 和湍流长度 L_t 有关。

$$I_t = 1/\ln(h/h_0) \tag{1-13}$$

$$L_t = \begin{cases} 150m & h \geqslant 30 \\ 5h & h < 30 \end{cases} \tag{1-14}$$

式中：h 为距离地面高度，m；h_0 为表面粗糙度长度。

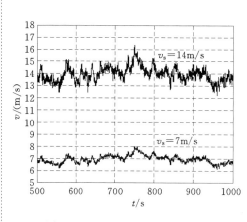
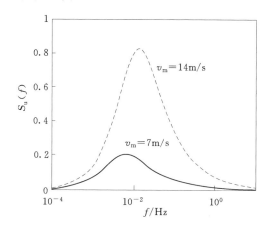

图 1-13　平均风速分别为 7m/s
和 14m/s 的风速

图 1-14　不同平均风速下的
卡门湍流谱

同时由图 1-14 所示，从不同平均风速下卡门湍流谱可以看出，风速的湍流扰动分量功率谱依赖于平均风速 v_m，表明风速的湍流分量具有非平稳过程特性。

1.4 我国的风能资源与分布

我国风能
资源分布

1.4.1 风能资源的评估

1. 风能资源估算的意义

风能资源的多少是风能利用的关键。风力发电成本由风电机组设备的成本、安装费用和维修费等与实际的产能确定。因此，选择风电机组，不但要着重考虑节省基本投资，而且要根据当地的风能资源选择适当的风电机组，当使风电机组与风能资源两者相匹配，才能获得最大的经济效益。

2. 风能资源估算的方法

根据风的气候特点，必须有较长的观测资料才有较好的代表性。一般来说，需要有 10 年以上的观测资料才能比较客观地反映当地的真实状况。

风能资源储量估算可表示为

$$风能资源储量估算 = \frac{1}{100}\sum_{i=1}^{n} S_i P_i \tag{1-15}$$

式中：n 为风功率密度等级数；S_i 为年平均风功率密度分布图中各风功率密度等值线间面积；P_i 为各风功率密度等值线间区域的风功率代表值。

风能资源实际可供开发的量按理论可开发量的 1/10 估计，并考虑风电机组叶片的实际扫掠面积（对于 1m 直径风轮的面积为 $0.52 \times 3.14 = 0.785 \text{m}^2$），因此实际可开发量为

$$R' = 0.785R/10 \tag{1-16}$$

式中：R 为风能资源的理论可开发量。

3. 我国的风能资源储量

2014 年《全国风能资源详查和评价报告》中全国风能资源技术开发量的评估结果为：陆地 50m、70m 和 100m 高度上技术开发总量分别为 20 亿 kW、26 亿 kW 和 34 亿 kW；近海 50m 高度上水深 5～25m 技术开发总量 1.9 亿 kW，离岸距离 50km 范围内技术开发总量 3.8 亿 kW。

2020 年研究人员根据历史气象观测资料和专业风能资源测量数据，采用数值模拟方法分析得到：中国陆地 80m、100m、120m 和 140m 高度上技术开发总量分别为 32 亿 kW、39 亿 kW、46 亿 kW 和 51 亿 kW，其中分别包含低风速资源技术开发量 4.9 亿 kW、5.0 亿 kW、4.6 亿 kW 和 4.1 亿 kW；100m 高度近海水深 5～25m 和 25～50m 海域内风能资源技术开发量分别为 2.1 亿 kW 和 1.9 亿 kW；100m 高度近海离岸距离小于 25km 和 25～50km 海域内风能资源技术开发量分别为 1.9 亿 kW 和 1.7 亿 kW。

1.4.2 风能资源的分布

风能利用是否经济取决于风力发电机组轮毂中心高处最小年平均风速，这一界

线值目前取在大约 5m/s，根据实际的利用情况，这一界线值可能高一些或低一些。由于风电机组制造成本降低以及常规能源价格的提高，或者考虑生态环境，这一界线值有可能会下降。根据全国有效风功率密度和一年中风速不小于 3m/s 时间的全年累积小时数，可以看出我国风能资源的各分区比较表见表 1-3。

表 1-3　我国风能分区比较表

项　　目	风　能　分　区			
	丰富区	较丰富区	可利用区	贫乏区
年有效风功率密度/(W/m²)	$\geqslant 200$	$200\sim150$	$150\sim50$	$\leqslant 50$
年风速大于 3m/s 累积小时数/h	$\geqslant 5000$	$5000\sim4000$	$4000\sim2000$	$\leqslant 2000$
年风速大于 6m/s 累积小时数/h	$\geqslant 2200$	$2200\sim1500$	$1500\sim350$	$\leqslant 350$
占全国面积百分比/%	8	18	50	24

由表 1-3 可以看出，一般说平均风速越大，风功率密度越大，风能可利用小时数就越高。我国风能区域等级划分的标准如下：

（1）风能资源丰富区。年有效风功率密度大于 200W/m²，$3\sim20$m/s 风速的年累积小时数不小于 5000h，年平均风速大于 6m/s。

（2）风能资源较丰富区。年有效风功率密度为 $200\sim150$W/m²，$3\sim20$m/s 风速的年累积小时数为 $5000\sim4000$h，年平均风速在 5.5m/s 左右。

（3）风能资源可利用区。年有效风功率密度为 $150\sim50$W/m²，$3\sim20$m/s 风速的年累积小时数为 $4000\sim2000$h，年平均风速在 5m/s 左右。

（4）风能资源贫乏区。年有效风功率密度不大于 50W/m²，$3\sim20$m/s 风速的年累积小时数不大于 2000h，年平均风速小于 4.5m/s。

风能资源丰富区和较丰富区具有较好的风能资源，为理想的风电场建设区；风能资源可利用区，有效风功率密度较低，但是对电能紧缺地区还是有相当的利用价值。实际上，较低的年有效风功率密度也只是对宏观的大区域而言，而在大区域内，由于特殊地形有可能存在局部的小区域大风区，因此应具体问题具体分析，通过对这种地区进行精确的风能资源测量，详细了解分析实际情况，选出最佳区域建设风电场，效益将相当可观。风能资源贫乏区，风功率密度很低，对大型并网型风电机组一般无利用价值。

风速分区还可以按照风功率密度分区，这种分区方法蕴含着风速和风功率密度值，是衡量风电场风能资源的综合指标，风功率密度等级在国际风电场风能资源评估方法中给出了 7 个级别，见表 1-4。

由表 1-4 可以看出，当风功率密度大于 150W/m²、年平均风速大于 5m/s 的区域被认为是风能资源可利用区；当 10m 高处年平均风速在 6.0m/s，风功率密度为 $200\sim250$W/m² 时被认为是较好的风电场；在 7.0m/s 时为 $300\sim400$W/m² 被认为是很好的风电场。

表 1-4 风功率密度等级表

高度	10m		30m		50m		说明
风功率密度等级	风功率密度/(W/m²)	年平均风速参考值/(m/s)	风功率密度/(W/m²)	年平均风速参考值/(m/s)	风功率密度/(W/m²)	年平均风速参考值/(m/s)	应用于并网的风力发电
1	<100	4.4	<160	5.1	<200	5.6	
2	100~150	5.1	160~240	5.9	200~300	6.4	
3	150~200	5.6	240~320	6.5	300~400	7.0	较好
4	200~250	6.0	320~400	7.0	400~500	7.5	好
5	250~300	6.4	400~480	7.4	500~600	8.0	很好
6	300~400	7.0	480~640	8.2	600~800	8.8	很好
7	400~1000	9.4	640~1600	11.0	800~2000	11.9	很好

注：1. 不同高度的年平均风速参考值是按风切变指数为 1/7 推算的。

　　2. 与风功率密度上限值对应的年平均风速参考值，按海平面标准大气压并符合瑞利风速分布。

1.4.3 我国风能资源的地域划分

我国的风能资源按区划分如图 1-15 所示。

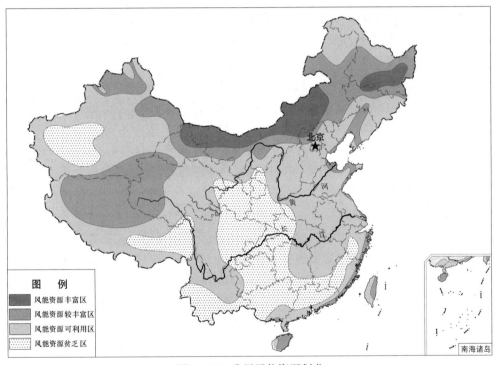

图 1-15 我国风能资源划分

1. 最大风能资源区

东南沿海及其岛屿有效风功率密度不小于 200W/m² 的等值线平行于海岸线，沿海岛屿的风功率密度在 300W/m² 以上，一年中风速不小于 3m/s 时全年出现 7000~8000h。但从这一地区向内陆则丘陵连绵，冬半年强大冷空气南下，很难长驱直下，下半年台风在离海岸50km，风速便减少到68%。所以东南沿海仅在由海岸向内陆几十千米的地方有较大的风能资源，再向内陆风能资源锐减，在不到100km的地带，风功率密度降至50W/m²以下，为全国最小区。但在沿海的岛屿上（如福建台山、平潭等，浙江南麂、大陈、嵊泗等，广东的南澳）风能资源都很大。其中台山风功率密度为534.4W/m²，一年中风速不小于3m/s时间全年累积出现7905h。换言之，一年中平均每天风速不小于3m/s时间超过21h，它是我国平地上有记录的风能资源最大的地方之一。

2. 次最大风能资源区

内蒙古和甘肃北部以北广大地带终年在高空西风带控制之下，且又是冷空气入侵首当其冲的地方，风功率密度在200～300W/m²，一年中风速不小于3m/s时间全年有5000h以上，从北向南逐渐减少，但不像东南沿海梯度那样大。最大的虎勒盖地区，一年中风速不小于3m/s时间的累积时数可达7659h，这一区虽较东南沿海岛屿上的风功率密度小一些，但其分布的范围较大，是我国连成一片的最大地带。

3. 大风能资源区

黑龙江和吉林东部及辽东半岛的风功率密度在200W/m²以上，每年风速不小于3m/s和6m/s的时间分别为5000～7000h和3000h。

4. 较大风能资源区域

青藏高原、"三北"地区的北部和沿海的风功率密度在150～200W/m²，每年风速不小于3m/s的时间可达6500h，但由于青藏高原海拔高，空气密度较小，所以风功率密度相对较小，在海拔4000m时的空气密度大致为地面的67%。同样是8m/s的风速，在平地为313.6W/m²，而在海拔4000m之处只有209.9W/m²。所以，若仅按每年风速不小于3m/s的时间统计，青藏高原应属风能资源最大区，实际上这里的风能资源远远小于东南沿海。

5. 最小风能资源区

云南、贵州、四川、甘肃、陕西南部、河南、湖南西部以及福建、广东、广西的山区、西藏、雅鲁藏布江以及新疆塔里木盆地为我国最小风能资源区，有效风功率密度在50W/m²以下，每年中风速不小于3m/s的时间在2000h以下。在这一地区，尤以四川盆地和西双版纳地区的风能资源最小，这里全年静风频率在60%以上，如绵阳67%、巴中60%、阿坝67%、恩施75%、德格63%、耿马孟定72%、景洪79%，每年风速不小于3m/s时间仅有300多小时，所以这一地区除高山顶和峡谷等特殊地形外，风力潜能很低，无利用价值。

6. 可季节利用的风能资源区

在上述4和5地区以外的广大地区为风能资源季节利用区。有的在冬、春季可以利用，有的在夏秋可以利用等，这些地区的风功率密度在50～150W/m²，一年中风速不小于3m/s时间在2000～4000h。表1-5给出了我国各省（自治区、直辖市）风能资源储量。

表 1-5　我国各省（自治区、直辖市）风能资源储量

省（自治区、 直辖市）	理论可开发量 /(10^{10}kW)	实际可开发量 /(10^{10}kW)	平均单位面积储量 /(kW/km^2)
内蒙古	78.6940	6.1775	695.48
辽宁	7.7166	0.6058	514.44
黑龙江	21.9467	1.7228	477.10
吉林	8.1215	0.6375	451.19
青海	30.8455	2.4214	428.41
西藏	52.0322	4.0845	423.88
甘肃	14.5607	1.1430	373.35
台湾	1.3350	0.1048	370.83
河北	7.7943	0.6119	357.87
山东	5.0139	0.3936	334.26
山西	4.9308	0.3871	328.72
河南	4.6821	0.3675	292.63
宁夏	1.8902	0.1484	286.39
江苏	3.0264	0.2376	286.05
新疆	43.7329	3.4430	273.33
安徽	3.1914	0.2505	245.49
海南	0.8157	0.0640	239.82
江西	3.7313	0.2929	233.21
浙江	2.0828	0.1635	208.28
陕西	2.9840	0.2342	157.05
湖南	3.1403	0.2465	149.54
福建	1.7474	0.1372	145.62
广东	2.4845	0.1950	138.23
湖北	2.4550	0.1927	136.39
云南	4.6705	0.3666	122.91
四川及重庆	5.5514	0.4358	99.130
广西	2.1415	0.1681	93.110
贵州	1.2814	0.1006	75.380
全国合计	322.6001	25.3000	

注： 数据参考：薛桁，朱瑞兆，等．中国风能资源贮量估算。

表 1-5 的风能资源储量不包括近海的储量，根据不完整的资源估算，近海水深离海面 10m 高，风能资源储量为陆地的 3 倍多，即 7.5 亿 kW。在我国的近海风能资源中，台湾海峡是最丰富的地区，风功率密度等级在 6 级以上。广东、广西、海南等沿海地区近海海域的风功率密度等级在 4~6 级之间。从福建省往北，

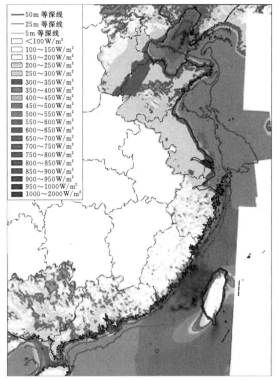

图 1-16　我国近海 5～20m 水深的海域内
100m 高度年平均风功率密度分布

近海风能资源逐渐减少，渤海湾的风能资源又有所加强。福建、浙江南部、广东和广西等近海风能资源丰富的原因主要是夏季台风和热带低压活动频繁造成的。

考虑到近海风能资源的开发受水深条件的影响很大，目前水深 5～25m 范围内的海上风电开发技术（浅水固定式基座）较成熟，水深 25～50m 区域的风电开发技术（较深水固定式基座）还有待发展，而超过 50m 的水域，则未来可能以安装浮动式基座为主，因此有必要对水深 5～50m 的海上风能资源的技术开发量进行分析。近海水深 5～50m 范围内，风能资源开发量为 5 亿 kW，即在水深不超过 50m 的条件下，我国近海 100m 高空达到 3 级以上风能资源可满足的风电装机容量需求约 5 亿 kW。近海 3 级及以上等级风能资源覆盖面积远

小于陆上，近海风能资源潜在开发量也远远小于陆上风电潜在开发量。我国近海 100m 高度年平均风功率密度分布如图 1-16 所示。

1.5　世界范围的风能资源及分布

1.5.1　风能资源储量

根据估计，每年来自外层空间的辐射能为 1.5×10^{18} kW·h，其中的 2.5%，即 3.8×10^{16} kW·h 的能量被大气吸收，产生大约 4.3×10^{12} kW·h 的风能。

1.5.2　风能资源分布

图 1-17 为世界年平均风速分布图，由图 1-17 可见，高风速从海面向陆地吹，由于地面的粗糙度，使风速逐步降低；沿海地区的风能资源很丰富并不断向陆地延伸；相等的年平均风速随高度变化，其趋势总是向上移动。

世界气象组织（WMO）对全球风能资源进行了评估，并给出了全球风能资源分布图，如图 1-18 所示，评估报告将全球风能资源分成 10 个等级，在 50m 高度处，风功率密度大于 300W/m² 的风能作为有利用价值的风能，全球约有 2/3 的地

世界风能资
源分布

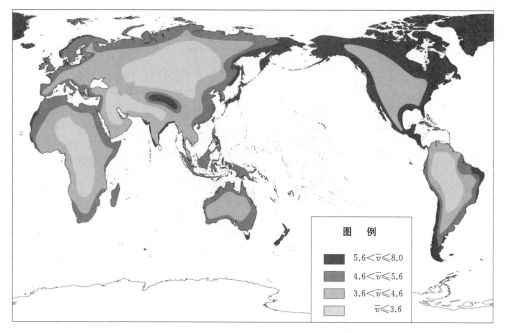

图 1-17 世界年平均风速分布图（单位：m/s）

图例

	$5.6<\overline{v}\leqslant 8.0$
	$4.6<\overline{v}\leqslant 5.6$
	$3.6<\overline{v}\leqslant 4.6$
	$\overline{v}\leqslant 3.6$

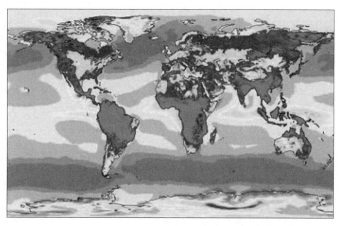

图 1-18 全球 50m 高度年平均风能密度

区能够达到，其中，风能资源最好的地区如下：

欧洲：爱尔兰、英国、荷兰、斯堪的纳维亚、俄罗斯、葡萄牙、希腊。

非洲：摩洛哥、毛里塔尼亚、塞内加尔西北海岸、南非、索马里和马达加斯加。

美洲：巴西东南沿海、阿根廷、智利、加拿大以及美国沿海地区。

亚洲：印度、日本、中国和越南的沿海地区、西伯利亚。

风能图是风电机组选点和选型最必需的风能资源特性资料。各国也都在进行或已完成了风能资源的普查工作。其中图 1-19 为欧洲 50m 高度的风功率资源，图 1-20 为美国 50m 高度的年平均风功率密度。

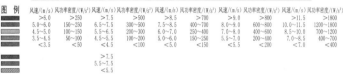

图 1-19　欧洲 50m 高度的风功率资源

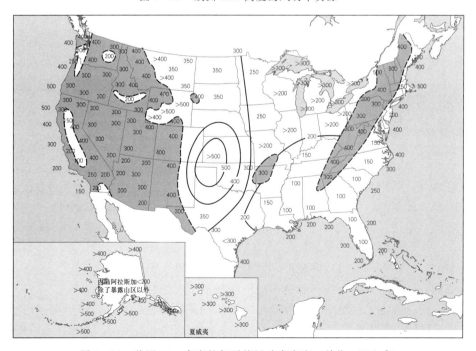

图 1-20　美国 50m 高度的年平均风功率密度（单位：W/m²）

1.6　我国风力发电展望

1.6.1　规模预测

2030 年后大部分的水能资源将被开发，风力发电将以其良好的社会效益和环境效益、日渐成熟的技术、逐步降低的发电成本，成为我国电力建设的重要形式。到 2050 年，我国的风力发电装机容量可达 4 亿～6 亿 kW，成为火力发电、水力发电之后的第三大电源。

在 2011 年发布的《中国风电发展路线图 2050》中提到的风电蓝图是：未来 40年中国陆上、近海、远海风电都将有不同程度的发展，到 2030—2050 年，每年将新增装机约 3000 万 kW；到 2030 年和 2050 年，我国风电装机容量将分别达 4 亿 kW和 10 亿 kW，成为主要电源之一，到 2050 年，风电将满足国内 17％的电力需求；2021—2030 年，陆上、近海风电并重发展，并开展远海风电示范；2031—2050 年，实现东中西部陆上和近海风电的全面发展。

2020 年，习近平在气候雄心峰会上承诺中国力争 2030 年前二氧化碳排放达到顶峰，努力争取 2060 年前实现碳中和，并宣布到 2030 年中国风电、太阳能发电总装机容量将达到 12 亿 kW 以上。2021—2030 年，中国风电和太阳能发电年新增装机容量将达到 7400 万 kW。

1.6.2　发展战略方向

1. 大型风电关键设备

重点在 10MW 及以上风电机组，以及 100m 级及以上风电叶片、10MW 级及以上风电机组变流器和高可靠、低成本大容量超导风电机等方面开展研发与攻关。

2. 远海大型风电系统建设

重点在远海大型风电场设计建设、适用于深水区的大容量风电机组漂浮式基础、远海风电场输电，以及海上风力发电运输、施工、运维成套设备等方面开展研发与攻关。

3. 基于大数据和云计算的风电场集群运行控制与并网系统

重点在典型风资源特性研究与评估、基于大数据大型海上风电基地群控、风电场群优化协调控制和智能化运维、海上风电场实时监测及智能诊断技术装备等方面开展研发与攻关。

4. 废弃风电设备无害化处理与循环利用

重点在风电设备无害化回收处理、风电磁体和叶片的无害化回收处理等方面开展研发与攻关。

1.6.3　发展方式

集中式发电和分布式发电都是清洁能源开发利用的重要方式。统筹考虑资源禀赋、开发条件、技术经济等因素，我国新能源开发应集中式和分布式并举，在西部北部实施清洁能源大规模集约化开发，在东中部实施分布式电源灵活经济开发，并依托大电网实现新能源高效开发、配置和利用。

1. 集中开发

建设大规模清洁能源基地，实现集约高效开发。我国风能资源技术可开发量分别超过 35 亿 kW，主要集中在西部和北部地区。这些地区年平均风功率密度超过 $200W/m^2$，是东中部地区的 2 倍左右。西部和北部地区风能资源品质好，地广人稀，开发成本低，适宜集中式、规模化开发。

（1）陆上风电基地。我国将主要开发新疆、甘肃、内蒙古东部、内蒙古西部、吉林、河北等地区陆上风能资源，重点规划开发 22 个风电基地。2035 年、2050 年总装机容量分别达到 2.5 亿 kW、4 亿 kW。

1）新疆风电基地：主要集中在北疆地区，风能资源丰富，建设施工便利，具备建设大型风电场的条件。规划布局阿勒泰、塔城、昌吉、博州、哈密、吐鲁番、若羌等 7 个风电基地。

2）甘肃嘉酒风电基地：覆盖嘉峪关、玉门、瓜州等地区，地势平坦，有利于建设大型风电场。

3）内蒙古风电基地：主要分布在阿拉善盟阿左、阿右旗北部，巴彦淖尔市乌拉特中、后旗，包头市达茂旗，乌兰察布市四子王旗等风能资源丰富地区。规划布局阿拉善、巴彦淖尔、鄂尔多斯、乌兰察布、锡林郭勒、呼伦贝尔、通辽、赤峰等 8 个风电基地。

4）吉林风电基地：主要集中在东部的晖春、图们和汪清，西部的白城、通榆和乾安地区。规划布局白城、松原、四平和长春等 4 个风电基地。

5）河北坝上风电基地：我国第一个风电示范基地，位于张家口市的坝上地区，地处燕山山脉与太行山脉交汇处、华北平原与内蒙古高原连接带，为低山丘陵、高原台地、波状平原，地形条件好，交通便利，非常适宜建设大型风电场。

（2）海上风电基地。我国将主要在广东、江苏、福建、浙江、山东、辽宁和广西沿海等地区开发海上风电，重点开发 7 个大型海上风电基地。2035 年、2050 年总装机容量分别达到 7100 万 kW、1.32 亿 kW 左右。

1）广东沿海风电基地：主要布局在珠海、深圳、湛江、汕头、汕尾等地区。2035 年、2050 年装机容量分别为 3000 万 kW、6500 万 kW。

2）江苏沿海风电基地：主要布局在近海的东西连岛地区和其他沿海一带。2035 年、2050 年装机容量分别为 1000 万 kW、1500 万 kW。

3）福建沿海风电基地：主要布局在福州、漳州、莆田、宁德和平潭等地区。2035 年、2050 年装机容量分别为 300 万 kW、1000 万 kW。

4）浙江沿海风电基地：主要布局在杭州湾海域、舟山东部海域、宁波象山海域、台州海域和温州海域等。2035 年、2050 年装机容量分别为 600 万 kW、1000 万 kW。

5）山东沿海风电基地：主要布局在烟台、滨州、日照、莱州湾、长岛等地区。2035 年、2050 年装机容量分别为 900 万 kW、1400 万 kW。

6）辽宁沿海风电基地：主要布局在大连等环渤海湾地区。2035 年、2050 年装机容量分别为 300 万 kW、500 万 kW。

7）广西沿海风电基地：主要布局在北海、钦州、防城港等地区。2035 年、2050 年装机容量分别为 500 万 kW、800 万 kW。

2. 分布式开发

分布式开发，就地取能、分散灵活、靠近用电地区，是能源供应的重要补充。分布式电源主要采用"自发自用、余量上网"模式，近期发展主要在用户电价较高的东中部地区；随着分布式发电商业模式的不断成熟、农村扶贫政策的继续推广，结合建筑、农业、林业、渔业等综合利用建设分布式光伏项目，因地制宜推进开发中小型分散式风电。

1.6.4 成本预测

2005 年后，我国风电市场兴起并迅速扩大，目前已经进入规模化发展阶段，2005—2008 年由于市场供求平衡等原因，出现了风电开发投资增高和波动的现象，但总体看来，2005 年后风电开发投资成本呈现不断下降的趋势。2010 年的时候，陆上风电开发投资成本一般在 8000~9000 元/kW，其中风电机组成本占据近一半。2020 年陆上风电投资成本在 6000~7500 元/kW。我国陆上风电的度电成本在过去 5 年降幅达 30.9%；风电项目的平均建设成本跟 5 年前相比下降了 13.7%。2020 年由于受风电"抢装潮"影响，风电机组价格最高冲到 4000 元/kW；进入 2021 年，风电机组价格回归正常，在 2800 元/kW 左右浮动。从未来发展来看，陆上风电机组还应有一定的成本下降空间，在风电规模扩大和技术更为成熟后，风电机组单位成本有可能达到与煤电机组单位成本持平的水平，这样即使考虑今后钢材和铜等原材料上涨和风电机组技术标准提高带来的成本上升以及其他价格上涨的因素，风电机组价格仍有可能存在 10%~20% 的成本下降空间（以不变价格计算），到"十四五"结束，风电机组价格将会突破 2500 元/kW。我国陆上风电机组价格变化情况及预期如图 1-21 所示。如果考虑人工和施工价格可能上涨的因素，2030 年和 2050 年陆地风电开发投资可能分别降至 6500 元/kW、6000 元/kW 左右。由于海上风电机组基础、运输安装和输电线路费用较高，如果不考虑陆地土地限制因素，海上风电的投资将一直高于陆上风电成本投资。根据目前国际海上风电投资水平以及我国海上风电特许权招标情况，目前近海风电的投资是陆上风电的 1.5~2 倍，为 14000~19000 元/kW，预计 2030 年和 2050 年降至 12000 元/kW 和 10000 元/kW。

风电场的运行和维护成本包括服务、备件、保险、管理和其他费用等，是风电成本的一个重要组成部分。当前我国风电大规模发展刚刚起步，大部分风电场运行时间短，因此成本数据的代表性、可靠性和可用性低，此外，由于各风电开发企业的经验不同、管理理念和方式各异，其运行成本差别也较大。当前我国陆地风电运行成本占风电成本的 25% 左右，约 0.1 元/（kW·h）。考虑由技术进步和人工等引起的成本变化，将目前的陆地风电运行成本数据外推至未来 10~40 年更为困难。假定陆地风电运行维护成本维持在 0.1 元/（kW·h）。海上风电的运行和维护成本主要取决于海上风电场的可达性、风电机组的可靠性、零部件所涉及的供应链情况，近期海上风电的单位发电量运行成本要高于陆，上风电运行成本（根据目前的预期，约为陆上风电的 1.5 倍），未来近海风电的运行维护成本则将与陆上风电持平，甚至略低于陆上风电。预计 2030 年和 2050 年近海运行维护成本分别为 0.15 元/(kW·h)、0.1 元/(kW·h) 和 0.1 元/(kW·h)。远海风电场采用浮动式基础，投资和运行维护成本将更高。

因此，风电机组价格、风电场投资和运行维护成本的降低将相应地拉低风力发电成本。与此同时，由于煤炭开采成本和价格的攀升，我国煤电价格的上涨将难以避免。2020 年部分地区的风电的成本和价格已经与煤电成本和价格相持平，而 2020 年后，在不考虑风电消纳和远距离输送的情况下，风电价格将低于煤电的价格。我国典型风电场预期投资成本和上网电价见表 1-6。

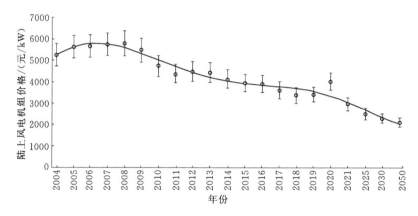

图 1-21　我国陆上风电机组价格变化情况及预期

表 1-6　我国典型风电场预期投资成本和上网电价（2010 年不变价格）

项目	类型	年份			
		2010	2020	2030	2050
单位投资 /(元/kW)	陆上	8000~9000	7500	7200	7000
	近海	14000~19000	14000	12000	10000
	远海	—	50000	40000	20000
运行维护 /[元/(kW·h)]	陆上	0.1	0.1	0.1	0.1
	近海	0.15	0.15	0.1	0.1
	远海	—	0.3	0.2	0.1
预期（平均）上网电价 /[元/(kW·h)]	陆上	0.57	0.51	0.48	0.45
	近海	0.77~0.98	0.77	0.6	0.54
	远海	—	>2	2	1

1.7　全球风力发电展望

近年来，随着气候变化、空气污染以及能源安全等问题日益严峻，世界各国都在加速调整能源结构，优化能源产业结构，因此对可再生能源的利用成为焦点，风电在其中举足轻重，成为发电量仅次于水电的清洁能源。大力发展风电，将经济复苏与应对气候变化的长期目标紧密结合，为全人类谋福祉。过去30年，风电在调整能源结构、促进经济发展、增加就业、改善环境以及降低能源对外依存度等方面发挥了巨大作用，已成为推动能源转型、保障能源安全、带动经济繁荣和保持社会稳定的重要力量。风电行业为发展付出了很多努力，建立了诸多有影响力的组织，并且不断推动技术进步和成本下降。全球理事会（GWEC）海上风电工作组成立于2018年9月，汇集了海上风电领域的主要行业参与者，通过相关措施协助中国台湾、越南、日本发展风电市场。世界银行于2019年3月启动的ESMAP海上风电开发项目的重点是将海上风电扩展到发展中国家。该项目正在与许多国家进行合作，这些国家将在未来几年成为更广泛的国际市场的一部分。海洋可再生能源行动联盟（OREAC）于2019年12月成立，目标是到2050年实现1.4TW的海上风力发电规模。该行业机构响应了2019年9月联合国高层的可持续海洋经济行动呼吁。这些举措是相互合作、相互补充的，能够起到更好的效果。随着全球海上风电能力的不断提高，欧洲作为海上风力发电市场的开创者，安装速度正在加快。亚洲也在加快步伐，其中我国2019年的装机容量为世界第一，预计这种领导作用将持续近十年。世界各国的海上风电的成本已降至能与化石燃料和核能的相竞争的水平。虽然风电发展至今取得了很多令人欣喜的成绩，但2019年4月国际可再生能源署发布的《全球能源转型：2050年路线图》显示，至2050年，为了能达到应对气候变化的目标，与能源相关的二氧化碳排放量必须比当前水平减少70%，并提出可再生能源与深度电气化相结合可以实现75%的碳减排，若加上通过节能措施提升的能源利用效率，能将碳减排效果提升至90%。风能和太阳能将引领全球电力行业的转型。陆上和海上风电装机容量需超过总电力需求的35%左右，到2050年成为主要的发电来源。这意味着到2030年，全球陆上风电的累计装机容量将增加至1787GW，到2050年将增至5044GW；到2030年，全球海上风电累计装机容量将达到228GW，到2050年将大幅增长至接近1000GW。亚洲将成为主导力量，到2050年，该区域陆上风电装机容量将占全球总装机容量的50%以上，其次为北美（23%）和欧洲（10%）。海上风电方面，亚洲将在未来几十年内占据领先地位，到2050年，亚洲的海上风电装机容量将占全球的60%以上，其次是欧洲（22%）和北美（16%）。

1. 技术创新推动行业发展

风力发电行业的发展离不开技术的创新和推动，主要体现在风电机组的大型化和并网技术方面。风电机组基础技术的进步是加快大型海上风电场发展的关键因素。漂浮式基础是一种有可能改写规则的技术，可以有效地利用深水海域中丰富的风能资源，从而为海上风电市场未来的快速发展铺平道路。截至2019年年底，全球漂浮式风电装机容量已达 66MW。经过十年的发展，海上漂浮式风力发电已不再是一个简单的研发领域。GWEC 的专家预测，在未来 10 年里，漂浮式风力发电的发电量可能会达到 6.2GW。到 2030 年，它将占全球新增风电装机的 6％，全世界可安装 5～30GW 的漂浮式风电机组。根据各个地区的发展速度，到 2050 年，漂浮式机组可占据全球海上风电装机总容量的 5％～15％，而其中的浮动设计的整合和生产的模块化将是降低 LCOE 的关键。此外，适当的系统灵活性措施和电网的扩建与加固，以及改善的市场条件和商业模式，对增加风电在电力系统中的占比至关重要。

2. 投资规模不断扩大

目前，虽然技术在不断进步，全球部署不断加强，但可再生能源在整个能源结构的占比仍然较低，扩大风电投资是提供支持的关键。所以，真正需要的是一系列的倡议和政策，来进行大幅的资本再分配。达成预期意味着从现在到 2030 年，全球陆上风电平均每年投资要增加 1 倍以上，即 1460 亿美元/年，而在 2030—2050 年，这一增长将达到 3 倍以上，即 2110 亿美元/年。对于海上风电，与 2018 年的投资（194 亿美元/年）相比，从现在到 2030 年，全球平均年投资将需要增加 3 倍，即 610 亿美元/年，到 2050 年，这一增长将达到 5 倍以上，即 1000 亿美元/年。

3. 成本持续下降

风电的大规模发展将会提高其规模经济以及供应链水平，加之技术的不断革新，风电的成本将会持续下降。在全球范围内，陆上风电项目的总安装成本在未来 30 年将继续大幅下降，到 2030 年，平均安装成本将下降至 800～1350 美元/kW，到 2050 年降至 650～1000 美元/kW。海上风电项目的平均安装成本将在未来几十年内进一步下降，到 2030 年将降至 1700～3200 美元/kW，到 2050 年将降至 1400～2800 美元/kW。与所有化石燃料发电电源相比，陆上风电的平准化度电成本已经较有竞争力，并且随着安装成本和性能的不断改善，将进一步下降。在全球范围内，陆上风电的平准化度电成本将下降到 2030 年的 0.03～0.05 美元/(kW·h) 和 2050 年的 0.02～0.03 美元/(kW·h)。海上风电已经在某些欧洲市场具有竞争力，例如德国、荷兰和法国等，而在其他欧洲市场，例如英国则即将开始市场化竞争。到 2030 年，全球海上风电将在世界其他市场中具备竞争力，其成本将降至化石燃料的低成本范围。到 2030 年，海上风电的平均平准化度电成本将从 2018 年的 0.13 美元/(kW·h) 降至 0.05～0.09 美元/(kW·h)，到 2050 年将降至 0.03～0.07 美元/(kW·h)。

4. 更高的社会经济效益

预计到 2030 年，全球风电产业将提供超过 374 万个就业机会，2050 年将超过 600 万个，与 2018 年的 116 万个相比，分别高出近 3 倍和 5 倍。要使当地经济活动最大化，政策制定者就要做出如何在高增长地区利用现有劳动力的战略。在可能的情况下，为不断发展的风能行业重新培训海上油气工人应成为鼓励低碳经济增长和提高竞争力的优先事项。这也是对能源转型造成的劳动力市场混乱（包括海上石油和天然气工人的工作岗位流失）的公平回应。为最大限度地获益于能源转型，需要更为完善的政策框架。开发政策需要与并网和扶持政策协调一致。在扶持性政策的保护下，要特别关注工业、劳工、金融、教育和技能政策，有针对性的教育和培训计划、产业升级和促进公私伙伴关系，以最大限度地实现转型获益。

行业需要为未来 30 年风电市场的大规模增长做好准备，着手解决风电发展面临的主要问题，通过政策、战略、商业模式和金融工具的进一步完善，确保风电在未来 30 年快速增长，才能实现向低碳可持续的能源系统转型。

（1）技术方面，配套基础设施亟待完善；技术有待进一步成熟，以提高发电效率和应对更为恶劣的自然条件；电网的建设需要进一步优化，以接纳更多的可再生能源电力。

（2）市场方面，风电初始成本过高，投资回报期长；融资渠道有限；海上风电供应链不成熟；碳排放和空气污染等付出的代价不明确。

（3）政策法规方面，部分地区过于复杂或老旧的监管框架不利于可再生能源的发展；缺乏高效的财政支持；缺乏明确的标准和质量监管措施；缺乏长期稳定的政策预期。

（4）社会和环境方面，公众因噪声、光影、安全等误解对风电机组建设的反对；风电机组运行对生态的影响等。

从风电发展的政策环境看，国际上支持风电发展的政策机制有 3 种：①采取固定收购价格机制，对风电发展的数量没有限制；②采取招标机制，政府规定风电发展的装机容量，通过招标竞争形式确定开发商；③配额制，即政府规定可再生能源电力在电力消费总量中的配额比例，供电公司完成配额。各种形式的补贴、价格优惠、税收减免、贴息或低息贷款、从电费中征收附加基金用于发展风电、减排二氧化碳奖励等政府的激励政策在新能源产业发展过程中具有举足轻重的作用。例如，德国、丹麦、荷兰等国采用政府财政扶持、直接补贴措施，美国采用、联邦和州政府提供信贷资助的金融支持措施，印度鼓励外来投资和加强对外高强度的激励机制，日本的优先采购风电设备等激励机制都是克服发展障碍，促进风电产业发展的有效措施等。即使在全球金融危机的情况下，许多国家政府依然发出了明确加快风能发展的信号，并增加风电投资及其他可再生能源技术发展，应对金融危机及持续的能源危机。因此，稳定的政策及众多的改进框架策略促进了全球范围内的风能投资和发展。

1.8 风电场的建设与规划设计

风电场建设工程是以监测评估初选的风电场所在地的风能资源开始，以完成风电场试运行通过竣工验收投入商业化运行结束。

1.8.1 风电场的建设

1. 程序

风电场建设是把投资转化为固定资产的经济活动，是一种多行业、多部门密切配合的综合性系统工程。它涉及面广、环节多，内外部联系和纵横向联系比较复杂，建设过程中不同阶段有其不容混淆、不容颠倒的工作内容，必须有计划、有组织地按一定顺序进行，这个顺序就是风电场的建设程序。

风电场建设程序是客观规律的反映，它遵循国家颁布的有关法规所规定的建设程序，风电工程项目开展顺序如图 1-22 所示。我国的建设程序分为 6 个阶段，即预可行性研究阶段、可行性研究阶段、设计阶段、建设准备阶段、建设实施阶段和竣工验收阶段（也有人把预可行性研究阶段和可行性研究阶段合并为工程立项阶段，把建设准备阶段和建设实施阶段合并为施工阶段）。对于使用世界银行贷款进行建设的风电场项目，其建设程序则按世界银行贷款项目管理规定的 6 个阶段，即项目选定、项目准备、项目评估、项目谈判、项目执行与监督、项目的总结评价。

根据我国建设程序规定和各地实施风电场建设的经验，风电场建设各阶段的工作内容，按先后顺序排列如下：

（1）根据气象资料、本地区国民经济发展计划、本地区电力发展规划和本地区风电发展规划，制订风电场开发方案并初选场址。

（2）在初选场址地域安装测风塔，采集不少于 1 年的风能资源资料，对风能资源进行分析评估。

（3）编报风电场预可行性研究报告。

（4）预可行性研究批复后，选定有合格资质的设计单位或工程咨询单位进行风电场项目可行性研究，编报可行性研究报告。

（5）成立风电场项目公司或筹建机构。

（6）报批电价。

（7）签上网协议。

（8）筹措建设资金。

（9）选定风电场项目设计单位。

（10）现场勘测、微观选址、风电场设计。

（11）监理招标，签订委托监理合同。

（12）采购招标，签订各类采购合同。

（13）施工招标，签订施工合同。

（14）塔架制造招标，签订塔架制造合同。

（15）进行建设施工准备，办理工程质量监督手续，报批开工报告或施工许可证。

（16）风电场工程施工。

（17）设备到货验收，设备安装、调试。

（18）试运行。

（19）竣工验收。

（20）风电场投入商业化运行。

（21）风电场工程总结、后评估。

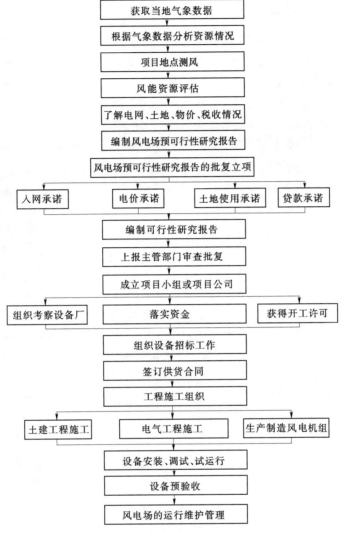

图 1-22 风电工程项目开展顺序

2. 管理

风电场建设单位（业主）是风电场建设全过程的管理者，它组织风电场建设过程中的风电场规划、勘察设计、监理、施工安装、设备物资供应等单位间相关工作的进行，协调工作中相互关系；向政府有关部门报批有关申报报告，获得相应政策支持和工作指导；办理与建设项目有关的银行、保险、电信、环保、交通、安全、消防、地震等相关业务。管理工作涉及面广、业务繁杂，除有足够实力的企业可以完全依靠自己的技术、经济、组织、管理、风险管理等实力实施风电场建设全过程管理外，为了使风电场建设项目科学、高效、经济地实施，大多数风电场建设单位都采用了聘请专家、与专业管理公司合作，实施"小业主、大监理"等措施来管理项目建设。

1.8.2 风电场的规划设计

1. 规划设计单位的选择

风电场的规划设计由项目业主单位委托有资质的设计单位规划设计，可采用招标或议标选择设计单位，也可采用直接选择的方法。选择设计单位的目的是以规划设计质量为主要目标，在规划设计时首先需为业主初选机位，并需进行机位的优化，使风电场的风电机组的发电量高且选择的机型适合本风电场的风能资源，然后为业主选择最佳的施工方案并实现早日发电。总之，所规划设计的方案必须使当地的单位发电量成本为最优。设计优化所取得的经济效益，可大大超过规划设计本身的成本。

2. 规划设计内容

（1）总体设计。设计内容如下：

1）风电场地形图测绘。对需建设的风电场范围应进行 1:1000 地形图的测绘。

2）微观选址。根据已确定的风电机组的机型，以及风电机组厂家在投标书中提供的功率曲线，利用欧洲普遍采用的 WAsP（Wind Atlas Analysis and Application Program）等软件对风电场进行微观选址。微观选址后提供给业主的是每台风电机组的地理位置（X 轴和 Y 轴的数值、高程）以及每台风电机组的发电量。

3）确定风电场变电所的位置。微观选址后需确定风电机组的送出工程，即风电场变电所的所址，所址的选择根据可研报告中确定的变电所的电压等级以及初选的所址，到现场落实所址。

4）钻探。初步确定的风电机组的机位、变电所的位置进行地质钻探，提供给业主和设计单位各层的应力等力学指标。

（2）基础设计。设计内容如下：

1）风电机组基础。风电机组基础主要是由设计院负责，设计单位根据风电机组的受力，设计一般基础结构，进行工程量的估算，在施工期间进行修正。

2）箱式变压器基础。箱式变压器由于重量较轻，体积也不大，可采用天然地基上的浅基础进行设计。一般采用钢筋混凝土条形基础，基础顶预埋槽钢以支承箱式变压器。

（3）变压器选择。根据接入变压器的风电机组的容量之和，并考虑风电机组的超负荷的余量，同时，也需考虑风电机组的抗短路电流的能力（向厂家索取），也为了降低机端的短路电流，选择的箱式变压器的短路阻抗值不要过小。根据风电场的具体情况，箱式变压器的型号可选择干式也可选择油浸式，如风电场场地周围的树木较多，则选择干式变压器较好，反之，可选用油浸式变压器。

（4）变电站设计。根据风电场装机容量确定的风电场变电所的电压等级，在设计风电场变电所时，如果是电压等级在 35～110kV 的变电所可按照 GB 50059—2011《35kV～110kV 变电站设计规范》进行设计；如需设计成无人值班的可按照 DL/T 5103—2012《35kV～110kV 无人值班变电站设计规程》进行设计。若电压等级是 220kV 则可按照国家标准 DL/T 5218—2012《220kV～750kV 变电站设计技术规程》。

在所用变压器的容量选择方面，需考虑补偿风电场电力电缆产生的电容电流的容量。

（5）架空线路设计。根据风电场接入系统的方案审批后的意见，需建设风电场变电站的电压等级和架设线路的电压等级、回路数和长度。如果风电场场址处树木较多，架空导线可采用绝缘导线，可减少征地面积。否则可选用普通的导线，按照DL/T 601—1996《架空绝缘配电线路设计技术规程》进行设计。

架空输电线路设计可按照国标 GB 50545—2010《110kV～750kV 架空输电线路设计规范》。

（6）中央控制室及其他建筑物设计。中央控制室及其他建筑物按设计该电压等级的变电所规程中的中央控制室和生产用房的规定进行设计。由于风电场专用的变电所和风电场一般是同一业主（出资者），为了统一管理，减少运行人员和节约建筑面积，风电场的中央控制室和变电所的中央控制室可合二为一，在一个控制室内。由于风电场场址处一般是比较偏僻的地区，在建设生产用房同时，也需建设值班人员的寝室（如旅馆中的标准房）、会议室和办公室。

（7）道路规划和绿化设计。风电场道路规划分风电场对外的道路规划和风电场内部的道路规划。对外的道路规划可与当地地区道路规划结合进行，尽量利用原有的道路。对内道路是每台风电机组机位之间的通道和风电机组至风电场专用的变电所的道路。道路设计可按 4 级公路设计，如风电场作为当地旅游景点之一，可提高公路的设计标准。

绿化设计的目的是恢复和加强风电场未建设前的环境保护，绿化设计的地区一般在变电所内外地区，以及在新、旧公路两侧种植当地能生长的植物。

（8）项目建设单位在设计阶段的任务。项目建设单位在各设计阶段的首要任务是选择设计单位，然后配合设计单位不同的设计阶段提供风电场场址的测站风能资料、当地气象站的近 30 年的风资料、当地经济发展规划、电力发展规划等；提供预可行性研究阶段所需要的附件和可行性研究阶段审查所需要的附件等；在设备招标阶段需设计单位配合建设单位选择发电成本最低的风电机组。

1.9　风电场规划与设计的主要内容

"风电场规划与设计"涉及大型并网型风电场工程规划与设计，对于大中专院校风电专业和方向学生，以及从事风电场开发研究的技术人员和管理人员有一定的实用性。其主要内容如下：

（1）风能资源、风电场和风力发电概况。介绍风电场的基本组成、风力发电的意义及特点、风的形成和分类、我国的风能资源及分布、世界范围的风能资源及分布、我国的风电展望、世界范围的风电展望和风电场建设及风电场规划与设计课程的任务及主要内容等。

（2）风电场的宏观选址。介绍风电场选址的意义、风电场选址的基本程序、风电场选址的基本原则、风电场选址的基本方法和技术标准、海上风电场规划的主要内容和影响因素和风电场选址存在的问题与后评估等。

（3）风能资源测量与评估。介绍风资源测量与评估的基本概念、测风的步骤、测风塔、测风系统、测风数据处理、风能资源的统计计算、我国风资源测量与评估标准等。

（4）风力发电技术与设备选型。介绍风电机组的分类、风电机组气动原理与性能、风电机组结构组成、风力发电机及系统、风力发电技术的发展趋势和风电机组选型等。

（5）风电场的微观选址。介绍风电场微观选址的意义、平坦地形地面粗糙度对风电场微观选址的影响、障碍物对风电场微观选址的影响、复杂地形对风电场微观选址的影响、风电机组尾流模型、风电场微观选址的典型软件包、风电场微观选址新方法和风电场单机容量—微观选址—容量选择等。

（6）空气动力学与风电场选址。介绍计算流体力学与风电场选址的关系、空气动力学相关理论、大气的地转运动和非地转运动、大气的分层和结构以及风资源评价的数值模拟方法等。

（7）风电场的电气设计。介绍风电场电气设备构成、风电场一次设备、风电场二次设备、风电场电气主接线和风电场通信系统等。

（8）风电场的运行方式。介绍电力系统负荷曲线、电力系统中各类电源的运行特性、风电场接入系统以及风电场在电力系统中的运行方式等。

（9）风电场的经济计算与评价。介绍风电场经济计算与评价的任务、风电场经济计算指标、风电场经济计算与评价以及风电场经济效益和社会效益等。

（10）风电场的环境评价及水土保持。着重介绍风电场环境评价内容和风电场水土保持方法等。

（11）风电场预可行性研究报告和可行性研究报告。介绍风电场预可行性研究报告的作用和特点、风电场预可行性研究报告的内容和编制、风电场可行性研究的意义作用和程序以及风电场可行性研究报告的编制和报批等。

第2章 风电场的宏观选址

在风能的实际应用中，首先应予以考虑的就是风电场的选址问题，它对风力发电的经济性起到了非常重要的作用。风电场宏观选址过程是从一个较大的地区，对气象条件等多方面进行综合考察后，选择一个风能资源丰富，而且最有利用价值的小区域的过程。场址的选择对能否达到风能应用所要达到的预期目标及达到的程度，起着至关重要的作用。当然，还应综合考虑经济、技术、环境、地质、交通、生活、电网、用户等诸多方面的因素。但即使在同一地区，由于局部条件的不同，也会有着不同的气候效应。因此如何选择有利的气象条件，对风电场力求最大限度发挥风电机组效益，有着重要的意义。

2.1 宏观选址的基本原则

风电场宏观选址遵循的原则一般是应根据风能资源调查与分区的结果，选择最有利的场址，以求增大风电机组的输出，提高供电的经济性、稳定性和可靠性，最大限度地减少各种因素对风能利用、风电机组使用寿命和安全的影响，全方位考虑场址所在地对电力的需求及交通、电网、土地使用、环境等因素。

根据风能资源普查结果，初步确定几个风能可利用区，分别对其风能资源进行进一步分析，对地形、地质、交通、电网以及其他外部条件进行评价，并对各风能可利用区进行相关比较，从而选出并确定最合适的风电场场址。一般通过利用收集到的该区域气象台（站）的测风数据和地理地质资料并对其分析，到现场询问当地居民，从而确定风电场场址。

风电场宏观选址采用的办法是综合考虑风能资源和非气象因素（如接入系统的条件、交通条件等），对两种类型（即风能资源好，但非气象因素差或反之）的若干个潜在候选场址进行初步的技术经济比较，首先选出少量的候选场址，然后在候选场址分析风仪器的现场实测风能资源，取得候选场址中的风能资源数据。

风电场宏观选址应该了解当地法令、法规和现场的要求；风电机组的建设或运行对当地环境的影响；有关现场地质的约束及相关地质图；道路、输配电线路及变电站的位置；在候选风能资源区内测风站的位置和这些站的风数据资料。另外需要再进一步收集以下数据：

（1）在风资源分析中使用任何技术时所需要的全部资料。

（2）防止风电机组碎片对公众的人身伤害，确定安全隔离区范围。

（3）对安全性、环境的影响及运行方面的问题做进一步评审。

（4）分析风电机组的运行特性及价格。

（5）估算安装、运行和维护所需全部费用。

（6）场址的详细特性，如地形、地表特征及表层不平整度，盛行风向，气象灾害等情况。

2.2　宏观选址的技术标准

风电场宏观选址时必须综合考虑地理、技术、经济和环境等 4 方面的影响因素。其中：①地理因素主要包括地质、地震条件、岩土工程条件和气象条件；②技术因素主要包括风电场接入系统方案，系统通信建设，风电机组年上网电量；③经济因素主要包括风电场计划总资金、单位投资、建设期利息、全部投资回收期、全部投资内部收益率、注资回收期、注资内部收益率、投资利率；④环境因素主要包括噪声污染与防治、生态影响、水土流失与防治情况、环境效益分析。因此，风电场的宏观选址有严格的技术标准，应严格执行。

1. 风能质量好

评价地区风能质量好的条件包括：①年平均风速较高；②风功率密度大；③风频分布好；④可利用小时数高。

反映风能资源丰富与否的主要指标有年平均风速、有效风能功率密度、有效风能利用小时数、容量系数等，这些要素数值越大则风能资源越丰富。根据我国风能资源的实际情况，风能资源丰富区指标定为年平均风速在 6m/s 以上，年平均有效风功率密度大于 300W/m²，风速为 3~25m/s 的小时数在 5000h 以上。

2. 风向稳定

风向基本稳定一般要求有一个或两个盛行主风向，所谓盛行主风向是指出现频率最多的风向。一般来说，根据气候和地理特征，某一地区基本上只有一个或两个盛行主风向且几乎方向相反，这种风向对风电机组非常有利，排布也相对简单。但是，也有虽然风况较好，却没有固定的盛行风向的情况，这会增加风电机组排布的难度，尤其是在风电机组数量较多时。

在选址考虑风向影响时，一般按风向统计各个风速的出现频率，使用风速分布曲线来描述各风向方向上的风速分布，作出不同的风向风能分布曲线，即风向玫瑰图和风能玫瑰图，从而来选择盛行主风向。

3. 风垂直切变小

风电场选址时尽量不要有较大的风速日变化和季节变化。风电机组选址时要考虑因地面粗糙度引起的不同风速轮廓线，当风垂直切变非常大时，对风电机组运行十分不利，因此要选择风速变化小、风电机组高度范围内风垂直切变小的条件。

4. 湍流强度小

由于风是随机的，加之场地粗糙的地面和附近障碍物的影响，由此产生的无规则湍流会给风电机组及其出力带来无法预计的危害，主要有：减小了可利用的风能；使风电机组产生振动；使叶片受力不均衡，引起部件机械摩损，从而缩短了风电机组的寿命，严重时使叶片及部分部件受到不应有的毁坏等。湍流强度受大气稳定和地面粗糙度的影响，所以在风电场选址时，应避开上风方向地形起伏、地面粗糙和障碍物较大的地区。

5. 避开灾害性天气频繁出现地区

灾害性天气包括强风暴（如强台风、龙卷风等）、雷电、沙暴、覆冰、盐雾等，对风电机组具有破坏性。如强风、沙暴会使叶片转速增大产生过发，导致风轮失去平衡而增加机械摩擦导致机械部件损坏、降低风电机组的使用寿命，严重时会使风电机组遭到破坏；多雷电区会使风电机组遭受雷击从而造成风电机组毁坏；多盐雾天气会腐蚀风电机组部件从而降低风电机组部件的使用寿命；覆冰会使风电机组叶片及其测风装置发生结冰现象，从而改变了叶片翼型，由此改变了正常的气动出力，降低风电机组出力；叶片结冰会引起叶片不平衡和振动，增加疲劳负荷重时会改变风轮固有频率，引起共振，从而减少风电机组寿命或造成风电机组严重损坏；叶片上的积冰在风电机组运行过程中还可能会因风速、旋转离心力等而甩出，坠落在风电机组周围，危及人员和设备自身安全；测风传感器结冰会给风电机组提供错误信息从而使风电机组产生误动作；风速仪上的冰会改变风杯的气动特性，降低转速甚至会冻住风杯，从而不能可靠地进行测风和对潜在风电场风能资源进行正确评估。因此，尽量不要在频繁出现上述灾害性气候地区建风电场，如果一定要将风电场建设在这些地区时，在进行风电机组设计中必须要将这些因素考虑进去，还要对历年来出现的冰冻、沙暴情况及其出现的频度等进行统计分析，并在风电机组设计时采取相应措施。

6. 靠近电网

风电场应尽可能靠近电网，从而减少电损和电缆铺设成本。同时，应考虑电网现有容量、结构及其可容纳的最大容量，以及风电场的上网规模与电网是否匹配的问题，还应考虑接入系统的成本，要与电网的发展相协调。

小型的风力发电项目要求尽量离 10～35kV 电网近些；较大型的风力发电项目要求尽量离 110～220kV 电网近些。首先，要求风电场离电网近，一般应小于 20km；其次，由于风力发电输出有较大的随机性，电网应有足够的调节容量，以免因风电场并网输出随机变化或停机解列对电网产生破坏作用。一般来说，风电场总容量不应大于电网总容量的 5%，否则应采取特殊措施，满足电网稳定性要求。

由于内陆一些高山上气候较冷，有雾天气相对较多，且离城市较远，因此送出系统的线路较长，故对于山区风电场的建设要特别注意防雾凇和长线路的投资等。

7. 交通方便

风电场的交通方便与否，将影响风电场建设，如设备运输、装备、备件运送等。因此，要考虑所选定风电场交通运输情况，包括设备供应运输是否便利，运输路段及桥梁的承载力是否适合风电机组运输车辆等。

由于山区的弯道多、坡道多，根据风电场需要运输的设备大件特点，对超长、越高、超重部件运输主要是考虑以下方面：

（1）道路的转弯半径能否满足风电机组叶片的运输。

（2）道路上的架空线高度能否通过风电机组塔筒的运输。

（3）道路的坡度能否满足运载机舱的汽车爬坡能力。

考虑到内陆山区交通条件的限制，在选择风电机组时要充分结合当地的运输条件，在条件允许时尽可能地采用大型风电机组。

8. 对环境的不利影响最小

与其他发电类型相比，风力发电对环境的影响很小。但在某些特殊的地方，环境也是风电场选址必须考虑的因素。从目前来看，风电场对环境的影响主要表现在噪声污染、电磁干扰、对当地微气候和生态的影响等 3 个方面。

建设风电场的地区一般气候条件较差，以荒山、荒地为主。有些地方种植防风林、灌木或旱地作物等，风电场单位装机容量土地征用面积仅 $2\sim3m^2$，与中小型火电厂相当。风电机组的噪声可能会对附近居民的生活和休息产生影响，选址时应尽量避开居民区。要新修山地公路，设计中应注意挖填平衡，防止水土流失。

通常，风电场对动物特别是对鸟类有伤害，对草原和树林也有些损害。为了保护生态，在选址时应尽量避开鸟类飞行路线，候鸟及动物停留地带及动物筑巢区，尽量减少占用植被面积。

9. 地形情况

地形因素要考虑风电场址区域的复杂程度，如多山丘区、密集树林区、开阔平原地、水域或多种复杂地形混合等。地形单一，则对风的干扰低，风电机组可无干扰地运行在最佳状态；反之，地形复杂多变，产生扰流现象严重，对风电机组出力不利。验证地形对风电场风电机组出力产生影响的程度，应通过考虑场区方圆 $50km$（对非常复杂地区）以内地形粗糙度及其变化次数、障碍物如房屋树林等的高度、数字化山形图等数据，还有其他如上所述的风速风向统计数据等，利用风资源软件的强大功能进行分析处理。

对于地形条件的考虑，一方面，有一些指导性、描述性的原则，如要求风电场场址的地形应比较简单，便于设备的运输、安装和管理；另一方面，在风电快速发展的情况下，为了保障风能资源合理有序开发，基于地理信息系统 GIS（geographic information system，GIS）的风电场选址系统受到广泛重视。

在风电场选址中考虑的地形条件，主要是指地形复杂程度，可用地形起伏度和坡度这两个参数来表征。GIS 技术的快速发展为地形的定量分析提供了新手段，而全球免费共享的 SRTM（shuttle radar topography mission，SRTM）为地形分析提供丰富的数据资源，可以利用它提取地形起伏度、坡度等地形参数。

10. 地质情况

风电场选址时要考虑所选定场地的土质情况，如是否适合深度挖掘（塌方、出水等）、房屋建设施工、风电机组施工等。要有详细的反映该地区的水文地质资料并依照工程建设标准进行评定。

工程地质条件评价包括评价场址稳定性，按 GB 18306—2015《中国地震动参数区划图》确定场址地震基本烈度。说明风电场场址地形、地貌、地层岩性、地质构造、水文地质、岩体风化、岩土体的物理力学性质等。评价场址的主要工程地质条件，包括建筑物和塔架地基岩土体的容许承载力及边坡的稳定性，判别Ⅷ度及其以上地区软土地基产生液化的可能性，提出基础处理的建议。

一个区域的构造稳定性或可能发生地震强弱程度往往制约于该地区的地质构造的复杂程度和构造活动性，而表征可能发生地震强弱的地震动参数一般可在 GB 18306—2015 中查取。该标准同时指出，若遇下列情况需做专门研究：①抗震设防要求高于本地震动参数区划图抗震设防要求的重大工程、可能发生严重次生灾害的工程；②位于地震动参数区分界线附近的新建、扩建、改建建设工程；③某些地震研究程度和资料详细程度较差的边远地区；④位于复杂工程地质条件区域的大城市、大型厂矿企业、长距离生命线工程以及新建开发区等。由于地震对一个地区的破坏程度并非完全由震级大小决定，还与震源的远近、受震体的物质组成和震区的地形和地震地质环境有很大关系。因此在收集有关地震资料时，如果仅有地震震级的流水式记录则不够充分。不论场区内或场区外附近是否有活动性构造或发生地震，都是选址关注的重点。但在场区内发生的地震破坏程度（地震烈度）对工程影响较大，因此要重点关注。

一般区域性断层规模较大，延伸较远，可穿过整个场区，断裂带内往往由多个断裂面组成，且断层充填物与全风化、强风化岩有时不易区分，而两断裂面间可能保留有相对较好的岩体，地表又常常有第四系松散堆积物所覆盖，因而有误将机位布置在断层上的可能。一般断层带内不宜作建筑物地基，若区域性断层属活动性断层，则将直接影响到风电机组的安全，故应查明区域性断层尤其是活动性断层的位置、范围、延伸方向等。风电机组机位应避开断层，对活动性断层须参考有关规范确定避让距离。

基岩山区沟谷发育、地形起伏变化大，地貌形态复杂。一般对山体稳定有较大影响，如滑坡、崩塌、深厚而松散的覆盖层等，由于地形特征明显，地貌形态突出，一般通过野外查勘或进行一定的地勘工作即可查明。但某些潜在可能失稳的山体，由于地表有第四系松散层广泛覆盖，往往被忽视或难以识别。例如在梁状山体顶宽较窄处，两侧山坡陡峻，若顺坡陡倾裂隙发育时则易出现引张、倾倒变形现象，形成卸荷带导致山体边坡失稳，或在斜坡地段因缓倾角裂隙发育延伸较长与其他方向裂隙组合时易形成潜在不稳定坡体等，均属此类情况。

基于各地不同的地质情况，在大、中型风电场选址时，应及时收集有关区域地质资料，必要时须进行实地查勘。

11. 地理位置

从长远考虑，风电场选址要远离强地震带、火山频繁爆发区，以及具有考古意义及特殊使用价值的地区。应收集历年有关部门提供的历史记录资料，结合实际作出评价。另外，考虑风电场对人类生活等方面的影响如风电机组运行会产生噪声及叶片飞出伤人等，风电场应远离人口密集区。有关标准规定风电机组离居民区的最小距离应使居民区的噪声小于 45dB（A）。另外，风电机组离居民区和道路的安全距离从噪声影响和安全考虑，单台风电机组应远离居住区至少 200m，而对大型风电场来说，这个最小距离应增至 500m。

12. 温度、气压、湿度

温度、气压、湿度的变化会引起空气密度的变化从而改变风功率密度，由此改变风电机组的发电量。在收集气象站历年风速、风向数据资料及进行现场测量的同时应统计温度、气压、湿度。

13. 海拔

当温度、气压、湿度一样时，不同海拔区域的空气密度不同，从而改变了风功率密度，影响风电机组的发电量。在利用软件进行风能资源评估分析计算时，海拔间接对风电机组发电量的计算、验证起重要作用。

14. 社会经济因素

随着技术发展和风电机组生产批量的增加，风电成本将逐步降低。但目前我国风电上网电价仍比煤电高。虽然风力发电对保护环境有利，但对那些经济发展缓慢、电网比较小、电价承受能力差的地区，会造成沉重的负担。所以应争取国家优惠政策扶持。

15. 避开文物古迹、军事设施、自然保护区和矿藏

在风电场项目的规划选址阶段，要特别注意我国的国情和民俗，包括文物古迹、军事、自然保护区和矿藏等方面。在高山顶部常建有宗教建筑物等文物古迹，如三明市泰宁县峨眉峰风电场、将乐县万泉镇九峰山风电场、清流县大丰山风电场、三元区普禅山风电场等均存在庙宇或道观。受民俗影响，在风电场的规划选址时要充分考虑这个因素。军事方面主要由地方政府部门提供信息来确定有没有军事设施，特别要注意是否有废弃的地下军事坑道。自然保护区内建设风场应充分征求国家相关部门的意见，尽量避开国家级的核心自然保护区。矿藏问题也应充分调查清楚，采矿活动是影响风场建设的一个突出不利因素，如将乐县孔坪镇区域的风场存在锰矿。

综上所述，首先，应该考虑土地征用以及环境保护的问题，要了解当地有关政策，不应该把场址设在自然保护区内；其次，应该了解当地的地质条件是否适合建设大型风电场，同时兼顾并网和交通条件等要求；同时应以风能资源为重要参数进行经济比较，如有些地方可能离电网较近但风能资源不够好，而相隔几十千米的地方风能资源很好但是离电网则较远等，这种情况应该计算经济账，因为对于并网的投入和交通基础设施建设是一次性投资，而风电机组的运行年数为 20 年，除去回收期的 8~9 年，还有约 12 年的运行期。

2.3　海上风电场的宏观选址

海上风电场规划的主要内容包括场址选择、建设条件和建设方案、规划装机容量、接入电力系统初步方案、环境影响初步评价、投资匡算和确定开发顺序等。规划海上风电场的过程中，需要综合考虑多种因素。

1. 海上风能资源评估

风能资源评估是发展风电的前提，是进行风电场选址、机位布局、风电机组选型、发电量估算和经济概算的基础，这一点在投资风险大的海上风电开发中表现得尤为突出，然而海上风能资源的评估工作相对困难。主要由于我国近海风能资源普

查和详查工作还比较薄弱，尚缺乏高分辨率的近海风能资源图谱。目前，海上气象
实测资料主要来源于船舶气象观测、石油平台气象观测、浮标、岛屿气象站观测以
及科学考察观测。其中石油平台、浮标、岛屿气象站观测为定点、定时、连续观
测，覆盖区域较小；而船舶观测多集中在航线附近，而且观测次数有限。因此，为
评估某局部海域的风能资源，通常采用数据推算和模型模拟的方法，但受地表粗糙
度、大气稳定度以及模型可靠性等因素的影响，计算结果必然存在一定的不确定
性，不利于准确分析风能资源、设计风机容量及预测发电量和经济性。例如，绥中
油田风电项目以渤海海域代表性测风点多年平均风速资料作为参考依据进行推算评
估，就目前风电机组运行情况看，对风能资源的估计略为保守。所以，在海上风电
场开发前期，在规划海域定点测风十分必要。一种是在海面树立固定测风塔测风，
通常采用单桩基础，高度在 50～80m，测量的准确度高，但成本也高；另一种是采
用漂浮式测风设备，高度约为 10m，其成本低，但准确度不高。实际中也可以结合
使用：在项目初期先安装成本较低的漂浮式测风设备，待项目成熟后再安装固定式
测风塔；最终将飘浮塔测量的长期数据与固定塔测量的短期数据进行相关性分析，
在有效降低海上风能资源评估不确定性的同时，还降低了海上测风的成本。

2. 海床和地质条件

在规划阶段，进行海床和地质条件勘察，可以为近海风电场风电机组布局、基
础设计、电缆路径设计和环境影响评价提供第一手资料，有助于详细分析项目技术
和经济的可行性，把由于不可预测的现场自然条件引起的潜在风险降到最低。对于
陆上风电场，风电机组的基础费用占比很小，而对于近海风电场，风电机组的基础
费用占比很大，可占到工程总成本的 20%～30%。海床条件等自然因素，不仅关系
到支撑结构和地基的设计，而且还对安装技术及设备等有重要影响。欧洲经验表
明，节约地表调查是错误的节约，其结果会导致运作过程中花费巨大。海底条件还
对电缆安装有重要的影响。欧洲早期风电项目的经验表明，由于缺少对于海底条件
的了解，结果使电缆的安装费用增加了 3 倍。所以，在海上风电场规划选址中对海
床和地质的勘查非常重要。

3. 海洋气象条件

一般来说，海水越深，海浪和潮流对风电机组地基的冲击越大。一般近海风电
场布置在浅水区以减少地基成本，然而，这可能增加潮汐流、风暴潮和土砂流失等
风险，从而使风电机组地基受到冲刷效应的影响。同时，如果在我国北方建设海上
风电场，那么每年冬季海面上的浮冰将会是风电机组安全的最大威胁。如果在我国
南方，台风又成了风电场安全的"第一杀手"。一般来说，风力超过 10 级时，对风
电机组的破坏性很大，可以直接摧毁外部设备，也可能因转速过快导致风电机组烧
毁。因此，在规划选址阶段收集海洋水文气象条件并对其进行充分和仔细的评估非
常重要，它为风电场抵御各种恶劣海上气象灾害的设计提供重要基础。海洋气象条
件观测的主要内容包括温度、气压、水温、波浪、潮汐、海流、冰凌、水流泥沙运
动和波浪泥沙运动等。通过对这些气象因素的观测与分析，可以为海上风电规划提
供充分翔实的数据，有效避开规划不利区域，增加规划的可实施性。

4. 运输条件

近海风电设备运输和安装是项目建设过程中的一个难点。近海风电设备的吊装一般分为整体吊装和分体吊装两种方式，整体吊装方案全部在陆上组装完成，可有效缩短海上工作时间，降低海上施工风险；分体吊装方案根据吊装设备的性能，将风电机组分为 4 个或 5 个部分分别运输并吊装。无论是整体吊装还是分体吊装，都需要选用大型船舶作为运输工具，船舶运输的好处是不受道路的限制，但是其受气候因素影响严重。因此，在规划的过程中要充分考虑到施工运输的成本，尽量选择恶劣天气少并且靠近大型港口的区域，可以为海上风电设备运输和安装提供良好的交通基础。

5. 并网条件

风能的自身特性导致风电的波动性、间歇性和不规则性，使风电对电网的贡献率低于 10%。贡献率在 3% 左右对电网没有影响，5% 左右时可通过适当的技术措施减少影响，10% 将给电网运行带来隐患。海上风电场由于施工难度和集中输变电、建设费用高等经济性问题，难以建设像陆上一样的风电场，必须大规模开发，而大规模海上风电场的开发，会导致所发电能让电网难以承受。

因此，有必要在规划阶段充分重视规划风电场的并网问题。结合规划风电场所在地区电力系统的用电要求、负荷特性、网络结构、电源组成等现状及电力发展规划，海上风电的规划应与电网规划相协调，努力实现风电与火电、水电、核电等电源的电网接入同时规划，提前施工。

6. 规划级别

海上风电发展规划分为全国和沿海各省（自治区、直辖市）海上风电发展规划两个层级。全国和沿海各省（自治区、直辖市）海上风电发展规划应当符合全国和沿海各省（自治区、直辖市）海洋功能区划，与全国可再生能源发展规划、海洋经济发展规划相协调。与陆地风电建设相比，复杂的海洋自然条件以及较高的技术要求，使得海上风电的选址和建设难度大大提高。海上风电发展规划必须符合海洋功能区划：规划海域应当向深海布局，尽量远离岸线和海涂，以减少风电场对岸线、视野、景观和鸟类栖息的影响；规划海域应当避让交通设施、城镇建设和临港工业围填海等可用于用海效益高的开发形式的海域，以免对未来的深度开发造成不利影响。海上风电开发建设项目必须符合海上风电发展规划，同时国家通过海域供给、海洋环境保护、开发权许可等手段保障海上风电健康发展。

2.4　大型风电基地的宏观选址

我国"十三五"之前规划建设了甘肃酒泉、新疆哈密等千万千瓦级别的风电基地，后期又在内蒙古、青海等地规划建设了多个百万千瓦级的风电基地。陆上风电基地大部分位于我国"三北"地区，这些地区具有风能密度高、风向稳定、地势平坦、远离用电负荷中心等特点。大型风电基地建设与传统规模风电场建设相比，容量大和投资多，对宏观选址中的约束条件提出了更高的要求，另外，由于大规模的风电场对周边环境和微气候等造成了一定的影响，所以规划建设大规模风电基地，需要重点综合考虑以下因素。

2.4.1 基地的风能资源与折损

传统建设规模的风电场，一般位于一个独立的区域，周围没有其他风电场或者其他风电场的影响较小，但大型风电基地往往是由某一地区多个风电场组成，风电场之间相距较近，上游风电场产生的尾流影响下游风电场的效应逐渐加大，削减下游风电场的出力，影响其运行。国内外学者研究发现：大型陆上风电场的尾流在其下游 20～30km 处才恢复，受到大型风电场的影响其相邻风电场的尾流强度及影响范围还将增加 1 倍。由于昼夜地表温度的差异，风电场在夜间对下游的尾流影响范围比白天长，因此上游风电场对其下游风电场的功率输出的影响呈现昼夜交替的规律，严重的功率亏损多发生在夜间、黎明或傍晚。研究人员还发现大规模场区、平坦地形及主风向、中等风速区间等条件下易形成较强的尾流效应。大规模场区产生的速度亏损和需要的尾流恢复区间要求均大于一般规模风电场，平坦地形场区尾流特性对风向的变化更加敏感。因此，大型风电基地的风电场规划建设过程中，在对风能资源的初步评估中，需要综合当地风能资源特性，充分考虑风电场之间保留合理的"缓冲区"的影响，从而评估风电场规模和经济性。

2.4.2 基地的并网和送出条件

我国陆上大型风电基地主要集中在"三北"地区，而用电负荷主要集中在中东部地区。大型风电基地在宏观选址时，当地的并网和送出条件是其中重要的约束条件。由于风电出力过程的随机性、间歇性和反调峰特性，对大型风电基地接入电网的要求更高。目前在风电基地规划中，结合其他电源的特性，采用风电—光伏—火电等电源联合的多能互补方案，部分水电丰富地区还可以采用水电或者抽水蓄能与风电进行互补，同时风电配套储能也是一种缓解的方案，但是大基地风电规模大，配套储能成本目前还偏高。

采用特高压对大规模风电基地进行长距离输送，是我国解决弃风限电的主要措施。我国在未来将重点加快特高压骨干通道建设，统筹推进能源基地外送特高压直流通道和特高压交流主网架建设，提升通道利用效率和跨区跨省电力交换能力，提高电网安全运行水平和抵御严重故障的能力。"十四五"规划建设的陕西榆林—湖北武汉、甘肃—山东、新疆—重庆等 3 条特高压直流输电线路，加上现有的酒泉—湖南、新疆哈密—郑州、蒙东上海庙—山东、扎鲁特—青州等特高压线路，将对"三北"地区风电基地的风电外送起到促进作用，极大缓解当地风电消纳问题。

2.4.3 基地的环境效益与影响

风能作为一种替代能源，其大规模开发能减少温室气体的排放、减弱温室效应，从而带来巨大的经济效益和环境效益。然而，随着风能产业的规模化发展，它对大气边界层的影响亦越来越引起重视。这意味着，科学合理地规划开发、避免产生区域性气候环境的负面影响,是我国风电产业发展必须面对的问题。

风电机组主要在大气边界层的近地层 200m 以下高度范围运行。国外有关观测及模拟研究表明,风电场通过改变地表粗糙度、增加大气边界层湍流摩擦力等方式,进而改变局地气象要素、地表和大气之间的热量交换。风电场将风能转换为电能的过程,将改变大气能量、动量和质量的交换和传输,从而改变近地大气环境的温度。同时,以往很多针对国外风电的研究表明,风电场可以引起局地温升效应。大型风电基地会引起近地层大气的垂直掺混,从而引发大气边界层内主要气象要素的变化。首先,降低了风电场场区的风速,减少风电基地的发电量,从而增加了的经济损失;其次,近地层的白天冷却效应、夜间温升效应,可能会改变地表微气候环境,从而影响地表植被或动物生长或生存;最后,大气边界层高度的增加,有可能利于大气污染物的垂直扩散,进而改善空气质量。

大型陆上风电基地位于"三北"地区,是我国比较干旱的地区,生态环境脆弱,生态恢复能力较弱。风电场在建设过程中,地基开挖、集电线路和道路建设、吊装平台建设等都会破坏当地植被和环境。因此,有研究人员建议在大型风电基地规划过程中,将风电场的集电线路和道路进行统一规划,避免重复建设,既能降低建设成本,又可以对当地环境减少破坏。另外,由于国家加强了对生态环境的保护,大量的优秀风能资源区域成为生态保护区,属于禁止开发的区域,因此,大规模风电基地在建设过程中涉及的敏感区域不断增加。

2.4.4 建设条件与成本

我国风电基地大部分位于"三北"地区,地形条件相对南方山地,具有风资源条件较好,工程建设难度和成本低的优势,但外送往往比较困难,造成一定的弃风限电的现象,影响了大规模风电基地投资业主的经济效益。在大规模风电基地规划建设过程中,由于区域较大,往往有矿藏、风景区、少数民族聚居区等敏感性约束条件,在规模用地过程中,也需要重点考虑。

近年来风电建设成本在自身技术水平提升下不断下降,比十年前降低了近30%,风电的度电成本在电力市场中优势逐渐增强。未来大型风电基地开发将呈现"风—光—储一体化",甚至增加水电和火电等综合能源基地的发展趋势,同时配套一系列措施保证电力稳定地外送,配套工程成了大规模风电基地建设成本中的一部分,将会影响其度电成本。

2.4.5 基地规划级别

大规模风电基地建设一般会有国家或者当地政府配套的政策,有利于风电工程项目的推进。"三北"地区地区风能资源开发是我国"西部大开发"和"西电东输"战略中的重要步骤。这些地区风能资源丰富,可利用的风能资源占全国陆上风电的80%,是我国陆上风电开发的主要区域,之前因弃风率高居不下而被暂停开发。近年来随着特高压线路的建设,风电外送通道被打通,"三北"地区陆续被解禁,各大发电企业开始了"重返三北"的建设布局。

我国沿海地区经济发达，用电需求旺盛，在未来控制碳排放的政策引导下，必须有新的电源代替传统火电，海上风电成了最佳选择。与陆上风电相比，海上风电具有容量系数高、可大规模发展、消纳能力强等优势。据测算，海上风电的年平均发电时间为3000h，且不占用陆地面积，开发海域广，故可建设海上风电基地形成规模效应。从消纳角度看，东南沿海地区作为中国主要的电力负荷中心，电网结构成熟，具有明显的消纳优势。我国近年来大力推进海上风电发展，江苏、山东、浙江、福建、广东等沿海地区也相继规划建设千万千瓦级的海上风电基地。

2.5 宏观选址存在的问题与后评估

1．项目可行性分析中存在的问题及措施

（1）可行性分析的深度不够。可行性分析的深度不够主要表现在：研究得不深不透，论点不鲜明，论据不充分，论述不详细，定性描述多，定量计算差少，致使可行性分析"走过场"或只重视技术方案的评估而忽视经济效益分析评价的现象。例如：缺少生产规模确定原则和计算过程；缺少设计方案的确定原则；缺少主要设备的计算方法；在经济评价中，对基础数据的来源不调查、不研究、不分析其可靠性和真实性等，这些问题使评估者难以从可行性分析中找出研究的要点和结论。

（2）可行性分析方法和指标等不够合理和科学。建设项目的经济可行性分析依赖于大量的数据，采用一定的评价指标进行论证，但在论证过程中，基础数据的可靠性和计算方法的科学性是困扰可行性分析可信度的大问题。例如，低估投资预算，高估收益，夸大技术和产品的先进性，缩短建设期和效益回收期，选择次要和辅助评价指标，回避主要指标，忽视敏感性分析和风险分析，评价方法单一，采用人工计算方法，不利于基础数据调整和多变量分析。

（3）可行性分析人员业务素质不足。可行性分析涉及诸多领域的知识，要求可行性分析人员掌握的理论知识和实践经验，由于我国开展这一工作时间不长，多数可行性分析人员来自工程一线，缺少系统的理论体系。需要定期对可行性分析人员业务培训，主要培训内容应包括可行性分析工作的程序、可行性分析报告的编制方法及内容、建设项目经济评价方法及相关软件应用等。

（4）突出技术经济评价，忽略社会环境评价。长期的基础上可行性分析重视项目的技术经济评价，由于技术本身就存在生态的问题，这就要求可行性分析中的评价，不仅要体现利益最大化原则，还要求评价系统建立在技术生态系统的架构之下，体现可持续发展观，以技术生态理念指导可行性分析。技术生态，以复杂的"社会—技术—自然"复合生态系统为对象，建立整体、协调、循环、自生的项目与环境间相互作用的生态机制，在系统范围内获取最高的经济效益和生态效益。

2．风电场规划设计后评估

我国风资源情况比较复杂，风电场规划设计的前期预测评估与风电场实际运行有一定的差距，开展风电场设计的后评估工作，就是对过去所做的风电设计工程进行分析和总结，从风电场实际运行中分析设计不足，发现新问题，寻求新方法，切实提高风电设计水平。

20 世纪 30 年代，最早的项目后评估活动始于美国。一般广义上的项目后评估是指对已经完成项目（或规划）的目的、执行过程、效益、作用和影响进行的系统、客观分析。通过项目活动实践的检查总结，确定项目的预期目标是否达到，项目或规划是否合理有效，项目的主要效益指标是否实现；通过分析评价找出成败的原因，总结经验教训；通过及时有效的信息反馈，为未来新项目的决策和提高完善投资决策管理水平提出建议，为后评价项目实施运营中出现的问题提出改进建议，从而达到提高投资效益的目的，为宏观决策和决策政策的实施提供科学依据。

风电场设计后评估工作主要评估设计工作的程序和依据，总体设计的指导思想和设计方案的优化，设计的科学性，技术的先进性、可行性，经济的合理性，概算编制的准确性等。精心选择一批有代表性的风电场，进行勘测设计后评估。一方面，与业主主动沟通，了解风电场实际运行中的新问题和新动向，赢得业主的信赖与支持，达到售后服务和拓展市场的目的；另一方面，积极进行风电现场数据的收集和整理，比较运行数据和设计参数之间的差异，深入分析问题原因，进一步优化风电场设计，切实提高风电场运行效率和年发电量，提高技术水平，保持技术领先。

第3章　风能资源测量与评估

风能资源的开发和利用过程中，风能资源的测量与评估处于十分重要的位置，主要表现在风电场规划设计、风电场微观选址、风电场风况实时监测、超短期预测、数值预报模式、预报输出数据比对和数值模式参数校正等方面。风电场大都位置偏远，处于电网末端，电网接纳能力较弱，风电外送的能力受到制约。当风电满发时，电网调节能力有限，无法消纳大规模风电，为保障电网的安全稳定，特定时候需要适当弃风限电。因此，通过对风电场气象要素资料，尤其是风速进行测量和收集，能够对弃风限电的风电场发电损失进行有效评估，提高风电场的运营管理水平。对风能资源进行测量和评估，直接关系到风电场效益，是风电场建设成功与否的关键。本章就风能资源测量与评估问题进行描述。

3.1　测　风　步　骤

现场测风的目的是获取准确的风电场选址区的风况数据，要求数据具有代表性、精确性和完整性。因此，应制订严格的测风计划及步骤。

1. 制定测风原则

为了能够确定在各种时间和空间条件下风能变化的特性，需要测量风速、风向及其湍流特性；为进行风电机组微观选址，根据建设项目规模和地形地貌，需要确定测风点及塔的数量、测风设备的数量。

测风时间应足够长，以便分析风能资源的日变化和年变化，还应借助与风电场有关联的气象台、站长期记录数据以分析风的年际变化。

测风时间应连续，至少 1 年以上，连续漏测时间应不大于全年的 1％。有效数据不得少于全部测风时间的 90％。采样时间为 1s，每 10min 计算有关参数并进行记录。

2. 选定测风设备

由于野外工作性质，应选用精度高、性能好、功耗低的自动测风设备。设备应具有抗自然灾害和人为破坏、保护数据安全准确的功能。

3. 确定测风方案

风电场测风方案是实施风电场测风的基础，风电场测风方案的好坏将直接影响测风的准确性和可靠性，其编制应符合国家和行业的有关技术标准和规定以及项目建设单位、当地政府的有关要求等。方案应能使风电场的测风达到 GB/T 18709—2002《风电场风能资源测量方法》和《风电场风能资源测量和评估技术规定》（发改能源〔2003〕1403 号）中的有关要求，测风数据能满足风电场风能资源评估和工程设计要求。风电场测风方案一般应包括：项目目的及任务由来；风电场项目简况；项目有关依据和开发原则；测风工作深度；测风范围的确定；测风塔及测风设备布置；技术要求；工作内容；工作进度计划等。

测风方案依测风的目的可分为短期临时测风方案和长期测风方案。短期方案可设立临时测风塔，测风高度一般为 10m 高度和预计轮毂高度；长期方案则需设立固定的多层塔，测风塔一般要求上、下直径相等的拉线塔，伸出的臂长是塔身直径的 6 倍以上，但有的预选风电场是用自立式塔（桁架式结构），下粗上细，臂长要求是塔身直径 3 倍以上，而测风高度有多种选择。

对于复杂地形，需增设测风塔及测风设备数量，视现场具体情况定。每个风电场应安装一个温度传感器和一个气压传感器，安装高度为 2～3m。

4. 确定测风位置

测风塔应尽量设立在能够代表并反映风电场风况的位置。测风应在空旷的开阔地进行，尽量远离高大树木和建筑物。在选择位置时应充分考虑地形和障碍物影响。最好采用 1：10000 比例地图或详细的地形图确定测风塔位置。如果测风塔必须位于障碍物附近，则在盛行风向的下风向与障碍物的水平距离不应少于该障碍物高度的 10 倍；如果测风塔必须设立在树木密集的地方，则至少应高出树木顶端 10m。

5. 提取、存储和保存测风数据

测风数据应及时提取，按数据存储卡容量，一般 30～45 天提取一次，为保险起见，最好每月提取一次。数据存储卡替换下来后，应及时提取并存储其中的数据以免造成数据意外丢失。提取数据应备份保存，除正在分析使用的之外，至少备份两份保存归档（磁盘、光盘），分别存放在安全地方，避开可能导致数据丢失的环境如静电、强磁场和高温等。

6. 记录测风数据文件

测风数据提取后，每次以文件形式保存并对其进行编号。记录编号内容：数据文件名称、数据采集开始及结束时间、风电场所在地名称、风电场名称、测风塔编号、测风塔海拔及经纬度等。

3.2　测　风　塔

1. 测风塔作用与结构

前期开发过程中，测风塔主要用于风电场的风能资源评估和微观选址。风电场投运后，测风塔主要用于风电场的气象信息实时监视和发电能力预测。

测风塔架主要有桁架式拉线塔架和圆筒式塔架等两种结构型式，如图 3-1、图 3-2 所示。目前，国内大多数采用桁架式拉线塔架结构型式。测风塔的安装地理位置可选择在拟建风电场的中央或风电场的外围 2～3km 处。用于风能资源开发利用的测风塔架上搭载的设备主要是气象要素实时监测系统，包括多种气象要素测量传感器、数据采集模块、通信模块等，具备分层梯度测量和采集风电场微气象环境场内的风、温度、湿度、气压等气象信息。

测风塔介绍

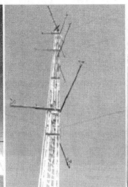

图 3-1　桁架式拉线塔架测风塔

2. 测风塔要求

测风塔应具备结构安全、稳定、轻便，易于运输、安装及维护，风振动小，塔影影响小及防腐、防雷电等特点；风电场基本（主）测风塔的高度应不低于今后风电场拟安装风电机组的轮毂高度；塔上应悬挂"请勿攀登"等明显的安全警示标志。测风塔应能抗击当地最大阵风冲击以及10～20年一遇的自然灾害（如暴雨、洪水、泥石流、凝冻结冰等）。对于有结冰凝冻气候的风电场，在测风塔设计、制作时应予以特别考虑。测风塔的型式可根据风电场的自然条件和交通运输条件，选用桁架形拉线塔、圆筒形拉线塔、桁架形自立塔中的一种，以满足测风要求为原则。测风塔的接地电阻应尽量满足相关标准的要求（小于 4Ω），若接地确有困难，可适当放宽其接地电

图 3-2　圆筒式塔架风
电场用测风仪

阻要求；对于多雷暴地区，测风塔的接地电阻应引起高度重视。

3. 风场区域内测风塔位置与数量选择

测风塔所选测量位置的风况应基本代表该风场的风况，测风塔位置既不能选在风场区域的较高处也不能选择较低的位置，所选位置应能代表场区内风电机组总体位置。测风塔附近应无高大建筑物、树木等障碍物，与单个障碍物距离应大于障碍物高度的 3 倍，与成排障碍物距离应保持在障碍物最大高度的 10 倍以上。测量位置应最好选择在风场主风向的上风向位置。

设立测风塔的目的是能够准确反映风场内风电机组位置的风能资源情况，所立测风塔周围环境要与风电机组位置的环境基本一致。这样他们之间就要遵循一定的相似准则，测风塔位置和风电机组位置之间的相似准则主要从大气环境和地理特性两个方面来说。大气环境相似，即整体的区域风况、风的驱动力、大气稳定等情况相似；地形相似，即地形复杂度、海拔及周边、背景粗糙度等情况相似。

规划区域内测风塔数量根据风场规模和地形复杂程度而定。一般来说，具有均匀粗糙度的平坦地形 50～100km² 面积范围内考虑在场中央安装一座测风塔即可。如果场区内地表粗糙度在中间衔接发生急剧变化，测风塔应避开此类地区，在地表粗糙度变化前和变化后分别安装测风塔；丘陵及山地地形 30～40km² 范围考虑一个测风塔。

　　对于在宏观选址已确定的风电场区域，首先获取 1∶50000 的风电场区域地形图，根据风电场区域给定的各个拐点坐标，确定风电场在地形图上的具体位置，并扩展到半径外沿 5km 的范围，根据等高线的多少、疏密和弯曲形状以及标注的高程等对风电场的地形地貌进行分析，确定风电场区域内的高差和坡度，找出影响风力变化的地形特征，如高山、丘陵以及其他障碍物。

　　风电场区域的地形一般分为平坦地形和复杂地形。平坦地形是指在风电场区及周围半径 5km 范围内其地形高度差小于 5m，同时地形最大坡度小于 3°的地形。复杂地形指平坦地形以外的各种地形，可分为隆升地形和低凹地形。地形局部特征的变化对风的运动有很大的影响，这种影响在总的风能资源图上无法表示出来，需根据实际情况做进一步的分析。

　　在隆升地形处，由隆升地形气流运动特点可看出，在盛行风向吹向隆升地形时，山脚风速最小，山顶风速最大，半山坡的风速趋于中间，均不能代表风场的风速，故应在山顶、半山坡和山脚的来流方向分别安装测风塔。

　　在低凹地形处，由低凹地形的气流运动机理可看出，只有在盛行风向与低凹地形的走向一致，低凹地形内的气流方能加速，适宜建设风电场，否则谷内的气流变化较复杂，不宜建设风电场。故应将测风塔设在低凹地形盛行风向的上风入口处，测风数据才具有代表性，然后根据气流运动机理和风速场数学模型估测出其他地段的风速。

　　根据当地的水文地质资料，测风塔应避开土质较松、地下水位较高的地段，防止在施工中发生塌方、出水等安全事故。

　　在风向稳定的地区，对风电机组和测风塔的微观选址没有太大的影响，主要取决于地形地貌和当地盛行方向。对于没有固定盛行方向但风况又较好的地区，应根据地形地貌条件适当增加测风塔的数量。

　　现场所安装测风塔的数量一般不能少于两座。若条件许可，对于地形相对复杂的地区应增至 4～8 座。一般测风方案依选址的目的而不同，若是要求在选定区域内确定风电场场址，则可以采用临时方案，安装一个或几个单层安装测风仪的临时塔。该塔可以是固定的，也可以是移动的，测风仪应安装在 10m 或大约风电机组轮毂高度处（30～70m）；若测风的目的是要对风电场进行长期风况测量及对风电场风电机组进行产量测算，则应采用设立多层测风塔长期测量有关数据。

　　4. 测风塔测风设备布置

　　测风塔一般应布置不少于 3 层的风速观测，是否需要布置风向、温度、气压、湿度等气象要素观测应以满足今后风电场风能资源评估和设计的有关要求为原则。对于风电场的基本（主）测风塔一般除布置有风速观测外，还布置 2～3 层风向观测，若风电场还有其他气象要素需进行观测，一般也布置在基本（主）测风塔上。

对于一座70m高度的测风塔，风速观测若设置3层，则一般考虑在10m、40m（或50m）、70m高度设置；若设置4层，则一般考虑在10m、30m、50m、70m高度设置；若设置5层，则一般考虑在10m、30m、50m、60m、70m高度设置；若设置6层，则一般考虑在10m、25m（或30m）、40m、50m、60m、70m高度设置；若设置7层，则一般考虑在10m、20m、30m、40m、50m、60m、70m高度设置。测风塔的风向观测布置，若布置两层，一般布置在测风塔的10m高度和顶层高度。

3.3　测　风　系　统

风电场选址时，当采用气象台、站所提供的统计数据时，往往只是提供较大区域内的风能资源情况，而且其采用的测量设备精度也不一定能满足风电场微观选址的需要，因此，一般要求对初选的风电场选址区用高精度的自动测风系统进行风的测量。

3.3.1　测风系统技术要求

对风电场进行测风时，除需对风速、风向进行测量外，一般还会在风电场设置1～2套测量温度、气压、湿度等气象要素观测的设备。其测量要求如下：

（1）风速参数采样时间间隔应不大于3s，并自动计算和记录每10min的平均值和标准偏差以及每10s内的最大风速及其对应的时间和方向。

（2）风向参数采样时间间隔应不大于3s，与风速参数采样时间同步，并自动计算和记录每10min的风向值。风向转动一周为360°；也可以采用扇区表示，一般将风向转动一周分为16个扇区，每个扇区为22.5°。

（3）温度参数应每10min采样一次，并计算和记录每10min温度值（温度单位一般采用℃）。

（4）气压参数应每10min采样一次，并计算和记录每10min的气压值（气压单位一般采用kPa或hPa）。

（5）相对湿度参数应每10min采样一次，并计算和记录每10min的相对湿度值（%）。

3.3.2　测风系统组成

自动测风系统主要由传感器、主机、数据存储装置、电源、安全与保护装置5部分组成。

（1）传感器分风速传感器、风向传感器、温度传感器（即温度计）、气压传感器等。输出信号为频率（数字）或模拟信号。

（2）主机利用微处理器对传感器发送的信号进行采集、计算和存储，由数据记录装置、数据读取装置、微处理器、就地显示装置组成。

（3）由于测风系统安装在野外，因此数据存储装置（数据存储盒）应有足够的存储容量，而且为了野外操作方便，采用可插接形式。一般系统工作一定时间后，将已存有数据的存储盒从主机上替换下来，进行风能资源数据分析处理。

（4）测风系统的电源一般采用电池供电，为提高系统工作可靠性，应配备一套或两套备用电源，如太阳电池等，主电源和备用电源互为备用，当某一故障出现时可自动切换。对有固定电源地段（如地方电网），可利用其为主电源，但也应配备一套备用电源。

（5）安全与保护装置由于系统长期工作在野外，输入信号可能会受到各种干扰，设备会随时遭受破坏，如恶劣的冰雪天气会影响传感器信号、雷电天气干扰传输信号出现误差，甚至毁坏设备等。因此，一般在传感器输入信号和主机之间增设保护和隔离装置，从而提高系统运行可靠性。另外，测风设备应远离居住区，并在离地面一定高度区内采取措施进行保护以防人为破坏。主机箱应严格密封，防止沙尘进入。

总之，测风系统应具备：设备有较高的性能和精度，系统有防止自然灾害和人为破坏、保护数据安全准确的功能。

3.3.3　传感器定义与特性

传感器是指能感受规定的被测量并按照一定的规律转换成可用输出信号的器件或装置，通常由敏感元件和变换元件组成。

由于电信号便于测量、传输、变换、储存和处理，因此气象传感器一般为电信号输出。输出的电信号通常有电压、电阻、电容、电流、频率等。气象传感器是直接从信号源（大气中）获得信息的前沿装置，传感器是否准确、可靠是影响自动气象站观测结果的关键。

传感器一般由敏感元件、变换元器件组成。变换元件也称变换器或变送器，有时将变换器也作为传感器的一部分。

（1）敏感元件。敏感元件是直接感受（响应）被测量，并输出与被测量成确定关系的电或非电的信号的元件。

（2）变换器元件。变换器元件接受敏感元件输出的信号，转换为标准电信号输出的器件。

并非所有传感器都包括敏感元件和变换器两部分，例如热敏电阻将被测量温度直接转换成电阻输出，因此热敏电阻同时兼任变换器功能。传统的传感器、变换器是单独的一部分，而新型固态电路传感器常将变换器与敏感元件集成在一块半导体芯片上。

传感器将输入的被测量参数转换为电信号输出，这种输出与输入关系是传感器的基本特性。

1. 线性度

理想情况下，输出与输入应该为线性关系，线性的特性便于显示、记录和数据处理。但通常传感器的输出与输入关系并非线性，一般可用多项式方程表示为

$$y = a_0 + a_1 x + a_2 x^2 + \cdots + a_n x^n \tag{3-1}$$

式中：a_0 为零位输出；a_1 为传感器的灵敏度；a_2，a_3，$\cdots$，a_n 为非线性特定系数。

实际使用中，当非线性项方次不高或非线性项的系数很小且输入量程不大时，常用一条称为拟合直线的割线或切线来代替实际的特性曲线，但更多的是使用变换器使之线性化，或用计算机直接计算。

2. 灵敏度

传感器在稳态工作时，输出量变化值 Δy 与相应的输入量变化值 Δx 之比，称为传感器的灵敏度 K，计算式为

$$K = \frac{\Delta y}{\Delta x} \tag{3-2}$$

3. 响应时间（滞后时间）

通常传感器用来测量某一被测参数时，都不能立即响应该参数的真实情况，它总是逐渐接近被测参数的真实情况，这种滞后现象称为传感器的滞后性或惯性。当被测参数发生阶跃变化时，传感器对它的响应表示为

$$Y = A\left[1 - e^{(-t/\lambda)}\right] \tag{3-3}$$

式中：Y 为传感器示值经历时间 t 之后的变化值；A 为阶跃变化的幅度；t 为从该阶跃变化开始所经历的时间；λ 为该传感器（系统）的时间常数。

4. 分辨率

传感器测量时能给出被测量值的最小间隔，分辨率要求能满足气象测量就行，例如空气温度测量分辨率 $0.1℃$ 就达到要求，没有必要细到 $0.01℃$。

5. 量程

传感器测量时能给出被测量值的最大范围。量程范围根据被测气象要素的要求而定，例如测量气温要求传感器量程为 $-50 \sim 50℃$，而测量地表温度时量程范围应更大些。

6. 漂移

传感器特性发生变化称为漂移，一般分时漂和温漂等两种。时漂是指当输入量不变时，传感器输出量在规定的时间内发生的变化。温漂是外界环境温度变化引起传感器输出量的变化，温漂又分零点漂移与特性（例如灵敏度）漂移。

3.3.4　风向测量

1. 风向表示

气象上把风吹来的方向定为风向。因此，风来自北，称作北风；风来自南方，称作南风。气象台预报风向时，当风向在某个方向左右摆动不能确定时，则加"偏"字，如在北风方位左右摆动，则叫偏北风。风向测量单位，陆地一般用 16 个或 12 个方位表示，海上则多用 36 个方位表示。若风向用 16 个方位表示，则用方向的英文首字母的大写的组合来表示方向，即北东北（NNE）、东北（NE）、东东北（ENE）、东（E）、东东南（ESE）、东南（SE）、南东南（SSE）、南西南（SSW）、

西南（SW）、西西南（WSW）、西（W）、西西北（WNW）、西北（NW）、北西北（NNW）、北（N）。静风记"C"。也可以用角度来表示，以正北基准，顺时针方向旋转，东风为 90°，南风为 180°，西风为 270°，北风为 360°，如图 3-3 所示。

　　各种风向的出现频率通常用风玫瑰图来表示。风玫瑰图是在极坐标图上，给出某年、某月或某日各种风向出现的频率（数字沿半径线标注），称为风向玫瑰图。风向玫瑰，既可画成一天中每个小时的，又可画成逐月的。分析比较一系列这样的图，就可以掌握一天或一年中风向的变化。同理，统计各种风向上的平均风速和风能的图分别称为风速玫瑰图和风能玫瑰图。风向频率和风能频率以玫瑰图表示，如图 3-4 和图 3-5 所示。风速和风向频率也可以用柱状图表示，如图 3-6 所示。

$$风向频率 = \frac{某风向出现次数}{各风向总观测次数} \times 100\% \qquad (3-4)$$

$$风能频率 = \frac{某风向风能}{各风向总风能} \times 100\% \qquad (3-5)$$

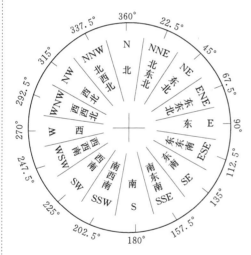

图 3-3　方位风向

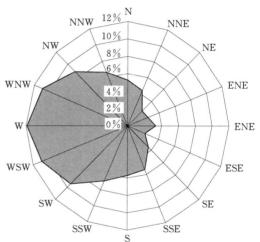

图 3-4　某风场风向频率玫瑰图

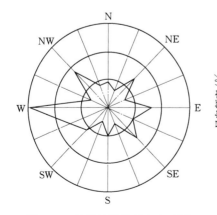

图 3-5　某风场风能频率玫瑰图

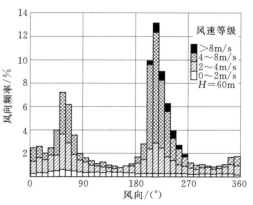

图 3-6　风速和风向频率柱状图

根据当地多年观测资料的年风向玫瑰图中，风向频率较大方向为盛行风向。以季度绘制的可以有四季的盛行风向。

2. 风向标

风向标是测量风向的最通用的装置，有单翼型、双翼型和流线型等。风向标一般是由尾翼、指向杆、平衡锤及旋转主轴等4部分组成的首尾不对称的平衡装置。其重心在支撑轴的轴心上，整个风向标可以绕垂直轴自由摆动。在风的动压力作用下取得指向风的来向的一个平衡位置，即为风向的指示。传送和指示风向标所在方位的方法很多，有电触点盘、环形电位、自整角机和光电码盘等4种类型，其中最常用的是码盘。风向标如图3-7所示。

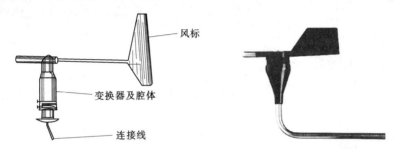

图 3-7 风向标

3.3.5 风速测量

3.3.5.1 风速仪

测量风速的仪器称为风速仪，其类型有多种，根据工作原理可分为旋转式风速仪、压力式风速仪、声学风速仪、激光雷达测风仪、散热式风速仪。

1. 旋转式风速仪

它的感应部分是一个固定转轴上的感应风的组件，常用的有风杯和螺旋桨叶片两种类型。风杯旋转轴垂直于风的来向；螺旋桨叶片的旋转轴平行于风的来向。

测定风速最常用的传感器是风杯，杯形风速计的主要优点是它与风向无关，能够适应多种恶劣的环境，所以百余年来获得了世界上广泛的采用，如图3-8所示。该类型风速计一般由3个或4个半球形或抛物锥形的空心杯壳组成。杯形风速计固定在互成120°的三叉星形支架上或互成90°的十字形支架上，杯的凹面顺着同一方

测风仪器
介绍

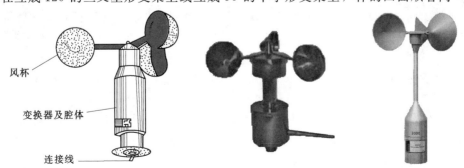

图 3-8 风杯式风速仪

向，整个横臂架则固定在能旋转的垂直轴上。

由于凹面和凸面所受的风压力不相等，风杯受到扭力作用而开始旋转，它的转速与风速有关。推导风标转速与风速的关系可以有多种途径，通常在设计风速计时要进行详细推导，但都要用到杯状测风的阻力公式，即

$$F_{\mathrm{D}} = \frac{1}{2} C_{\mathrm{D}} A \rho_{\mathrm{a}} v^2 \tag{3-6}$$

式中：C_{D} 为阻力系数；A 为杯状物暴露在风中的面积，m^2；ρ_{a} 为空气密度，$\mathrm{kg/m}^3$；v 为风速，$\mathrm{m/s}$。

图 3-9 旋转桨叶式风速仪

螺旋桨式风速仪类似于水平轴风电机组工作一样，有主要靠升力工作的螺旋桨式的风速仪，如图 3-9 所示。桨叶式风速表是由若干片桨叶按一定角度等间隔地装置在一垂直面内，能逆风绕水平轴转动，其转速正比于风速。桨叶有平板叶片的风车式和螺旋桨式两种。最常见的是由三叶式或四叶式螺旋桨，装在形似飞机机身的流线形风向标前部，风向标使叶片旋转平面始终对准风的来向。叶片由轻质材料制成，如铝或碳纤维热塑料。桨叶旋转方向始终正对风向，在流向平行于轴的气流中，桨叶受到升力，从而使螺旋桨以与风速成正比的速度旋转。为测量风的垂直和水平分力，3 个桨叶固定在一个共同的椓杆上。可用余弦定律来表示螺旋桨轴随风向偏转的变化，这意味着垂直于螺旋桨轴的速度可被置为零。螺旋桨式风速仪可以保持转速与所测风速间相当好的线性关系。与多叶片风速表相比，它的启动风速较高，因而灵敏度要差些。

风杯式风传感器与螺旋桨式风传感器在性能方面的比较如下：

（1）在风杯的断面总面积和螺旋桨叶的总面积相等，力的作用半径也相同的情况下，螺旋桨的力矩为风杯力矩的 1.5 倍，所以螺旋桨式风传感器的效率大于风杯式风传感器的效率。

（2）螺旋桨式仪器的刻度，几乎与雷诺数 Re 无关，所以在湍流中工作时，线性和稳定性都比较好。而风杯受 Re 的影响较大，而且风杯本身就是空气流的扰动源。试验表明，风杯式仪器的读数，随乱流的强度而变化，这是风杯式传感器的突出缺点。

（3）螺旋桨叶轮的距离常数与桨叶数无关，而风杯则不然。

（4）在同样条件下，螺旋桨叶轮所造成的气流平均速度偏高，比风杯式的小 1.4 倍。

（5）螺旋桨式叶轮在风为正或者是负的阵型时，其效率差不多，而风杯叶轮则以较高的效率感应递增的风速，对递减的风速感应效率较低。

（6）使用螺旋桨式风传感器时，由于其风向标的摆动不能精确地对准风向，而产生侧面分量，会部分地降低平均风速，这可以认为是有益的因素。

（7）螺旋桨的技术要求比风杯严格，制造工艺也较风杯复杂，所以成本比风杯高得多。

（8）螺旋桨风传感器风向标转换器为电位器，外加一个激励电压，电位器输出的风向信号是一个正比于尾翼转动角度的模拟电压值，精度难以达到很高的要求；风杯式传感器的转换器为格雷码盘，每一个格雷码代表一个风向，并且每次只能变化一位，有助于消除乱码，因此精度可以做到很高。

综上所述，螺旋桨的理论和实验特性均好于风杯，但出于性能、价格及精度方面的考虑，人们往往选用后者。

2. 压力式风速仪

测量气流速度最常用的仪器，是由皮托管演变而来的。皮托管是一根圆柱形管子，一端开口，另一端连在压力计上，用以测量气流总压。这种管子是 H. Piston 在 1872 年用来测量河流的水深和流速关系的。

皮托静压管测速原理如图 3-10 所示，一个管口迎着气流的来向，它感应着气流的全压力 p_0；另一个管口背着气流的来向，所感应的压力为 p，因为有抽吸作用，比静压力稍低些。两个管子所感应的压力差 Δp 为

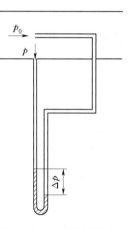

$$\Delta p = p_0 - p = \frac{1}{2}\rho V^2 (1+c) \qquad (3-7)$$

$$v = \left[\frac{2\Delta p}{\rho(1+c)}\right]^{1/2} \qquad (3-8)$$

式中：ρ 为空气密度，kg/m^3；v 为风速，m/s；c 为修正系数。

由式（3-8）可计算出风速，可看出风速与风压不是线性关系。

图 3-10 皮托管测流速工作原理

3. 声学风速仪

超声波测风是超声波检测技术在气体介质中的一种新应用，它和传统机械式测风仪相比，超声波测风仪测风过程中无机械磨损，理论上无启动风速，反应速度快、测量精度高、分辨率高、维护成本较低、能测量风速中的高频脉动成分。由于它很好地克服了机械式风速风向仪固有的缺陷，能全天候、长久地正常工作，故越来越广泛地得到使用，它将是机械式风速仪强有力的替代品。

（1）超声波流量测量原理。声学风速仪是利用声波在大气中的传播速度与风速间的函数关系来测量风速。声波在大气中传播的速度为声波传播速度与气流速度的代数和。它与气温、气压、湿度等因子有关。在一定距离内，声波顺风与逆风传播有一个时间差。由这个时间差，便可确定气流速度。

声波风速仪通常设置 3 个手臂，彼此垂直安装，在臂端安装了传感器，通过空气向上或向下发出声波信号。运动空气中的声速不同于静止空气中的声速。用 v_s 表示静止空气中的音速，v 表示风速。如果声音和风向同一方向移动，则由此产生

的声波速度 v_1 可表示为

$$v_1 = v_S + v \qquad (3-9)$$

同样，如果声波的传递与风向相反，则由此产生的声波速度 v_2 可表示为

$$v_2 = v_S - v \qquad (3-10)$$

根据式（3-9）和式（3-10），可得出

$$v = \frac{v_1 - v_2}{2} \qquad (3-11)$$

（2）直接时差法三维测风原理。使用直接时差法的三维超声波风速风向仪在硬件结构上，与二维超声波风速风向仪的区别仅是多了一对超声波探头，以用作两个方向上风速值的获取，实现较为简单，由 6 只超声波传感器分成 3 组，分别沿空间直角坐标系的 x、y、z 三个轴相对放置。

设风速为 v，在 x、y、z 轴向上的速度分量分别为 v_x，v_y，v_z，c 为超声波传播速度；取空间中任一位置 (x,y,z)，令 t 为声波从原点传播至 (x,y,z) 所需的时间，那么有

$$(x - v_x t)^2 + (y - v_y t)^2 + (z - v_z t)^2 = c^2 t^2 \qquad (3-12)$$

$$v_x^2 + v_y^2 + v_z^2 = v^2 \qquad (3-13)$$

测量中为简化计算，要求传播距离远大于声波波长，这点一般可以得到保证。具体到某个坐标轴向上，如 z 轴上点 $(d,0,0)$，此处 d 即为两个探头间的距离，将 (x,y,z) 和 $(d,0,0)$ 代入式（3-12），有

$$\frac{d^2}{t^2} - \frac{2d}{t} v_x - (c^2 - v^2) = 0 \qquad (3-14)$$

求解，得 $\frac{d}{t} = \sqrt{c^2 - v^2 + v_x^2} + v_x$，设顺、逆风传播时间为 t_1、t_2，并使 v 本身恒为正，则

$$\frac{d}{t_1} = \sqrt{c^2 - v^2 + v_x^2} + v_x \qquad (3-15)$$

$$\frac{d}{t_2} = \sqrt{c^2 - v^2 + v_x^2} - v_x \qquad (3-16)$$

求解得 $v_x = \frac{d}{2}\left(\frac{t_2 - t_1}{t_2 t_1}\right)$。以此类推可得 v_y、v_z 值，代入式（3-13）即可得实时风速，通过矢量合成即可获得环境的三维风矢量。这种方法对于窄带的超声信号，基本消除了声速 c 的影响（即消除了温度的影响），只需测取行 t_1，t_2，便可以得到当前风速与风量关系。在 $0 \sim 65\text{m/s}$ 内测出的风速是可靠且准确的。但是，超声波测风仪比其他类型的风速仪更昂贵。三维超音速风速传感器如图 3-11 所示。

对于风速、风向的测量，在许多情况下，是风速和风向仪为一体的风速和风向传感器，如图 3-12、图 3-13 所示。

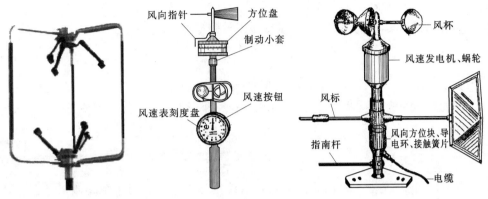

图 3-11 三维超音速	图 3-12 轻便风向风速表	图 3-13 EL 型风向风速计传感器
风速传感器		

4.激光雷达测风仪

按照激光器工作方式不同,多普勒测风激光雷达可以分为连续测风激光雷达和脉冲测风激光雷达。连续测风激光雷达和脉冲测风激光雷达的原理相同,都是通过回波信号中的多普勒频移反演风速信息。

激光雷达的多普勒效应,多普勒效应指的是当电磁波移向观察者时观测到的电磁波频率变高,在波源远离观察者时频率变低的物理现象。多普勒效应是测风激光雷达探测风场信息的基础。由于多普勒效应,当大气气溶胶粒子和大气分子相对于激光束运动时,接收到的散射光频率发生一定频移,该频移量不仅取决于发射激光束的频率,而且还与大气气溶胶和大气分子的相对运动速度、运动方向及散射角度相关。双基激光雷达多普勒原理示意图如图 3-14 所示。

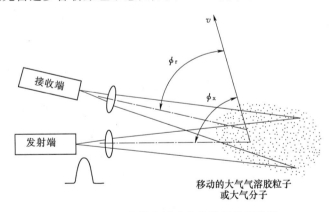

图 3-14 双基激光雷达多普勒原理示意图

当频率为 f_x(Hz)、波长为 λ(m) 的发射激光被携带大气风速信息 v(m/s) 的气溶胶粒子和大气分子散射时,由于多普勒效应,以气溶胶粒子和大气分子为参照系,激光器的发射频率为

$$f_p = f_x + \frac{v}{\lambda}\cos\phi_x \qquad\qquad (3-17)$$

式中：ϕ_x 为粒子运动方向与发射望远镜光轴方向之间的夹角。

同理以接收望远镜为参照系，散射激光的频率为

$$f_r = f_p + \frac{v}{\lambda}\cos\phi_r \qquad (3-18)$$

式中：ϕ_r 为粒子运动方向与接收望远镜光轴方向之间的夹角。

因此发射激光和接收激光之间频率存在一个差值，这个值就是激光多普勒频移，即

$$\Delta f = f_r - f_x = \frac{2}{\lambda}\frac{v(\cos\phi_x + \cos\phi_r)}{2} \qquad (3-19)$$

式（3-19）是由双端测风激光雷达系统推导出来的，对于单端测风激光雷达系统同样适用。令入射角和散射角之间满足 $\phi_x = \phi_r = 0$，即可得到单端系统中由风速造成的多普勒频移为

$$\Delta f = \pm\frac{2v}{\lambda} \qquad (3-20)$$

式中：正号为径向风速方向与粒子后向散射光方向一致；负号为径向风速方向与粒子后向散射光方向相反。

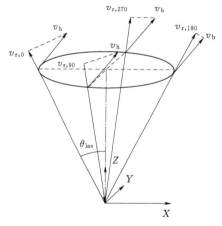

图 3-15　多普勒激光雷达测风示意图

式（3-19）建立了多普勒频移与大气风速之间的定量关系，通过探测多普勒频移量就可以反演得到大气的风速和风向。

实际上由多普勒激光雷达直接测到的是径向风速。雷达以 θ_{las} 的角度（$\theta_{las} = 15°$ 或 $30°$）向上做圆锥扫描，多普勒激光雷达测风示意图如图 3-15 所示，获取圆锥面上的径向风速 v_r，提取东南西北 4 个方位角上的径向风速 $v_{r,270}$、$v_{r,0}$、$v_{r,90}$、$v_{r,180}$，再结合扫描圆锥角 θ_{las}，利用三角函数关系即可得到水平风速 v_h（包括 X 轴分量 u 和 Y 轴分量 v）、风向 α 以及 Z 轴风速 ω，具体可以表达为

$$u = \frac{v_{r,90} + v_{r,270}}{2\sin\theta_{las}} \qquad (3-21)$$

$$v = \frac{v_{r,0} + v_{r,180}}{2\sin\theta_{las}} \qquad (3-22)$$

$$\omega = \frac{v_{r,0} + v_{r,90} + v_{r,180} + v_{r,270}}{4\cos\theta_{las}} \qquad (3-23)$$

$$v_h = \sqrt{u^2 + v^2} \qquad (3-24)$$

$$\alpha = \arctan\left(\frac{v}{u}\right) \qquad (3-25)$$

5. 散热式风速仪

当流体沿垂直方向流过金属丝时，将带走金属丝的一部分热量，使金属丝温度下降。根据强迫对流热交换理论，可导出热线散失的热量 Q 与流体的速度 v 之间存在关系式。标准的热线探头由两根支架张紧一根短而细的金属丝组成，金属丝通常用铂、铑、钨等熔点高、延展性好的金属制成。常用的丝直径为 $5\mu m$，长为 $2mm$；最小的探头直径仅 $1\mu m$，长为 $0.2mm$。根据不同的用途，热线探头还做成双丝、三丝、斜丝及 V 形、X 形等。为了增加强度，有时用金属膜代替金属丝，通常在一热绝缘的基体上喷镀一层薄金属膜，称为热膜探头。热线探头在使用前必须进行校准，静态校准是在专门的标准风洞里进行的，测量流速与输出电压之间的关系并画成标准曲线；动态校准是在已知的脉动流场中进行的，或在风速仪加热电路中加上一脉动电信号，校验热线风速仪的频率响应，若频率响应不佳可用相应的补偿线路加以改善。热线风速仪如图 3-16 所示。

图 3-16 热线风速仪

3.3.5.2 风速记录

风速记录是通过信号的转换方法来实现，一般采用以下方法：

（1）机械式。当风速感应器旋转时，通过蜗杆带动蜗轮转动，再通过齿轮系统带动指针旋转，从刻度盘上直接读出风的行程，除以时间得到平均风速。

（2）电接式。由风杯驱动的蜗杆，通过齿轮系统连接到一个偏心凸轮上，风杯旋转一定圈数，凸轮使相当于开关作用的两个触头闭合或打开，完成一次接触，表示一定的风程。

（3）电机式。风速感应器驱动一个小型发电机中的转子，输出与风速感应器转速成正比的交变电流，输送到风速的指示系统。

（4）光电式。风速旋转轴上装有一圆盘，盘上有等距的孔，孔上面有一红外光源，正下方有一光电半导体，风杯带动圆盘旋转时，由于孔的不连续性，形成光脉冲信号，经光敏晶体管接收放大后变成电脉冲信号输出，每一个脉冲信号表示一定的风的行程。光电式风速记录原理如图 3-17 所示。

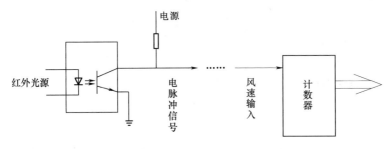

图 3-17 光电式风速记录原理图

3.3.5.3　风速表的标定

为了运行可靠，尽可能地减小风速表的测量误差，风速仪的定期标定是有必要的。校准是在理想条件下制定一个基准风速作为标准。风速仪测量数据质量取决于其自身特性，如精度、分辨率、灵敏度、误差、响应速度、可重复性和可靠性。例如，一个典型的杯状风速仪有 ±0.3m/s 的精度，风速的最微小的变化能被风速仪检测出，灵敏度即输出与输入信号的比值；误差来源于指示速度与实际速度之间的偏差；响应速度表明了风速仪检测到风速变化的快慢程度；重复性表明在相同的条件下多次测量时所读取数据的接近程度；可靠性表明在给定风速的范围内风速仪成功工作的可能性。风速仪的这些属性应当定期检查。

标定的方法有两种：①使用专门的热线探头标定仪进行标定；②在风洞中使用参考速度标定探头进行标定。第一种标定方法比较准确，但是由于设备所限，一般使用第二种方法对风速仪进行标定。

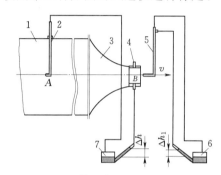

图 3 - 18　射流式校准风洞测量系统
1—稳流段；2—总压管；3—收敛性；
4—静压测孔；5—被标定的皮托管；
6、7—微压计

校准风洞有吸入式、射流式、吸入—射流复合式以及正压式等多种类型，其中最常用的是图 3 - 18 中的射流式校准风洞。射流式校准风洞有稳流段和收缩段构成，稳流段内装有整流网和整流栅格。供应给风洞的压缩空气先通过稳流段，在通过收缩段形成自由射流。

以皮托管风速的标定为例，被标定的皮托管感压探头迎风置于风洞出口处，其总压孔轴线对准校准风洞的轴线。标定时，皮托管动压读数为微压计示出的 Δh_1。相应的标准动压由安装在稳流段 A 处的总压管和开在射流段 B 处的静压孔组合测取，即为图 3 - 18 所示的 Δh。

在所选择的标定流速范围内，记录各稳定气流流速下校准风洞的标准动压值 Δh 和被标定皮托管的动压值 Δh_1。整理测定数据，结果被拟合成标定方程，或绘制成标定曲线，以备皮托管测量风速时查用。当 Δh 与 Δh_1 之间呈线性关系时，可以直接求出被标定皮托管的校准系数 ζ，即

$$\zeta = \sqrt{\frac{\Delta h}{\Delta h_1}} \qquad (3-26)$$

3.3.5.4　风速表示

各国表示速度单位的形式不尽相同，如用 m/s（米/秒）、n mile/h（海里/小时）、km/h（千米/小时）、ft/s（英尺/秒）、mile/h（英里/小时）等。各种单位换算的方法见表 3 - 1。

风速大小与风速计安装高度和观测时间有关。世界各国基本上都以 10m 高度处观测为基准，但取多长时间的平均风速不统一，有取 1min、2min、10min 平均风速，有取 1h 平均风速，也有取瞬时风速等。

表 3-1　各种风速单位换算表

单　　位	m/s	n mile/h	km/g	ft/s	mile/h
1m/s	1	1.944	3.600	3.281	2.237
1n mile/h	0.514	1	1.852	1.688	1.151
1km/h	0.278	0.540	1	0.911	0.621
1ft/s	0.305	0.592	1.097	1	0.682
1mile/h	0.447	0.869	1.609	1.467	1

我国气象站观测时有 3 种风速，一日 4 次定时 2min 平均风速，有的记 10min 平均风速和瞬时风速。风能资源计算时，都用记 10min 的平均风速。安全风速计算时用最大风速（10min 平均最大风速）或瞬时风速。

3.3.6　其他气象参数测量

1. 气温测量

风资源测量对温度传感器性能的有关规定在 NB/T 31147—2018《风电场工程风能资源测量与评估技术规范》中，温度传感器要求测量范围为 -40～50℃，精确度为 ±1℃。金属铂电阻温度表是利用金属电阻随温度变化的原理制成的温度传感器，电阻与温度的关系为

$$R_t = R_0(1 + \alpha t + \beta t^2) \tag{3-27}$$

式中：R_t 为温度 t 时的电阻；R_0 为 0℃时的金属电阻；α 和 β 为电阻的一次和二次项温度系数。

温度传感器的金属材料选择主要考虑：①温度一次项系数较大，即灵敏度较大；②电阻与温度关系的二次项系数 β 远远小于 α；③电阻率大，易于绕制高阻值的元件；④性能稳定。

由于铂金属的物理化学性能稳定，材料易于提纯，测温精确度高，复现性好，因此测风站主要采用铂电阻作为测温传感器的材料。在 0℃时，有 $R_0 = 100\Omega$，经过标定可得出 α 和 β 的值。

铂电阻元件用很细的铂丝绕在云母、石英和其他材料的架上，其外涂上防湿、防腐蚀的保护层，用银丝引出，装入金属外套管。为避免电感影响采用双线无感绕法。铂电阻变换器测量电路的功能，是将随温度变化的电阻值转换为电压信号，测量方法常用四线恒流源法。其测量原理如图 3-19 所示。

在测量时，恒流源 I_0 和运放电路处于稳定状态，通过切换测出铂电阻 R_t 和 R_0（标准电阻）输出的电压值分别为 U_t 和 U_0，计算为

$$\begin{cases} U_t = I_0 R_t \\ U_0 = I_0 R_0 \end{cases} \tag{3-28}$$

因此，R_t 为

$$R_t = R_0 \frac{U_t}{U_0} \tag{3-29}$$

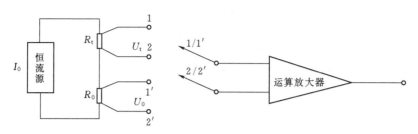

图 3-19　热电阻测温原理

将式（3-29）代入式（3-27）中，计算出温度 t。

为了避开贴地面温度剧烈变化的影响，世界气象组织（WMO）规定：测定气温用的，传感器离地面高度为 $1.25\sim2.0\text{m}$。由于风能资源测量的特殊性，故在风电场风能资源测量的标准中规定，气温测量要求离地高 3m。温度传感器如图 3-20 所示。

图 3-20　温度传感器

对于气温的测量，要求传感器只能与空气进行热交换，但由于太阳的直射辐射、地面的反射辐射，以及其他类型的天空辐射和长波辐射等的辐射热也介入到与传感器进行热交换，使得传感器指示的温度与实际气温有较大的差别。在白天太阳辐射强时使传感器温度远高于实际气温，在极端条件下，其差值可达到 25℃，夜间则偏低，因此减小辐射误差是气温观测中的关键问题。防止辐射误差的最简单方法是屏蔽，使太阳辐射和地面反射辐射等不能直接照射到传感器上，主要的屏蔽设备有百叶窗和防辐射罩等。

2. 气压测量

气压是作用在单位面积上的大气压力，即等于单位面积上向上延伸到大气上界的垂直空气柱的重量。大气压力测量的基本单位是帕斯卡（Pa，即牛顿每平方米）。常以百帕（hPa）为单位，取一位小数。气象上使用的所有气压表的刻度均应以 hPa 分度。在风电场测量中，依据风电场风能资源测量方法的标准，风电场的大气压单位为 kPa。

气压场分析是气象科学的基本需要，应该把气压场看成是大气状态的所有预报产品的基础。在条件允许的情况下，气压测量应该做到技术上能达到多高准确度就要求多高的准确度。必须保持在全国范围内气压测量和校准的一致性。风电场中所使用的气压传感器测量值作为本场气压。

在 NB/T 31147—2018 中，要求气压传感器测量范围为 $60\sim108\text{kPa}$，精确度为 $\pm3\%$。

在风电场测量中，风能资源数据记录仪采用在我国自动气象站中普遍采用的硅膜盒电容式气压传感器，在使用中，一般使用其电压输出类型。变容式硅膜盒是由薄层单晶硅用静电焊接方法焊接在一个镀有金属导电膜的玻璃片上，中间形成真空而组成硅膜盒，在薄层单晶硅片上靠近玻璃片两边处，用蚀刻方法形成硅膜，并对硅膜采用喷镀金属方法使其具有导电性，而使导电玻璃片与硅膜形成平行板电容器，分别为该平行板电容器的两个电极，如图 3-21 所示。

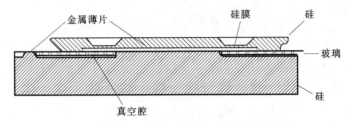

图 3-21　硅膜盒电容式气压传感器

在结构上，将该变容硅膜盒玻璃板片装在单晶硅层上，形成传感器的刚性基板，以使结构牢固，具有较好的抗机械和热冲击性能。由于传感器中所使用的硅材料和玻璃材料的热膨胀系数是彼此仔细匹配的，为使温度影响减到最小，在1000hPa 时设计它的温度影响为零，并在连续增温条件下进行热老化，使其长期稳定性增加到最大。因单晶硅材料具有理想的弹性特性，而该传感器中弹性变形仅使用到硅材料整个弹性范围的百分之几。故该传感器具有测量范围宽，滞差极小，重复性好以及无自热效应。当该变容硅膜盒外界大气压力发生变化时，单晶硅膜盒随着发生弹性变形，从而引起硅膜盒平行板电容器电容量的变化。该传感器的测量电路是RC 振荡器，在振荡器中有 3 个参考电容器。使用参考电容的目的是在连续测量过程中，用来检验电容压力传感器和电容温度补偿传感器。测量时，由多路转换器把 5 个参考电容器一次一个按顺序接到 RC 振荡器中去。因此，在一个测量周期中，可以测量到 5 个不同频率。气压传感器外观如图 3-22 所示。

图 3-22　气压传感器

3.3.7　测风仪器选择

（1）风速仪的测量范围为 0～60m/s，测量误差范围±0.5m/s，工作环境气温为-40～50℃。

（2）风向传感器的测量范围为 0°～360°，精确度±2.5°，工作环境气温为-40～50℃，安装时风向传感器应该定位在正北。

（3）数据采集器应具有本标准规定的测量参数的采集、计算和记录功能，应能在现场可以直接从外部观察到采集的数据，应具有在现场或室内下载数据的功能，应能完整保存不低于 3 个月采集的数据量，应能在现场工作环境温度下可靠运行。

（4）大气温度计测量范围在-40～50℃之间，精确度为±1℃。

（5）大气压力计测量范围在 60～108kPa 之间，精确度为±3%。

（6）数据采集器至少可以储存 6 个月的数据，并且在一座测风塔上安装了无线传输装置，每天给电子信箱发送一次一天的数据以便于观察测风仪器的运行情况。

3.3.8　测风设备安装

风速仪、风向标传感器分别安装在已确定高度处的测风塔上，为减小测风塔的塔影效应对传感器的影响，风速、风向传感器应固定在由测风塔塔身水平伸出的牢固支架上，传感器离塔体的距离：桁架式结构测风塔为塔架平面尺寸的 3 倍以上、圆管形结构测风塔为塔架直径的 6 倍以上，固定传感器的支架应进行水平校正。安装风速传感器的支架与测风区主风方向的夹角控制在 30°～90°。风向标应根据当地磁偏角修正，按实际北方向进行定向安装。风向标死区范围应避开主风方向。数据采集器应放置在安装盒中，安装盒应固定在测风塔上的适当位置（一般选在测风塔 8～10m 高度的位置），或者安装在现场的临时建筑物内；安装盒应具备防水、防冻、防腐蚀和防沙尘等特性。温度计、气压计、湿度计一般安装在测风塔 5～10m 高度的位置或现场临时气象观测装置内。

1. 风速和风向传感器

（1）把上层传感器安装在离塔架顶端至少 0.3m 的位置以减少潜在的塔影效应。

（2）传感器要安装在单独的横梁上。对安装在塔架侧面的传感器，支架应水平地伸出塔架以外至少 3 倍桁架式塔架的宽度，或 6 倍圆筒式塔架的直径。三角形桁架式塔架，塔架宽度指的是一个面的宽度。

（3）传感器安装在塔架主风向的一侧，如果有不止一个主风向，则安装在能减小塔架和传感器尾流影响的一侧。

（4）传感器的位置应在支架以上至少 8 倍支架直径的高度。对矩形截面的支臂，直径等于支臂垂直方向的长度。

（5）传感器泄水孔不能被垂直安装的杆件阻挡，以防止在冬季内部结冰。应该用管材而不是实体材料。

（6）风向标盲区（无记录区）的位置不能直对盛行风向。盲区的方向至少偏离主风向 90°，最好在基本方位上。

（7）塔架立起后要校验风向标死区。如果死区和安装支架对齐，应用罗盘校验到比较高的精度。

2. 温度传感器

（1）传感器要带护罩，安装位置离塔架表面至少一个塔架直径距离，以减小塔架本身热作用的影响。

（2）传感器在塔架上的位置要尽可能在盛行风向上，以保证足够的通风。

3. 数据采集器和相关硬件

（1）在数据采集器内放置干燥剂包以防潮。

（2）把数据采集器、连接电缆、通信设备放入安全的防护箱内，能够锁住并抵御恶劣天气。

（3）防护箱在塔架的安装位置要足够高，高于平均积雪深度，并能防止被故意破坏。

（4）如果用太阳能，要把太阳电池板放到防护箱之上以防阴影，朝向南方并接近直立以减少脏物堆积和在冬季太阳角度较低时能获得最大的能量。

（5）确保所有进设备防护箱的电缆都有滴水回路。

（6）密封防护箱的所有开口，如销口，以防止漏雨、昆虫和啮齿动物造成破坏。

（7）如果用移动通信，把通信天线放在容易够着的高度。

4．传感器连接和电缆

（1）用硅树脂密封传感器接线端口，用橡胶套保护以免直接暴露。

（2）把传感器电缆沿塔架长度方向缠绕并用抗紫外线的线绳或电气绝缘胶布绑住。

（3）在每个风速计和风向标端口加装金属氧化物压敏电阻作瞬时保护。

（4）为防止传感器导线和支撑构件（如拉绳塔架的地锚环）发生摩擦，用带子缠绕传感器导线并留有足够的长度。

5．接地系统

（1）在已有塔架上安装，把数据采集器的地线接到塔架的接地系统。

（2）在塔架上安装避雷针并通过导线接地。

（3）确保接地杆上没有绝缘涂层，如油漆、瓷釉。

（4）把所有的接地杆连在一起以保证电流连续，所有接地杆埋在地表以下。在有岩石的地方，使接地杆成45°，或埋入至少深6m的电缆沟，越深越好。关键是使其与土壤的接触面积达到最大。

（5）保护接地杆上端的土壤以及导线接触不受破坏，有冻土的地方，接地极要在冻土层以下。

（6）使用单点接地系统，确定土壤类型和阻抗等级，一般阻抗越低，接地越好。

（7）确保接地系统与土壤的阻抗小于100Ω，在所有接地连接处涂还原剂。

3.3.9 现场调试

现场测试包括两方面的工作：一是在斜拉式塔架立起之前或安装人员在塔架高处的时候，设备要经过测试，使其正常工作；二是安装完成后的功能测试。现场调试主要包括以下任务：

（1）确保所有传感器测得的数据合理。

（2）校验所有的系统电源都起作用，并确保数据采集器处于合适的长期供电状态。

（3）校验数据采集器的输入参数，包括测站编号、日期、时间和传感器的斜率与偏移量。

（4）校验数据获取过程。对移动电话信号传输系统来说，用办公地点的计算机下载数据，把传输的数据和现场读数做比较。

（5）记录离开的时间和所有观察到的相关事务。

3.3.10　文档记录

在测站信息记录中完整而详细地记录所有测站特性，包括数据采集器、传感器和支持构件的信息。主要包括以下信息：

（1）测站描述。包括一个唯一的测站编号，一份地图标明测站位置和海拔，纬度和经度，安装日期和调试时间。在站址选择或安装过程中应该确定测站的坐标，并用 GPS 接收器确认。坐标最好对经度和纬度精确到 $0.1'$（最低 100m），对海拔至少精确到 10m。这样能避免在地图上不注意标错测站的位置和从地图上读错坐标。

（2）测站设备清单。把所有设备（数据采集器，传感器和支持构件）的生产厂家、型号、出厂编号、安装高度和方向（包括移动电话天线和太阳电池板）。传感器信息应包括斜率和偏移量和数据采集器接线端口号。

3.3.11　测风运行管理

目前风电场测风数据的收集、传输一般采用自动方式，同时还可以远程监控。因此，在风电场测风运行期间，应随时注意测风数据、测风设备运行、数据传输是否正常，一旦发现异常，应及时进行处理。除进行远程监控外，还应定期或不定期到风电场现场对仪器设备进行检查，从测风记录存储卡上收集原始测风数据；若条件许可，还应在风电场当地选择至少一名工作人员不定期地对风电场测风设备进行巡视。风电场前期测风一般要持续一年以上，因此最好每个月对测风数据进行初步的整理分析，主要对测风数据的完整性、合理性、平均风速、平均风功率密度、风向分布等进行统计分析，发现测风过程中存在的问题，及时提出解决的方法和建议。

风电场在经历连续一年以上的正常测风后，对风电场测风资料进行全面的整理分析，提出风电场风能资源评估报告。为项目建设单位提出风电场的测风是否有必要继续进行，以及风电场是否具有开发价值等建设性意见。

3.4　测风数据处理

测风数据处理包括对测风数据的验证及计算处理等。

3.4.1　数据验证

在验证处理测风数据时，必须先进行审定，主要从数据的代表性、准确性和完整性着手，因为它直接关系到现场风能资源的大小。

对提取的测风数据进行检查，判断其完整性、连贯性和合理性，挑选出不合理的、可疑的数据以及漏测的数据，对其进行适当的修补处理，从而整理出较实际合理的完整数据以供进一步分析处理。

完整性及连贯性检查，包括检查测风数据的数量是否等于测风时间内预期的数据数量；时间顺序是否符合预期的开始结束时间，时间是否连续；合理性检查，包括测风数据范围检验，即各测量参数是否超出实际极限；测风数据相关性检验，即同一测量参数在不同高度的值差是否合理；测风数据的趋势检验，即各测量参数的变化趋势是否合理等，见表 3-2。

表 3-2　测风数据范围参考值表

主 要 参 数		合 理 范 围
合理范围检验	小时平均风速	0～40m/s
	湍流强度	0～1
	风向	0°～360°
	小时平均气压值（海平面）	94～106kPa
合理相关性检验	50m/30m 高度小时平均风速差值	<2.0m/s
	30m/10m 高度小时平均风速差值	<2.0m/s
	50m/30m 高度风向差值	<22.5°
趋势检验	1h 平均风速变化	<6.0m/s
	1h 平均温度变化	<5℃
	1h 平均气压变化	<1kPa

1. 数据代表性

了解现场测点的位置，判断现场是简单的平坦地形还是丘陵或者是其他复杂的地形，了解测点在这几种地形下所处的位置。安装在一个场地最高、最低或者峡谷口等地的测风仪数据不具有代表性，因为将来安装风电机组是几十台或几百台，面积较大，测风点应是在平均地形状况下测得的风速，否则就偏大或偏小。因为建造在经济上可行的风电场，必须有最低限度的风能资源要求，可能在山顶上达到了最低限度的风能资源要求，但在谷底达不到要求。

若在预选风电场有多点测风数据，可以进行对比分析，进行多点平均。在平均时删除最低风速地形的值。而且以后安装风电机组时，这些地形也不予考虑。

此外，要考虑在测风点附近有无建筑物和树木，如存在，测风点是否在建筑物和树木高度的 10 倍距离之外，这也是衡量测风点是否具有代表性的一个要素。

2. 数据准确性

数据序列既然是一种观测结果的时间序列，必然受到风速本身变化和观测仪器、观测方法以及观测人员诸因素变化的影响。对于风电场测风的数据不能只从数据上分析其准确性，还要从现场测风点作实地考察，如风速感应器是否水平等因素。在风洞中进行风速测试时，其结果需要根据不同的测试高度和角度，通过公式进行计算修改，如在风电场 40m 高处的风杯式风速感应器倾斜 45°时，计算式为

风杯正常 $\qquad v_y = -0.051 + 0.998v_x$ $\qquad\qquad$ (3-30)

风杯右倾 $\qquad v_y = -0.046 + 0.982v_x$ （相当于 S、N 风） (3-31)

风杯前倾 $\qquad v_y = 0.024 + 0.880v_x$ （相当于 W 风） (3-32)

风杯后倾 $\qquad$ $v_y = 0.048 + 0.943 v_x$ （相当于 E 风） $\qquad$ (3-33)

式中：v_y 为现场测风的风速，m/s；v_x 为风洞风速，m/s。

又如某一风电场测风仪风杯盐蚀严重，在风洞进行测试，风速 2m/s 时，还不能起动。根据风洞测试两台风速仪结果为

$$v_{y1} = 0.601 + 0.965 v_x \qquad (3-34)$$

$$v_{y2} = 1.59 + 0.923 v_x \qquad (3-35)$$

式中：v_{y1}、v_{y2} 为现场测风的风速，m/s；v_x 为风洞风速，m/s。

由此可见现场测风的数据非常不准确。通过式（3-35）可知，在风洞风速 $v_x = 0$m/s 时，实际上已有 1.59m/s 的风速；在风洞风速为 10m/s 时，已有 10.82m/s 的风速。

风向的准确性关系到确定主导风向，但有的现场测风站仅用罗盘，把"北"标记对准地磁方向的北，没有进行地磁偏角方向找正。还有的风向指北杆各点不一致，在测量塔装多层风向标，上下指北杆有 5°~10° 的差异，这些都影响风向玫瑰图的精度。

3. 数据完整性

由于传感器、数据处理器和记录器的失灵或者电池更换不及时等都能引起数据漏测，使现场观测的风速值产生不连续，形成资料不完整。实际上一年的资料中间断断续续加起来仅 7~8 个月的数据，这样的资料无法用 WAsP 等软件进行计算，也缺乏代表性。

数据完整率应是采集时间的 95% 以上，最差也不能低于 90%。有效数据完整率计算为

$$\text{有效数据完整率} = \frac{\text{应测数目} - \text{缺测数目} - \text{无效数据数目}}{\text{应测数目}} \times 100\% \qquad (3-36)$$

应测数目是测量期间总小时数，缺测数目为没有记录到小时的数目，无效数据数目为确认是不合理的小时数目。

风电场要求至少有一年的完整数据（最好是一个自然年，即从当年 1 月 1 日到当年 12 月 31 日），因为一年是建立风况季节性特性资料的最短期限，这样也有利于与气象站资料进行对比分析，若用前一年的下半年和后一年的上半年作为一年，往往很难判断是大风年还是小风年。

一般来说，数据验证工作应在测风数据提取后立即进行。检验后列出所有可疑的数据和漏测的数据及其发生时间。对可疑数据进行再判断，从中挑选出符合实际的有效数据放回原数据中；无效数据则采用前后相邻数据取平均、参考其他类似测风设备同期数据或者凭经验进行替代而变为有效数据等方式处理，对无法平均或无法替代的则视为无效数据；误测和漏测数据除按可疑数据进行处理外，应及时通知测风人员尽快采取措施予以纠正。最终整理出一组连续的数据，数据完整率应达到 90% 以上。

最后，将所有经验证后的数据汇总，得到至少连续一年的一套完整的数据。

3.4.2 缺测数据订正

测风数据经常需要通过相关性进行验证、补充和订正，相关性分析通常通过相关函数实现，风力资源分析中，相关函数一般采用线性方程，即

$$y = kx + b \qquad (3-37)$$

式中：y 为数据 1，即风电场风速；x 为数据 2，即气象站风速。

要求作出相关分析成果表及图，得到数据 2 和数据 1 的相关程度。相关程度一般用相关系数表示为

$$r = \frac{\sum\limits_{i=1}^{n}(x_i - \overline{x})(y_i - \overline{y})}{\sqrt{\sum\limits_{i=1}^{n}(x_i - \overline{x})^2 \sum\limits_{i=1}^{n}(y_i - \overline{y})^2}} \qquad (3-38)$$

式中：y_i 为数据 1 的样本数据，即风电场样本风速；x_i 为数据 2 的样本数据，即气象站样本风速。

缺测数据可参照不同方法进行订正。

1. 按不同风向求相关

需要借助邻近气象站或者现场多点观测的其他点数据进行比较。这种方法建立在同一大气环流形势、相邻的观测数据变化是有联系的情况，其振动幅度大致一致，两点间风的变化相关。

从理论上讲在同一天气系统下，相邻两点风向一致，所以寻求各风向下的风速相关是合理的。其方法是建一直角坐标系，横坐标为基准站（气象站）风速，纵坐标为风电场场测站的风速。按风电场测点在某一象限内的风速值，找出参考站对应时刻的风速值点图，求出相关性，最好能建立回归方程式，对于其他象限重复上述过程，可获得 16 个风向测点的相关性，然后按各方向对缺测的数据进行订正。

在国家标准 NB/T 31147—2018 中对缺测风速数据处理的方法，是将备用的或可供参考的传感器同期记录数据填补缺测的数据，鉴于一般测风塔没有备用的或可供参考的传感器同期记录数据，因此无法填补缺测的数据，一般采用相关的方法，通过建立本塔或相邻塔之间不同高度间风速相关方程，根据相关理论，只要这些相关方程的相关系数高于 0.8 以上，就可以利用这些相关方程填补延长那些缺测风速的数据。

2. 按不同风速求相关

通常，小风即风速 3m/s 以下时，相关性较差，因为小风时受局地影响很大，如甲地风速在 1m/s 时，相邻乙地可能是 2m/s，却不能得出甲地比乙地风速小 50% 的结论。同时小风时风向也不稳。只有当风速较大，相关性才较好。

3. 长年数据订正

在风电场测风，仅有一两年的资料还不够，若想取得历年之间及各季之间的风力变化资料，则要根据相邻气象站或水文站、海洋站的长时期（30 年以上）资料进行订正。

从长期来看，根据所测的风速大小判断风电场测风时的年份可能是正常年，也可能是大风年或者是小风年的风速，若不做修正，会产生风能估计偏大或偏小的情况，因此不能简单地将气象站 30 年的资料拿来进行对比。同时，基于气象要素随时间的变化、站址的搬迁、站址周围建筑物和树木的成长等因素的影响，气象站的风速往往有随着年代推移逐年变小的趋势，故不能看到气象站的风速序列中与风电场测风的年份比 20 世纪 50—80 年代的小，就认为是小风年。应该分析气象站资料，最近一些年来周围环境的变化，再确定相应风电场那一年属于什么年（大风、小风或正常年），然后以每年与气象站风速的差值推算出风电场长期资料，即反映风电场长期平均水平的代表性资料。

（1）风速数据插补基于以下原则进行：

1）若某层某时期缺测或数据无效，而该时期同一塔的其他层观测数据完整，则采用风切变系数订正插补。

2）某一测风塔某时刻所在层次均无效或缺测，而同一时刻另一测风塔为有效测值，则用该测风塔的数据进行插值。

3）对于所有测风塔同时刻均无有效数据或数据缺测的情况，原则上不应进行插补。

（2）风向缺测情况的处理原则如下：

1）若同塔不同高度缺测（含无效），以该塔有记录的风向替代。

2）若不同塔间出现交替缺测，以有记录的风向替代。

3）若两塔均缺测，以参照站同期风向替代。

3.4.3　数据计算处理

将验证后的数据与附近气象台、站获取的长期统计数据进行相关比较并对其进行修正，从而得出能反映风电场长期风况的代表性数据；将修正后的数据通过分析计算程序处理，变成评估风电场风能资源所需要的标准参数指标，如月平均风速、年平均风速、风速和风能频率分布（每个单位风速间隔内风速和风能出现的频率）、风功率密度、风向频率（在各风向扇区内风向出现的频率）等，计算风功率密度和有效风速小时数。绘制出风速频率曲线，风向玫瑰图，风能玫瑰图，年、月、日风速变化曲线。

3.4.4　代表年风速数据的获取

根据 NB/T 31147—2018，将风电场短期测风数据订正为代表年风况数据的方法如下：

（1）对风电场测站与长期测站同期的各风向象限的风速进行相关分析，将测风塔 10m 高度处的测风资料与气象站同步实测的风速、风向数据进行 16 个风向扇区的相关分析，相关函数采用线性方程 $y=kx+b$（y 代表风电场风速，x 代表气象站风速）。

（2）根据气象站测风年与所选长期系列风速差值，对每个风速相关曲线，在横坐标轴上标明长期测站多年的年平均风速以及与风电场测站观测同期的长期测站年平均风速，然后在纵坐标轴上找到对应的风场测站的两个风速值，并求出这两个风速值的代数差值。

（3）风电场测站数据的各个风向象限内的每个风速都加上对应的风速代数差值，即可获得订正后的风场测站风速、风向资料。

3.4.5 测风数据用于风能资源的评估

对计算处理后的各参数指标及其他因素进行评估。其中包括重要参数指标的分析与判断，如风功率密度等级的确定、风向频率的统计及风能的方向分布、风速的日变化和年变化、湍流强度分析、天气等；将各种参数以图表形式绘制出来，如绘制全年各月平均风速，风速频率分布图，各月、年风向和风能玫瑰图等，以便能直观地判断风速风向变化情况，从而估计及确定风电机组机型和风电机组排列方式。

风电场风能
资源评估
标准

3.5 风能资源统计计算

风能资源在统计计算时，主要考虑风况和风功率密度。

3.5.1 风况

3.5.1.1 平均风速

平均风速是一年中各次观测的风速之和除以观测次数，它是最直观简单表示风能大小的指标之一，即

$$\overline{v} = \frac{\sum\limits_{i=1}^{n} v_i}{n} \tag{3-39}$$

式中：$\overline{v}$ 为平均风速；v_i 为观测点风速；n 为观测点样本个数。

平均风速是反映风能资源情况的重要参数，平均风速可以是小时平均风速、月平均风速或年平均风速。年平均风速是全年瞬时风速的平均值，年平均风速越高，则该地区风能资源越好。

我国建设风电场时，一般要求当地在 10m 高处的年平均风速在 6m/s 左右。这时，风功率密度在 $200 \sim 250 \text{W/m}^2$，相当于风电机组满功率运行的时间在 $2000 \sim 2500$h，从经济分析来看是有益的。但是用年平均风速来要求也存在着一定的缺点，它没有包含空气密度和风频，所以年平均风速即使相同，其风速概率分布并不一定相同，计算出的可利用风能小时数和风能也会有很大的差异。

在计算风能平均值时，也可用速度来衡量功率。此时，平均风速为

$$\overline{v} = \left(\frac{1}{n} \sum_{i=1}^{n} v_i^3 \right)^{\frac{1}{3}} \tag{3-40}$$

如果速度以频率分布的形式表示，则平均风速和标准偏差表示为

$$\overline{v} = \left(\frac{\sum\limits_{i=1}^{n} f_i v_i^3}{\sum\limits_{i=1}^{n} f_i} \right)^{\frac{1}{3}} \qquad (3-41)$$

$$\sigma_v = \sqrt{\frac{\sum\limits_{i=1}^{n} f_i (v_i - v_m)^2}{\sum\limits_{i=1}^{n} f_i}} \qquad (3-42)$$

式中：f_i 为某一风速的次数；v_m 为平均风速。

3.5.1.2 风速年变化

风速年变化是风速在一年内的变化，可以看出一年中各月风速的大小，在我国一般是春季风速大，夏秋季风速小。这有利于风电和水电互补，也可以将风电机组的检修时间安排在风速最小的月份。同时，风速年变化曲线与电网年负荷曲线对比，若一致或接近的部分越多越理想。

3.5.1.3 风速日变化

风速虽瞬息万变，但如果把长期的资料平均起来便会显出一个趋势。一般说来，风速日变化有陆、海两种基本类型。陆地白天午后风速大，夜间风速小，因为午后地面最热，上下对流最旺，高空大风的动量下传也最多。在海洋上，白天风速小，夜间风速大，这是由于白天大气层的稳定度大，白天海面上气温比海温高所致。风速日变化若与电网的日负载曲线特性相一致时，即为理想状态。

3.5.1.4 风速随高度变化

在近地层中，风速随高度有显著的变化，造成风在近地层中的垂直变化的原因有动力因素和热力因素，前者主要来源于地面的摩擦效应，即地面粗糙度；后者主要表现与近地层大气垂直稳定度的关系。当大气层为中性时，乱流将完全依靠动力原因来发展，这时风速随高度变化服从普朗特经验公式，即

$$v = \frac{v^*}{\kappa} \ln\left(\frac{z}{z_0}\right) \qquad (3-43)$$

$$v^* = \sqrt{\frac{\tau_0}{\rho}} \qquad (3-44)$$

式中：v 为风速，m/s；κ 为卡门常数，$\kappa \approx 0.4$；v^* 为摩擦速度，m/s；ρ 为空气密度，kg/m³，$\rho = 1.225$kg/m³；τ_0 为地面剪切应力，N/m²；z 为离地高度，m；z_0 为地面粗糙度，m。

经过推导可以得出幂定律计算公式为

$$v_n = v_1 \left(\frac{h_n}{h_1}\right)^a \qquad (3-45)$$

式中：v_n 为 h_n 高度处风速，m/s；v_1 为 h_1 高度处风速，m/s；a 为风切变指数。

风切变指数计算公式为

$$a = \frac{\lg(v_n / v_1)}{\lg(h_n / h_1)} \qquad (3-46)$$

如果没有不同高度的实测风速数据，风切变指数 $a = 1/7$（约为 0.143）作为近似值，这相当于地面为短草情况。在广州电视塔观测 $a = 0.22$，上海南京路电视塔 $a = 0.33$，南京跨江铁塔 $a = 0.21$，武汉跨江铁塔 $a = 0.19$，北京八达岭风电试验站 $a = 0.19$。

风速垂直变化取决于 a 值。a 值的大小反映风速随高度增加的快慢，a 值大表示风速随高度增加的快，即风速梯度大；a 值小表示风速随高度增加的慢，即风速梯度小。

a 值的变化与地面粗糙度有关，地面粗糙度是随地面的粗糙程度变化的常数，在不同的地面粗糙度下，风速随高度变化差异很大。粗糙的表面比光滑表面更易在近地层中形成湍流，使得垂直混合更为充分，混合作用的加强，使近地层风速梯度减小，而梯度风的高度增高，即粗糙的地面比光滑的地面到达梯度的高度更高，所以使粗糙的地面层中的风速比光滑地面的风速小。

3.5.1.5 风向玫瑰图

风向玫瑰图可以确定主导风向，因为风电机组排列是垂直于主导风向的，所以对于风电场风电机组位置排列起到关键的作用。

3.5.1.6 湍流强度

湍流是指风速、风向及其垂直分量的迅速扰动或不规律性，是重要的风况特征。湍流很大程度上取决于环境的粗糙度、地层稳定性和障碍物。

相对于风电场而言，其湍流特征很重要，因为它对风电机组性能和寿命有直接影响。大气湍流对风电机组的影响，主要表现在引起结构和控制系统的响应，使作用在叶片上的气动力和力矩发生变化，从而引起输出功率的波动，风电机组结构长期受到随机载荷的作用会产生疲劳破坏。当湍流强度大时，会减少输出功率，还可能引起极端荷载，最终削弱和破坏风电机组。在风能资源测量中，一般关注小时的湍流强度，逐小时的湍流强度以 1h 内最大的湍流强度作为该小时的代表值。

湍流强度值在 0.10 或以下时表示湍流较小，到 0.25 表明湍流过大，一般海上范围为 0.08～0.10，陆地上范围为 0.12～0.15。对风电场而言，要求湍流强度不超过 0.25。

3.5.1.7 风速统计特性

由于风的随机性很大，因此在判断一个地方的风况时，必须依靠各地区风速统计特性。在风能利用中，反映风特性的一个重要形式是风速的频率分布，根据长期观察的结果表明，年度风速频率分布曲线最有代表性。为此，应该具有风速的连续记录，并且资料的长度至少有 3 年以上的观测记录，一般要求能达到 5～10 年。

关于风速的分布，国外有过不少的研究，近年来国内也有探讨。风速分布可以为正偏态分布，一般说，风力越大的地区，分布曲线越平缓，峰值降低右移。这说明风力大的地区，一般大风速所占比例也多。如前所述，由于地理、气候特点的不同，各种风速所占的比例也不同。

1. 风能资源评估系统通用模型

风能资源计算的关键在于频率曲线的线型选择是否恰当。线型通用模型是风能资源计算的前提，只有选用了适当的线型后，才有可能求出与风能资源系列相应的参数和各种频率设计值。通常描述风速频率用概率密度表示，通过概率密度函数 $f(v)$ 可以计算风速的概率为

$$F(v_1 - v_2) = \int_{v_1}^{v_2} f(v) \mathrm{d}v \qquad (3-47)$$

式中：$F(v_1 - v_2)$ 为风速为 v_1 和 v_2 之间的概率；$f(v)$ 为风速的概率密度。

对于描述风速要寻找一种包含多种频率曲线的模型，实际上就是同一个模型之内的参数优化拟合问题。早在 1984 年被提出的新的洪水频率模型，经过后来逐年不断的深入研究，它不但适用水文统计而且适用于气象统计领域。这就是本节要讲的通用模型，其概率密度函数为

$$f(v) = \frac{\beta^\alpha}{b\Gamma(\alpha)}(v-\delta)^{\frac{\alpha}{b}-1}\exp\left[-\beta(v-\delta)^{\frac{1}{b}}\right] \quad (\delta \leqslant v < \infty) \qquad (3-48)$$

式中：α、β、δ 和 b 分别为形状、比例、位置和变换参数，α 和 β 均大于零，δ 为分布的下界。

2. 参数的约束条件

在概率论与数理统计中，随机变量的数学期望 $\overline{v}$，相对标准差也即离差系数 C_v，偏态系数 C_s 和峰度系数 C_e 与各矩关系为

$$\overline{v} = v_1 \qquad (3-49)$$

$$C_v = \frac{\sqrt{\mu_2^2}}{\mu_1} \qquad (3-50)$$

$$C_s = \frac{\mu_3}{\sqrt{\mu_2^3}} \qquad (3-51)$$

$$C_e = \frac{\mu_4}{\mu_2^2} - 3 \qquad (3-52)$$

式中：μ_1 为一阶原点矩；μ_2、μ_3、μ_4 分别代表二阶、三阶、四阶中心矩。

一阶原点矩为

$$\mu_1 = \int_0^\infty v f(v)\mathrm{d}v = \frac{\beta^\alpha}{b\Gamma(\alpha)}\int_0^\infty v(v-\delta)^{\frac{\alpha}{b}-1}\exp\left[-\beta(v-\delta)^{\frac{1}{b}}\right]\mathrm{d}v$$

$$= \frac{\beta^\alpha}{b\Gamma(\alpha)}\int_0^\infty V^{\frac{\alpha}{b}}\exp\left[-\beta V^{\frac{1}{b}}\right]\mathrm{d}V + \frac{\delta\beta^\alpha}{b\Gamma(\alpha)}\int_0^\infty V^{\frac{\alpha}{b}-1}\exp\left[-\beta V^{\frac{1}{b}}\right]\mathrm{d}V$$

$$= \frac{\beta^\alpha}{b\Gamma(\alpha)}\int_0^\infty \left(\frac{t^b}{\beta^b}\right)^{\frac{\alpha}{b}}\mathrm{e}^{-t}\frac{b}{\beta^b}t^{b-1}\mathrm{d}t + \frac{\delta\beta^\alpha}{b\Gamma(\alpha)}\int_0^\infty \frac{t^{\alpha-b}}{\beta^{\alpha-b}}\mathrm{e}^{-t}\frac{b}{\beta^b}t^{b-1}\mathrm{d}t$$

$$= \frac{1}{\beta^b\Gamma(\alpha)}\int_0^\infty \mathrm{e}^{-t}t^{\alpha+b-1}\mathrm{d}t + \frac{\delta}{\Gamma(\alpha)}\int_0^\infty \mathrm{e}^{-t}t^{\alpha-1}\mathrm{d}t = \frac{\Gamma(\alpha+b)}{\beta^b\Gamma(\alpha)} + \delta \qquad (3-53)$$

其中
$$V = v - \delta, \quad t = \beta V^{\frac{1}{b}}$$

二阶中心矩为

$$\mu_2 = \int_0^\infty (v-\overline{v})^2 f(v)\mathrm{d}v = \int_0^\infty \frac{\beta^\alpha}{b\Gamma(\alpha)}(v-\overline{v})^2(v-\delta)^{\frac{\alpha}{b}-1}\exp\left[-\beta(v-\delta)^{\frac{1}{b}}\right]\mathrm{d}v$$

$$= \frac{\beta^{\alpha}}{b\Gamma(\alpha)} \int_0^{\infty} \left[(v-\delta) - \frac{\Gamma(\alpha+b)}{\beta^b \Gamma(\alpha)} \right]^2 (v-\delta)^{\frac{\alpha}{b}-1} \exp\left[-\beta(v-\delta)^{\frac{1}{b}} \right] dv$$

$$= \frac{\beta^{\alpha}}{b\Gamma(\alpha)} \int_0^{\infty} \left[V - \frac{\Gamma(\alpha+b)}{\beta^b \Gamma(\alpha)} \right]^2 V^{\frac{\alpha}{b}-1} \exp\left[-\beta V^{\frac{1}{b}} \right] dV$$

$$= \frac{1}{b\Gamma(\alpha)} \int_0^{\infty} \left[\left(\frac{t}{\beta} \right)^b - \frac{\Gamma(\alpha+b)}{\beta^b \Gamma(\alpha)} \right]^2 t^{\alpha-1} e^{-t} dt$$

$$= \frac{1}{\beta^{2b}\Gamma(\alpha)} \int_0^{\infty} t^{2b+\alpha-1} e^{-t} dt - \frac{2\Gamma(\alpha+b)}{\beta^{2b}\Gamma^2(\alpha)} \int_0^{\infty} t^{b+\alpha-1} e^{-t} dt + \frac{\Gamma^2(\alpha+b)}{\beta^{2b}\Gamma^3(\alpha)} \int_0^{\infty} t^{\alpha-1} e^{-t} dt$$

$$= \frac{\Gamma(2b+\alpha)\Gamma(\alpha) - \Gamma^2(\alpha+b)}{\beta^{2b}\Gamma^2(\beta)} \tag{3-54}$$

其中 $\qquad\qquad\qquad V = v - \delta, \quad t = \beta V^{\frac{1}{b}}$

三阶中心矩为

$$\mu_3 = \int_0^{\infty} (v-\overline{v})^3 f(v) dv = \int_0^{\infty} \frac{\beta^{\alpha}}{b\Gamma(\alpha)} (v-\overline{v})^3 (v-\delta)^{\frac{\alpha}{b}-1} \exp\left[-\beta(v-\delta)^{\frac{1}{b}} \right] dv$$

$$= \frac{\Gamma(3b+\alpha)\Gamma^2(\alpha) - 3\Gamma(\alpha+b)\Gamma(\alpha+2b)\Gamma(\alpha) + 2\Gamma^3(b+\alpha)}{\beta^{3b}\Gamma^3(\alpha)} \tag{3-55}$$

四阶中心矩为

$$\mu_4 = \int_0^{\infty} (v-\overline{v})^4 f(v) dv = \int_0^{\infty} \frac{\beta^{\alpha}}{b\Gamma(\alpha)} (v-\overline{v})^4 (v-\delta)^{\frac{\alpha}{b}-1} \exp\left[-\beta(v-\delta)^{\frac{1}{b}} \right] dv$$

$$= \frac{\Gamma(4b+\alpha)\Gamma^3(\alpha) - 4\Gamma(\alpha+b)\Gamma(\alpha+3b)\Gamma^2(\alpha) + 6\Gamma(\alpha)\Gamma^2(\alpha+b)\Gamma(\alpha+2b) - 3\Gamma^4(\alpha+b)}{\beta^{4b}\Gamma^4(\alpha)} \tag{3-56}$$

把式（3-53）～式（3-56）代入式（3-49）～式（3-52）并化简，可得到

$$\overline{v} = \frac{\Gamma(\alpha+b)}{\beta^b \Gamma(\alpha)} + \delta \tag{3-57}$$

$$C_v = \frac{\left[\Gamma(\alpha)\Gamma(\alpha+2b) - \Gamma^2(\alpha+b) \right]^{\frac{1}{2}}}{\Gamma(\alpha+b) + \delta\beta^b \Gamma(\alpha)} \tag{3-58}$$

$$C_s = \frac{\Gamma^2(\alpha)\Gamma(\alpha+3b) - 3\Gamma(\alpha)\Gamma(\alpha+b)\Gamma(\alpha+2n) + 2\Gamma^3(\alpha+b)}{\left[\Gamma(\alpha)\Gamma(\alpha+2b) - \Gamma^2(\alpha+b) \right]^{\frac{3}{2}}} \tag{3-59}$$

$$C_e = \frac{\left[\Gamma(\alpha+4b)\Gamma^3(\alpha) - 4\Gamma^2(\alpha)\Gamma(\alpha+3b)\Gamma(\alpha+b) + 12\Gamma(\alpha)\Gamma(\alpha+2b)\Gamma^2(\alpha+b) - 6\Gamma^4(\alpha+b) - 3\Gamma^2(\alpha)\Gamma^2(\alpha+2b) \right]}{\Gamma^2(\alpha)\Gamma^2(\alpha+2b) - 2\Gamma(\alpha)\Gamma(\alpha+2b)\Gamma^2(\alpha+b) + \Gamma^4(\alpha+b)} \tag{3-60}$$

在根据气象的极值特性，通用模型的分布下界 $\delta \geqslant 0$，其参数应该符合

$$C_v \leqslant u \leqslant \frac{C_v}{1 - K_{min}} \tag{3-61}$$

其中 $\qquad\qquad\qquad\qquad K_{min} = \frac{V_{min}}{\overline{v}}$

式中：K_{min} 为随机变量系列的最小模比系数。

$$u=\frac{\left[\Gamma(\alpha)\Gamma(\alpha+2b)-\Gamma^2(\alpha+b)\right]^{\frac{1}{2}}}{\Gamma(\alpha+b)} \tag{3-62}$$

式（3-61）即为统计参数的约束条件。由实测气象资料所估计的样本统计参数应与式（3-61）符合。

3. 通用模型与其他模型的关系

当 α、β、δ 和 b 等 4 个参数取某特定值时，通用模型可以转化为目前常用的各种概率模型。

（1）皮埃尔Ⅲ型分布。当参数 $b=1$ 时，代入式（3-48）可得皮埃尔Ⅲ型分布为

$$f(v)=\frac{\beta^\alpha}{\Gamma(\alpha)}(v-\delta)^{\alpha-1}\exp\left[-\beta(v-\delta)\right] \tag{3-63}$$

（2）三参数威布尔分布。当 $\alpha=a/m$，$\beta=1/d$，$\delta=0$，$b=1/m$ 时，代入式（3-48）可得三参数威布尔分布为

$$f(v)=\frac{m}{d^{\frac{a}{m}}\Gamma\left(\dfrac{a}{m}\right)}v^{a-1}\exp\left(-\frac{v^m}{d}\right) \tag{3-64}$$

（3）正态分布。当 $\alpha=1/2$，$\beta=1/2\sigma^2$，$\delta=a$，$b=1/2$ 时，代入式（3-48）可得正态分布为

$$f(v)=2\frac{1}{\sigma\sqrt{2\pi}}\exp\left[-\frac{1}{2\sigma^2}(v-a)^2\right] \tag{3-65}$$

虽不是标准的正态分布，但可以看成是正态分布的 2 倍。

（4）麦克斯韦分布。当 $\alpha=3/2$，$\beta=1/a^2$，$\delta=0$，$b=1/2$ 时，代入式（3-48）可得麦克斯韦分布为

$$f(v)=\frac{4}{a^3\sqrt{\pi}}v^2\exp\left(-\frac{v^2}{a^2}\right) \tag{3-66}$$

（5）克里茨基—闵克里分布。当参数 $\beta=\dfrac{\alpha}{a^{\frac{1}{b}}}$，$\delta=0$ 时，代入式（3-48）可得克里茨基—闵克里分布为

$$f(v)=\frac{\alpha^\alpha}{a^{\frac{a}{b}}b\Gamma(\alpha)}v^{\frac{a}{b}-1}\exp\left[-\alpha\left(\frac{v}{a}\right)^{\frac{1}{b}}\right] \tag{3-67}$$

（6）χ^2—分布。当 $\alpha=n/2$，$\beta=1/2$，$\delta=0$，$b=1$ 时，代入式（3-48）可得 χ^2—分布为

$$f(v)=\frac{1}{2^{\frac{n}{2}}\Gamma\left(\dfrac{n}{2}\right)}v^{\frac{n}{2}-1}\exp\left(-\frac{v}{2}\right) \tag{3-68}$$

（7）泊松分布。当 $\alpha=1$，$\beta=\lambda$，$\delta=0$，$b=1$ 时，代入式（3-48）可得泊松分布为

$$f(v) = \frac{v^k}{k!} \exp^v \tag{3-69}$$

(8) 指数分布。当 $\alpha = 1$，$\beta = \lambda$，$b = 1$ 时，代入式（3-48）可得指数分布为

$$f(v) = \lambda \exp[-\lambda(v - \delta)] \tag{3-70}$$

(9) Γ—分布。当 $\delta = 0$，$b = 1$ 时，代入式（3-48）可得 Γ—分布为

$$f(v) = \frac{\beta^\alpha}{\Gamma(\alpha)} v^{\alpha-1} \exp(-\beta v) \tag{3-71}$$

(10) 皮埃尔 V 型分布。当 $\alpha = p - 1$，$\beta = \lambda$，$b = -1$ 时，代入式（3-48）可得皮埃尔 V 型分布为

$$f(v) = \frac{\gamma^{p-1}}{|\Gamma(p-1)|}(v - \delta)^{-p} \exp\left\{-\frac{\gamma}{v - \delta}\right\} \tag{3-72}$$

(11) 两参数威布尔及参数估计。两参数威布尔（Weibull）分布是风速分布一个最常用的分布方式，是皮尔逊（Pierson）分布第三类的一个特例。在威布尔分布中，风速的变化用两个函数来表示：概率密度函数和累积分布函数。概率密度函数 $f(v)$ 表明是时间的概率，其计算公式为

$$f(v) = \frac{k}{c}\left(\frac{v}{c}\right)^{k-1} \exp\left[-\left(\frac{v}{c}\right)^k\right] \tag{3-73}$$

式中：v 为风速；k 为威布尔形状因子；c 为比例因子。

速度 v 的累积分布函数 $F(v)$ 提供了风速等于或低于 v 的时间（或概率）。因此，累积分布函数 $F(V)$ 是概率密度函数的积分，其计算公式为

$$F(a) = \int_0^a f(v)\mathrm{d}v = 1 - \exp\left[-\left(\frac{a}{c}\right)^k\right] \tag{3-74}$$

根据威布尔分布，平均风速为

$$v_m = \int_0^\infty v f(v)\mathrm{d}v \tag{3-75}$$

消去 $f(v)$，得出

$$v_m = \int_0^\infty v \frac{k}{c}\left(\frac{v}{c}\right)^{k-1} \exp\left[-\left(\frac{v}{c}\right)^k\right]\mathrm{d}v \tag{3-76}$$

可化简为

$$v_m = k \int_0^\infty \left(\frac{v}{c}\right)^k \exp\left[-\left(\frac{v}{c}\right)^k\right]\mathrm{d}v \tag{3-77}$$

设

$$x = \left(\frac{v}{c}\right)^k, \mathrm{d}v = \frac{c}{k} x^{\left(\frac{1}{k}-1\right)}\mathrm{d}x \tag{3-78}$$

将式（3-77）中的 $\mathrm{d}v$ 消去，得

$$v_m = c \int_0^\infty \exp(-x) x^{\frac{1}{k}}\mathrm{d}x \tag{3-79}$$

这是标准伽玛函数形式

$$\Gamma n = \int_0^\infty \exp(-x) x^{n-1}\mathrm{d}x \tag{3-80}$$

因此，根据式（3-79），平均速度可表示为

$$v_{\mathrm{m}} = c\Gamma\left(1+\frac{1}{k}\right) \tag{3-81}$$

根据威布尔分布，风速的标准偏差为

$$\sigma_{\mathrm{v}} = (\mu_2' - v_{\mathrm{m}}^2)^{\frac{1}{2}} \tag{3-82}$$

$$\mu_2' = \int_0^\infty v^2 f(v)\mathrm{d}v \tag{3-83}$$

消去 $f(v)$，据式（3-78）得出

$$\mu_2' = c^2 \int_0^\infty \exp(-x)x^{2/k}\mathrm{d}x \tag{3-84}$$

表示为伽玛积分的形式为

$$\mu_2' = c^2\Gamma\left(1+\frac{2}{k}\right) \tag{3-85}$$

将式（3-82）中的 μ_2'、v_{m} 替换掉，得

$$\sigma_{\mathrm{v}} = c\left[\Gamma\left(1+\frac{2}{k}\right) - \Gamma^2\left(1+\frac{1}{k}\right)\right]^{\frac{1}{2}} \tag{3-86}$$

累积分布函数可用来计算风在某一特定速度区间里的时间。风速在 v_1 和 v_2 之间的概率由对应 v_1 和 v_2 的累积概率的不同来计算，具体为

$$f(v_1 < v < v_2) = F(v_2) - F(v_1) \tag{3-87}$$

即

$$f(v_1 < v < v_2) = \exp[-(v_1/c)^k] - \exp[-(v_2/c)^k] \tag{3-88}$$

威布尔分布是一种单峰的、两参数的分布函数簇。k 和 c 为威布尔分布的两个参数，k 称作形状参数，c 称作尺度参数。当 $c=1$ 时，称为标准威布尔分布。当 $0 < k < 1$ 时，分布的众数为 0，分布密度为 x 的减函数；当 $k=1$ 时，分布呈指数形；$k=2$ 时，便成为瑞利分布；$k=3.5$ 时，威布尔分布实际已很接近于正态分布了。

参数 k 和 c 对风速概率密度的影响如图 3-23 所示。当 c 为常数时，形状参数 k 越大，小时平均风速的变化范围越小，即概率密度分布越集中；当 k 为常数时，尺度参数 c 越大，小时平均风速的变化范围越大，概率分布越广泛。因此参数 k 和 c 与平均风速有密切关系。同时，也可以看出较高的平均风速出现的概率很小，大多集中在中等风速。

4. 两参数威布尔分布参数估计方法

描述通用风速分布曲线的 4 个参数 α、β、δ 和 b 的好坏，决定了该模型的分布与实际分频分布特性的拟合程度。参数估计是在某种曲线的基础上实现样本对总体的最优估计，不同线型应该建立不同形式的最优统计参数估计公式（方法），所以参数估计是与线型相匹配的，也只有这样才能取得精度合格的结果。对于通用方程可以依据使用方便和拟合效果好的原则，有文献提出采用了最小误差逼近算法来循环优化通用模型的 4 个参数。其过程为：首先固定 3 个参数，优化另一个参数；然后在固定另外 3 个参数，优化另一个前次固定的参数；这样 4 个参数循环轮次优

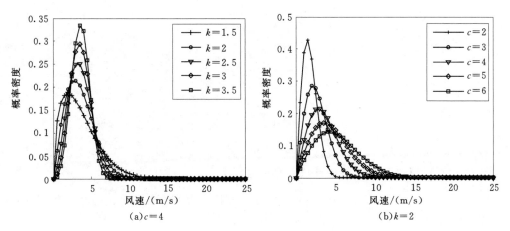

（a）$c=4$ （b）$k=2$

图 3 - 23 参数 k 和 c 对风速概率密度的影响

化，直到误差不再变小。

通常用于拟合风速分布的线形很多，有瑞利分布、对数正态分布、Γ—分布、两参数威布尔分布、三参数威布尔分布等，也可用皮尔逊曲线进行拟合。但威布尔分布双参数曲线，普遍被认为适用于风速统计描述的概率密度函数。

估计风速两参数威布尔分布有多种方法，通常采用方法有 3 种：最小二乘法，即累积分布函数拟合威布尔分布曲线法；平均风速和标准差估计法；平均风速和最大风速估计法。根据国内外大量验算结果，上述方法中最小二乘法误差最大。在具体使用当中，前两种方法需要有完整的风速观测资料，需要进行大量的统计工作；后一种方法中的平均风速和最大风速可以从常规气象资料获得，因此，这种方法较前面两种方法有优越性。此外，还有矩量法、极大似然法、能量格局因子法等。

（1）最小二乘法。根据风速的威布尔分布，风速小于 v_g 的累积概率（分布函数）为

$$F(v \leqslant v_g) = 1 - \exp\left[-\left(\frac{v_g}{c}\right)^k\right] \tag{3-89}$$

取对数整理后，有

$$\ln\{-\ln[1-F(v \leqslant v_g)]\} = k\ln v_g - k\ln c \tag{3-90}$$

令 $y = \ln\{-\ln[1-F(v \leqslant v_g)]\}$，$x = \ln v_g$，$a = -k\ln c$，$b = k$，于是参数 c 和 k，可以由最小二乘拟合 $y = a + bx$ 得到。具体做法如下：

将观测到的风速出现范围划分成 n 个风速间隔：$0 \sim v_1$、$v_1 \sim v_2$、$v_2 \sim v_3$、$\cdots$、$v_{n-1} \sim v_n$。统计每个间隔中风速观测值出现的频率 f_1、f_2、f_3、$\cdots$、f_n，累积频率 $p_1 = f_1$、$p_2 = f_1 + f_2$、$\cdots$、$p_n = f_{n-1} + f_n$，取变换为

$$y_i = \ln[-\ln(1-p_i)] \tag{3-91}$$

并令

$$a = -k\ln c \tag{3-92}$$

$$b = k \tag{3-93}$$

因此，根据风速累积频率观测资料，便可得到 a、b 的最小二乘估计值为

$$a = \frac{\sum x_i^2 \sum y_i - \sum x_i \sum x_i y_i}{n \sum x_i^2 - (\sum x_i)^2} \qquad (3-94)$$

$$b = \frac{-\sum x_i \sum y_i + n \sum x_i y_i}{n \sum x_i^2 - (\sum x_i)^2} \qquad (3-95)$$

从而

$$c = \exp\left(-\frac{a}{b}\right) \qquad (3-96)$$

$$k = b \qquad (3-97)$$

（2）平均风速和标准差估计法。具体公式为

$$\left(\frac{\sigma}{\overline{v}}\right)^2 = \{\Gamma(1+2/k)/[\Gamma(1+1/k)]^2\} - 1 \qquad (3-98)$$

可见 $\frac{\sigma}{\overline{v}}$ 是 k 的函数，当知道了分布的均值和方差，便可求解 k。

由于直接用 $\frac{\sigma}{\overline{v}}$ 求解 k 比较困难，通常可用式（3-98）的近似关系式求解 k 为

$$k = \left(\frac{\sigma}{\overline{v}}\right)^{-1.086} \qquad (3-99)$$

从而有

$$c = \frac{\overline{v}}{\Gamma(1+1/k)} \qquad (3-100)$$

而 $\overline{v}$ 和 σ 的估计为

$$\overline{v} = \frac{1}{N}\sum v_i \qquad (3-101)$$

$$\sigma = \sqrt{\frac{1}{N}\sum(v_i - \overline{v})^2} = \sqrt{\frac{1}{N}\sum v_i^2 - \overline{v}^2} \qquad (3-102)$$

式中：v_i 为计算时段中每次的风速观测值，m/s；N 为观测总次数。

由式（3-99）和式（3-100）便可求得 c 和 k 的估计值。在各个等级风速区间（如 0、1m/s、2m/s、3m/s、…）的频数已知的情况，σ 和 $\overline{v}$ 又可以近似地计算为

$$\overline{v} = \frac{1}{N}\sum n_j v_j \qquad (3-103)$$

$$\sigma = \sqrt{\frac{1}{N}\sum n_j v_j^3 - \left(\frac{1}{N}\sum n_j v_j\right)^2} \qquad (3-104)$$

式中：v_j 为各风速间隔的值（以该间隔中值代表该间隔平均值），m/s；n_j 为各间隔的出现频数。

（3）平均风速和最大风速估计法。我国气象观测规范规定，最大风速的挑选指的是一日任意时间的 10min 最大风速值。设 $v_{\max}$ 为时间内 T 观测到的 10min 平均最大风速，显然它出现的概率为

$$\rho(v \geqslant v_{\max}) = \exp\left[-\left(\frac{v_{\max}}{c}\right)^k\right] = \frac{1}{T} \qquad (3-105)$$

对式（3-105）作逆变换得

$$\frac{v_{max}}{\mu} = (\ln T)^{1/k} / \Gamma(1+1/k) \tag{3-106}$$

因此在得到了 v_{max} 和 $\overline{v}$ 后，以 $\overline{v}$ 作为 μ 的估计值，由式（3-106）就可能解出 k。大量的观测表明，k 值通常变动范围为 $1.0 \sim 2.6$ 之间。此时 $\Gamma(1+1/k) \approx 0.90$，于是从式（3-106）得 k 的近似解，则求得 c 为

$$c = \overline{v} / \Gamma(1+1/k) \tag{3-107}$$

考虑到抽样的随机性很大，又有较大的年际变化，为了减小抽样随机性误差，在估计一地的平均风能潜力时，应根据 v 和 v_{max} 的多年平均值（最好 10 年以上）来估计风速的威尔参数，可有较好的代表性。

（4）矩量法。计算 k 和 c 值的方法之一是一阶和二阶矩量法。威布尔分布有阶数 n^{th} 的矩量 M_n 表示为

$$M_n = c^n \Gamma\left(1+\frac{n}{k}\right) \tag{3-108}$$

如果 M_1 和 M_2 是一阶和二阶矩量，利用式（3-108），c 的计算公式为

$$c = \frac{M_2}{M_1} \frac{\Gamma\left(1+\frac{1}{k}\right)}{\Gamma\left(1+\frac{2}{k}\right)} \tag{3-109}$$

类似的

$$\frac{M_2}{M_1^2} = \frac{\gamma\left(1+\frac{2}{k}\right)}{\gamma^2\left(1+\frac{1}{k}\right)} \tag{3-110}$$

这种方法的 M_1 和 M_2 根据给定的数据计算得出，k 和 c 通过解式（3-109）和式（3-110）求得。

由于服从威布尔分布的随机变量的各阶矩仍然服从威布尔分布，故可用 k 阶样本矩代替总体 k 阶矩，求解由所有以未知参数为自变量的矩方程组，便可得到总体未知参数的估计值，此估计值即为参数的矩估计。

矩估计法的优点在于它的简单性，缺点是不能完全利用样本的信息。有文献显示，无论是风能特征指标还是理论发电量，基于矩函数的公式法，结果误差整体都较小，精度明显高于最小二乘法、最小误差逼近法。

（5）极大似然估计法。极大似然估计法的基本思想是根据子样本观察值出现概率最大的原则，来求母体中未知参数的估计值。极大似然估计具有渐近无偏性、一致性、渐近有序性，其计算精度高，但计算过程复杂。

首先要构造对数似然函数为

$$L(k,c) = \sum_{i=1}^{n} \left[\ln k + (k-1)\ln v_i - k\ln c - \left(\frac{v_i}{c}\right)^k \right] \tag{3-111}$$

对构造的对数似然函数分别对 k 和 c 求导，并令其为 0 得到

$$\sum_{i=1}^{n}\left[\frac{1}{k}+\ln v_i-\ln c-\left(\frac{v_i}{c}\right)^k\ln\left(-\frac{v_i}{c}\right)\right]=0 \tag{3-112}$$

$$\sum_{i=1}^{n}\left[-\frac{k}{c}+\frac{k}{c}\left(\frac{v_i}{c}\right)^k\right]=0 \tag{3-113}$$

以上两个方程相当复杂，一般用迭代法或最优化方法求解。用迭代法进行求解时，选取合适的初始值，经过反复迭代，满足收敛条件得到 k 和 c 的结果。当选择的迭代初始值不合适会导致算法不收敛，甚至得到错误的结果，因此需要对迭代点进行预处理，这也导致极大似然估计计算法有一定的局限性。

用极大似然法，形状因子和比例因子的计算公式为

$$k=\left[\frac{\sum_{i=1}^{n}v_i^k\ln(v_i)}{\sum_{i=1}^{n}v_i^k}-\frac{\sum_{i=1}^{n}\ln(v_i)}{n}\right]^{-1} \tag{3-114}$$

$$c=\left[\frac{1}{n}\sum_{i=1}^{n}v_i^k\right]^{\frac{1}{k}} \tag{3-115}$$

（6）能量格局因子法。能量格局因子 E_{PF} 是总功率和对应于平均风速三次方的功率的比值，其计算公式为

$$E_{PF}=\frac{\dfrac{1}{n}\sum_{i=1}^{n}v_i^3}{\left(\dfrac{1}{n}\sum_{i=1}^{n}v_i\right)^3} \tag{3-116}$$

一旦风况的能量格局因子根据风力数据得出，k 的近似解即为

$$k=3.957E_{PF}^{-0.898} \tag{3-117}$$

3.5.1.8　极端风况的统计计算方法

台风、龙卷风、对流风暴等极端风况虽然发生的概率很小，但是对风电机组的生存却能造成极大的威胁。通常利用统计学方法研究极端风况，采用 50 年一遇极端风况，即 2% 发生概率的极端风况。50 年一遇的极大风速（10min 平均）和极大阵风（3min 平均）是风电机组选型的重要依据。

1. 极大风速估计

（1）Gumbel 极值分布法。极值分布是研究极端情况发生概率的统计学方法，对于 Gumbel 极值分布，假设事件发生频率符合指数形式为

$$\Lambda(x)=\exp\left(-\frac{x-\beta}{\alpha}\right) \tag{3-118}$$

式中：α、β 为参数。

其累积分布函数就是 Gumbel 极值分布形式，即

$$F(x)=P(u<x)=\exp\left[-\exp\left(-\frac{x-\beta}{\alpha}\right)\right] \tag{3-119}$$

式中：u 为年最大风速；$F(x)$ 为一年内风速低于 x 值的概率。

T 年最大风速 u_T 的分布为

$$F(x;T)=P(u_T<x)=[P(u<x)]^T=\exp\left[-\exp\left(-\frac{x-\beta-\alpha\ln T}{\alpha}\right)\right]$$
$$(3-120)$$

其中，用 $\beta+\alpha\ln T$ 代替 β。

极大风速估计本质就是一组 n 个独立的观测样本推算极值分布函数参数的问题。假设一组 n 个独立的观测样本为 $\{u_1,u_2,\cdots,u_n\}$。

通常极值分布方法都是使用次序统计方法，即把观测的极值样本排序并命名为 $\{x_1,x_2,\cdots,x_j,\cdots,u_n\}$。

其中，$x_1<x_2<\cdots x_j\cdots<u_n$，Gumbel 法给每个 x_j 都赋予一个累积概率 F_j，即

$$F_j=\frac{j}{1+n}$$
$$(3-121)$$

令 $y_i=-\ln[-\ln(F_j)]$，对 x_j 作图（y_i 为横轴，x_j 为纵轴），然后进行线性回归。

回归曲线符合

$$y=\frac{x_T-\beta-\alpha\ln T}{\alpha}$$
$$(3-122)$$

变换为

$$x_T=\alpha y+\frac{\beta}{\alpha}+\alpha\ln T$$
$$(3-123)$$

式中：T 为测风数据的时间长度，年。

线性回归曲线和上式相比，可以方便地求出 Gumbel 分布的参数 α 和 β。于是，1 年一遇的极大风速为

$$x_1=\alpha y+\frac{\beta}{\alpha}$$
$$(3-124)$$

50 年一遇的极大风速为

$$x_{50}=\alpha y+\frac{\beta}{\alpha}+\alpha\ln 50=x_1+\alpha\ln 50=x_T+\alpha\ln\frac{50}{T}$$
$$(3-125)$$

$$x_T=\alpha\cdot\max\{y_1,y_2,\cdots,y_j,\cdots,y_n\}+\frac{\beta}{\alpha}$$
$$(3-126)$$

极大风速是基于 10min 平均的风数据。需要将极值样本数量控制在 30 个以内，而且需要筛查每个独立的风暴事件是否只有一个极大风速值被计入，一般认为，为了获得较好的极大风速估计值至少需要 4 年的风速数据（轮毂高度处）。

（2）柏拉图极值分布法。为了克服测风数据长度不足的问题，研究人员提出柏拉图极值分布法。柏拉图分布密度函数形式为

$$F(x;\alpha,k)=1-\left[1-\frac{\alpha}{k}(x-\xi)\right]^{1/k}$$
$$(3-127)$$

式中：α、k、ξ 为待定参数，ξ 为极值界限。

累积分布函数为

$$f(x;\alpha,k)=\frac{1}{\alpha}\left[1-\frac{k(x-\xi)}{\alpha}\right]^{1-1/k} \tag{3-128}$$

当 $k>0$ 时，$\xi\leqslant x\leqslant\left(\xi+\frac{\alpha}{k}\right)$；当 $k\leqslant0$ 时，$\xi\leqslant x<\infty$。

当 $k=0$ 时，有

$$F(x;\alpha)=1-\exp\left(-\frac{x-\xi}{\alpha}\right) \tag{3-129}$$

定义 λ 为每年预期超过极值界限的峰值个数，t 年内超越的峰值个数为

$$\lambda_x=\lambda t(1-F) \tag{3-130}$$

用再发生周期 T 替换 t，可得 T 年内极大风速为

$$x_T=\xi+\frac{\alpha}{k}\left[1-(\lambda T)^{-k}\right] \tag{3-131}$$

所以求出某一极值界限 ξ 下的柏拉图分布的参数 α 和 k，就可以求得 50 年一遇的极大风速。但是其中的求解方法相对复杂，可以采用极大似然方法等求解。

2. 极大阵风

阵风是指时间小于或者等于 3s 的瞬间风速，实际过程中采用 10min 或者 1h 的数据来推算。假设短时内风速遵循正态分布，知道平均值和标准差就可以得到正态分布曲线，利用 10min 或 1h 的平均风速数据推算 3s 的极大阵风数据。

由正态分布得

$$v_{50,gust}=v_{50}+C\sigma_{50} \tag{3-132}$$

v_{50} 为 50 年一遇极大风速估计值，其标准差 σ_{50} 可用极值样本的平均标准差近似代替。如果平均周期时长为 1min，$C=1.9$；如果平均周期时长为 10min，$C=2.8$；如果平均周期时长为 1h，$C=3.4$。

3. 极端风向变化

极端风向包括变化角度和变化时间两个变量。叶轮直径越大，在偏航时需要的转矩越大，允许的变化角度就越小；风速越大，允许的变化角度也越小。风电机组的极端风向变化角度应满足

$$\theta_e=\pm4\arctan\left\{\frac{\sigma_1}{v_{hub}\left[1+0.1\left(\frac{D}{\Lambda_1}\right)\right]}\right\}\quad(-180°\leqslant\theta_e\leqslant180°) \tag{3-133}$$

其中

$$\sigma_1=I_{ref}(0.75v_{hub}+5.6)\qquad\text{A 类}$$

$$\Lambda_1=\begin{cases}0.7z & z\leqslant60m\\42m & z>60m\end{cases}\qquad\text{B 类}$$

式中：θ_e 为极端风向变化角；I_{ref} 为 15m/s 风速下的参考湍流强度（当 $I_{ref}\leqslant0.16$ 时，为 A 类；当 $I_{ref}\leqslant0.14$ 时，为 B 类；$I_{ref}\leqslant0.12$ 时，为 C 类）；Λ_1 为纵向湍流放大系数；z 为轮毂高度；D 为叶轮直径。

极端风向变化时间可以由风向变化速率表示，极端风向变化速率应满足

$$\theta(t)=\begin{cases} 0° & t<0 \\ \pm 0.5\theta_e\left[1-\cos\left(\dfrac{\pi t}{T}\right)\right] & 0\leqslant t<T \\ \theta_e & t\geqslant T \end{cases} \qquad (3-134)$$

4. 极端风切变

影响风切变的主要因素有地表粗糙度、大气稳定度、地形、风速等。空气温度越低，大气稳定度越大，风切变也越大；地表粗糙度越大，风切变越大。风切变使风速在叶轮面内分布不均匀，可以分解为垂直风切变和水平风切变，以叶轮直径、轮毂高度和湍流强度为参数，垂直极端风切变应满足

$$v(z,t)=v_{hub}\left(\frac{z}{z_{hub}}\right)^{\alpha}\pm\left(\frac{z-z_{hub}}{D}\right)\left[2.5+0.2\beta\sigma_1\left(\frac{D}{\Lambda_1}\right)^{\frac{1}{4}}\right]\left[1-\cos\left(\frac{2\pi t}{T}\right)\right] \qquad (3-135)$$

其中，$\alpha=0.2$，$\beta=6.4$，$T=12s$；t 为时间；Λ_1、σ_1 满足 A、B 式。

5. 极端湍流

测风数据通常是包含数个月的 10min 或 1h 平均的风速值和湍流强度值，评估年极端湍流事件时，需要在风数据中挑选出独立的极端事件。为了保证极端事件的独立性，通常使两个极端事件间隔两星期，即每两周选择一个极端湍流事件，就可以选 20~30 个极端事件数据点，然后进行 Gumbel 分布拟合，估计出 50 年一遇的极端湍流。湍流强度是与风速对应的，因此每个风速区间都对应一个极端湍流，极端湍流事件也是指某一风速下的极端湍流事件。

利用联合概率分布函数进行推导，即

$$f(\sigma,v_{hub})=f(\sigma|v_{hub})f(v_{hub})$$

$$=\frac{1}{\zeta\sigma\sqrt{2\pi}}\exp\left[-\frac{1}{2}\left(\frac{\ln\sigma-\lambda}{\zeta}\right)^2\right]\times 2\frac{v_{hub}}{\alpha^2}\exp\left[-\left(\frac{v_{hub}}{\alpha}\right)^2\right] \qquad (3-136)$$

就可以推导出 50 年一遇极端湍流。

$$\lambda=\ln\mu_\sigma-\frac{1}{2}\zeta^2 \qquad (3-137)$$

$$\zeta=\sqrt{\ln(\delta^2+1)} \qquad (3-138)$$

$$\delta=\frac{\sigma_\sigma}{\mu_\sigma} \qquad (3-139)$$

$$\mu_\sigma=I_{ref}(0.75v_{hub}+3.8) \qquad (3-140)$$

$$\sigma_\sigma=1.44I_{ref} \qquad (3-141)$$

$$\alpha=\frac{2v_{ave}}{\pi} \qquad (3-142)$$

式中：μ_σ 为平均湍流；σ_σ 为湍流的标准差；I_{ref} 为 $v_{hub}=15m/s$ 时的特征湍流强度；v_{ave} 为轮毂高度的年平均风速；v_{hub} 为轮毂高度风速。

所以，50 年一遇极端湍流取决于风电机组的类型（IEC Ⅰ 类、Ⅱ 类或Ⅲ类）和

湍流级别（A 类、B 类或 C 类）。通过结合 σ 和 v_{hub}，可以得到概率为 1.9×10^{-5} 的曲线，并线性化来表示年极端湍流 $\sigma_{extreme}$ 与 v_{hub} 的关系，见表 3-3。

表 3-3　风电机组的类型、湍流级别、σ 和 v_{hub} 之间的关系

类型	I	II	III
湍流 A 类	$\sigma=0.0967v_{hub}+2.04$	$\sigma=0.0985v_{hub}+2.02$	$\sigma=0.0742v_{hub}+2.25$
湍流 B 类	$\sigma=0.0844v_{hub}+1.80$	$\sigma=0.0860v_{hub}+1.78$	$\sigma=0.0706v_{hub}+1.92$
湍流 C 类	$\sigma=0.0721v_{hub}+1.56$	$\sigma=0.0733v_{hub}+1.54$	$\sigma=0.0592v_{hub}+1.66$

3.5.2　风功率密度

3.5.2.1　风能计算

风能是空气运动的动能，是每秒钟在面积 A 上从以速度 v 自由流动的气流中所获得的能量，即获得的功率 W。它等于面积、速度、气流动压的乘积，即

$$W=Av\left(\frac{1}{2}\rho v^2\right)=\frac{1}{2}\rho Av^3 \tag{3-143}$$

式中：ρ 为空气密度，kg/m^3；W 为风功率，W；v 为风速，m/s；A 为面积，m^2。

实际上，对于一个地点来说，如果空气密度为常数，当面积一定时，则风速是决定风能大小的关键因素。

风功率密度是气流垂直通过单位面积（风轮面积）的风能，它是表征一个地方风能资源多少的指标。因此在与风能公式相同的情况下，将风轮面积定为 $1m^2$（$A=1m^2$）时，风能具有的功率为

$$w=\frac{1}{2}\rho v^3 \tag{3-144}$$

衡量某地风能大小，要视常年平均风能的多少而定。由于风速是一个随机性很大的量，必须通过一定长度的观测来了解它的平均状况。因此，在一段时间（如一年）长度内的平均风功率密度可以将上式对时间积分后平均，即

$$\overline{w}=\frac{1}{T}\int_0^T \frac{1}{2}\rho v^3\mathrm{d}t \tag{3-145}$$

式中：$\overline{w}$ 为平均风能，W/m^2；T 为总时数，h。

得到了一段时间长度内风速的概率密度分布后，便可计算出平均风功率密度。

在研究了风速的统计特性后，风速分布可以用一定的概率密度分布形式来拟合，这样就大大简化了计算的过程。

3.5.2.2　风功率密度计算

1. 空气密度计算

从风能公式可知，ρ 的大小直接关系到风能的多少，特别是在高海拔的地区，影响更突出。所以，计算一个地点的风功率密度，需要掌握的量是所计算时间区间下的空气密度和风速。在近地层中，空气密度 ρ 的量级为 10^0，而风速 v^3 的量级为 $10^2\sim10^3$。因此，在风能计算中，风速具有决定性的意义。另外，由于我国地形复杂，空气密度的影响也必须要加以考虑。空气密度 ρ 是气压、气温和温度的函数，

其计算公式为

$$\rho = 1.276 \frac{p - 0.378e}{1000(1 + 0.00366t)} \qquad (3-146)$$

式中：p 为气压，hPa；t 为气温，℃；e 为水汽压，hPa。

2. 平均风功率密度计算

根据风功率密度的定义式，w 为 ρ 和 v 两个随机变量的函数，对一地而言，空气密度 ρ 的变化可忽略不计，因此，应有的变化主要是由 v^3 随机变化所决定，这样 w 的概率密度分布只决定风速的概率分布特征，即

$$P(v) = \frac{1}{2}\rho E(v^3) \qquad (3-147)$$

风速立方的数学期望为

$$\begin{aligned}
E(v^3) &= \int_0^\infty v^3 f(v)\mathrm{d}v \\
&= \int_0^\infty \frac{k}{c}\left(\frac{v}{c}\right)^{k-1}\exp\left[-\left(\frac{v}{c}\right)^k\right]v^3\mathrm{d}v \\
&= \int_0^\infty v^3 \exp\left[-\left(\frac{v}{c}\right)^k\right]\mathrm{d}\left(\frac{v}{c}\right)^k \\
&= \int_0^\infty c^3\left(\frac{v}{c}\right)^3\exp\left[-\left(\frac{v}{c}\right)^k\right]\mathrm{d}\left(\frac{v}{c}\right)^k \qquad (3-148)
\end{aligned}$$

令 $y = \left(\dfrac{v}{c}\right)^k$，即 $\dfrac{v}{c} = y^{1/k}$，$\left(\dfrac{v}{c}\right)^3 = y^{3/k}$，则

$$E(v^3) = \int_0^\infty y^{3/k}\exp(-y)\mathrm{d}y = c^3\int_0^\infty y^{3/k}\exp(-y)\mathrm{d}y = c^3\Gamma(3/k + 1) \qquad (3-149)$$

可见，风速立方的分布仍然是一个威布尔分布，只不过它的形状参数变为 $3/k$，尺度参数为 c^3。因此，只要确定了风速的威布尔分布两个参数 c 和 k，风速立方的平均值便可以确定，平均风功率密度便可以求得，即

$$\overline{w} = \frac{1}{2}\rho c^3\Gamma\left(\frac{3}{k} + 1\right) \qquad (3-150)$$

3. 有效风功率密度计算

在有效风速范围（风电机组切入风速到切出风速之间的范围）内，设风速分布为 $f'(v)$，风速立方的数学期望为

$$\begin{aligned}
E'(v^3) &= \int_{v_1}^{v_2} v^3 f'(v)\mathrm{d}v \\
&= \int_{v_1}^{v_2} v^3 \frac{f(v)}{v(v_1 \leqslant v \leqslant v_2)}\mathrm{d}v \\
&= \int_{v_1}^{v_2} v^3 \frac{p(v)}{p(v_1 \leqslant v \leqslant v_2)}\mathrm{d}v \\
&= \int_{v_1}^{v_2} v^3 \frac{\left(\frac{k}{c}\right)\left(\frac{v}{c}\right)^{k-1}\exp\left[-\left(\frac{v}{c}\right)^k\right]}{\exp\left[-\left(\frac{v_1}{c}\right)^k\right] - \exp\left[-\left(\frac{v_2}{c}\right)^k\right]}\mathrm{d}v
\end{aligned}$$

$$= \frac{k/c}{\exp\left[-\left(\frac{v_1}{c}\right)^k\right] - \exp\left[-\left(\frac{v_2}{c}\right)^k\right]} \int_{v_1}^{v_2} v^3 \left(\frac{v}{c}\right)^{k-1} \exp\left[-\left(\frac{v}{c}\right)^k\right] \mathrm{d}v$$

$$(3-151)$$

因此有效风功率密度便可计算出来，得

$$w = \frac{1}{2}\rho E'(v^3) = \frac{1}{2}\rho \frac{k/c}{\exp\left[-\left(\frac{v_1}{c}\right)^k\right] - \exp\left[-\left(\frac{v_2}{c}\right)^k\right]} \int_{v_1}^{v_2} v^3 \left(\frac{v}{c}\right)^{k-1} \exp\left[-\left(\frac{v}{c}\right)^k\right] \mathrm{d}v$$

$$(3-152)$$

4. 风能可利用时间计算

在风速概率分布确定以后，还可以计算风能的可利用时间，即

$$t = N\int_{v_1}^{v_2} f(v)\mathrm{d}v$$

$$= N\int_{v_1}^{v_2} \frac{k}{c}\left(\frac{v}{c}\right)^{k-1} \exp\left[-\left(\frac{v}{c}\right)^k\right]\mathrm{d}v$$

$$= N\left\{\exp\left[-\left(\frac{v_1}{c}\right)^k\right] - \exp\left[-\left(\frac{v_2}{c}\right)^k\right]\right\}$$

$$(3-153)$$

式中：N 为统计时段的总时间，h；v_1 为风电机组的切入风速，m/s；v_2 为风电机组的切出风速，m/s。

一般年风能可利用时间在 2000h 以上时，可视为风能可利用区。

5. 测站 50 年一遇最大风速 v_{50_max}

风速的年最大值 x 采用极值 I 型的概率分布表示，其分布函数为

$$F(x) = \exp\{-\exp[-\alpha(x-u)]\}$$

$$(3-154)$$

式中：u 为分布的位置参数，即分布的众值；α 为分布的尺度参数。

分布的参数与均值 $\bar{v}$ 和标准差 σ 的关系确定为

$$\bar{v} = \frac{1}{n}\sum_{i=1}^{N} v_i$$

$$(3-155)$$

$$\sigma = \sqrt{\frac{1}{n-1}\sum_{i=1}^{n}(v_i - \bar{v})^2}$$

$$(3-156)$$

$$\alpha = \frac{c_1}{\sigma}$$

$$(3-157)$$

$$u = \bar{v} - \frac{c_2}{\alpha}$$

$$(3-158)$$

式中：v_i 为连续 n 个最大风速样本序列，$n \geq 15$。

系数 c_1 和 c_2 见表 3-4。

测站 50 年一遇最大风速计算公式为

$$v_{50\_max} = u - \frac{1}{\alpha}\ln\left[\ln\left(\frac{50}{50-1}\right)\right]$$

$$(3-159)$$

实际上，一个风场的极端气象条件对风机载荷的评估和风场的分级有着重要的影响。在最大阵风速度和最大 10min 平均风速（多年一遇）之间存在紧密联系。

表 3 - 4 风速计算参数表

n	C_1	C_2	n	C_1	C_2
15	1.02057	0.51820	70	1.18536	0.55477
20	1.06283	0.52355	80	1.19385	0.55688
25	1.09145	0.53086	90	1.20649	0.55860
30	1.11238	0.53622	100	1.20649	0.56002
35	1.12847	0.54034	250	1.24292	0.56878
40	1.14132	0.54362	500	1.25880	0.57240
45	1.15185	0.54630	1000	1.26851	0.57450
50	1.16066	0.54853	∞	1.28255	0.57722
60	1.17465	0.55208			

设计风机时，要统计以下极值风速：预计在 50 年内所出现的 10min 平均风速的最高值 v_{m50}；最大阵风 v_{e50}，即 50 年内出现的 3s 极大平均风速。最大阵风 v_{e50} 可由 10min 平均风速最高值 v_{m50} 和估算出的湍流强度 I_t 来计算，即

$$v_{e50} = v_{m50}(1 + 2.8I_t) \tag{3-160}$$

式（3-160）中 I_t 前的系数 2.8 是通过在地面上不同高度测量而得的，与统计时间段（10min）内的风速无关，称为阵风因子。

由于极大风速对风电机组的设计至关重要，风电场规划时要综合考虑风机的技术发展状况，在进行微观选址时尽量避开极风速区，对风电机组进行合理的布置。

3.5.3 测风数据的不确定性

1. 风数据质量的不确定

测风数据的不确定性由风速仪等测风设备、测风塔和维护水平导致的。风速仪的外形设计、标定过程、精度，测风塔的安装规范程度，以及人为因素等都会影响到测风数据的质量。相关推荐值见表 3-5。

表 3 - 5 测风数据质量不确定度

不确定度	风速仪导致	测风塔导致	测风塔维护水平导致
标准质量	1.5%	1.5%	0%
质量较差	2.0%	2.5%	1.5%

2. 威布尔分布参数的不确定

实际的风频分布可能不完全符合威布尔分布，而风资源分析大多使用威布尔分布来表达分频分布，因此存在不确定性。威布尔分布与实际风速频率分布的决定系数 R^2 应该超过 99%，而风能频率分布决定系数应该超过 97%。否则应该在计算发电量不确定度时予以考虑。

决定系数又称拟合优度，是相关系数的二次方，表示在标准差的总二次方和中，由误差的二次方和所占的比例，记为 R^2。R^2 越接近 1 时，表明相关的方程式

参考价值越高；相反，R^2 越接近 0 时，表示参考价值越低。

$$R^2 = 1 - \frac{SS_{err}}{SS_{总}} \tag{3-161}$$

$$SS_{err} = \sum [X_i - F(v_i)]^2 \tag{3-162}$$

$$SS_{总} = \sum (X_i - \overline{X})^2 \tag{3-163}$$

式中：SS_{err} 为误差的二次方和；$SS_{总}$ 为标准差的总二次方和；X_i 为实测风速在第 i 个风速区间的发生概率；$F(v_i)$ 为第 i 个风速区间威布尔分布概率；$\overline{X}$ 为实测风速在全部风速区间的发生概率的平均值。

3. 风速年度波动的不确定

平均风速年度波动很大，如果测风年不是代表年，则需要长期修正。风速的年度波动使得风电场发电量的预测变得困难，也可能造成风电机组选型误差。计算风速年度波动的不确定度为

$$\sigma = \frac{6\%}{\sqrt{n}} \tag{3-164}$$

式中：n 为测风时间长度，年。

风速年度波动幅度仅次于季节波动，因此一般要求测风时间至少一整年，以覆盖剧烈的季节波动。同时，要使用整数年的测风数据进行风电场发电量评估计算。北欧气候的研究和经验总结：一整年的风数据的风速年度波动不确定度为 6%。

4. 未来风气候趋势的不确定

通常认为 30~50 年才能完成一个气象周期，用来计算风电场发电量的测风数据是过去的风气候状况，不能代表未来状况。即使是长期参考风数据也不能反映超长期的气候波动。实际上即使利用测量的 50 年风数据来预测未来风气候状况，仍然有着不确定性。未来气候趋势对平均风速的不确定度推荐值一般为 5%。

3.6 风能资源评价

目前我国风力发电场可行性研究风资源评价应遵循的有关标准主要包括：NB/T 31104—2016《陆上风电场工程预可行性研究报告编制规程》、NB/T 31105—2016《陆上风电场工程可行性研究报告编制规程》、NB/T 31032—2012《海上风电场工程可行性研究报告编制规程》、NB/T 31003—2011《大型风电场并网设计技术规范》、NB/T 31147—2018《风电场工程风能资源测量与评估技术规范》、GB/T 37523—2019《风电场气象观测资料审核、插补与订正技术规范》、NB/T 31029—2012《海上风电场风能资源测量及海洋水文观测规范》、NB/T 10103—2018《风电场工程微观选址技术规范》、GB/T 51096—2015《风力发电场设计规范》、GB/T 51308—2019《海上风力发电场设计标准》、NB/T 31078—2016《风电场并网性能评价方法》、GB/T 19963—2011《风电场接入电力系统技术规定》、NB/T 10313—2019《风电场接入电力系统设计内容深度规定》、IEC 61400-1—2019《国际电工标准》等。根据有关规范要求，风力发电场项目可行性研究报告要求的有关风力资源

评价的附图、附表主要包括以下 8 项内容。

（1）风电场址测站的风速频率曲线。

（2）与场址测站年份对应的气象台（站）风速频率曲线。

（3）风电场址测站的风向玫瑰图。

（4）与场址测站年份对应的气象台（站）风向玫瑰图。

（5）风电场址测站的风能玫瑰图。

（6）与场址测站年份对应的气象台（站）风能玫瑰图。

（7）风电场址测站的年平均风速变化（1—12 月）直方图。

（8）风电场址测站的典型日平均风速变化（1～24h）直方图。

　　将处理好的各种风况参数绘制成图形，以便能够更直观地看出风电场的风速、风向和风能的变化，便于和当地的地形条件、电力负荷曲线等比较，判断对风电机组的排列是否有利、风电场输出电力的变化是否接近负荷需求的变化等。图形主要分为年风况图和月风况图两大类，其中年风况图包括全年的风速和风功率日变化曲线图，风速和风功率的年变化图，全年的风速频率分布直方图，全年的风向和风能玫瑰图；月风况图包括各月的风速和风功率日曲线变化图，各月的风向和风能玫瑰图。另外还应包括长期测站风况图，包括与风电场测风塔同期的风速年变化直方图，连续 20～30 年的年平均风速变化直方图。

第4章 风力发电技术与设备选型

4.1 风电机组分类

1. 风力发电工作过程

空气流动的动力作用在风电机组的叶轮上，从而推动叶轮旋转，将空气动能转变成风轮旋转机械能，风轮的轮毂固定在风电机组轴上，通过传动系统驱动风电机轴及转子旋转，风电机组将机械能转变成电能输送给负荷或者电力系统。

2. 风电机组的类型

国内外风电机组结构型式繁多，从不同角度有多种分类方法。

（1）按照风轮轴与地面的相对位置，分为水平轴和垂直轴式等。

（2）按叶片工作原理，分为升力型和阻力型等。

（3）按风电机组的用途分类，分为风力发电机、风力提水机、风力脱谷机等。

（4）按风轮叶片叶尖速度与吹来的风速之比的大小，分为高速风电机组（叶尖比大于3）和低速风电机组（比值小于3）等。

（5）按容量大小，分为微型（1kW以下）、小型（10～100kW）、中型（100～1MW）、大型（1MW以上）。国外一般分为3类，即小型（100kW以下）、中型

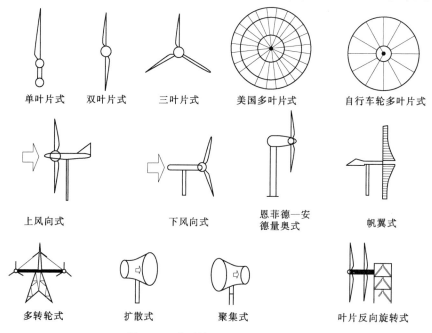

图4-1 水平轴风电机组结构类型

（100～1000kW）和大型（1000kW 以上）。但是这种分类也是相对的，随着风机的发展程度不同，分类随之改变。

（6）按照风轮相对于塔架的位置，分为上风向式和下风向式等。

（7）按照风轮叶片数量，分为单叶片、双叶片、三叶片、四叶片以及多叶片等。

（8）按叶片形状，分为螺旋桨式、Φ形、△形、H形、S形等。

（9）按叶片材料分类，分为木质、金属和复合材料等。

水平轴风电机组结构类型如图 4-1 所示。

4.2　风电机组气动与工作原理

4.2.1　升力与阻力

1. 升力和阻力

气体流经 3 种不同形状物体时的流态，如图 4-2 所示。

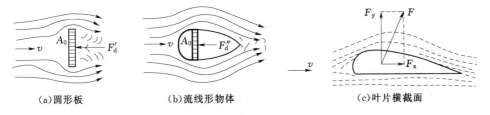

(a)圆形板　　　　　(b)流线形物体　　　　　(c)叶片横截面

图 4-2　气体流经物体示意图

在图 4-2（a）和图 4-2（b）中，两种物体垂直于气流方向的投影面积 A_0 相等。当风吹向圆形板时，圆形板前压力增大，而圆形板后压力减小，这个压力差构成了气流对圆形板的作用力 F_d'。同样条件下，气体对流线形物体的作用力 F_d'' 要比 F_d' 小得多。当气流流经叶片时，其流线分布如图 4-2（c）所示，叶片上面气流速度加快，压力下降。叶片下面几乎保持原来的气体压力，于是叶片受到了向上的作用力 F，此力可分解成与气流方向平行的力 F_x 和与气流方向垂直的力 F_y，分别称为阻力和升力。在图 4-2（a）和图 4-2（b）中，物体的形状相对于气流的方向是对称的，只有阻力，没有升力。图 4-2（a）和图 4-2（b）中阻力的计算公式为

$$F_d = \frac{1}{2}\rho C_d A_0 v^2 \tag{4-1}$$

式中：F_d 为阻力，其方向与气流方向平行；A_0 为物体表面在垂直于气流方向平面上的投影面积；v 为吹向物体的风速；ρ 为空气密度；C_d 为阻力系数，由实验确定。

气流流经物体所产生的涡流越大，则阻力也越大，即 C_d 值越大。表 4-1 列出了几种典型形状物体的阻力系数。

图 4-2（c）中，气流对叶片的作用力的计算公式为

$$F=\frac{1}{2}\rho C_r A_0 v^2 \tag{4-2}$$

式中：C_r 为叶片总的空气动力系数；A_0 为叶片的最大投影面积。

表 4-1　几种不同形状物体的阻力系数 C_d

物体名称	圆形板	圆锥	曲顶圆锥	椭球	圆球	半球	半球
物体形状	$\xrightarrow{v}$ ▯ d	$\xrightarrow{v}$ ◁ d	$\xrightarrow{v}$ ◖ d	$\xrightarrow{v}$ ⬭ d	$\xrightarrow{v}$ ○ d	$\xrightarrow{v}$ ◗ d	$\xrightarrow{v}$ ◖ d
投影面积 A_0	$\frac{\pi d^2}{4}$	$\frac{\pi d^2}{4}$	$\frac{\pi d^2}{4}$	$\frac{\pi d^2}{4}$	$\frac{\pi d^2}{4}$	$\frac{\pi d^2}{4}$	$\frac{\pi d^2}{4}$
阻力系数 C_d	1.11	0.44	0.22	0.044	0.47	0.34	1.33

叶片的升力 F_y 与阻力 F_x 的计算公式为

$$F_y=\frac{1}{2}\rho C_y A_0 v^2 \tag{4-3}$$

$$F_x=\frac{1}{2}\rho C_x A_0 v^2 \tag{4-4}$$

式中：C_y 为升力系数；C_x 为阻力系数。

C_y 与 C_x 均由实验求得，由于 F_y 与 F_x 相互垂直，所以

$$\begin{cases} F_x^2+F_y^2=F^2 \\ C_x^2+C_y^2=C_r^2 \end{cases} \tag{4-5}$$

对于同一翼型，其升力系数与阻力系数之比称为升阻比 k，其计算公式为

$$k=\frac{C_y}{C_x} \tag{4-6}$$

2. 影响升力系数与阻力系数因素

影响升力系数与阻力系数的主要因素有翼型、攻角、雷诺数和叶片表面粗糙度等。

（1）翼型的影响。图 4-3 给出不同横截面形状（翼型）的叶片，当气流由左向右吹过，产生不同的升力与阻力。

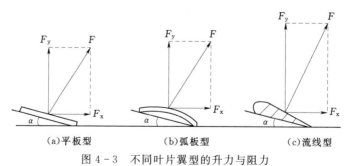

图 4-3　不同叶片翼型的升力与阻力

阻力比较结果：平板型＞弧板型＞流线型；升力比较结果：流线型＞弧板型＞平板型。对应的 C_y 与 C_x 也是如此。

（2）攻角的影响。空气流与翼型合速度与叶片弦长 l 的夹角 α 称为攻角，如图 4-4 所示，而阻力系数 C_x 与升力系数 C_y 随 α 的变化如图 4-5 所示。

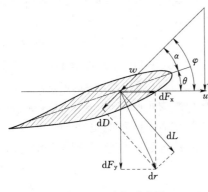

图 4-4 攻角示意图

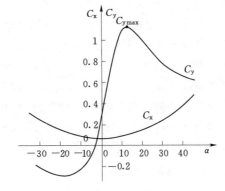

图 4-5 C_x 和 C_y 与攻角 α 的关系

（3）雷诺数的影响。空气流经叶片时，气体的黏性力将表现出来，这种黏性力可以用雷诺数 Re 表示为

$$Re = \frac{vl}{v_0} \tag{4-7}$$

式中：v 为吹向叶片的空气流速；l 为叶片的弦长；v_0 为空气的运动黏度系数。

Re 值越大，黏性作用越小，C_y 值增加，C_x 值减少，升阻比 k 值变大。

（4）叶片表面粗糙度的影响。叶片表面无法做得绝对光滑，把凹凸不平的波峰和波谷之间高度的平均值称为粗糙度。若粗糙度值大，会使 C_x 值变高，增加了阻力；而对 C_y 值的影响不大，所以在制造中，应尽量使叶片表面平滑。

4.2.2 风电机组的工作原理

这里所指的风电机组的基本工作原理主要是指风电机组的风轮如何接收风能并将其转换成机械能。尽管风电机组的类型很多，但是，普遍应用的是水平轴和垂直轴两大类。下面重点介绍水平轴升力型和垂直轴阻力型风电机组的基本工作原理。

1. 升力型风电机组的工作原理

叶轮主要由的叶片和轮毂组成。风吹向叶片时，叶片产生的升力 F_y 和阻力 F_x 如图 4-6 所示。阻力和升力在风向方向合力是风轮的正面压力，由风电机组的塔架承受；阻力和升力在旋转切向上的合力推动风轮旋转起来。

风轮旋转角速度为 ω，则相对于叶片上距转轴中心 r 处的一小段叶片元（叶素）的气流速度 w 将是垂直于风轮旋转面的来流速度 v 与该叶片元的旋转线速度 ωr 的矢量和，如图 4-4 所示，这时以角速度 ω 旋转的叶片，在与转轴中心相距 r 处的叶片元的攻角 α，已经不是 v 与翼弦的夹角，而是 w 与翼弦的夹角了。φ 为 w 与旋转平面间的夹角，称为入流角，$\varphi = \alpha + \theta$。

以相对速度 w 吹向叶片元的气流，产生气动力 F，F 可以分解为垂直于 w 方向的升力 $\mathrm{d}L$，以及与 w 方向一致的阻力 $\mathrm{d}D$，也可以分解为在风轮旋转面内使桨叶

风电机组
运行原理

旋转的力 dF_y 以及对风轮正面的压力 dF_x。

由于风轮旋转时叶片位于不同半径处的线速度是不同的，因而相对于叶片各处的气流速度 v 在大小和方向上也是不同的。如果叶片各处的扭角或桨距角 β 都一样，则叶片各处的实际攻角 α 将不同。这样除攻角接近最佳值的一小段叶片升力较大外，其他部分所得到的升力则由于攻角偏离最佳值而变得不理想。所以这样的叶片不具备良好的气动特性。为了在沿整个叶片长度方向均能获得有利的攻角数值，就必须使叶片每一个截面的扭角或桨距角随着半径的增大而逐渐减小。在此情况下，才有可能使气流在整个叶片长度均以最有利的攻角吹向每一叶片元。从而具有比较好的气动性能，而且各处受力比较均匀，也增加了叶片的强度。这种具有变化的扭角或桨距角的叶片称为螺旋桨型叶片，而那种各处安装角均相同的叶片称为平板型叶片。现在一般都采用螺旋桨型叶片，叶片中的速度三角形如图 4-7 所示。

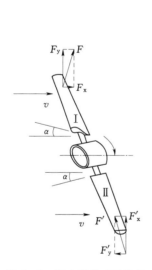

图 4-6　风力转换成叶片的
升力与阻力

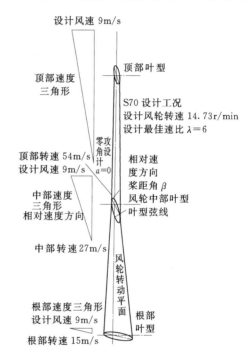

图 4-7　螺旋型原理图

2. 阻力型风电机组的工作原理

图 4-8 所示为垂直轴阻力型风电机组的风轮，它主要由 3 个曲面叶片组成。当风吹向风轮，叶片产生阻力，驱动风轮作逆时针方向旋转（顶视）。

每个叶片产生的阻力值 F_d 的计算公式为

$$F_d = \frac{1}{2}\rho(v \pm u)^2 A_v C_d \qquad (4-8)$$

式中：ρ 为空气密度；v 为风速；u 为叶片线速度；A_v 为叶片面积；C_d 为叶片阻力系数。

在计算 F_d 值时应注意下列问题：

（1）式中的"±"号的选用，对风凹下的叶片取"－"；对风凸起的叶片取"＋"。

（2）u 值取叶片在半径方向线速度的平均值。

（3）A_v 值取叶片的最大投影面积，图 4-8 中所示等于 1/2 宽度×高度（指一个叶片而言）。

综合式（4-8）中的"±"号和 C_d 值可知，凹下的叶片产生的 F_d 值大于凸起叶片的，因此风轮按逆时针方向旋转。

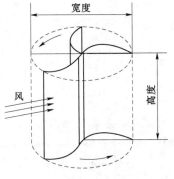

图 4-8　垂直轴式 S 形叶片风轮

4.2.3　风轮功率

1. 升力型风电机组的风轮功率

以水平轴升力型风电机组的风轮为例，介绍风轮功率计算。当流速为 v 的风吹向风轮，使风轮转动，该风轮扫掠的面积为 A，空气密度为 ρ，经过 1s，流向风轮空气所具有的动能为

$$N_v = \frac{1}{2}mv^2 = \frac{1}{2}\rho Avv^2 = \frac{1}{2}\rho Av^3 \qquad (4-9)$$

若风轮的直径为 D，则

$$N_v = \frac{1}{2}\rho Av^3 = \frac{1}{2}\rho \frac{\pi D^2}{4}v^3 = \frac{\pi}{8}D^2\rho v^3 \qquad (4-10)$$

这些风能不可能完全被风轮捕获而转换成机械能，设由风轮轴输出的功率为 N，它与 N_v 之比，称为风轮功率系数，用 C_p 表示，即

$$C_p = \frac{N}{N_v} = \frac{N}{\frac{\pi}{8}D^2\rho v^3} \qquad (4-11)$$

从而得到

$$N = \frac{\pi}{8}\rho D^2 v^3 C_p \qquad (4-12)$$

C_p 值范围为 0.2～0.5。由贝茨理论可以证明 C_p 的最大值为 0.593，从而得到以下结论：

（1）风轮功率与风轮直径的平方成正比。

（2）风轮功率与风速的立方成正比。

（3）风轮功率与风轮的叶片数目无直接关系。

（4）风轮功率与风轮功率系数成正比。

因此，当风轮大小、工作风速一定时，应尽可能提高 C_p 值，以增大风轮功率，这是从事风能开发利用的科技人员追求的主要目标之一。

风能利用系数 C_p 是尖速比（风轮转速、风速）和桨距角 θ 的非线性函数，同时也与叶片数量等参数有关，对于现代三叶片风电机组，其关系式为

$$C_p(\lambda, \theta) = c_1\left(\frac{c_2}{\lambda_i} - c_3\theta - c_4\right)e^{-\frac{c_5}{\lambda_i}} + c_6\lambda \qquad (4-13)$$

其中

$$\frac{1}{\lambda_i} = \frac{1}{\lambda + 0.008\theta} - \frac{0.035}{\theta^3 + 1}$$

通常各系数可通过拟合后得到，如某风机的参数为 $c_1 = 0.5176, c_2 = 116, c_3 = 0.4, c_4 = 5, c_5 = 21, c_6 = 0.0068$。

2. 转矩系数和推力系数

转矩是由气流作用于叶片的升力产生的。在设计风电机组时，要尽可能得到较大的转矩，从而得到较大的输出功率；同时要尽可能减小推力而使风电机组的运行可靠性提高。转矩系数和推力系数的计算公式分别为

$$C_M = \frac{M}{\frac{1}{2}\rho A v^2 R} \qquad (4-14)$$

$$C_T = \frac{T}{\frac{1}{2}\rho A v^2} \qquad (4-15)$$

式中：C_M 为转矩系数；M 为转矩；C_T 为推力系数；T 为推力；R 为风轮半径。

3. 阻力型风电机组的风轮功率

以垂直轴 S 形叶片风电机组为例，以图 4-8 所示，介绍阻力型风电机组风轮功率的计算。

右侧叶片上的输出功率为

$$N_1 = \frac{1}{2}\rho(v-u)^2 A_v C_{d1} u \qquad (4-16)$$

左侧叶片阻碍风轮转动的功率为

$$N_2 = \frac{1}{2}\rho(v+u)^2 A_v C_{d2} u \qquad (4-17)$$

式中：v 为风速；u 为叶片线速度；C_{d1}、C_{d2} 分别为右侧叶片、左侧叶片的阻力系数。

风轮的右侧叶片推动风轮旋转的功率，减去左侧叶片阻碍风轮旋转的功率，即为 S 形叶片阻力型风电机组的风轮功率，即

$$N = \frac{1}{2}\rho A_v u\left[(v-u)^2 C_{d1} - (v+u)^2 C_{d2}\right] \qquad (4-18)$$

4. 尖速比

旋转着的风轮叶片的叶尖线速度与吹向风轮的风速之比，称为尖速比，其计算公式为

$$\lambda = \frac{\omega R}{v} \qquad (4-19)$$

式中：R 为风轮半径；ω 为风轮旋转角速度；v 为吹向风轮的风速。

高速风电机组的特点是叶片数目少，转速高，风轮轴的扭矩小，适用于风力发电机。而低速风电机组的特点则是叶片数目多，转速低，风轮轴的扭矩大，适用于风力提水机或者其他负荷较重的动力机用。

表 4 - 2　水平轴风轮尖速比与风轮叶片数的关系

尖速比	叶片数目	风机类型
1	6～20	低速
2	4～12	
3	3～8	中速
4	3～5	
5～8	2～4	高速
8～15	1～2	

5. 风电机组的系统效率、有效功率

现以水平轴升力型风电机组为例，介绍风电机组的系统效率和有效功率。吹向风轮的风具有的功率为 N_v，风轮功率 N 为 $C_p N_v$，此功率经传动装置、做功装置（如发电机、水泵等），最终得到的有效功率为 N_e，则风电机组的系统效率（总体效率）

$$\eta = \frac{N_e}{N_v} = \frac{N}{N_v} \eta_i \eta_k \qquad (4-20)$$

即

$$N_e = N_v C_p \eta_i \eta_k = N_v \eta \qquad (4-21)$$

式中：η_i 为传动装置效率；η_k 为做功装置效率。

这样，风电机组最终所发出的有效功率为

$$N_e = \frac{\pi}{64} D^2 v^3 C_p \eta_i \eta_k = \frac{\pi}{64} D^2 v^3 \eta \qquad (4-22)$$

对于结构简单、设计和制造比较粗糙的风电机组，η 值一般为 0.1～0.2；对于结构合理，设计和制造比较精细的风电机组，η 值一般为 0.2～0.35，最佳者可达 0.40～0.45。

6. 风轮面积

（1）水平轴升力型风电机组的风轮面积。水平轴升力型风电机组的风轮面积，是指风轮在旋转过程中扫掠的圆形面积。风轮面积 A 为

$$A = \frac{\pi}{4} D^2 \qquad (4-23)$$

式中：D 为风轮直径。

（2）垂直轴阻力型风电机组的风轮面积。对于垂直轴 S 形叶片的风轮，它的通风面积 A ＝高度×宽度。美国学者杰克·派克提出用以下公式来计算 A 值，即

$$A = \frac{N_e}{\frac{1}{2} \rho v^3 \eta \times 4.31} \qquad (4-24)$$

式中：N_e 为风电机组的有效功率；ρ 为空气密度；η 为风电机组的系统效率；v 为风电机组的额定风速。

（3）风轮实度。在设计风轮时，要考虑两个不同的面积：一是风轮上全部叶片在风轮平面上的投影面积 A'；二是风轮旋转时的扫掠面积 A。这两个面积之比，称为风轮实度，以 K_0 表示，即

$$K_0 = \frac{A'}{A} \qquad (4-25)$$

对于叶片数目少，风轮转速高，风轮轴扭矩小的风轮（如风力发电机的风轮），它的风轮实度小；而对于叶片数目多，风轮转速低，风轮轴扭矩大的风轮（如风力提水机的风轮），它的风轮实度大。

风轮实度与尖速比的关系如图 4-9 所示。图 4-9 中的上条曲线对应的是叶片升力系数较小的情况，下条曲线对应的是升力系数较大的情况。

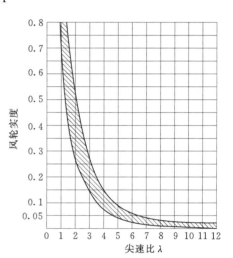

图 4-9　风轮实度与尖速比的关系

4.2.4　风电机组运行特性

在额定风速以下，保持桨距角不变，控制风电机组变速运行，跟踪最佳叶尖速比，获得最佳的气动特性；在额定风速以上，机组满负荷运行，通过改变桨距角限制气动功率捕获，保持额定功率输出不变，这就是风电机组基本的运行特性。因此风电机组的控制主要实现低风速下变速运行和高风速下变桨距恒功率运行。随着风电控制技术发展和风电机组容量的不断增大，目前运行的绝大多数风电机组为变速变桨距风电机组，其具体的运行过程中发电机转矩的标幺值与发电机转速的标幺值关系如图 4-10 所示。

从风电机组基本运行特性和图 4-10 可以看出，风电机组根据不同的风速情况和机组特性将整个运行区域大致划分为 3 个阶段，各阶段控制目标不同。

1．第一阶段

第一阶段是启动阶段，如图 4-10 中 O-A-B 阶段。风速达到启动风速时，变桨距系统迅速动作，控制风电机组叶片从顺桨状态转向 0°桨距角附近，风电机组开始转动，此时风电机组与电网为脱离状态，发电机并没有发出电功率，如图 4-10 中 O-A 阶段；当风速继续升高，发电机开始输出功率，风速达到或大于切入风速，发电机满足并网条件时，风电机组并入电网，如图 4-10 中 A-B 阶段。因此，在第一阶段中，风电机组控制系统主要完成两个任务，一是控制叶片桨距角从顺桨状态转向 0°桨距角附近，并保持恒定或小范围变化，使得风电机组快速启动；二是控制发电机定子电压使其满足并网条件，并在适当时候并入电网。

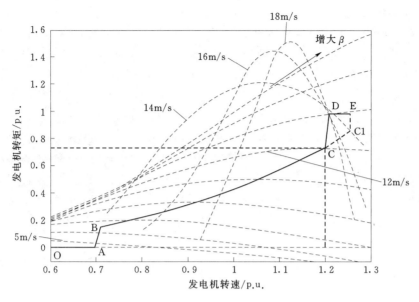

图 4 - 10　风电机组运行特性曲线

2. 第二阶段

第二阶段是额定风速以下的最大风能捕获区域，风电机组开始获得风能并转换成电能输送到电网，如图 4 - 10 中 B - C - D 阶段。风电机组最大风能捕获的理论依据可由风电机组空气动力学特性分析获得，在桨距角固定的情况下，风电机组的功率系数 C_p 与叶尖速比 λ 有特定的关系曲线，如图 4 - 11（a）所示，只有一个 λ 值对应的功率系数 C_p 最大，所获得的风能最大，即最佳叶尖速比 λ_{opt}。因此，在额定风速以下，要获得最大风能，就要控制风电机组转速跟随风速的变化，以保持最佳叶尖速比，实现最大风能捕获，如图 4 - 11（b）所示。

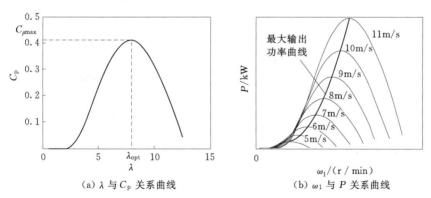

（a）λ 与 C_p 关系曲线　　　　　（b）ω_1 与 P 关系曲线

图 4 - 11　最大风能捕获示意图

从理论上说，在额定风速以下，风轮可以在任何转速下运行，以跟踪风速的变化保持最佳叶尖速比。但由于受到机械和电气系统性能的限制，风轮转速很可能在未达到额定风速时已经达到额定转速极限，此时风速再增大，风轮很难再升高转速

保持 λ_{opt}。因此,在额定风速以下的区域又划分为变速运行区域(BC 段)和恒速运行区域(CD 段)。当风电机组转速小于额定转速时,风电机组运行在变速运行区域(BC 段),根据测得的风速,按最佳叶尖速比控制发电机的转速跟踪风速的变化,确保风电机组的功率系数始终保持为最大值 C_{pmax},所以该区域又称 C_p 恒定区。在该区域,控制系统主要实现保持桨距角不变,并通过控制发电机转子励磁电流来控制发电机转矩,进而控制风电机组的转速,实现变速恒频运行。当风电机组转速达到或接近额定转速,并且风速在额定风速以下继续增加时,风电机组运行进入恒转速区域(CD 段)。在这个区域内,为了保护风电机组部件不受损坏,不再按照最大风能捕获的原理控制,而是将风电机组转速限制到额定转速附近,并通过提高发电机转矩来增大输出功率。在恒转速区,控制系统的任务主要是在保持转速不变的基础上,控制发电机转矩增加,直到风电机组输出额定功率。

3. 第三阶段

第三阶段是额定风速以上的恒功率区域。当风速高于额定风速时,随着功率增大,发电机和变频器将最终达到其功率极限,此时就要求风电机组在高风速下保持恒定功率输出,如图 4-10 中保持运行在 D 点。此时通过变桨距控制改变叶片桨距角,进而改变风电机组气动特性,限制风电机组转速和气动功率捕获。从图 4-10 中可以看出,在风速超过额定风速时,通过增大桨距角,改变了功率特性曲线,使得风电机组不再运行在最大功率点,而是运行在风电机组的额定功率点。因此在第三阶段的恒功率区,控制系统的主要任务是采用变桨距控制维持风轮转速,限制风电机组气动功率捕获,保持额定功率输出。

值得注意的是,从以上分析可知,图 4-10 中 D 点既是第二阶段转矩控制的终点,又是第三阶段变桨距控制的起点,当风速在额定风速周围波动造成风电机组转速波动时,转矩控制器和变桨距控制器容易相互干扰,在非工作区域动作。因此,有时将变桨距控制器的转速设定点定在高于 D 点和 E 点。

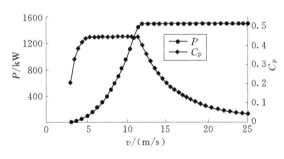

图 4-12 变速恒频风电机组的功率曲线

典型变速恒频风电机组的功率曲线如图 4-12 所示,可见典型变速恒频风电机组出力与风能利用系数随风速变化的关系。

4.3 典型风电机组结构

风电机组是把风的动能转换成机械能的机械设备。风电机组通常由风轮、对风装置、调速(限速)机构、传动装置、做功装置、储能装置、塔架及附属部件等组成,如图 4-13 所示。本节以水平轴升力型风电机组为例,介绍风电机组的基本结构。

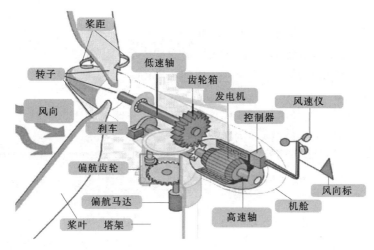

图 4-13　风电机组结构

4.3.1　风轮

风电机组区别于其他机械的最主要特征就是风轮。风轮一般由 2～3 个叶片和轮毂所组成，其功能是将风能转换为机械能。除小型风电机组的叶片部分采用木质材料外，中、大型风电机组的叶片都采用玻璃纤维或高强度复合材料。

风电机组叶片都要装在轮毂上。轮毂是风轮的枢纽，也是叶片根部与主轴的连接件。所有从叶片传来的力，都通过轮毂传递到传动系统，再传到风电机组驱动的对象。同时轮毂也是控制叶片桨距（使叶片做俯仰转动）的所在。

4.3.2　调速或限速装置

在很多情况下，要求风电机组不论风速如何变化转速总保持恒定或不超过某一限定值，为此目的而采用了调速或限速装置。当风速过高时，这些装置还用来限制功率，并减小作用在叶片上的力。调速或限速装置有多种类型，但从原理上来分大致有 3 类：第一类是使风轮偏离主风向；第二类是利用气动阻力；第三类是改变叶片的桨距角。

1. 偏离风向超速保护

对小型风电机组，为了简化结构，其叶片一般固定在轮毂上。为了避免在超过设计风速的强风时风轮超速甚至叶片被吹毁，常采用使风轮水平或垂直旋转的办法，以便偏离风向，达到超速保护的目的。

这种装置的关键是把风轮轴设计成偏离轴心一个水平或垂直的距离，从而产生一个偏心距。相对的一侧安装一副弹簧，一端系在与风轮构成一体的偏转体上，一端固定在机座底盘或尾杆上。预调弹簧力，使在设计风速内风轮偏转力矩不大于弹簧力矩。当风速超过设计风速时，风轮偏转力矩大于弹簧力矩，使风轮向偏心距一侧水平或垂直旋转，直到风轮受力力矩与弹簧力矩相平衡。在遇到强风时，可使风轮转到与风向相平行，以达到停转。

2. 利用气动阻力制动

将减速板铰接在叶片端部，与弹簧相连。在正常情况下，减速板保持在与风轮轴同心的位置；当风轮超速时，减速板因所受的离心力对铰接轴的力矩大于弹簧张力的力矩，从而绕轴转动成为扰流器，增加风轮阻力起到减速作用。风速降低后它们又回到原来位置。

利用空气动力制动的另一种结构是将叶片端部（约为叶片总面积的 1/10）设计成可绕径向轴转动的活动部件。正常运行时叶尖与其他部分方向一致，并对输出扭矩起重要作用。当风轮超速时，叶尖可绕控制轴转 60°或 90°，从而产生空气阻力，对风轮起制动作用，叶尖的旋转可利用螺旋槽和弹簧机构来完成，也可由伺服电机驱动。

3. 变桨距调速采用桨距控制

在大型风电机组中，常采用电子控制的液压机构或电机来控制叶片的桨距。这种叶片节距控制可用于改善风电机组的启动特性、发电机联网前的速度调节（减少联网时的冲击电流），按发电机额定功率来限制转子气动功率以及在事故情况下（电网故障、转子超速、振动等）使风电机组安全停车等。

4.3.3　调向装置

下风向风电机组的风轮能自然地对准风向，因此一般不需要进行调向控制（对大型的下风向风电机组，为减轻结构上的振动，往往也采用对风控制系统）。上风向风电机组则必须采用调向装置，常用的有 3 种方式。

1. 尾舵

尾舵主要用于小型风电机组，它的优点是能自然地对准风向，不需要特殊控制。为了获得满意的效果，尾舵面积 A' 与风轮扫掠面积 A 之间应符合的关系为

$$A' = 0.16A\,\frac{e}{l} \qquad (4-26)$$

式中：e 为转向轴与风轮旋转平面间的距离；l 为尾舵中心到转向轴的距离。

由于尾舵调向装置结构笨重，因此很少用于中型以上的风电机组。

2. 风轮

在机舱的侧面安装一个小风轮，其旋转轴与风轮主轴垂直。如果主风轮没有对准风向，则侧风轮会被风吹动，产生偏向力，通过蜗轮蜗杆机构使主风轮转到对准风向为止。

3. 风向跟踪系统

对大型风电机组，一般采用电动机驱动的风向跟踪系统。整个偏航系统由电动机及减速机构、偏航调节系统和扭缆保护装置等部分组成。偏航调节系统包括风向标和偏航系统调节软件。风向标对应每一个风向都有一个相应的脉冲输出信号，通过偏航系统软件确定其偏航方向和偏航角度，然后将偏航信号放大传送给电动机，通过减速机构转动风电机组平台，直到对准风向为止。如机舱在同一方向偏航超过 3 圈以上时，则扭缆保护装置动作，执行解缆，当回到中心位置时解缆停止。

4.3.4　传动装置

　　将风轮轴的机械能送至做功装置的机构，称为传动装置。风电机组的传动机构一般包括低速轴、高速轴、齿轮箱、联轴节和制动器等。但不是每一种风电机组都必须具备所有这些环节。有些风电机组的轮毂直接连接到齿轮箱上，不需要低速传动轴。也有一些风电机组（特别是小型风电机组）设计成无齿轮箱的，风轮直接连接到发电机。在整个传动系统中除了齿轮箱其他部件基本一目了然。

　　风电机组所采用的齿轮箱一般都为增速，可分为两类，即定轴线齿轮传动和行星齿轮传动。定轴线齿轮传动结构简单，维护容易，造价低廉，故常为风电机组采用。行星齿轮传动具有体积小、重量轻、承载能力大、工作平稳和在某些情况下效率高等优点，但结构相对较为复杂，造价较高，因而不为风电机组广泛采用。

4.3.5　塔架

　　风电机组的塔架除了要支撑风电机组的重量，还要承受吹向风电机组和塔架的风压，以及风电机组运行中的动载荷。它的刚度和风电机组的振动有密切关系，如果认为塔架对小型风电机组影响还不太大，则其对大、中型风电机组的影响就不容忽视了。

　　水平轴风电机组的塔架主要可分为管柱型和桁架型两类，管柱型塔架可从最简单的木杆，一直到大型钢管和混凝土管柱。小型风电机组塔杆为了增加抗弯矩的能力，可以用拉线来加强。中、大型塔杆为了运输方便，可以将钢管分成几段。一般圆柱形塔架对风的阻力较小，特别是对于下风向风电机组，产生紊流的影响要比桁架式塔架小。桁架式塔架常用于中、小型风电机组上，其优点是造价不高，运输也方便。但这种塔架会使下风向风电机组的叶片产生很大的紊流。

4.3.6　储能装置

　　由于风速总是在变化的状态，因而风电机组输出的功率也不可能一直稳定。有的风电机组配备储能装置。储能有多种方式，如势能储存、动能储存、热能储存、电能储存等。

4.3.7　附属部件

　　风电机组的附属部件主要有机舱、机头座、回转体、停车机构等。

　　1. 机舱

　　风电机组长年累月在野外运转，工作条件恶劣。风电机组一些重要工作部件多数集中在塔架的上端，组成了机头。为了保护这些部件，用罩壳把它们密封起来，此罩壳称为机舱。机舱应美观，尽量呈流线型，最好采用重量轻、强度高、耐腐蚀的玻璃钢制作。

　　2. 机头座

　　机头座用来支撑塔架上方的所有装置及附属部件，它是否牢固将直接关系到风电机组的安全与寿命。

3．回转体

回转体是塔架与机头座的连接部件，通常由固定套、回转圈以及位于它们之间的轴承组成。固定套销定在塔架上部，而回转圈则与机头座相连，通过它们之间的轴承和对风装置，在风向变化时，机头便能水平地回转，使风轮迎风工作。

4．停车机构

遇有破坏性大风，导致风电机组运转出现异常时或者需要对风电机组进行保养维修时，需用停车机构使风轮静止下来。中、大型风电机组的刹车机构，可选用液压电动式制动器，在地面进行遥控。倘若机组采用液压变桨距调速法，最好使用嵌盘式液压制动器，两者共用一个液压泵，使系统结构简单、紧凑。

4.4　发电机及风力发电系统

4.4.1　对发电机及发电系统的一般要求

风力发电包含了由风能到机械能和由机械能到电能两个能量转换过程，发电机及其控制系统承担了后一种能量转换任务。它不仅直接影响这个转换过程的性能、效率和供电质量，而且也影响到前一个转换过程的运行方式、效率和装置结构。因此，研制和选用适合于风电转换用的运行可靠、效率高、控制及供电性能良好的发电机系统，是风力发电工作的一个重要组成部分。在考虑发电机系统的方案时，应结合它们的运行方式重点解决以下问题：

（1）高质量地将不断变化的风能转换为频率、电压恒定的交流电或电压恒定的直流电。

（2）高效率地实现上述两种能量转换，以降低单位电量的成本。

（3）稳定可靠地同电网、柴油发电机及其他发电装置或储能系统联合运行，为用户提供稳定的电能。

4.4.2　恒速恒频发电机系统

恒速恒频发电机系统一般比较简单，所采用的发电机主要有两种，即同步发电机和鼠笼型感应发电机。前者运行于由电机极数和频率所决定的同步转速，后者则以稍高于同步转速的速度运行。

1．同步发电机

风力发电中所用的同步发电机绝大部分是三相同步电机，其输出连接到邻近的三相电网或输配电线。因为三相发电机比起相同额定功率的单相发电机，一般体积较小、效率较高，而且便宜，所以只有在功率很小和仅有单相电网的少数情况下才考虑采用单相发电机。普通三相同步发电机的原理结构如图4-14所示。

在定子铁芯上有若干槽，槽内嵌有均匀分布的在空间彼此相隔120°电角的三相电枢绕组 aa'、bb' 和 cc'。转子上装有磁极和励磁绕组，当励磁绕组通以直流电流 i_f

后，电机内产生磁场。转子被风力发电机带动旋转，则磁场与定子三相绕组之间有相对运动，从而在定子三相绕组中感应出 3 个幅值相同，彼此相隔 120°电角的交流电势。这个交流电势的频率 f 决定于电机的极对数 p 和转子转速 n，即

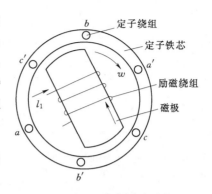

$$f = \frac{pn}{60} \qquad (4-27)$$

每相绕组的电势有效值为

$$E_0 = k_1 \omega \Phi \qquad (4-28)$$

其中 $\qquad\qquad \omega = 2\pi f$

图 4-14 三相同步发电机原理结构

式中：Φ 为励磁电流产生的每极磁通；k_1 为一个与电机极数和每相绕组匝数有关的常数。

同步发电机的主要优点是可以向电网或负载提供无功功率，一台额定容量 125kVA、功率因数为 0.8 的同步发电机可以在提供 100kW 额定有功功率的同时，向电网提供 $-75 \sim 75kW$ 之间的任何无功功率值。它不仅可以并网运行，也可以单独运行，满足各种不同负载的需要。

同步发电机的缺点是结构以及控制系统比较复杂，成本相对于感应发电机也比较高。

2. 感应发电机

感应发电机也称为异步发电机，有鼠笼型和绕线型两种。在恒速恒频系统中，一般采用鼠笼型异步电机。它的定子铁芯和定子绕组的结构与同步发电机相同。转子采用笼型结构，转子铁芯由硅钢片叠成，呈圆筒形，槽中嵌入金属（铝或铜）导条，在铁芯两端用铝或铜端环将导条短接。转子不需要外加励磁，没有滑环和电刷，因而其结构简单、坚固，基本上无须维护。

感应电机既可作为电动机运行，也可作为发电机运行。当作电动机运行时，其转速 n 总是低于同步速 n_s，这时电机中产生的电磁转矩与转向相同。若感应电机由原动机（如风电机组）驱动至高于同步速的转速 n_s $(n > n_s)$ 时，则电磁转矩的方向与旋转方向相反，电机作为发电机运行，其作用是把机械功率转变为电功率。$S = \frac{n_s - n}{n_s}$ 称为转差率，用作电动机运行时 $S > 0$，而用作发电机运行时 $S < 0$。

感应发电机的功率输出特性曲线如图 4-15 所示。可以看出，感应发电机的输出功率与转速有关，通常在高于同步转速 3%～5% 的转速时达到最大值。超过这个转速，感应发电机将进入不稳定运行区。

感应发电机也可以有两种运行方式，即并网运行和单独运行。在并网运行时，感应发电机一方面向电网输出有功功率，另一方面又必须从电网吸收落后的无功功率。在单独运行时，感应发电机电压的建立需要有一个自励过程。自励的条件，一

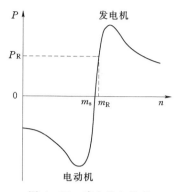

图 4-15　感应发电机的
功率输出特性
P_R—额定功率；m_s—同步速；
m_R—转差率

个是电机本身存在一定的剩磁；另一个是在发电机的定子输出端与负载并联一组适当容量的电容器，使发电机的磁化曲线与电容特性曲线交于正常的运行点 A，产生所需的额定电压，如图 4-16 所示。

图 4-16 中与磁化曲线不饱和段相切的直线就是临界电容线，它与横坐标轴的夹角 β_k 为

$$\text{tg}\beta_k = \frac{U_1}{I_0} = \frac{1}{\omega C_k} \qquad (4-29)$$

式中：C_k 为空载时的临界电容。

在空载时，要建立正常电压，必须使 $\beta < \beta_k$ 或使 $C > C_k$，也即外接电容必须大于某一临界值。增加电容量，可使 β 角减小，使建立的端电压增高。

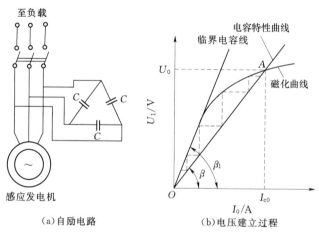

（a）自励电路　　　　　（b）电压建立过程

图 4-16　感应发电机单独运行时的自励电路及电压建立过程

在负载运行时，一方面由于转差值 $|S|$ 增大，要维持频率 f 不变，必须相应提高转子的速度；另一方面还需要补偿负载所需的感性电流（一般的负载，大多是电感性的）以及补偿定子和转子产生漏磁通所需的感性电流。因此由外接电容器所产生的电容性电流必须比空载时大大增加，即需要相应地增加其电容值。上述两个要求如果不能满足，则电压、频率将难以稳定，严重时会导致电压的消失，所以必须有自动调节装置，否则负载变化时，很难避免端电压及频率的变化。

感应发电机与同步发电机的比较见表 4-3。

表 4-3　感应发电机与同步发电机的比较

项目	感应发电机	同步发电机
结构	定子与同步发电机相同，转子为鼠笼型，结构简单、牢固	转子上有励磁绕组和阻尼绕组，结构较复杂
励磁	由电网取得励磁电流，不需要励磁装置及励磁调节装置	需要励磁装置及励磁调节装置

项目	感应发电机	同步发电机
尺寸及重量	无励磁装置,尺寸较小,重量较轻	有励磁装置,尺寸较大,重量较轻
并网	强制并网,不需要同步装置	需要同步合闸装置
稳定性	无失步现象,运行时只需要适当限制负荷	负载急剧变化时有可能失步
维护检修	定子的维护与同步机相同,转子基本上不需要维护	除定子外,励磁绕组及励磁调节装置需要维护
功率因数	功率因数有输出功率决定,不能调节,由于需要电网供给励磁的无功电流,导致功率因数下降	功率因数可以很容易地通过励磁调节装置予以调节,既可以在滞后的功率因数下运行,也可以在超前的功率因数下运行
冲击电流	强制并网,冲击电流大,有时需要采取限流措施	由于有同步装置,并网时冲击电流小
单独运行及电压调节	单独运行时,电压、频率调节比较复杂	单独运行时可以很方便地调节电压

4.4.3 变速恒频发电机系统

这是 20 世纪 70 年代中期以后逐渐发展起来的一种新型风力发电系统,其主要优点在于风轮以变速运行,可以在很宽的风速范围内保持近乎恒定的最佳叶尖速比,从而提高了风电机组的运行效率,从风中获取的能量可以比恒速风电机组高得多。此外,这种风电机组在结构上和实用中还有很多的优越性。利用电力电子学是实现变速运行最佳化的最好方法之一,虽然与恒速恒频系统相比可能使风电转换装置的电气部分变得较为复杂和昂贵,但电气部分的成本在中、大型风电机组中所占比例不大,因而发展中、大型变速恒频风电机组受到很多国家的重视。

变速运行的风力发电机有不连续变速和连续变速两大类。

4.4.3.1 不连续变速系统

一般来说,利用不连续变速发电机可以获得连续变速运行的某些好处。其主要优势是比以单一转速运行的风电机组有较高的年发电量,因为它能在一定的风速范围内运行在最佳叶尖速比状态附近。但它面对风速的快速变化(湍流)实际上只是一台单速风电机组,达不到像连续变速系统那样有效地获取变化的风能。更重要的是,它不能利用转子的惯性来吸收峰值转矩,所以这种方法不能改善风电机组的疲劳寿命。下面介绍不连续变速运行方式常用的 3 种方法。

1. 采用多台不同转速的发电机

通常是采用两台转速、功率不同的感应发电机,在某一时间内只有一台被连接到电网,传动机构的设计使发电机在两种风轮转速下运行在稍高于各自的同步转速。

2. 双绕组双速感应发电机

这种发电机有两个定子绕组,嵌在相同的定子铁芯槽内,在某一时间内仅有一个绕组在工作,转子仍是通常的鼠笼型。电机有两种转速,分别决定于两个绕组的极数。比起单速机来,这种发电机要重一些,效率也稍低一些,因为总有一个绕组未被利用，导致损耗相对增大。它的价格当然也比通常的单速电机贵。

3. 双速极幅调制感应发电机

这种感应发电机只有一个定子绕组，转子同前，但可以有两种不同的运行速度，只是绕组的设计不同于普通单速发电机。它的每相绕组由匝数相同的两部分组成，对于一种转速是并联的同时对于另一种转速就是串联，从而使磁场在两种情况下有不同的极数，导致两种不同的运行速度。这种电机定子绕组有 6 个接线端子，通过开关控制不同的接法，即可得到不同的转速。双速单绕组极幅调制感应发电机可以得到与双绕组双速发电机基本相同的性能，但重量轻、体积小，因而造价也较低，它的效率与单速发电机大致相同。其缺点是电机的旋转磁场不是理想的正弦形，因此产生的电流中有不需要的谐波分量。

4.4.3.2　连续变速系统

连续变速系统可以通过多种方法来得到，包括机械方法、电/机械方法、电气方法及电力电子学方法等。机械方法可通过采用变速比液压传动或可变传动比机械传动等，电/机械方法可通过采用定子可旋转的感应发电机等，电气式变速系统可通过采用高滑差感应发电机或双定子感应发电机等。这些方法虽然可以得到连续的变速运行，但都存在缺点和问题，在实际应用中难以推广。目前来看最有前景的当属电力电子学方法，这种变速发电系统主要由两部分组成，即发电机和电力电子变换装置。发电机可以是市场上已有的通常电机如同步发电机、鼠笼型感应发电机、绕线型感应发电机等，也有近来研制的新型发电机，如磁场调制发电机、无刷双馈发电机等；电子变换装置有交流/直流/交流变换器和交流/交流变换器等。

1. 同步发电机交流/直流/交流系统

其中同步发电机可随风轮变速旋转，产生频率变化的电功率，电压可通过调节电机的励磁电流来进行控制。发电机发出的频率变化的交流电首先通过三相桥式整流器整流成直流电再通过线路换向的逆变器变换为频率恒定的交流电输入电网。

变换器中所用的电力电子器件可以是二极管、晶闸管、可关断晶闸管、功率晶体和绝缘栅双极型晶体管等。除二极管只能用于整流电路外，其他器件都能用于双向变换，即由交流变换成直流时，它们起整流器作用；而由直流变换成交流时，它们起逆变器作用。在设计变换器时，最重要的考虑是换向，换向是一组功率半导体器件从导通状态关断，而另一组器件从关断状态导通。在变速系统中，可以有两种换向，即自然换向（又称线路换向）和强迫换向。当变换器与交流电网相联，在换向时刻，利用电网电压反向加在导通的半导体器件两端使其关断，这种换向称为自然换向或线路换向。而强迫换向则需要附加换向器件（如电容器等），利用电容器上的充电电荷按极性反向加在半导体器件上强迫其关断。这种强迫换向逆变器常用于独立运行系统，而线路换向逆变器则用于与电网或其他发电设备并联运行的系统。一般来说，采用线路换向的逆变器比较简单、便宜。

开关这些变换器中的半导体器件，通常有矩形波方式和脉宽调制（PWM）方式两种方式。在矩形波变换器中，开关器件的导通时间为所需频率的半个周期或不到半个周期，由此产生的交流电压波形呈阶梯形而不是正弦形，含有较大的谐波分量，必须滤掉。脉宽调制法是利用高频三角波和基准正弦波的交点来控制半导体器件的开关时刻，如图 4－17 所示。这种开关方法的优点是得到的输出波形中谐波含量小且处于较高的频率，比较容易滤掉，因而能使谐波的影响降到很小，已成为越来越常见的半导体器件开关控制方法。

这种发电系统的缺点是电力电子变换器处于系统的主回路，因此容量较大，价格也较贵。

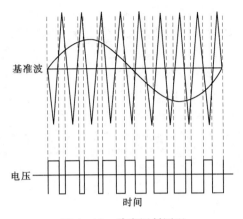

图 4－17　脉宽调制原理

2. 磁场调制发电机系统

这种变速恒频发电系统由一台专门设计的高频交流发电机和一套电力电子变换电路组成，磁场调制发电机单相输出系统的原理方框图及各部分的输出电压波形如图 4－18 所示。发电机本身具有较高的旋转频率 f_τ，与普通同步电机不同的是，它不用直流电励磁，而是用频率为 f_m 的低频交流电励磁（即为所要求的输出频率，一般为 50Hz），当频率 f_m 远低于频率 f_τ 时，发电机三相绕组的输出电压波形将是由频率为（$f_\tau \pm f_m$）的两个分量组成的调幅波，这个调幅波包络线的频率是 f_m，包络线所包含的高频波的频率是 f_τ。首先将三相绕组接到一组并联桥式整流器，得到如图 4－18 中所示波形的基本频率为 f_m（带有频率为 $6f_\tau$ 的若干纹波）的全波整流正弦脉动波；再通过晶闸管开关电路使这个正弦脉动波的一半反向；最后经滤波器滤去纹波，即可得到与发电机转速无关、频率为 f_m 的恒频正弦波输出。

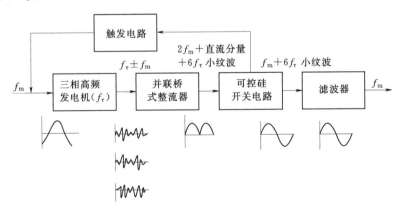

图 4－18　磁场调制发电机单相输出系统方框图及各部分输出电压波形

与目前发电机交流/直流/交流系统相比，磁场调制发电机系统的优点是：①由于经桥式整流器后得到的是正弦脉动波，输入晶闸管开关电路后基本上是在波形过零点时开关换向，因而换向简单容易，换向损耗小，系统效率较高；②晶闸管开关电路输出波形中谐波分量很小，且谐波频率很高，很易滤去，可以得到相当好的正弦输出波形；③磁场调制发电机系统的输出频率在原理上与励磁电流频率相同，因而这种变速恒频风电机组与电网或柴油发电机组并联运行十分简单可靠。这种发电机系统的主要缺点是电力电子变换装置处在主电路中，因而容量较大，比较适合用于容量从数十千瓦到数百千瓦的中小型风电系统。

　　3. 双馈发电机系统

　　双馈发电机的结构类似绕线型感应电机，其定子绕组直接接入电网，转子绕组由一台频率、电压可调的低频电源（一般采用交/交循环变流器）供给三相低频励磁电流，图 4-19 给出双馈发电机系统的原理方框图。

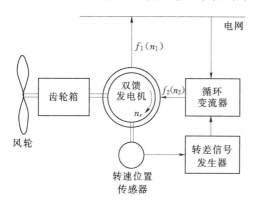

图 4-19　双馈发电机系统

当转子绕组通过三相低频电流时，在转子中形成一个低速旋转磁场，这个磁场的旋转速度 n_2 与转子的机械转速 n_r 相叠加，使其等于定子的同步转速 n_1，即

$$n_1 = n_r \pm n_2 \qquad (4-30)$$

从而在发电机定子绕组中感应出相应于同步转速的工频电压。当风速变化时，转速 n_r 随之而变化。在 n_r 变化的同时，相应改变转子电流的频率和旋转磁场的速度 n_2 以补偿电机转速的变化，保持输出频率恒定不变。

　　系统中所采用的循环变流器是将一种频率变换成另一种较低频率的电力变换装置，半导体开关器件采用线路换向，为了获得较好的输出电压和电流波形，输出频率一般不超过输入频率的 1/3。由于电力变换装置处在发电机的转子回路（励磁回路），其容量一般不超过发电机额定功率的 30%。这种系统中的发电机可以超同步运行（转子旋转磁场方向与机械旋转方向相反，n_2 为负），也可以次同步速运行（转子旋转磁场方向与机械旋转方向相同，n_2 为正）。在前一种情况下，除定子向电网馈送电力外，转子也向电网馈送一部分电力；在后一种情况下，则在定子向电网馈送电力的同时，需要向转子馈入部分电力。

　　上述系统由于发电机与传统的绕线式感应电机类似，一般具有电刷和滑环，需要一定的维护和检修。还有一种新型的无刷双馈发电机，它采用双极定子和嵌套耦合的笼型转子。这种电机转子类似鼠笼型转子，定子类似单绕组双速感应电机的定子，有 6 个出线端，其中 3 个直接与三相电网相连，其余 3 个则通过电力变换装置与电网相连。前 3 个端子输出的电能频率与电网频率一样，后 3 个端子输入或输出的电能频率相当于转差频率，必须通过电力变换装置（交/交循环变流器）变换成与电网相同的频率和电压后再联入电网。这种发电机系统除具有普通双馈发电机系统的优点外，还有一个很大的优点就是电机结构简单可靠，由于没有电刷和滑环，基本上不需要维护。

　　双馈发电机系统由于电力电子变换装置容量较小，很适合用于大型变速恒频风电系统。

4. 直流发电系统

交流永磁电机的定子结构与一般同步电机相同,转子采用永磁结构。由于没有励磁绕组,不消耗励磁功率,因而有较高的效率。永磁电机转子结构的具体形式很多,按磁路结构的磁化方向,基本上可分为径向式、切向式和轴向式 3 种类型。

采用永磁发电机的微、小型风电机组常省去增速齿轮箱,发电机直接与风电机组相连。在这种低速永磁电机中,定子铁耗和机械损耗相对较小,而定子绕组铜耗所占比例较大。为了提高电机效率,主要应降低定子铜耗,因此采用较大的定子槽面积和较大的绕组导体截面,额定电流密度取得较低。

启动阻力矩是用于微型、小型风电装置的低速永磁发电机的重要指标之一,它直接影响风电机组的启动性能和低速运行性能。为了降低切向式永磁发电机的启动阻力矩,必须选择合适的齿数、极数配合,采用每极分数槽设计,分数槽的分母值越大,气隙磁导随转子位置越趋均匀,起动阻力矩也就越小。

永磁发电机的运行性能是不能通过其本身来进行调节的,为了调节其输出功率,必须另加输出控制电路。但这往往与对微型、小型风电装置的简单和经济性要求相矛盾,实际使用时应综合考虑。

5. 无刷爪极自励发电机

无刷爪极自励发电机,与一般同步电机的区别仅在于它的励磁系统部分,其定子铁芯及电枢绕组与一般同步电机基本相同。

由于爪极发电机的磁路系统是一种并联磁路结构,所有各对极的磁势均来自一套共同的励磁绕组,因此与一般同步发电机相比,励磁绕组所用的材料较省,所需的励磁功率也较小。对于无爪极电机,在每极磁通及磁路磁密相同的条件下,爪极电机励磁绕组所需的铜线及其所消耗的励磁功率将不到一般同步电机的一半,故具有较高的效率。另外,无刷爪极电机与永磁电机一样均系无刷结构,基本上不需要维护。

与永磁发电机相比,一个优点是除机械摩擦力矩外基本上没有什么启动阻力矩;另一个优点是具有很好的调节性能,通过调节励磁可以很方便地控制它的输出特性,并有可能使风电机组实现最佳叶尖速比运行,得到最好的运行效率。这种发电机非常适合用于千瓦级的风力发电装置中。

4.5　风力发电技术发展趋势

经过多年的发展,风电机组基本形成了水平轴、上风向、三叶片、管式塔筒的统一形式。随着现代电力电子技术、先进控制技术和材料技术的发展,风力发电技术也取得了飞速的发展,国内外越来越注重大容量、数字化风力发电技术等方向,降低发电成本,提高发电质量,减少噪声,提高发电效率。

1. 风电机组大型化技术

随着国家对风能资源的大规模开发,风电机组单机装机容量不断增大,在此要求下,相关部件和控制子系统的设计难度也越来越大,研发大容量、高性能和可靠稳定的风电机组成为当务之急。另外，如何突破瓶颈，研发新的设计、控制技术是目前世界风力发电领域面临的技术难题。我国陆上风电已经从 2MW 时代正式迎来了 4MW 时代，不仅仅是风电基地，中东南部的发展趋势亦是如此，而海上风电机组已经做到了 10MW 级，立项的研发项目都直指 12MW 及以上。国外主要的整机制造商已经完成 4～7MW 级风电机组的产业化，8～10MW 级的风电机组样机已挂机，欧美整机设计公司均进入到 10MW 级整机设计阶段。Vestas 公司和 Senvion 公司都发布了将开发 200m 左右叶轮直径的 10MW 风电机组的计划。风电机组装机容量发展历程如图 4-20 所示。

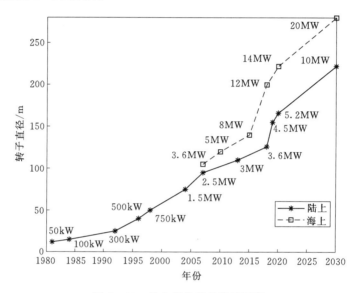

图 4-20　风电机组容量发展历程

2. 并网技术和最大风能捕获技术

风电场受风力和风电机组控制系统影响很大，其出力往往具有波动性，会严重影响电网安全。因此，为了提高风力发电系统的可靠性和应对故障能力，以实现风电场联网对电网的友好支持，需要对风电机组并网技术进行深入研究。此外，风功率密度较小时如何捕获最大的风能也是研究的方向。目前，对风能进行最优捕获的方法通常是通过调节风电机组转速和桨距实现。从电网运行的经济性和可靠性等方面考虑，对风电系统的并网技术和最大风能捕获技术的创新研发是当前及未来发展风电的主要任务。

3. 海上风电技术

我国海域面积辽阔，海上风能资源丰富，风向稳定，易安装单机装机容量较大的风电机组，海上风电场产业未来有很大的发展空间。但是，由于海上风资源的复杂多变以及沿海与负荷中心的距离较远问题，对风电系统的可靠性设计、海上风电场电能输送技术以及风电场系统保护和维保技术、风电场的协调控制技术等都提出了更高的要求。我国海上风电场的建设正在逐渐由近距离、小容量向着深远海、大规模方向发展，传统的交流输电技术存在着线路成本高、无功损耗大，对电网支撑能力较弱等问题。因此，采用更为经济有效的直流输电技术成为目前深远海风力发电的发展趋势。

4. 直驱和半直驱风电机组技术

随着海上风电机组单机装机容量的不断增大，风电机组将朝着直驱和半直驱技术方向发展。半直驱机组：结构为齿轮箱（低传动比）＋永磁直驱发电机＋变流器；永磁体励磁，励磁不可调；发电机、齿轮箱连接结构复杂；齿轮箱双级行星，使用轴承多，可靠性降低；发电机永磁体存在锈蚀可能；发电机极对数较少，转速中等、转矩中等、重量中等；采用全功率变流器，容量大，技术难度大；电网电压突降时电机端电流、电机转矩变化较快；噪声较高；齿轮箱与发电机集成安装不可拆，机舱与轮毂不能相通，可维护性差，维护量少。直驱永磁机组：发电效率高；可靠性高；运行及维护成本低；电网接入性能优异；但存在对发电机要求高，发电机的结构复杂，体积庞大；永磁材料及稀土的使用增加了一些不确定因素。

5. 主流风电机组配型

在风电机组设计中，发电机的技术路线选型需要与传动链的选型相匹配。目前全球市场上主要采用的发电机技术分为异步型和同步型。异步型包括双馈异步发电机技术和鼠笼式异步发电机技术；同步型包括永磁同步发电机技术和电励磁同步发电机技术。主流的风电机组配型如下：

（1）高速传动链技术结合双馈异步发电机技术配型（HSG－DFIG）。由转子侧变流器调节输出功率，变流器功率只占风电机组额定功率的 20%～30%，成本较低，但对电网的友好性较差。

（2）高速传动链技术结合鼠笼式异步发电机技术配型（HSG－IG）。相比于HSG－DFIG，无调频功能，需配备全功率变流器，对电网的友好性较强。

（3）直驱技术结合永磁发电机技术配型（DD－PMG）。配备全功率变流器，对电网的友好性较强。

（4）直驱技术结合电励磁发电机技术配型（DD－EESG）。电励磁技术要求较高，需配备全功率变流器，对电网的友好性较强。

（5）中速传动链技术结合永磁发电机技术配型（MSG－PMG），简称半直驱。对齿轮箱、发电机的要求均有所降低，可进行紧凑型、大型化设计，需配备全功率变流器，对电网的友好性较强。

6. 数字化风电技术

（1）智能监控。风电场智能化监控可以带来很大的商业价值，具体发展趋势主要包括：风电机组和风电场综合智能化传感技术、风电大数据收集、传输、存储、整合及快速搜索与提取技术；风电场中不同制造商风电机组间通信兼容解决方案，建立风电场监控系统信息模型；大型风电场群远程通信技术，需开发风电场间通信协议及数据可视化展示平台，实现风电场信息的无缝集成等。

（2）智能运维。风电场智能化运维技术正在向着信息化、集群化的方向发展。通过智能控制技术、先进传感技术以及高速数据传输技术的深度融合，综合分析风电机组运行状态及工况条件，对风电机组运行参数进行实时调整，实现风电设备的高效、高可靠性运行。风电运维与信息技术的深入融合包括建立包含风电场群运行数据、气象数据、电网信息、风电设备运行信息的物联网大数据平台，通过多风电场群协同控制和综合分析，加强风电机组智能控制和发电功率的优化。

（3）故障智能诊断和预警。当前风电机组的运维主要采用定期检修和故障后维修的"被动"维修方式，需要改变风电机组运行维护方式，充分利用风电状态监控，开展预警相关研究，变风电机组"被动"维修为"主动"维修，提高风电运维效率，增加风电开发收益。当前在役风电场均配有监控与数据采集系统（SCADA），具备多年运行积累的历史数据；2010 年以来，为监测风电机组振动状态，新增风电机组一半配有振动状态监测系统（CMS），基于大数据技术开展风电状态监控及智能预警研究已具备开展条件。结合风电机组主控制系统、SCADA 数据和 CMS 数据，开展风电机组状态预测与故障诊断方法研究，开展振动信号检测与分析研究，对风电机组关键部件故障进行特征提取与精确定位，并结合疲劳载荷分析和智能控制技术，对风电机组进行健康状态监测、故障诊断、寿命评估及自动化处置已经成为各个厂商都在积极投入的技术方向。

7. 配电网友好型技术

我国风电机组的接入形式正从单一的集中接入远距离输送向多元化方式发展，分散式接入和微网应用正成为日益发展的趋势。在全新的应用场景下，风电将更为直接地面对用户需求，而用户对于风电的电能品质也将提出更高的标准。欧美国家在风电的分散式应用方面发展较我国成熟，但接入标准根据市场发展情况也在不断完善中，以美国为例，UL1741 标准在 2016 年年底对分散式接入电源的故障穿越、频率支持和孤岛保护等方面提出了一系列的新要求，其技术方向和适用性非常值得我国参考。未来风电电源和传统电源、储能、负荷、其他新能源、充电桩和智能配电保护系统等都会产生更多元和深入的互动，在运行控制、信息交互和安全方面必将有广阔的发展空间。

8. 新材料新工艺技术

在低碳环保可持续发展理念下，风电机组技术未来也会发展出一些全新的理念，新材料和新工艺也将不断被利用到风电机组中，使我们能更高效、更灵活、更低成本地获取风能，较为典型的如采用碳化硅（SiC）器件的变流技术、叶片编织成型技术和多叶轮结构等。截至 2017 年年底，我国已有超过 10 万台风电机组并网运行，按使用寿命 20 年计算，到 2037 年，我国就将每年面临近万台风电机组的退役问题。尽管良好的故障监控技术与运维技术可以有效增长风电机组使用寿命，但退役的风电设备如何安置处理，已经是一个不可忽视的问题。目前国内该领域研究关注度不高，且多处于探索阶段，如叶片及永磁材料的分解回收方法等，但技术和商业可行性仍有待验证。

4.6　风电机组设备选型

风电机组是风电场的主要设备，其投资占风电场总投资的 $60\%\sim80\%$。风电机组选型对风电场的年发电量和经济指标具有重要的意义。从国内外风电场建设的基本经验看，单机制造容量有不断增大的趋势，在条件允许的情况下，采用较大容量的风电机组，能够更好地利用当地风能资源，取得更大的经济效益。但是，并不是风电机组装机容量越大越好，现阶段一些风电项目不管拟建场址区的风能资源情况如何，风电设备选型上都以兆瓦级风电机组为目标，以 1.5MW 风电机组选型为最多，而 1.5MW 级单机的额定风速多以 14m/s 左右为主，一个二级风能资源的风电场其年平均风速 70m 轮毂高度的实测风速还不到 6.6m/s，则会影响风电机组的正常发电。

评估一个风电场风能资源开发利用价值的高低，主要依据该风电场风的统计特性和风电机组设备选型的最优匹配。

在弄清风电场址区的风速分布情况后，根据平均风速值、湍流计算值和极大风速推算值等，以及风电机组分级的相关规定，来选择符合该区域风况的风电机组及主要部件。

不同类别的风能资源，表现在风的统计特性上将有很大的差异，良好的风能统计特性是更好地进行风能开发利用的首要前提。

风能开发利用是否能得到良好的效益，不只是风能资源自身的好坏，还与风电机组布置、结构型式、型号参数等很多因素有关。经验表明，在同一风电场中，尽管风能资源大体相同，但对不同运行特性的风电机组，其可能获得的开发利用效益则大有区别。在风电场的优化设计中，风电场选址与风电机组机型选择的关键是提高风电机组的容量系数，通常通过以下途径实现最佳匹配：

（1）根据风电机组安装受到空间约束以及电网电能需求约束，在给定风电机组型号中，实现风电机组与风能资源最佳匹配。

（2）从风力发电系统承载峰荷能力的角度，合理选择风电机组参数与安装处风能资源实现匹配，使风电场承载峰荷能力达到最佳效果。

（3）根据风速概率分布计算风电场容量系数，由此选择与安装处风能资源最佳匹配的风电机组。

4.6.1 风力发电设备选型原则

4.6.1.1 风力发电设备认证体系

选型中最重要的一个方面是质量认证，这是保证风电场风电机组正常运行及维护最根本的保障体系。风电机组制造都必须具备 ISO 9001 系列的质量保证体系的认证。国际上开展认证的部门有 DNV、Lloyd 等，参与或得到授权进行审批和认证的试验机构有丹麦 Risø 国家试验室、德国风能研究所（DEWI）、德国 Wind Test、荷兰 ECN 等。

风力发电设备认证体系包含以下内容：

（1）认证范围。风电机组及重要零部件（叶轮、齿轮箱、发电机、塔架、控制系统、偏航机构等部件）技术特性：风力发电设备涉及空气动力学、材料力学、振动、疲劳及电子、机械、材料等多学科多专业的高技术含量的产品。

（2）认证依据。相关国际标准、设计/认证指南。

（3）机构设置。以国家目前批准的可以开展可再生能源产品认证的机构为基础。

（4）认证模式。风力发电设备的质量认证模式包含两部分，如图 4-21 所示。

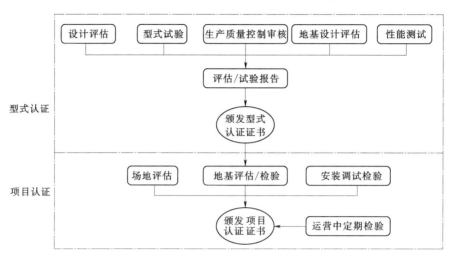

图 4-21 风力发电设备的质量认证模式

第一部分是型式认证。型式认证是通过设计评估、型式试验、生产质量控制审核等工作，就新型号的风力发电设备对规范、标准的符合性进行评价。型式认证的目的是确认定型风电机组是按设计条件、指定标准和其他技术要求进行设计、验证和制造的，证明风电机组是可以按照设计文件的要求进行安装、运行和维护的。型式认证将应用于一系列相同设计和制造的风电机组，在满足有关技术要求的条件下颁发型式认证证书。

第二部分是项目认证。项目认证的目的是评估已通过型式认证的风电机组和对应的塔基设计是否能与外界条件、可适用的构造物和电力参数相适应，以及是否满足与指定场地有关的其他要求。认证机构应评估场地的风资源条件、其他环境条件、电网条件以及土壤特性是否和定型风电机组设计文件和塔基设计文件中确定的参数相一致。项目认证证书保持有效的条件是要对已通过认证的设备进行营运中的定期检验，并且检验结果应满足有关技术要求。

4.6.1.2 对制造厂家业绩考察

业绩是评判一个风力发电制造企业水平的重要指标之一。主要以其销售的风电机组数量来评价一个企业的业绩好坏，人们还常常以风力发电制造公司所建立的年限来说明该厂家生产的经验，并作为评判该企业业绩的重要指标之一。当今世界上主要的几家风电机组制造厂的主要机型产品产量都已超过几百台甚至几千台，但各厂家都在不断开发更大容量的机型，如多兆瓦级风电机组。新机型在采用了大量新技术的同时充分吸收了过去几种机型在运行中成功与失败的经验，应该说新机型在技术上更趋成熟，但从业绩上来看，生产产量很有限。新机型的发电特性好坏及可利用率（即反映出该机型的故障情况）还无法在较短的时间内充分表现出来，因此业绩的考察是风电机组选型中重要的指标之一。

4.6.1.3 对功率曲线的要求

功率曲线是风电机组发电功率输出与风速的关系曲线，是反映风电机组发电输出性能好坏的最主要的曲线之一。

厂家一般提供给用户两条功率曲线：一条是理论（设计）功率曲线；另一条是实测功率曲线，通常是由公正的第三方即风力发电测试机构测得。

不同的功率曲线对于相同的风况条件下，年发电量（AEP）就会不同。一般说来，失速型风力发电机在叶片失速后，功率很快下降之后还会再上升，而变距型风力发电机在额定功率之后，基本在一个稳定功率上波动。对于某一风场的测风数据，可以按 bin 分区的方法（按 IEC 61400-12-1-2017 规定 bin 宽度为 0.5m/s），求得某地风速分布的频率（即风频），根据风频曲线和风电机组的功率曲线，就可以计算出这台风电机组在这一风场中的理论发电量（假设风电机组的可利用率为100%，同时忽略对风损失、风速在整个风轮扫风面上矢量变化），即

$$E_{\text{AEP}} = 8760 \sum_{i=1}^{n} \left[F(v_i) P_i \right] \qquad (4-31)$$

式中：v_i 为 bin 中的平均风速，m/s；$F(v_i)$ 为 bin 中平均风速出现的概率；P_i 为 bin 中平均风速对应的平均功率，W。

在实际中如果有了某风场的风频曲线，就可以根据风电机组的标准功率曲线计算出该机组在这一风场中的理论年发电量。在一般情况下，可能并不知道风场的风能数据，也可以采用风速的 Rayleigh 等分布曲线来计算不同年平均风速下某台风电机组的年发电量，Rayleigh 分布的函数式为

$$F(v) = 1 - \exp \left[-\frac{\pi}{4} \left(\frac{v}{\overline{v}} \right)^2 \right] \qquad (4-32)$$

式中：$F(v)$ 为风速的 Rayleigh 分布函数；v 为风速，m/s；$\overline{v}$ 为年平均风速，m/s。

这里的计算是根据单台风电机组功率曲线和风频分布曲线进行的简便年发电量计算，仅用于对机组的基本计算，不是针对风力发电场的。实际风力发电场各台风电机组年发电量计算将根据专用的软件如 WAsP 来计算，年发电量将受可利用率、风电机组安装地点风资源情况、地形、障碍物、尾流等多因素影响，理论计算仅是理想状态下的年发电量估算。

4.6.1.4 对特定条件的要求

1. 低温要求

在我国北方地区，冬季气温很低，一些风场极端（短时）最低气温达到−40℃以下，而风电机组的设计最低运行气温在−20℃以上，个别低温型风电机组最低可达到−30℃。如果长时间在低温下运行，将损坏风电机组中的部件，如叶片等。叶片复合材料在低温下其机械特性会发生变化，即变脆，这样很容易在风电机组正常振动条件下出现裂纹而产生破坏。其他部件如齿轮箱和发电机以及机舱、传感器都应采取措施。齿轮箱需加温是因为当风速较长时间很低或停风时，齿轮油会因气温

太低而变得很稠，尤其是采取飞溅润滑部位的方式，部件无法得到充分的润滑，导致齿轮或轴承缺乏润滑而损坏。另外，当冬季低温运行时还会有其他一些问题，比如雾凇、结冰等，如果发生在叶片上，将会改变叶片气动外形，影响叶片上气流流动而产生畸变，影响失速特性，使输出难以达到相应风速时的功率而造成停机，甚至造成机械振动而停机。如果机舱温度也很低，那么管路中润滑油也会发生流动不畅的问题，这样当齿轮箱油不能通过管路到达散热器时，齿轮箱油温会不断上升直至停机。除冬季在叶片上挂霜或结冰之外，有时传感器（如风速计）也会发生结冰现象。

综上所述，在我国北方冬季寒冷地区，风电机组运行应考虑：①应对齿轮箱油加热；②应对机舱内部加热；③传感器（如风速计）应采取加热措施；④叶片应采用低温型的；⑤控制柜内应加热；⑥所有润滑油脂应考虑其低温特性。

我国北方地区冬季寒冷，但此期间风速很大，是一年四季中风速最高的时候，一般最寒冷季节是 1 月，－20℃ 以下气温的累计时间达 1～3 个月，－30℃ 以下气温累计日数可达几天到几十天。因此，在风电机组选型以及机组厂家供货时，应充分考虑上述几个方面的问题。

2. 适应风速特性要求

在风电机组初步设计时，首先就要研究风资源的情况，并确定风电机组的额定风速、额定功率及安全等级、所适用的风区等参数；其次才能确定风电机组所受的载荷，最后才确定初步的总体设计及零部件设计。

在风电场风电机组选型时，首先要按照风电场的 50 年一遇的最大风速，年平均风速和湍流强度，确定风电机组的安全等级。风电机组等级与风速特性见表 4 - 4。

表 4 - 4 风电机组等级与风速特性

风电机组等级	I	II	III	IV	S
参考风速 v_{ref}/(m/s)	50	42.5	37.5	30	
平均风速 v_{ave}/(m/s)	10	8.5	7.5	6	
$I_{15(-)}$	0.18（A 条件下）				由设计者确定
$I_{15(-)}$	0.16（B 条件下）				
$I_{15(-)}$	0.12（C 条件下）				

表 4 - 5 中的数值是指风电机组轮毂高度处的值，其中 v_{ref} 为 50 年一遇的 10min 参考平均风速，v_{ave} 为一年 10min 平均风速值，A、B、C 分别对应较高、中度和较低湍流强度范围，而 I_{15} 为在风速为 15m/s 时的湍流强度期望值。

3. 防雷要求

由于风电机组安装在野外，安装高度高，因此对雷电应采取防范措施，以便对风电机组加以保护。我国风电场特别是东南沿海风电场，经常遭受暴风雨及台风袭击，雷电日从几天到几十天不等。雷击放电电压高达几百千伏甚至到上亿伏，产生的电流从几十千安到几百千安。雷电主要划分为直击雷和感应雷。雷电主要会造成风电机组系统如电气、控制、通信系统及叶片的损坏。雷电直击会造成叶片开裂和开孔，通信及控制系统芯片烧损。目前，国内外各风电机组厂家及部件生产厂，都在其产品上增加了雷电保护系统，如叶尖预埋导体网（铜），至少50mm² 铜导体向下传导。通过机舱上高出测风仪的铜棒，起到避雷针的作用，保护测风仪不受雷击，通过机舱到塔架良好的导电性，雷电从叶片、轮毂到机舱塔架导入大地，避免其他机械设备如齿轮箱、轴承等的损坏。在基础施工中，沿地基安装铜导体，沿地基周围（放射10m）1m地下埋设，以降低接地电阻或者采用多点铜棒垂直打入深层地下的做法减少接地电阻，满足接地电阻小于10Ω的标准。此外还可采用降阻剂的方法，也可以有效降低接地电阻。应每年对接地电阻进行检测；采用屏蔽系统以及光电转换系统对通信远传系统进行保护；电源采用隔离型，并在变压器周围同样采取防雷接地网及过电压保护。

4. 适应电网条件要求

我国风电场多数处于大电网的末端，接入到35kV或110kV线路。若三相电压不平衡、电压过高或过低都会影响风电机组运行。风电机组厂家一般要求电网的三相不平衡误差不大于5%，电压上限＋10%，下限不超过－15%（有的厂家为－10%～6%），否则经一定时间后，风电机组将停止运行。

5. 防腐要求

我国东南沿海风电场大多位于海滨或海岛上，海上的盐雾腐蚀相当严重，因此防腐十分重要。主要是电化学反应造成的腐蚀，这些部位包括法兰、螺栓、塔筒等。这些部件应采用热镀锌或喷锌等办法保证金属表面不被腐蚀。

4.6.1.5 注意的问题

（1）对于同一厂址的风资源条件，不同机型和不同的轮毂高度，理论利用小时数差别很大。在总装机容量相同的情况下，风电场选择不同机型，理论年发电量差别很大。

（2）在当前技术成熟条件下，采用双馈感应型风电机组较失速调节型风电机组具有更大的发电效率。

（3）从风资源分布看，高度越高风速越高，但根据风电场内的实际地质条件、地理环境，随风电机组轮毂安装高度的增加，会大大增加其吊装难度、施工量以及工程费用。因此，应根据施工难度决定风电机组轮毂的安装高度。

（4）风电机组的理论利用小时数与其扫风面积呈线性关系，风电机组的发电量随扫风面积增加而增加。对于中低风速区，应选启动和达到额定功率的风速相对较低、叶片较长的机型；对高风速区，可选用启动和达到额定功率的风速相对较高的机型。同时还需考虑安全风速的限制。

（5）对风电场风电机组同一高度发电效益与投资变化还需进行经济比较分析。同一机型不同安装高度投资变化的主要影响因素为塔架费用、基础桩基费用和吊装费用。不同机型同一高度的发电效益主要受风电机组价格、发电量、施工安装费及运输等因素影响。

4.6.1.6 技术服务与保障要求

风力发电设备供应商向客户（风电场或个人购买者），除提供设备之外，还应提供技术服务、技术培训和技术保障。

1. 保修期

在双方签订技术合同和商务合同之中应明确保修期的开始之日与结束之日，一般保修期应为两年以上。在这两年内厂家应提供以下技术服务和保障项目。

（1）两年 5 次的维护（免费），即每半年一次。

（2）如果部件或整机在保修期内损坏（由于厂家质量问题），由厂家免费提供新的部件（包括整机）。

（3）如果由于厂家质量事故造成风电机组用户发电量的损失，由厂家负责赔偿。

（4）如果厂家给出的功率曲线是所谓保证功率曲线，实际运行未能达到，用户有权向厂家提出发电量索赔要求。

（5）保修期厂家应免费向用户提供技术帮助，解答运行人员遇到的问题。

（6）保修期内维护时如果要补充风电场的备品备件及消耗品（如润滑油、脂），厂家应及时补上。

2. 技术服务与培训

在风电机组到达风力发电场后，厂家应派人负责开箱检查，派有经验的工程监理人员免费负责塔筒的加工监理、安装指导监理、调试和验收。应保证在 10 年内用户仍能从厂家获得优惠价格和条件的备件。用户应得到充分翔实的技术资料如机械、电气的安装、运行、验收维护手册等。应向用户提供两周以上的由风电场技术人员参加的关于风电机组运行维护的技术培训（如是国外进口风电机组，应在国外培训），并在现场风电机组安装调试时进行培训。

4.6.2 风电机组设备选型依据

4.6.2.1 结构型式选择

1. 水平轴风电机组

（1）水平轴风电机组有以下性能和特点：

1）水平轴风电机组优点包括：①风轮架设高，风能利用率高，发电量高；②功率调节可采用变桨距或失速调节；③风轮叶片的翼型符合空气动力原理，风能利用效率高，发电成本低；④启动风速低，可自启动。

2）水平轴风电机组的缺点包括：①主要机械部件在高空中安装，拆卸大型部件时不方便；②叶型设计及风轮制造较为复杂；③需要对风装置即调向装置；④质量大，材料消耗多，造价较高。

（2）上风向与下风向风电机组的特点如下：

1）上风向风电机组：风先通过风轮，然后再到达塔架，塔架对气流影响小，但必须安装对风装置（如尾翼、尾轮、偏航系统），且测风点的布置比较困难，一般布置在机舱的后面。

2）下风向风电机组：由于塔影效应，叶片受周期性的载荷变化影响，风轮被动自由对风而产生的陀螺力矩，此外，由于每个叶片在塔架处通过时产生气流扰动，从而引起噪声。

（3）传动系统支撑的特点如下：

1）低速轴支撑包括：①前后轴承结构；②主轴—齿轮箱一体式结构；③后轴承置于齿轮箱内的结构；④直驱式风电机组的低速轴结构有低速轴连接叶轮轮毂和发电机转子，采用中空结构，被机舱底板的伸出部分悬臂支撑。

2）高速轴及发电机支撑。发电机通常安置在齿轮箱后部、机舱底板的延伸段上，通过高速轴及弹性联轴器与齿轮箱输出轴相连；发电机轴线通常偏离低速轴轴线。

（4）主轴、齿轮箱和发电机的相对位置的特点如下：

1）紧凑型。风轮轴与齿轮箱低速轴同轴，节省材料和相应的费用，但在齿轮箱损坏拆下时，需将风轮、发电机都拆下来，拆卸麻烦。

2）长轴布置型。风轮轴与齿轮箱低速轴连接，减少了齿轮箱低速轴受到的复杂力矩，齿轮箱可采用标准结构，降低了费用，不易受损；刹车安装在高速轴上，减少了由于低速轴刹车造成齿轮箱的损害。

（5）叶片数的选择的特点如下：

1）少叶片风电机组的特点。叶片数少的风电机组在高尖速比运行时具有较高的风能利用系数，可提高风轮转速，可减小齿轮箱变速比，减小齿轮箱的费用，叶片费用也有所降低，但采用 1～2 个叶片时，动态特性降低，产生振动；而且当转速很高时，会产生很大的噪声。

2）三叶片和两叶片的比较：①三叶片比两叶片风电机组的叶片弦长增加 50％ 或转速增加 22.5％；②在相同叶尖速比时，两叶片的风能利用系数约是三叶片的 1/3；③两者的最大风能利用系数接近，但两叶片发生在较大尖速比时；④两叶片提高转速后增加了的噪声；⑤三叶片转动的视觉效果好于两叶片；⑥三叶片的风电机组运行和功率输出较平稳，两叶片的可降低成本；⑦水平轴风电机组一般为 3 个叶片。

2. 垂直轴风电机组

（1）垂直轴风电机组的优点有：①可以接收来自任何方向的风，因而当风向改变时无需对风，因此不需要调向装置，使它们的结构设计简化；②齿轮箱和发电机可以安装在地面上，检修维护方便。

（2）垂直轴风电机组的缺点有：风能利用率低于水平轴的；无法自启动，需要电动启动；而且风轮离地面近，气流受地面影响大。

垂直轴风电机组在大型风电场选用较少，因此，本书不详细介绍。

4.6.2.2　功率控制方式选择

风电机组的功率控制方式主要有被动失速控制和变桨距控制等两种方式。

1. 被动失速控制

（1）被动失速控制的优点是控制简单，多应用于百千瓦级风电机组。

（2）被动失速控制的缺点包括：

1）功率曲线由叶片的失速特性决定，功率输出不稳定，甚至不确定。

2）阻尼较低，振动幅度较大，易疲劳损坏。

3）高风速时，气动载荷较大，叶片及塔架等受载较大。

4）在安装点需要试运行，优化安装角。

5）低风速段，叶轮转速较低时的功率输出较高。

2. 变桨距控制

变桨距风电机组在高风速时，通过转动整个或部分叶片减小攻角，进而减小升力系数，达到限制功率的目的。

（1）变桨距控制的主要优点如下：

1）获取更多风能。

2）提供气动刹车。

3）减少作用在风电机组上的极限载荷。

（2）桨距角的变化。

1）桨距角的变化速率为 5°/s 或更高。

2）桨距角的变化范围：运行时 0°～35°；刹车时 0°～90°；0°时，叶尖弦线位于转动平面内。

（3）变桨距控制的主要缺点是增加一套或三套变桨距系统（电动或液压驱动）。

3. 主动失速控制

（1）主动失速控制的主要优点如下：

1）采用失速叶片，保证功率调节，简单可靠。

2）利用桨距调节在中、低风速区优化功率输出，高风速区维持额定功率输出。

3）在临界失速点，通过桨距调节跨越失速不稳定区。

（2）主动失速控制的技术特点。与传统失速功率调节相比，主动失速控制技术具有以下特点：

1）可以补偿空气密度、叶片粗糙度、翼型变化对功率输出的影响。

2）额定点之后可维持额定功率输出。

3）叶片可顺桨，刹车平稳，冲击小，极限载荷小，与变桨距功率调节技术相似。

4）受阵风、湍流影响较小，功率输出平稳，无须特殊的发电机。

5）桨距仅需微调，磨损少，疲劳载荷小。

4.6.2.3　定速与变速运行方式选择

1. 定速运行

做定速运行的风电机组尽管控制简单，但是不能最大限度地获得风能。定速运行风电机组主要存在两个问题。

（1）定桨距风电机组在低风速运行时的效率较低。具体原因如下：

1）由于风电机组转速恒定，而风速经常变化（如运行风速范围为 3～25m/s）。

2）如果设计低风速时效率过高，叶片会过早失速。

（2）发电机本身在低负荷时的效率较低。具体如下：

1）当 $P > 30\%$ 的额定功率时，效率大于 90%。

2）但 $P < 25\%$ 的额定功率时，效率将急剧下降。

解决办法有双速运行或变速运行。

2. 双速运行

将发电机分别设计成 4 极和 6 极，可使叶轮和发电机在低风速段的效率提高；与变桨距风电机组在额定功率前的功率曲线差别缩小。一般 6 极发电机的额定功率设计成 4 极发电机的 1/5～1/4。如对于 600kW 风电机组，6 极时为 150kW，4 极时为 600kW；对于 1.3MW 风电机组，6 极时为 250kW，4 极时为 1300kW。

3. 变速运行

（1）变速运行的优点主要有以下方面：

1）在低风速段，改变叶轮转速保持最佳尖速比。

2）叶轮的低速运行降低了噪声。

3）叶轮像飞轮一样，调节气动扭矩的波动，使之平稳地传给传动系统。

4）通过变流器与电网相连，电能闪烁降低，品质提高。

（2）变速运行的方式包括：

1）宽幅变速：叶轮转速从零到额定转速，发电机定子通过变流器与电网连接。

2）窄幅变速：叶轮转速从 30%～50% 电机同步转速到额定转速，发电机定子直接连接电网，转子通过滑环和变流器与电网连接。

4.6.2.4 部件选择

在选择风电机组部件时，应充分考虑部件生产厂家、产地、质量等级、售后服务等要求，为将来如果部件出现损坏时的维修提供方便。

1. 风轮叶片

叶片是风电机组最关键的部件。叶片一般采用非金属材料（如玻璃钢、木材等）。风电机组中的叶片不像汽轮机叶片是在密封的壳体中，它的外界运行条件十分恶劣。它要承受高温、暴风雨（雪）、雷电、盐雾、阵（飓风）风、严寒、沙尘暴等的袭击。由于处于高空（水平轴），在旋转过程中，叶片要受重力变化的影响以及由于地形变化引起的气流扰动的影响，因此叶片上的受力变化十分复杂。这种动态部件结构材料的疲劳特性，在风力发电机选择时要格外慎重考虑。当风力达到风电机组设计的额定风速时，在风轮上就要采取措施以保证风电机组的输出功率不会超过允许值。

（1）变桨距叶片。变桨距叶片一般叶宽小，叶片轻，机头质量比失速机组小，不需很大的刹车，启动性能好。在低空气密度地区仍可达到额定功率，在额定风速之后，输出功率可保持相对稳定，保证较高的发电量。但由于增加了一套变桨距机构，增加了故障发生的概率，且处理变距机构中叶片轴承故障难度大。变桨距叶片适于额定风速以上风速较多的地区，这样可显著提高发电量。

（2）定桨距（带叶尖刹车）。定桨距失速式风电机组的优点、缺点如下：

1）优点：轮毂和叶根部件没有结构运动部件，费用低。因此控制系统不必设置一套程序来判断控制变桨距过程，在失速的过程中功率的波动小。

2）缺点：定桨距失速叶宽大，风电机组动态载荷增加，要求一套叶尖刹车，在空气密度变化大的地区，季节不同时输出功率变化很大。

在风电场风电机组选择时，应充分考虑不同风电机组的特点以及当地风资源情况，以保证安装的风电机组达到最佳的输出效果。

2. 齿轮箱

齿轮箱是风电机组中最贵的和最重的部件之一，设计不完善的齿轮箱是风电机组运行问题的主要根源，通常要由专业厂商进行专门设计制造。

风力发电机的齿轮箱的运行条件与其他齿轮箱的运行条件差异较大，主要体现在重量轻、效率高（尤其对大型风电机组）、承载能力大、噪声小、启动力矩小等方面。

风电机组齿轮箱的结构主要有平行轴式和行星式两种类型，为了提高增速比，多采用斜齿轮组合结构。

（1）二级斜齿。这是常用的齿轮箱结构之一，结构简单，可采用通用先进的齿轮箱。

（2）斜齿加行星轮组合结构。这种形式结构紧凑，比相同变速比的斜齿价格稍低，效率略高，但结构较复杂，一般不为标准件。

1）升速比：升速比一般在 50～75 变化。

2）润滑方式及各部件的监测：润滑系统应保持良好状态，否则会损坏齿面或轴承；冷却系统应能有效地将齿轮动力传输过程中发出的热量散发到空气中去。应监视轴承的温度，一旦轴承的温度超过设定值，就应该及时报警停机，以避免更大的损坏。在冬季如果天气长期处于 0℃ 以下时，应考虑给齿轮箱的润滑油加热保证良好润滑。

3. 发电机

（1）风力发电机选型中主要有同步发电机和感应发电机。

1）同步发电机：较感应发电机的效率高，无功电流可控，同时同步发电机能以任意功率因数运行，定速风电机组较少采用。

2）感应发电机：感应发电机与电网的连接可以认为是一个缓冲器，它有一定的滑差，对电网冲击小。但感应发电机是根据有功输出来吸收无功功率，易产生过电压等现象，且启动电流大。

（2）定速机组较多采用异步电机，电机相当于一个扭转阻尼，可以抑制传动系统可能发生的扭振。发电机的选择应考虑：

1）在高效率、高性能的同时，应充分考虑结构简单和高可靠性。

2）在选型时应充分考虑质量、性能、品牌，还要考虑价格，以便减少在发电机损坏时修理。

3）由于机械和热力学的原因，小气隙的大电机是难以制造的，因此，直驱式风电机组使用同步电机，永磁激励或励磁绕组激励。

4）直驱式风电机组使用同步电机，在电机接入电网前，需要增加一个频率固定的逆变器，因此可以变速运行。

4. 电容补偿装置

电容补偿装置提供异步机并网所需无功，一般电容器组由若干个几十千乏的电容器组成，并分成几个等级，根据风电机组容量大小来设计每级补偿电容量。根据发电机发电功率的多少来切入和切出每级补偿电容量，以使功率因数趋近 1。

5. 塔架

从获取风能上讲，塔架越高越好，但受到成本的约束。通常塔架的高度为 1~1.5 倍叶轮直径，但不宜低于 24m（风速、湍流因素）。

塔架的选型还应充分考虑外形美观、刚性好、维护方便、冬季登塔条件好等特点。水平轴机组常用 3 种塔架。

（1）桁架式。早期多用，20 世纪 80 年代后较少采用。

（2）拉索式。大、中型机很少用。

（3）圆筒形。目前为主流。

桁架式塔架在早期风电机组中大量使用，目前主要用于中、小型风电机组上，其主要优点为制造简单、成本低、运输方便，但其主要缺点为不美观，通向塔顶的上下梯子不好安排，上下时安全性差，会使下风向风电机组的叶片产生很大的紊流等。

圆筒形塔架在当前风电机组中大量采用，其优点是美观大方，上下塔架机舱安全可靠，无须定期拧紧结点螺栓，对风的阻力较小，特别是对于下风向风电机组，产生紊流的影响要比桁架式塔架小，视觉较好。塔架材料多用钢材，通常要做防腐处理。

4.6.2.5 经济性比选方法

风电机组的正确选择，对风电场能否发挥较大经济效益至关重要，因为不同型号的风电机组，其启动风速、设计风速、停机风速等气动参数都不一样。尤其是风电机组的启动风速和设计风速，是决定风电机组对不同类别风能资源利用效益的两个关键因素，即风能资源的统计特性和风电机组运行特性之间存在着最佳的匹配关系，只有当两者较好地匹配时才能更好地开发利用风能资源，获得更大开发利用效益。

在风电场机型优化选择中，通常根据风电机组安装受到空间约束以及电网电能需求约束，在给定风电机组型号中合理选择机组参数，实现风电机组与风能资源最佳匹配。比较常用的方法是前面所介绍的求单机发电量的方法，即采用拟定风力发电场风速频率曲线分别与预选的若干种不同风电机组的功率曲线图组成几种方案，分别计算每种方案。

1. 容量系数法

容量系数 C_f 是指风电场的年发电量与这段时间内额定发电量的比值，也是风电机组年平均输出功率与额定功率比值，可以表示为

$$C_f = \frac{W_{out}}{8760 P_n} \times 100\% \qquad (4-33)$$

$$C_f = \frac{\overline{P_w}}{P_n} \times 100\% \qquad (4-34)$$

其中 $$\overline{P}_w = \int_{v_c}^{v_o} P(v) f(v) \mathrm{d}v \qquad (4-35)$$

式中：W_{out} 为年理论实际发电量；P_n 为风电机组的额定功率；$\overline{P}_w$ 为年平均输出功率；$P(v)$ 为风电机组的功率特性；$f(v)$ 为风速概率密度分布。

由此可以看出，容量系数越大，说明风电机组在该风场可靠性越高，输出功率越大，发电量越多，选用该机型是合适的。容量系数大于 0.3 的风场说明风资源情况较好，风电机组可靠性较高，风电机组选型较合适。该分析方法基于技术角度出发，分析风电机组的产能和风电机组选型的合理可行性。

2. 特定单位电量成本分析法

特定单位电量成本计算为

$$特定单位电量成本＝特定总投资/年发电量 \qquad (4-36)$$

对风力发电而言，在相同的风资源、相同风电机组容量的情况下，风电机组的特性、保证率不同，风电机组的发电量也会有较大偏差，从而单位电量成本不同。在初选风电机组机型时，可以不考虑道路、集电线路、变电站、送出等与风电机组选型无关的工程费用，仅仅考虑由风电机组选型不同而出现投资偏差的投资部分。这里的特定总投资包括了风电机组主机、塔筒、箱变等设备价格，风电机组基础造价以及风电机组的吊装费用。这几项投资与风电机组的选型密切相关，风电机组选型不同，这几项偏差较大。特定总投资除以年发电量，得出单位电量成本，这里的单位电量成本与常规意义的单位电量成本有差别，称之为特定单位电量成本，利用特定千瓦时成本法在风电机组选型阶段进行优化分析，简单有效，方便快捷。

例如，某风电场设计中采用特定单位电量成本法的风电机组选型对比结果见表 4-5。

表 4-5　采用特定单位电量成本法的某风电场风电机组选型

序号	项　　目	机型 1	机型 2	机型 3	机型 4	机型 5	机型 6
	风电机组供应商	GE	Suzlon	Vestas	华锐风电科技有限公司	湘电风能有限公司	新疆金风科技股份有限公司
1	单机装机容量/kW	1500	1250	2000	1500	2000	1500
2	台数	27	27	20	27	20	27
3	累计装机容量/MW	40.5	33.75	40	40.5	40	40.5
4	计算年发电量/(GW·h)	122.229	100.797	119.062	118.512	116.835	123.936
5	10 年发电量现值/(GW·h)	784.424	646.881	764.099	760.569	749.807	795.379
6	主机单位装机容量（不含塔架）价格/(元/kW)	8500	7500	9500	6386	6927	6400
	主机投资（不含塔架）/万元	34425	25313	38000	25864	27709	5920
7	轮毂高度/m	64.7	74.5	67	64.7	65	64.5
	单机塔架重量/t	102	101	0	100	100	94
	塔架设资/万元	3580	3554	0	3510	2600	3298
8	单机基础费用/万元	45	45	51	45	48	45
	基础总费用/万元	1215	1215	1020	1215	960	1215

续表

序号	项 目	机型 1	机型 2	机型 3	机型 4	机型 5	机型 6
	风电机组供应商	GE	Suzlon	Vestas	华锐风电科技有限公司	湘电风能有限公司	新疆金风科技股份有限公司
9	箱变单价/万元	25	25	0	25	30	25
	箱变投资/万元	675	675	0	675	600	675
10	单台风电机组安装费/万元	18	18	22	18	20	18
	全部风电机组安装费/万元	486	486	440	486	400	486
11	场区道路长度/km	16.75	16.75	13.3	16.75	13.3	16.75
	道路费用/万元	418.75	418.75	332.5	418.75	332.5	418.75
12	单机征地面积/m²	506	400	625	506	529	400
	道路征地面积/m²	83750	83750	66500	83750	66500	83750
	征地费用/万元	876.77	850.95	711.00	876.77	693.72	850.95
13	配套工程造价小计/万元	7252	7200	2504	7182	5586	6944
14	初投资/万元	41677	32512	40504	33045	33296	32864
15	10 年运行维护费用现值/万元	4200	3472	4110	3516	3288	3520
16	单位电量成本/[元/(kW·h)]	0.5848	0.5563	0.5839	0.4807	0.4879	0.4574
17	排名	6	4	5	2	3	1

3. 单位电量投资分析法

$$单位电量投资 = \frac{总投资}{年上网电量} \tag{4-37}$$

其中总投资分为动态总投资和静态总投资，动态总投资是静态总投资和建设期利息的和。静态总投资一般包含五个部分费用，分别是：施工辅助工程费用、设备及安装工程费用、建筑工程费用、其他费用和基本预备费。

随着风电建设朝着大规模风电基地、海上风电方向发展，风电场规模越来越大，占地面积越来越广，同一个风电场地质条件差异性增大。在海上风电场中，同一个风电场，由于海床地质条件不同，会使用多种风电机组基础，每种基础的投资区别较大。此外，随着近些年来风电机组厂商的创新发展，目前可选用的机型越来越多，不同容量的机组全场机组数量也不相同，因此在进行风电机组机型比选的时候，需要考虑风电机组配套的塔筒、基础、集电线路等部分的投资费用。相比于特定总投资，风电场总投资计算的时候更精确，可以比较不同容量机组之间的经济性，更有利于选出经济性最佳的风电机组，但是计算过程较复杂，某些计算需要专门技术经济人员进行完成。项目经验较多的设计单位，基础投资、集电线路投资、道路投资等部分的费用可以参考已建成项目的实际投资。目前单位电量投资分析法已经得到了广泛运用，实际工程存在"单位电度投资""单位度电投资"等叫法，实际上都表达相同的意义。表 4-6 是某海上风电项目采用单位电量投资分析法进行风电机组经济性比选的结果。

表 4 - 6　采用单位电量投资分析法进行风电机组经济性比选的结果

项　　目	WTG - 1	WTG - 2	WTG - 3	WTG - 4	WTG - 5
单机容量/MW	3	3.6	4	4.5	5
台数/台	100	84	75	67	60
总装机容量/MW	300	302	300	301.5	300
轮毂高度/m	85	90	90	90	100
理论发电量/(万 kW·h)	108310.2	99645.4	103818.7	99549.5	102739.4
理论利用小时/h	3610	3295	3461	3302	3425
尾流影响率/%	9.88	9.51	8.95	8.89	8.49
其他折减率/%	22	22	22	22	22
年上网电量/(万 kW·h)	76135	70332	73731	70746	73333
装机利用小时/h	2538	2326	2458	2346	2444
容量系数	0.290	0.266	0.281	0.268	0.279
风力发电机组设备总费用/万元	201000	202608	225000	195975	210000
设备单价/(元/kW)	6700	6700	7500	6500	7000
塔筒总费用/万元	24240	21268.8	20160	20341.2	20160
塔筒重量/t	202	211	224	253	280
吊装总费用/万元	50000	45360	40500	42210	45000
场内电缆/万元	33400	32600	31900	31600	31450
风力发电机组基础费用/万元	145000	126000	120000	137350	132000
比较投资合计/万元	453640	427837	437560	427476	438610
单位千瓦投资/(元/kW)	15121	14148	14585	14178	14620
单位电量投资/[元/(kW·h)]	5.96	6.08	5.93	6.04	5.98
排序	2	5	1	4	3

由表 4 - 6 可知，WTG3 机组单位电量投资最小，经济性最好。此外，选择最合适机组，还要从以下几个方面考虑：

（1）工程用地（海）比较。由于海上风电机组机型单机容量相差较大，安装台数及占用海域的区域相差较大。本工程场址范围主要考虑的因素有航道、工程施工要求等，因此在满足风电场容量的要求下，尽量减少风电场的工程用海范围。采用单机容量较大机型，可以减少风电机组台数，减少风电机组基础占用海域面积，但单机容量较大的机型其风电机组的风轮直径较大，为了减少尾流损失，需尽量拉大距离，从而增大了风电场的海域使用范围。从实际情况看，本风电场的海域使用范围基本明确，选择单机容量较大的机型可以减少工程用海的面积。因此从节约工程用海考虑，宜选择单机容量较大的 4MW、4.5MW 和 5MW 机型。

（2）风电机组的运行经验。考虑到海上风电场风电机组建成后的运行维护费用较高，应该考虑其运行的可靠性，包括其电能质量、对电网的要求、对运行环境适应及可用率保证等方面。目前国内厂家海上风电机组大多数处于样机阶段，国外厂家风电机组具有一定的装机规模，本次推荐选择在海上已有大规模装机运行的4MW风电机组。

（3）施工条件比较。从风电场施工条件考虑，3MW风电机组的机舱、叶片重量相对较轻，经过东海大桥风电场100MW示范工程的施工建设，国内已开发出一些海上施工设备并积累了海上施工的丰富经验。东海大桥风电场100MW示范工程采用的海上施工设备，其起吊能力较大，单机容量3.0～5.0MW的机型的重量均满足起吊要求。但单机容量5.0MW的机型机舱、叶片重量相对较重，施工方法上不确定因素影响较大，施工的投入也较大；3.6MW、4MW风电机组因其重量和轮毂高度与3.0MW风电机组相近，施工方法上和施工成本控制有一定优势。

综合上述各方面比选，本阶段选择单机容量为4MW的机型。其单机容量较适宜，经济指标较好，在现阶段技术经验的基础上，推荐WTG-3机型进行设计。

第5章 风电场的微观选址

5.1 微观选址的意义

　　风电场选址分为宏观选址和微观选址，宏观选址遵循的原则是根据风能资源调查与分区的结果，选择最有利的场址，以求增大风电机组的输出，提高供电的经济性、稳定性和可靠性；微观选址则是在宏观选址中选定的小区域内，考虑由风场环境引发的自然风的变化及由风电机组自身所引发的风扰动（即尾流）因素，确定如何排列布置风电机组，使整个风电场年发电量最大，从而降低能源的生产成本以获得较好的经济效益。此外，场地布局设计，风电场环境因素的选择等也可以纳入微观选址的范畴。国内外的经验教训表明，风电场微观选址的失误造成的发电量损失和增加的维修费用将远远大于对场址进行详细调查的费用，因此对风电场的微观选址要加以重视。风电场选址过程如图 5-1 所示。

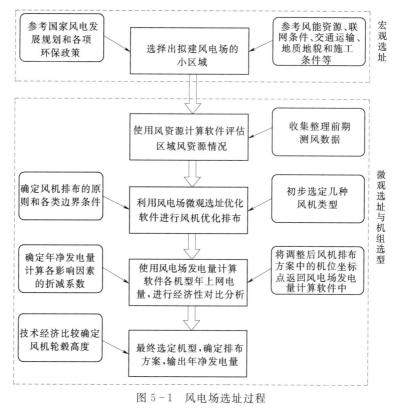

图 5-1　风电场选址过程

　　在风能资源已确定的情况下，风电场微观布局必须要参考风向及风速分布数据，同时也要考虑风电场长远发展的整体规划、征地、设备引进、运输安装投资费用、道路交通及电网条件等。

在布置风电机组时，要综合考虑风电场所在地的主导风向、地形特征、风电机组湍流、尾流作用、环境影响等因素，减少众多因素对风电机组入流风速的干扰，确定风电机组的最佳安装间距和台数，做好风电机组的微观布局工作，这是风能资源得到充分利用、风电场微观布局最优化、整个风电场经济收益最大化的关键。风电机组的安装间距除要保证风电场效益最大化外，还要满足风电机组供应商的要求，以及风电机组反射、散射和衍射的影响，电磁波、噪声、视觉等环保限制条件及对鸟类生活的影响等。

根据风电场微观选址的主要影响因素的分析得出风电场微观选址的技术步骤为：①确定盛行风向；②对地形分类，包括平坦地形、复杂地形等；③考虑湍流作用及尾流效应的影响；④确定风电机组的最佳安装间距和台数；⑤综合考虑其他影响因素，最终确立风电场的微观布局。具体选址技术步骤如图 5-2 所示。

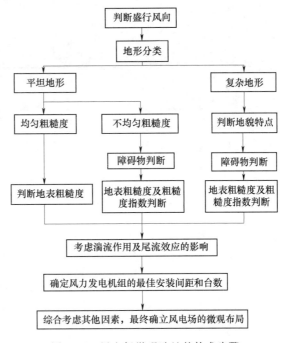

图 5-2　风电场微观选址的技术步骤

沿海风电场一般情况下以条状或带状形式布置风电机组为主，多排布置的情况相对较少，偶尔有前后、左右 2 排或 3 排的方式布置风电机组，采用这种布置方式是为了避免风电机组前后排之间尾流的影响，充分提高风电场的经济效益。内陆风电场由于存在需节约土地资源等要因，尽管没有岸线长度有限等限制条件，在考虑避让住宅区、建筑物、高压线路走廊等不能布置风电机组的因素后，基本宜以块状分布形式布置风电机组。块状风电场风电机组布置原则与带状布置不同，需要以风电机组叶片直径的一定倍数来确定风电机组之间的行间距和列间距，目的在于既满足风电场建设范围要求，又能充分利用风资源。

5.2　微观选址的影响因素

5.2.1　平坦地形地面粗糙度的影响

平坦地形可以定义为：在风电场区及周围 5km 半径范围内其地形高度差小于5m，同时地形最大坡度小于 3°。实际上，对于周围特别是场址的盛行风的上（来）

风方向，没有大的山丘或悬崖之类的地形，仍可作为平坦地形来处理。

对平坦地形，在场址地区范围内，同一高度上的风速分布可以看作是均匀的，可以使用邻近气象台、站的风速观测资料来对场址区进行风能估算，这种平坦地形下，风的垂直方向上的廓线与地表面粗糙度有着直接关系，计算也相对简单。对平坦地形，通过增加塔架高度是提高风电机组功率输出的方法之一。表 5-1 为不同高度粗糙度各高度风能相对 10m 处比值；而表 5-2 表示不同地表面状态下的粗糙度。

表 5-1　不同高度粗糙度各高度风能相对 10m 处比值

粗糙度 /m	离地面高度/m											
	5	10	15	20	30	40	50	60	70	80	90	100
0.12	0.78	1.00	1.16	1.28	1.49	1.65	1.78	1.91	1.01	2.11	2.21	2.29
0.16	0.72	1.00	1.21	1.39	1.69	1.95	2.17	2.36	1.54	2.71	1.87	3.02
0.20	0.66	1.00	1.28	1.57	1.93	1.30	2.63	1.93	3.21	3.48	3.74	3.98

表 5-2　不同地表面状态下的粗糙度

地形	粗糙度/m	地形	粗糙度/m
海平面	~0.0002	长草区	0.0200~0.0600
沙漠	0.0002~0.0005	低农作物区域	0.0400~0.0900
平坦雪地	0.0001~0.0007	高农作物区域	0.1200~0.1800
粗糙冰地	0.0010~0.0120	树木	0.8000~1.6000
未耕种区域	0.0010~0.0040	城镇	0.7000~1.5000
短草区	0.0080~0.0300		

5.2.2　障碍物的影响

障碍物是指针对某一地点存在的相对较大的物体，如房屋等。当气流流过障碍物时，由于障碍物对气流的阻碍和遮蔽作用，会改变气流的流动方向和速度。障碍物和地形变化会影响地面粗糙度，风速的平均扰动及风轮廓线对风的结构都有很大的影响，但这种影响有可能是有利的（形成加速区），也可能是不利的（产生尾流、风扰动），所以在选址时要充分考虑这些因素。

一般来说，没有障碍物且绝对平整的地形是很少的，实际上必须要对影响风的因素加以分析。由于气流流过障碍物时，在障碍物的下游会形成尾流扰动区，然后逐渐衰弱。在尾流区，不仅风速会降低，而且还会产生很强的湍流，对风电机组运行十分不利，因此在布置风电机组时必须注意避开障碍物的尾流区。

尾流的大小、延伸长度及强弱跟障碍物大小与形状有关。作为一般法则，障碍物的宽度 B 与高度 H 比，即 $B/H \leqslant 5$ 时，在障碍物下风方向可产生 20 倍障碍物高度 H 的强的扰动尾流区，宽高比越小减弱越快，宽度 B 越大，尾流区越长。极端情况即 $B \gg H$ 时，尾流区长度可达 35 倍障碍物高度 H，尾流扰动高度可以达到障碍物高度的 2 倍。当风电机组风轮叶片扫风最低点为 3 倍障碍物高度 H 时，障碍物在高度上的影响可以忽略。因此如果必须在这个尾流区域内安装风电机组，则风电机组安装高度至少应高出地面 2 倍障碍物高度。另外，由于障碍物的阻挡作用，在上风向和障碍物的外侧也会造成湍流涡动区。一般来说，如果风电机组安装地点在障碍物的上风方向，也应距障碍物有 2～5 倍障碍物高度的距离。如果风电机组前有较多的障碍物时，平均风速由于障碍物的多少和大小而相应变化，此时地面影响必须严格考虑，如通过修正地面粗糙度等。

气流通过障碍物的流动状况如图 5-3 所示，其中Ⅰ区为稳定气流区，即气流基本不受障碍物干扰，其风速垂直变化呈指数；Ⅱ区为正压区，系障碍物迎风面上由于气流的撞击作用而使静压高于大气压力区，其风向与来风向相反；Ⅲ区为空气动力阴影区，气流遇上障碍物，在其后部形成绕流现象的范围在该区空气循环流动与周围大气仅有少量交换；Ⅳ区为尾流区，是以稳定气流速度的 95% 的等速曲线为边界区域。尾流区的长度约为 17H。

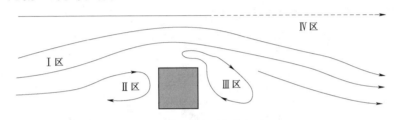

图 5-3　流过障碍物的气流区

建筑物形状对下游风特性的影响见表 5-3。

表 5-3　建筑物形状对下游风特性的影响

建筑物形状 B/H	下 游 距 离					
	5H		10H		20H	
	风速降低/%	湍流增强/%	风速降低/%	湍流增强/%	风速降低/%	湍流增强/%
4	36	25	14	7	5	1
3	24	15	11	5	4	0.50
1	11	4	5	1	2	—
0.33	2.50	2.50	1.30	0.75	—	—
0.25	2	2.50	1	0.50	—	—
尾流区高度	1.5H		2.0H		3.0H	

注：B 为障碍物宽度；H 为障碍物高度。

5.2.3　复杂地形的影响

复杂地形是指平坦地形以外的各种地形，大致可以分为隆升地形和低凹地形等两类。局部地形对风力有很大的影响。这种影响在总的风能资源分区图上无法表示出来，需要在大的背景上做进一步的分析和补充测量。复杂地形下的风力特性的分析很困难，但如果了解了典型地形下的风力分布规律就可能进一步分析复杂地形下的风电场分布方法。

复杂地形
对风电场
微观选址
的影响

1. 山区风的水平分布和特点

在一个地区自然地形的提高，风速可能提高。但这不只是由于高度的变化，也是由于受某种程度的挤压（如峡谷效应）而产生加速作用。在河谷内，当风向与河谷走向一致时，风速将比平地大；反之，当风向与河谷走向相垂直时，气流受到地形的阻碍，河谷内的风速大大减弱。新疆阿拉山口风区，属我国有名的大风区，因其地形的峡谷效应，使风速得到很大的增强。

山谷地形由于山谷风的影响，风将会出现较明显的日或季节变化。因此选址时需考虑到用户的要求。一般来说，在谷地选址时，首先要考虑的是山谷风走向是否与当地盛行风向相一致。这种盛行风向是指大地形下的盛行风向，而不能按山谷本身局部地形的风向确定。因为山地气流的运动，在受山脉阻挡情况下，会就近改变流向和流速，在山谷内的风多数是沿着山谷吹的。然后，考虑选择山谷中的收缩部分，这里容易产生狭管效应，而且两侧的山越高，风也越强。此外，由于地形变化剧烈，所以会产生较强的风切变和湍流，在选址时应该注意。

2. 山丘、山脊地形的风电场

对山丘、山脊等隆起地形，主要利用它的高度抬升和它对气流的压缩作用来选择风电机组安装的有利地形。相对于来风，对于展宽很长的山脊，风速的理论提高量是山前风速的 2 倍，而对于圆形山包，则为 1.5 倍，这一点可利用风图谱中流体力学和散射实验中实验所适用的数学模型得以认证。孤立的山丘或山峰由于山体较小，因此气流流过山丘时主要形式是绕流运动，同时山丘本身又相当于一个巨大的塔架，是比较理想的风电机组安装场址。国内外研究和观测结果表明，在山丘与盛行风向相切的两侧上半部是最佳场址位置。这里气流得到最大的加速。次之为山丘的顶部。应避免在整个背风面及山麓选定场址，因为这些区域不但风速明显降低，而且有强的湍流。典型山丘风速通过速度矢量图如图 5-4 所示。

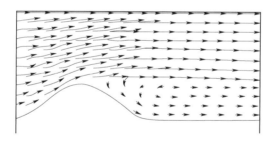

图 5-4　典型山丘风速通过速度矢量图

当风越过山丘之后，速度有明显的增大；气流越过山丘之后，压力减小，风向发生了变化，在山顶之后形成负压区，从而会形成回流区。所以，当气流通过丘陵或山地时，由于受到地形阻碍的影响，在山的向风面下部，风速减弱，且有上升气流；在山的顶部和两侧，因为流线加密风速加强；在山的背风面，因流线辐散，风速急剧减弱；且有下沉气流，由于重力和惯性力将使山脊的背风面气流往往成波状流动。对称面（$y=0$）上速度云图如图 5-5 所示。山丘地形表面速度分布如图 5-6 所示。

山地对风速影响的水平距离，一般在向风面为山高的 5~10 倍，背风面为 15 倍。且山脊越高，坡度越缓，在背风面影响的距离越远。根据一些人的经验，在背风面地形对风速影响的水平距离 L 为

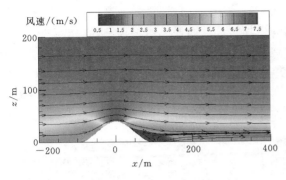

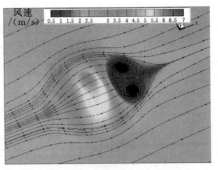

图 5-5 对称面（y=0）上速度云图 　　　　图 5-6 山丘地形表面速度分布

$$L = h \cot \frac{\alpha}{2} \qquad (5-1)$$

综合上述流场分析可知，若将风电机组布置在山丘背风面的低速区内，通常会降低风电机组的发电量，同时因湍流过大而影响风电机组的正常运行和使用寿命。

对于平削山顶地形，对称面（y=0）上的速度分布情况如图 5-7 所示，迎风面山脚处的速度分布与山丘地形类似，逆压梯度作用使得边界层区域迅速增大并出现较小的减速区，气流沿山体表面爬升加速，在平台上均有明显的加速效应，其中，平台迎风边缘的风加速因子最大，而平台表面湍流较小，通常适合布置风电机组。在平台背风边缘处，气流通常发生大范围的流动分离，在平台背风面也存在明显的负风加速因子和马蹄涡，如图 5-8 所示，并在平台背风面及其下风向形成一个湍流强度较大的大范围低速区。

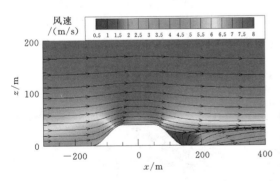

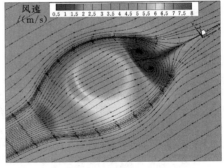

图 5-7 平削山头对称面 　　　　　图 5-8 平削山头地形表面速度分布
（y=0）上速度云图

针对悬崖地形，要考虑陡坡迎风和缓坡迎风两种情况。对于陡坡迎风状况，由于迎风坡度大，使得迎风山脚处存在很大的逆压梯度，从而使迎风山脚的边界层迅速增大并出现一个范围较小的流动分离。与山丘地形和平削山头地形中气流沿地表爬升加速显然不同，迎风半山腰处出现了较大的负风加速因子，使得该位置也处于低速区内，且该低速区大小明显大于山丘地形和平削山头地形，如图 5-9 所示。在悬崖顶附近风速达到最大值，风加速效应极为明显，且湍流强度也很大，而在悬崖背风缓坡上，随着与悬崖顶之间距离的增加，近地面处风速衰减显著，出现一个明显的回流区，湍流在整个悬崖背风缓坡表面上都很大，如图5-10所示。因此，在悬崖地形排布风电机组时，不能将风电机组简单布置在悬崖顶上以追求高风速，更不能远离悬崖，否则会处于低风速高湍流的回流区，同时考虑使用具有较高轮毂高度的风电机组，避开风轮扫风面下半部分受到高湍流的影响。

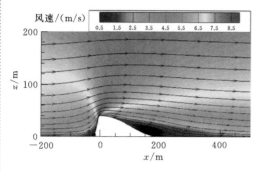

图5-9 悬崖地形速度云图

对于缓坡迎风工况，在迎风缓坡山脚附近，也是由于逆压梯度的作用使得迎风山脚附近出现小负风加速因子，从而出现一个较小的减速区如图5-11所示。气流在迎风缓坡上平稳加速且湍流维持低水平，虽然风速也是在悬崖顶上达到最大值，但其风加速效应远不如陡坡迎风工况强烈，湍流强度依然较低，如图5-12所示。因此，这种工况下的迎风坡和悬崖顶有利于排布风电机组。由于背风坡坡度较大，背风坡及下风向的风速衰减显著，在背风区产生超过6倍山高的大范围回流区，且回流区内及回流区下游的湍流强度较高。因此，避免在背风区中排布风电机组，若机位有限必须排布，则注意风电机组与悬崖间需要保持一定距离以保证风电机组正常出力和安全运行，同时考虑使用具有较高轮毂高度的风电机组以减少下叠面的影响。

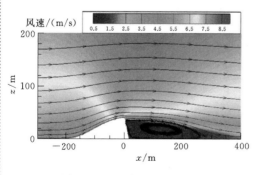

图5-11 悬崖地形对称面
($y=0$)上速度云图

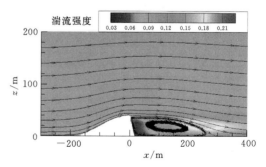

图5-12 悬崖地形对称面
($y=0$)上湍流强度云图

针对高低山头地形，给出两座抛物线小山沿风向高度差—10m、10m、—20m和20m四种工况下流场分布。

对于高度差－10m工况，速度、湍流、地形表面速度分布如图5-13～图5-15所示。低山（前山）山脚至山顶的风况与山丘类似，高山山顶和低山山顶风加速效应均显著，且湍流强度仅稍大于低山，因此适于布置风电机组。由于高低山头间距不大，两山头间的山坳中有一个大小约1.5倍山高的回流区，一直影响到高山（后山）的迎风半山腰处，使其处于低速区中，风加速因子为负，回流区中的湍流强度迅速增大，且高湍流区一直延伸至靠近高山山顶。高山背风面上存在较小的负风加速因子，风速衰减较为缓慢，因此并未形成流动分离，只存在小范围的低速区，湍流强度在整个高山背风面上保持较低水平，但在山体下风向短距离内风速并不大，若在高山后方布置风电机组，仍需考虑合适的安全距离。

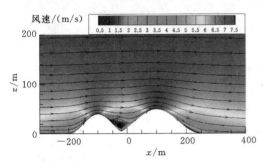

图5-13 高低山对称面
（$y=0$）上速度云图

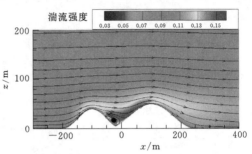

图5-14 高低山对称面
（$y=0$）上湍流强度云图

对于高度差10m工况，速度、湍流及地形表面速度分布如图5-16～图5-18所示。高山（前山）山脚至山顶的风况与高度差－10m工况类似，高低山头均具有明显的风加速效应，其中同样是高山山顶处的风加速效应更明显。但在高山山顶后的风况与高度差－10m工况大不相同，高山背风面风速衰减缓慢，山坳间的流动形式也存在很大差异，高度差10m工况中只形成了小范围低速区，并未发生流动分离。低山

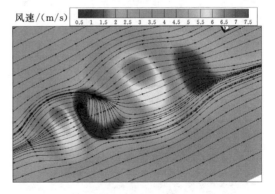

图5-15 高低山高度差－10m工况的
地表速度分布

（后山）上的速度分布与高度差－10m工况中后山的大致相同，而湍流强度在低山迎风面上快速增大，且高湍流区一直延伸至下风向约3倍低山山高距离，影响范围大且远。因此低山头处不宜布置风电机组，若在低山后方排布风电机组，则需要考虑较大的安全距离。

对于高度差－20m工况，速度、湍流及地形表面速度分布如图5-19～图5-21所示。该工况下高低山头的整体风况与高度差－10m工况类似，其中高山（后山）山顶附近的加速区更大，而湍流强度与低山（前山）相当，比高度差－10m工况

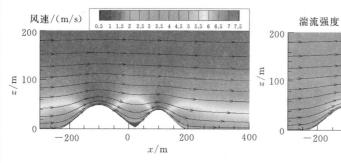

图 5-16 高低山对称面
（$y=0$）上速度云图

图 5-17 高低山对称面
（$y=0$）上湍流强度云图

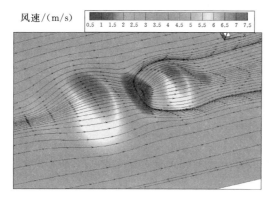

图 5-18 高低山高度差 10m 工况的地表速度分布

于布置风电机组。

低。与高度差-10m 工况相比，山坳中地形表面上的回流区大小显著增大且回流区的形状更为规则，同时由于后山较为高大，使山坳空间较小，则山坳中的减速区也相对较小。需要注意的是山坳中高湍流区的影响范围较高度差-10m 工况小，只延伸至高山迎风面，因此表明在后山比前山高且两山中心间距不变的情况下，高度差越大，前山对后山风况的影响越小，高山山顶更适

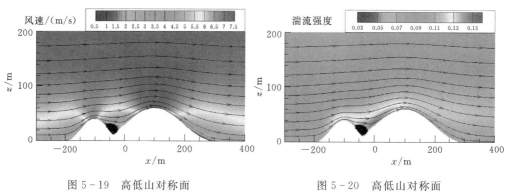

图 5-19 高低山对称面
（$y=0$）上速度云图

图 5-20 高低山对称面
（$y=0$）上湍流强度云图

对于高度差 20m 工况，速度、湍流及地形表面速度分布如图 5-22～图 5-24 所示。高山（前山）山脚至山顶的风况与高度差 10m 工况基本相似，其中高山山顶的风加速因子及山顶附近的加速区更大。与高度差 10m 工况的区别主要体现在高山背风面往后区域的风况，在高山背风面风速衰减显著，并在山坳中形成小范围回流区，回流区中的气流受翻越高山山顶气流的压制，而主要以向低山山体两侧绕流的形

式流动。由于前山较为高大，加剧了
对低山上风况的扰动，加之回流区的
影响，使低山迎风面风速明显衰减，
低山山顶的风加速效应也低于高度差
10m 工况，低山背风面半山腰是风速
也从高度差 10m 工况中的微小加速变
成明显减速，且背风面山脚的减速效
果更大，而高湍流区则集中在迎风面
上，影响范围明显缩小。由此可知，
在前山比后山高且两山中心间距不变
的情况下，高度差越大，前山对后山

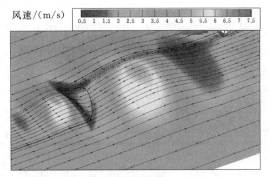

图 5-21　高低山高度差 -20m 工况的
地表速度分布

风况的影响越大，且前山对下风向风况的影响占主导。

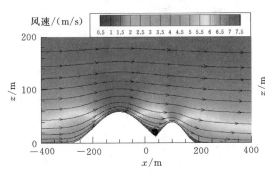

图 5-22　高低山对称面
（$y=0$）上速度云图

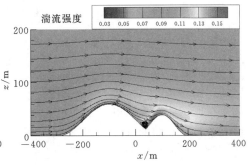

图 5-23　高低山对称面
（$y=0$）上湍流强度云图

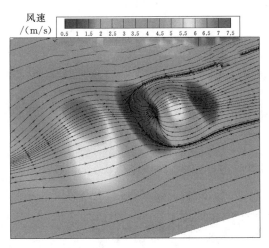

图 5-24　高低山高度差 20m 工况的地表速度分布

3. 海拔对风速的影响

风速随着离地高度抬升而增大。
山顶风速随海拔高度的变化，其计
算公式为

$$\frac{v}{v_0}=3.6-2.2e^{-0.00113H} \quad (5-2)$$

式中：$\dfrac{v}{v_0}$ 为山顶与山麓风速比值；
H 为相对海拔差。

4. 海陆地形对风场的影响

除山区地形外，在风电机组选
址中遇得最多的就是海陆地形。由
于海面摩擦阻力比陆地要小，在气
压梯度力相同的条件下，低层大气
中海面上的风速比陆地上要大。因此各国选择大型风电机组位置有两种：一是选在
山顶上，但这些站址多数远离电力消耗的集中地；二是选在近海，这里的风能潜力

比陆地大 20％以上，所以很多国家都在近海建立风电场。

由于海上油井、近海工程和海上风电场等的需要，对海面风特性的研究也越来越重要。海上风特性与陆地风特性相比，有明显的区别。

比较结果表明：①在海上，年平均风速与威布尔分布形状系数 k 值要比陆地大；②由于海面粗糙度低，因此，海面摩擦阻力小，这时在气压和梯度力相同的条件下，平均风速随高度的变化比较平缓；③海面粗糙度低还使海上的大气湍流强度也低，在大气中性状态下，当风速为 15m/s 时，湍流强度为 7％～9％。因此，海上的阵风系数比陆地要小；④在海上风向也比较稳定。

从上面对复杂地形的介绍及分析可以看出，虽然各种地形的风速变化有一定的规律，但做进一步的分析还存在一定的难度。因此，应在风电场内代表位置建立测风塔，进行一个完整年的观测，将实测结果用于微观选址。

5.3　风电机组尾流

5.3.1　风电机组尾流对风电场的影响

风电机组
尾流影响

经过风轮的气流相对于风轮前的气流来说，速度减小，湍流度增强，该部分气体所在区域即称为风电机组尾流区。风电机组尾流区可以划分为近尾流区和远尾流区两个截然不同的区域。近尾流区指的是靠近风轮在风轮后方大致一个风轮直径长的区域，近尾流区的研究着眼于功率提取的物理过程和风电机组性能。风轮的作用可以由叶片的数量，叶片空气动力学特征如失速流动、三维效应和叶尖涡来体现；远尾流区是近尾流区以后的部分，着重研究风电场中风电机组群的作用。有时在近尾流区和远尾流区之间定义一个过渡区。对于风电场研究实际空气与风轮作用并不是很重要，它的关注焦点是尾流模型、尾流干涉、湍流模型和地形影响。

风电机组之间的影响主要表现为上游风电机组的尾流效应对位于其下游的风电机组的影响。风电机组在风电场中运行，空气来流经过旋转的风轮后会发生方向与速度的变化，这种对初始空气来流影响就称之为风电机组的尾流效应。风电场中包含的风电机组不止一台，一个大型风电场中风电机组的数量可达数十台，风电机组产生的尾流效应对风场内的空气流场产生一定程度的影响，进而影响到位于其后的风电机组。

风电机组功率与风速的 3 次方成正比，当风速有一个微小变化时，功率就有一个很大的变化，由于风电机组尾流效应的发展是在整个风场范围内的，风场中相邻两台风电机组的尾流相遇时会产生效果的叠加，处在尾流叠加区域内的风电机组的出力得不到保证，风电机组尾流效应的存在将大大减少下游风电机组的出力，所以风场布置时要尽量减少风电机组尾流效应对其下游风电机组的影响。

另外，尾流效应对下游风电机组使用寿命也有一定影响，由于风电机组尾流效应增加空气的湍流程度，处于尾流区域中的风电机组风轮在尾流涡流中运行，空气来流除自身的切变外又加上湍流的影响使风电机组叶片受到的升力、阻力的不均匀性在叶片长度上增大，增大风轮叶片的内应力，影响叶轮的使用寿命。

在风电机组后面的尾流被考虑为一个比风电机组本身直径大的风速减小区域。风速的减小直接与风电机组的升力系数相关，因而决定了从气流中吸收的能量。由于这种风速减小的区域与下游对流，在尾流和自由气流之间风速梯度会引起附加的切变湍流，这样会有助于周边的气流和尾流之间的动量转换。因此，尾流和尾流周围的气流开始混合，并且混合区域向尾流的中心扩散。同时，向外扩散使尾流的宽度增大。通过这种方式，逐渐消除了尾流中速度的差异，并且使尾流变得更宽但是却更浅，直到这个气流在下游远处完全恢复为止，这种现象发生的程度也取决于大气湍流的等级高低。

5.3.2 风电机组尾流模型

1. 理想风电机组后的尾流模型

（1）尾流模型。根据赫姆霍兹理论，把风轮叶片沿展向分成许多展向宽度很小的微段，如假设每个微段上的环量沿展向是个常量，则可用在每个微段上布置的马蹄涡系来代替风轮叶片。从风轮叶片后缘拖出的尾涡的强度是相邻两微段叶片环量之差。当风轮运行时，每个叶片尖部后缘以叶尖处来流的速度向下游拖出尾涡，形成一个螺旋形涡线。根据动量理论，由于背景湍流的影响和自身尾流扩散的原因，涡流直径是不断增大的，所以在风轮叶片下游处轴向速度是不断减小的。建立单一尾流模型，如图 5 - 25 所示，假设存在以下条件：①大气湍流度不变；②尾流区轮廓线为线性；③空气不可压；④在整个空气流场中无风切变；⑤尾流区域内横向剖面速度均匀。

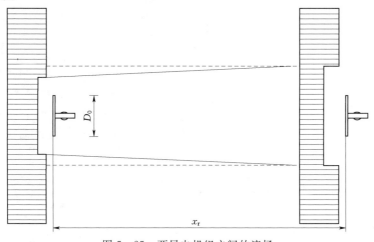

图 5 - 25　两风电机组之间的流场

D_0—风轮直径；x_r—两风电机组距离

由动量定理得尾流区内任意截面在流场中所受的推力 T 为

$$T = \rho A v (v_0 - v) \tag{5-3}$$

$$A = \frac{\pi}{4} D^2 \tag{5-4}$$

式中：v 为叶轮截面处风速；v_0 为尾流区外空气速度；ρ 为空气密度；A 为尾流截

面面积；D 为尾流截面直径，是风机尾流距离 x 的函数。

在风电机组处，风电机组所受的推力为

$$T = \frac{1}{2}\rho A_0 v_0^2 C_T \tag{5-5}$$

$$A_0 = \frac{\pi}{4}D_0^2 \tag{5-6}$$

式中：A_0 为风轮扫掠面积；D_0 为风轮直径；C_T 为推力系数。

$$C_T = 4a(1-a) \tag{5-7}$$

$$v = (1-a)v_0 \tag{5-8}$$

$$v_1 = (1-2a)v_0 \tag{5-9}$$

$$v_1/v_0 = (1-2a) = \sqrt{1-C_T} \tag{5-10}$$

式中：a 为轴向速度衰减因子；v_1 为风穿过风轮后的风速。

尾流区开始时的面积与风轮扫掠面之比为

$$\frac{A_a}{A_0} = \frac{1-a}{1-2a} \tag{5-11}$$

式中：A_a 为尾流区开始时的面积。

综合式（5-3）～式（5-10），得

$$A_a = \beta A_0 \tag{5-12}$$

$$D_a = \sqrt{\beta} D_0 \tag{5-13}$$

其中

$$\beta = \frac{1}{2}\left[\frac{1+\sqrt{1-C_T}}{\sqrt{1-C_T}}\right] \tag{5-14}$$

式中：D_a 为尾流区开始时的直径。

由于在实际风场中，无法确定尾流开始扩散的初始位置，所以这里将尾流初始扩散位置设为风电机组位置，可推导得

$$\frac{v}{v_0} = \frac{1}{2} + \frac{1}{2}\sqrt{1 - 2\frac{A_0}{A}C_T} \quad (a < 0.5) \tag{5-15}$$

化简为

$$\frac{v}{v_0} \approx 1 - \frac{1}{2}C_T\frac{A_0}{A} \approx 1 - a\frac{A_0}{A} \tag{5-16}$$

这样，根据质量守恒方程，尾流直径 D 为

$$D(x) = (\beta^{k/2} + as)^{1/k}D_0 \tag{5-17}$$

其中

$$s = x/D_0$$

式中：k 为经验参数，$k = 3$。

（2）对初始尾流直径的修正。上述计算风电机组尾流时尾流区的初始直径设为风轮直径，在实际情况下，由于风轮的旋转会带动风轮边缘的空气，所以尾流初始半径会增大。

设风轮处经过风轮的空气速度比 m 为

$$m = \frac{v_0}{v_1} \tag{5-18}$$

式中：v_0 为来流风速；v_1 为风轮后的风速。

由伯努利方程和式（5-3）得

$$T=\frac{1}{2}\rho A(v_0^2-v_1^2) \tag{5-19}$$

将式（5-3）和式（5-19）结合，得

$$v=\frac{1}{2}(v_0+v_1) \tag{5-20}$$

流过风轮的空气流量 M 为

$$M=\rho\pi R_d^2 v=\rho\pi R_1^2 v_1 \tag{5-21}$$

式中：R_d 为风轮半径；R_1 为初始尾流半径。

由式（5-18）和式（5-20），得

$$\frac{R_1^2}{R_d^2}=\frac{v}{v_1}=\frac{v_0+v_1}{2v_1}=\frac{m+1}{2} \tag{5-22}$$

最后得出无量纲尾流直径为

$$d_1=\frac{D_1}{D_d}=\frac{R_1}{R_d}=\sqrt{(m+1)/2} \tag{5-23}$$

则式（5-17）变为

$$D(x)=(\beta^{k/2}+as)^{1/k}D_0 d_1 \tag{5-24}$$

（3）重要的尾流模型参数。尾流模型描述中需要输入许多参数，如地形参数、风资源参数等。输入的参数可能是湍流强度或者粗糙度等级（或粗糙度长度），在缺少现场测试参数的情况下，尾流参数建议采用表5-4选用数据。

表 5-4 尾流参数选择表

地形分类	粗糙度级别	粗糙度/m	尾流耗散常数	周围大气湍流度（50m）$A_x=1.8$	周围大气湍流度（50m）$A_x=2.5$	细节描述
近海水域	0.0	0.0002	0.040	0.06	0.08	大的水域、海洋和大的湖泊，常规的水域体
水域陆地混合区	0.5	0.0024	0.052	0.07	0.10	水域和陆地的混合地带、非常平坦地形
非常大范围的草原	1.0	0.0300	0.063	0.10	0.13	分散的建筑、平坦的小山
大范围的草原	1.5	0.0550	0.075	0.11	0.15	8m 高度以内的树篱但之间距离小于1250m
草原混合地带	2.0	0.1000	0.083	0.12	0.16	8m 高度以内的树篱但之间距离小于800m
树木和草原地带	2.5	0.2000	0.092	0.13	0.18	8m 高度以内的树篱但之间距离小于1250m
森林和村庄	3.0	0.4000	0.100	0.15	0.21	村庄、小镇或拥有较多的森林
大的乡镇和城市	3.5	0.8000	0.108	0.17	0.24	大的乡镇和小城市
高大建筑的城市	4.0	1.600	0.117	0.21	0.29	高楼林立的城市

湍流强度实际上是假设地形处于同性条件下，要计算的湍流强度也通常按照下文介绍的方法。

（4）特定位置处的湍流强度。特定位置处的湍流强度可以通过粗糙度玫瑰图或者直接通过特定点的粗糙度来计算，湍流强度和地面的粗糙度关系可以通过边界层理论来得到，即

$$E(\sigma_u) = v_{10} A_x \kappa \left(\frac{1}{\ln \dfrac{z}{z_0}} \right) \tag{5-25a}$$

从而

$$I_t = \frac{E(\sigma_u)}{v_{10}} = A_x \kappa \left(\frac{1}{\ln \dfrac{z}{z_0}} \right) \tag{5-25b}$$

式中：v_{10} 为 10min 风速的平均值；A_x 为校正的系数，取 $A_x \approx 1.8 \sim 2.5$；κ 为卡门常数，取 $\kappa = 0.4$，所以 A_x 和 κ 的乘积大约为 1。

在式（5-25）中，湍流度的计算是给出湍流的平均值，在 IEC 中，这个值通常要求用一个平均值加上一个标准差来表示。

尾流模型的限制：尾流模型通常是从中、小型风电场的标定和测试中得到的，风电场中风电机组的台数最多到 50～75 台。对于多于 75 台风电机组情况，由于风电机组可能会影响到周围的上层空气和天气，这种情况下，需要用特殊的模型，如人为地增加风场的粗糙度。

2. Jensen 尾流模型

在风电场中，由于尾流的影响，坐落在下风向的风电机组的风速将低于坐落在上风向的风电机组的风速。确定尾流效应的物理因素主要有风电机组间的距离、风电机组的功率特性和推力特性以及风的湍流强度。受尾流影响的风的湍流强度为

$$\frac{\sigma}{v} = \frac{\sigma_G + \sigma_0}{v_0} \tag{5-26}$$

$$\sigma_G = 0.08 v_0 \tag{5-27}$$

其中

$$\sigma_0 = 0.12 v_0 \tag{5-28}$$

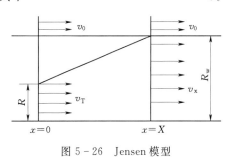

图 5-26　Jensen 模型

式中：σ_G 和 σ_0 分别为风电机组产生的湍流和自然湍流的均方差；v_0 为大气风速。

Jensen 尾流模型较好地模拟了平坦地形的尾流情况，模型如图 5-26 所示。设 x 是两个风电机组的距离，叶轮半径和尾流半径分别是 R 和 R_w，自然风速、通过叶片的风速和受尾流影响的风速分别是 v_0、v_T、v_x。

根据动量理论有

$$\rho \pi R_w^2 v_x = \rho \pi R^2 v_T + \rho \pi (R_w^2 - R^2) v_0 \tag{5-29}$$

$$\frac{\mathrm{d}R_\mathrm{w}}{\mathrm{d}t}=k_\mathrm{w}(\sigma_\mathrm{G}+\sigma_0) \tag{5-30}$$

$$\frac{\mathrm{d}R_\mathrm{w}}{\mathrm{d}x}=\frac{\mathrm{d}R_\mathrm{w}}{\mathrm{d}t}\frac{\mathrm{d}t}{\mathrm{d}x}=k_\mathrm{w}\frac{\sigma_\mathrm{G}+\sigma_0}{v_0} \tag{5-31}$$

式中：ρ 为空气密度；k_w 为常数。

令尾流耗散系数 $k=k_\mathrm{w}(\sigma_\mathrm{G}+\sigma_0)/v_0$，根据推力系数公式可以求解得到 v_0、v_T 和风电机组的推力系数 C_T 关系为

$$v_\mathrm{T}=v_0(1-C_\mathrm{T})^{1/2} \tag{5-32}$$

推导有

$$v_\mathrm{x}=v_0\left\{1-\left[1-(1-C_\mathrm{T})^{1/2}\right]\left(\frac{R}{R+kX}\right)^2\right\} \tag{5-33}$$

设 $m=X/R$，并代入式（5-35）可得

$$v_\mathrm{x}=v_0\left\{1-\left[1-(1-C_\mathrm{T})^{1/2}\right]\left(\frac{1}{1+km}\right)^2\right\} \tag{5-34}$$

其中耗散系数 k 可按表 5-4 选取或者按照陆上风电 $k=0.075$、近海风电 $k=0.050$ 来选取。

3. 涡黏性尾流模型（Ainslie 尾流模型）

涡黏性尾流模型采用轴对称坐标下 Navier-Stokes 方程的薄剪切层方程进行有限差分求解计算尾流速度亏损场。在尾流中，涡黏性模型自动满足质量和动量的守恒。在模型中，用每个下游尾流横截面内平均的涡黏性将切应力与速度亏损梯度联系起来，然后通过尾流亏损场与来流风速的线性叠加得到平均速度场。模型中尾流风速分布如图5-27所示。

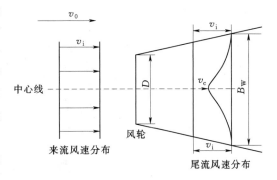

图 5-27 涡黏性模型中所用的尾流分布

模型中计算风机尾流区速度分布为

$$v\frac{\partial v}{\partial x}+v\frac{\partial v}{\partial r}=\frac{\varepsilon}{r}\frac{\partial\left(\frac{r\partial v}{\partial r}\right)}{\partial r} \tag{5-35}$$

$$\varepsilon=FK_1B_\mathrm{w}(v_\mathrm{i}-v_\mathrm{c})+\varepsilon_\mathrm{amb} \tag{5-36}$$

$$\varepsilon_\mathrm{amb}=\frac{F\kappa^2I_\mathrm{amb}}{100} \tag{5-37}$$

式中：ε 为涡黏性系数；F 为过滤函数，取 $F=1$；无量纲常数 K_1 在整个流场内为常数，缺省值为 0.015；B_w 为尾流宽度；ε_amb 为环境湍流涡黏性系数；κ 为卡门常数，取 $\kappa=0.4$；I_amb 为背景湍流度，以分数表示。

求解的边界条件是在尾流区中心线上初始速度（下游 $2D$ 处）亏损 D_mi 和尾流的宽度 B_w 采用 Ainslie 经验公式进行计算，即

$$D_{\mathrm{m}i}=1-\frac{v_{\mathrm{c}}}{v_i}=C_{\mathrm{T}}-0.05-\left[\frac{(16C_{\mathrm{T}}-0.5)I_{\mathrm{amb}}}{1000}\right] \tag{5-38}$$

$$D_{\mathrm{m}}=1-\frac{v_{\mathrm{r}}}{v_i}=\left\{C_{\mathrm{T}}-0.05-\left[\frac{(16C_{\mathrm{T}}-0.5)I_{\mathrm{amb}}}{1000}\right]\right\}\exp\left[-3.56\left(\frac{r}{B_{\mathrm{w}}}\right)^2\right] \tag{5-39}$$

$$\frac{B_{\mathrm{w}}}{D}=\left[\frac{3.56C_{\mathrm{T}}}{8D_{\mathrm{m}i}(1-0.5D_{\mathrm{m}i})}\right]^{1/2} \tag{5-40}$$

式中：I_{amb} 为百分数表示的湍流强度（如湍流强度为 10%，则表示 $I_{\mathrm{amb}}=10$）；B_{w} 为尾流的宽度。

近尾流的概念被提出，用以模拟自由流湍流、转轮产生的湍流和剪切力产生的湍流对尾流影响的结果，近尾流又可以分为两个区域，其中第一部分 x_{h} 可以描述为

$$x_{\mathrm{h}}=r_0\left[\left(\frac{\mathrm{d}r}{\mathrm{d}x}\right)_{\mathrm{a}}^2+\left(\frac{\mathrm{d}r}{\mathrm{d}x}\right)_{\lambda}^2+\left(\frac{\mathrm{d}r}{\mathrm{d}x}\right)_{\mathrm{m}}^2\right]^{-0.5} \tag{5-41}$$

$$r_0=[D/2]\sqrt{(m+1)/2} \tag{5-42}$$

$$m=1/\sqrt{1-C_{\mathrm{T}}} \tag{5-43}$$

式中：r_0 为转轮的有效扩展半径。

自由流的湍流为

$$\left(\frac{\mathrm{d}r}{\mathrm{d}x}\right)_{\mathrm{a}}^2=\begin{cases}2.5I+0.05 & I\geqslant0.02 \\ 5I & I<0.02\end{cases} \tag{5-44}$$

转轮产生的湍流为

$$\left(\frac{\mathrm{d}r}{\mathrm{d}x}\right)_{\lambda}^2=0.012B\lambda \tag{5-45}$$

剪切力产生的湍流为

$$\left(\frac{\mathrm{d}r}{\mathrm{d}x}\right)_{\mathrm{m}}^2=[(1-m)\sqrt{(1.49+m)}]/[9.76(1+m)] \tag{5-46}$$

式中：I 为自由流的湍流度；λ 为尖速比。

第一近尾流区计算以后，整个近尾流区 x_{n} 的计算公式为

$$x_{\mathrm{n}}=\frac{\sqrt{0.212+0.145m}}{1-\sqrt{0.212+0.145m}}\cdot\frac{1-\sqrt{0.134+0.124m}}{\sqrt{0.134+0.124m}}x_{\mathrm{h}} \tag{5-47}$$

根据式（5-38）和中心线处初始速度，使用 Crank Nichoson 法，可以在尾流的第一个网格节点上生成一个 3 对角矩阵并进行求解。这样对每个网格节点依次求解，即可得到整个尾流区的速度分布。整个求解过程需要迭代求解，直至收敛。

4. Larsen 尾流模型

Larsen 尾流模型是一种半分析解模型，该模型由 Prandtl 旋转对称湍流边界层方程推导得到，假设尾流区不同截面上的风速耗散与只有中等速度下的风速耗散具有相似性，那么尾流半径的计算公式为

$$R_{\mathrm{w}}=\left(\frac{35}{2\pi}\right)^{1/5}(3c_1^2)^{1/5}(C_{\mathrm{T}}Ax)^{1/3} \tag{5-48}$$

其中
$$c_1 = l(C_T A x)^{-1/3} \tag{5-49}$$

式中：c_1 为 0 维混合长度；l 为 Prandtl 混合长度。

混合长度的物理意义是脉动微团在这段经历距离内保持不变的脉动速度，即混合长度是湍流微团大小的尺度。混合长度的计算公式为

$$c_1 = \left(\frac{D}{2}\right)^{-1/2} (C_T A x_0)^{-5/6} \tag{5-50}$$

式中：C_T 为推力系数；A 为转轮面积；D 为上游转轮直径；x_0 为一个近似数。

$$x_0 = \frac{9.5D}{\left(\frac{2R_{9.5}}{D}\right)^3 - 1} \tag{5-51}$$

$$R_{9.5} = 0.5[R_{nb} + \min(h, R_{nb})] \tag{5-52}$$

$$R_{nb} = \max[1.08D, 1.08D + 21.7D(I_a - 0.05)] \tag{5-53}$$

式中：I_a 为轮毂高度大气的湍流强度。

尾流平均风速耗散的计算公式为

$$\Delta v = -\frac{v_0}{9}(C_T A x^{-2})^{1/3}\left[r^{3/2}(3c_1^2 C_T A x)^{-1/2} - \left(\frac{35}{2\pi}\right)^{3/10}(3c_1^2)^{-1/5}\right]^2 \tag{5-54}$$

式中：v_0 为轮毂高度周围大气的平均风速。

5. Frandsen 尾流模型

当风场中的来风遇到风电机组时，就会在风电机组后产生一个呈圆锥状不断扩大的尾流，会在其后的一段距离 x 内形成一定的速度损失，部分风的速度会由初始风速 V_0 降低为 $V(x)$，当风流出尾迹影响区后，风速又会回升到初始速度 V_0。

在风电机组下游 x 处的尾流区的风速为 $V(x)$，可表达为

$$\frac{V(x)}{V_0} = \frac{1}{2} + \frac{1}{2}\left\{1 - 2C_T\left[\frac{D_0}{D(x)}\right]^2\right\}^{1/2} \tag{5-55}$$

式中：V_0 为来流风速；D_0 为风轮直径；$D(x)$ 为尾流直径；C_T 为风电机组的推力系数。

一般风电机组制造商会提供在各种风速下的推力系数，也可以通过推力计算，即

$$T = \frac{1}{8}\pi\rho D_0^2 V_0^2 C_T \tag{5-56}$$

$$D(x) = \left(1 + 2\alpha_{noj}\frac{x}{D_0}\right)\sqrt{\beta}D_0 \tag{5-57}$$

其中

$$\beta = \frac{1}{2} \cdot \frac{1 + \sqrt{1 + C_T}}{\sqrt{1 - C_T}} \tag{5-58}$$

式中：ρ 为空气的密度；α_{noj} 为 0.05。

6. Lissaman 尾流模型

风电场所处地形较复杂，部分风电机组安装在山上，由于风速会随高度变化而变化，导致风电场的风速分布不均。由 Lissaman 提出的针对各台风机的位置高低

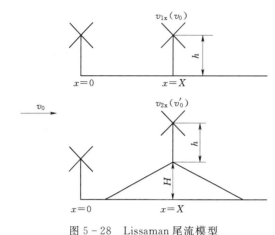

图 5-28　Lissaman 尾流模型

不同建立的 Lissaman 模型，较好地近似模拟有损耗的非均匀风速场，模型如图 5-28 所示。

假设有两个相邻的场地，一个地形平坦（风电机组安装的海拔相同），另一个地形复杂（风电机组安装的海拔不同）。两台相同型号的风电机组分别坐落在这两个场地的边缘，它们的风速相同 v_0，沿着风速方向的坐标位置都是 $x=0$。当在 $x=0$ 位置处没有风电机组时，平坦地形 X 处风速仍为 v_0，而位于海拔 H 处的风机的风速为

$$v_0' = v_0 \left(\frac{H+h}{h}\right)^{\alpha_1} \tag{5-59}$$

式中：h 为风机的塔筒高度；α_1 为风速随高度变化系数，一般取 $\alpha_1 = 1/7$。

当在 $x=0$ 位置处安装风电机组后，受尾流影响，$x=X$ 位置处风速分别为

$$v_{1x} = v_0(1-d_1) \tag{5-60}$$
$$v_{2x} = v_0(1-d_2) \tag{5-61}$$

式中：d_1 和 d_2 为对应的风速下降系数，如采用 Jensen 模型，则得

$$d_1 = 1 - \left[1 - (1-C_T)^{1/2}\right]\left(\frac{R}{R+kX}\right)^2 \tag{5-62}$$

令 $m = X/R$，并代入式（5-62）得

$$d_1 = 1 - \left[1 - (1-C_T)^{1/2}\right]\left(\frac{1}{1+km}\right)^2 \tag{5-63}$$

假设两种地形风电机组产生的损耗相同，则尾流中的压力相同，根据 Lissaman 模型推导得到

$$d_2 = d_1(v_0/v_0')^2 \tag{5-64}$$

把式（5-59）、式（5-63）代入式（5-64），可得

$$d_2 = \left[1 - (1-C_T)^{1/2}\right]\left(\frac{R}{R+kX}\right)^2\left(\frac{h}{h+H}\right)^{2\alpha} \tag{5-65}$$

把 $m = X/R$ 代入上式，得

$$d_2 = \left[1 - (1-C_T)^{1/2}\right]\left(\frac{R}{R+kX}\right)^2\left(\frac{h}{h+H}\right)^{2\alpha} \tag{5-66}$$

把式（5-65）代入式（5-61），可求出

$$v_{2x} = v_0\left\{1 - \left[1 - (1-C_T)^{1/2}\right]\left(\frac{R}{R+kX}\right)^2\left(\frac{h}{h+H}\right)^{2\alpha}\right\} \tag{5-67}$$

把 $m = X/R$ 代入式（5-67），得

$$v_{2x} = v_0\left\{1 - \left[1 - (1-C_T)^{1/2}\right]\left(\frac{1}{1+km}\right)^2\left(\frac{h}{h+H}\right)^{2\alpha}\right\} \tag{5-68}$$

5.3.3 尾流交汇区内风速的简化计算

风电场中风电机组数量不止一台，各风电机组尾流由于在纵向上和横向上的发展，在风电场的某一位置风电机组尾流会发生汇合。汇合后的尾流会发生速度与湍流度的变化，为简化计算，仍假设尾流的增长率为线性，空气为不可压缩流体。

根据某处风电机组（如位于 x 处扫风面积为 A_{rot} 的风电机组）与其上游风力（如 o 处扫风面积也为 A_{rot} 的风电机组）在 x 处投影面的重叠程度，可以把不同风电机组之间的相互影响分为 4 种情况：完全遮挡、准完全遮挡、部分遮挡和没有遮挡等。如果风电机组完全位于 $A(x)$ 内就称为完全遮挡，否则就是部分遮挡或不遮挡。准完全遮挡是完全遮挡的特例，指上游风轮面积在 x 处的投影小于 x 处风电机组的风轮面积，所以完全遮挡和准完全遮挡时，风轮的重叠面积分别等于下游风电机组和上游风电机组叶轮的面积。对于部分遮挡，根据重叠面积的不同可以分为两种情况，如图 5-29 所示。

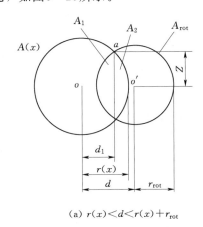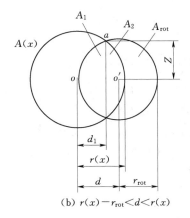

(a) $r(x) < d < r(x) + r_{rot}$ (b) $r(x) - r_{rot} < d < r(x)$

图 5-29 风轮部分遮挡示意图

图 5-29（a）中风轮的重叠面积 A_{shad} 为

$$A_{shad} = A_1 + A_2 = r(x)^2 \arccos\left[\frac{d_1}{r(x)}\right] + r_{rot}^2 \arccos\left(\frac{d-d_1}{r_{rot}}\right) - dZ \quad (5-69)$$

图 5-29（b）中风轮的重叠面积 A_{shad} 为

$$A_{shad} = A_1 + A_2 = r(x)^2 \arccos\left[\frac{d^2+r(x)^2-r_{rot}^2}{2dr(x)}\right] + r_{rot}^2 \arccos\left[\frac{d^2+r_{rot}^2-r(x)^2}{2dr_{rot}}\right] - dZ$$
$$(5-70)$$

当下游的风电机组没有完全处于上游风电机组的尾流中时，则下游风电机组的平均风速 $v_{partial}$ 为

$$(v_{partial} - v_0)^2 = \frac{4A_{shad}}{\pi D_0^2}(v-v_0)^2 \quad (5-71)$$

式中：v 为上游风电机组 i 在下游风电机组处产生的尾流风速。

当风电机组处于上游多个风机的尾流中，风电机组的平均速度计算公式为

$$(v - v_0)^2 = \sum_{i=0}^{N_{upstream}} (v_i - v_0)^2 \tag{5-72}$$

式中：v_i 为上游只有 i 台风电机组时产生的尾流风速；$N_{upstream}$ 为上游风电机组的数量。

当下游风电机组有部分处于上游风电机组的尾流中时，需要在式（5-72）中增添权重系数，即

$$(v - v_0)^2 = \sum_{i=0}^{N_{upstream}} \frac{4A_{shad}}{\pi D_0^2} (v_i - v_0)^2 \tag{5-73}$$

式中：A_{shad} 为上游风电机组尾流与下游风机公共部分面积。

另外一种尾流混合公式认为，风电场内任意台风电机组的风轮都有可能在不同程度上被其上游风电机组遮挡，因此在计算风电场内任意台风电机组的输入风速时，必须要考虑风电场内不同风电机组之间的相互影响及风速的随机变化。根据动量守恒定律得出作用在任意台风电机组上的风速为

$$v_j(t) = \sqrt{v_{j0}^2(t) + \sum_{k=1, k \neq j}^{n} \beta_k [v_{kj}^2(t) - v_{j0}^2(t)]} \tag{5-74}$$

其中

$$\beta_k = \frac{A_{shad-jk}}{A_{rot-j}}$$

式中：$v_j(t)$ 为作用在任意一台风电机组上的风速；$v_{kj}(t)$ 为考虑风电机组间尾流效应时第 k 台风电机组作用在第 j 台风电机组上的尾流风速；$v_{j0}(t)$ 为没有经过任何塔影影响作用在第 j 台风电机组上的风速，即自由流风速；β_k 为在第 j 台风电机组处第 k 台风电机组的投影面积与第 j 台风电机组面积的比；n 为风电机组总台数；t 为时刻。

5.3.4 尾流中的湍流强度

1. 尾流湍流的基本概念

风电机组尾流所引起的风速在空间分布上对平均流动的偏离会在空气黏性（包括分子黏性和湍流黏性）的影响下随着向下游运行而逐渐消失，其中湍流黏性比分子黏性大得多，因而其对尾流作用距离的影响要大得多。一般来说，黏性越大，不同流体分层之间动量交换的能力就越强，流动恢复到稳定状态（未受扰动状态）的能力也就越大，尾流恢复也越快，尾流的作用距离也就越短。一般随着背景湍流度的增加，尾流效率和发电量呈上升趋势，这主要与尾流影响区域随背景湍流度的增加而缩小有关。但是需要指出的是，这里没有考虑湍流度的增加对风电机组发电效率和利用率的影响，因此真正的发电量还需要综合考虑多种因素的影响。

湍流主要由 3 方面原因产生：①山脉引导湍流，如大气流过小山或山脉；②粗糙地面引导湍流，如各种地形中的障碍物；③风电机组产生湍流，如风电机组尾流中的湍流。

风电场湍流强度被定义为风速的标准差 σ_v 和 10min 风速的平均值 v_{10} 的比值，即

$$I_t = \frac{\sigma_v}{v_{10}} \tag{5-75}$$

当计算风电机组尾流中的湍流强度时，10min 的平均风速通常是指自由流风速，即尾流外围的风速。

有些商用软件中，如 Windpro 2.5 版本中，主要考虑的是风电机组产生的湍流，而山脉和地形产生的湍流通过就地的风速测量或者用户自身定义得到。

（1）湍流的垂直方向变化。假设风流在水平方向是同性的，这样风速的标准差就只是高度的函数，这样在任意高度 x 的湍流强度为

$$I_t(x) = \frac{\sigma_v(x)}{v_{10}(x)} \tag{5-76}$$

式中：I_t 为湍流强度；σ_v 为风速的标准差；v_{10} 为 10min 的平均风速。

有关实验表明，风速的标准差降低的非常少，在下边界层一半以下，认为标准差是恒定的都是合理的，这一假设在 WAsP 软件和大部分的结构计算软件中被应用。这样不同高度上的湍流强度的计算公式为

$$\sigma_v(x) = \sigma_v(y) \tag{5-77}$$

$$I_t(x)v_{10}(x) = I_t(y)v_{10}(y) \tag{5-78}$$

$$I_t(y) = \frac{v_{10}(x)}{v_{10}(y)}I_t(x) \tag{5-79}$$

这样，湍流计算转变为不同高度风速计算，在各向同性条件下，不同高度风速的计算公式为

$$v_{10}(y) = v_{10}(x)\left(\frac{y}{x}\right)^{\alpha} \tag{5-80}$$

式中：α 为风切变指数。

风切变指数通常通过地面粗糙度或粗糙度等级来计算，在没有测量数据情况下，可通过表 5-5 来选取。

表 5-5　风 切 变 指 数

粗糙度等级	粗糙度	风切变指数	粗糙度等级	粗糙度	风切变指数
0	0.0002	0.1	2	0.1	0.2
1	0.03	0.15	3	0.4	0.3

这样得到各向同性地形时，任一高度的湍流强度的计算公式为

$$I_t(y) = \frac{v_{10}(x)}{v_{10}(y)}I_t(x) = I_t(x)\left(\frac{y}{x}\right)^{-\alpha} \tag{5-81}$$

（2）风电机组尾流的湍流。尾流中增加的湍流一般由尾流模型自带的湍流模型或者经验的湍流模型得到。至今已有了各种各样的尾流模型，除涡黏度模型外，其他的尾流模型均为经验模型。尾流模型必须和湍流模型耦合，这样可以计算尾流风速的耗散程度。

湍流模型可分为 4 类。

1) 通过单个风电机组尾流湍流模型计算得到的增加的湍流量。

　　2) 通过多个风电机组尾流模型的复合计算的增加的湍流量。

　　3) 通过单个风电机组尾流湍流模型计算得到的总的湍流。

　　4) 通过多个风电机组尾流模型复合计算的总的湍流。

　　（3）增加的湍流强度。湍流强度定义为风速的标准差与平均风速的比值，实践中通常是尾流中的标准差与自由流的比值，总的湍流强度可计算为

$$I_{\text{total}}=\sqrt{I_{\text{ambient}}^{2}+I_{\text{park}}^{2}} \tag{5-82}$$

　　当风电机组处于部分尾流中，用式（5-82）计算增加的湍流水平，而尾流中的湍流采用面积比的线性差分方法求解。

　　2. 尾流湍流的经验模型

　　（1）丹麦推荐的湍流模型。丹麦风能实验室从 1992 年开始，推荐了一种简单的湍流增加量模型，如果风电机组中两风机之间的最小距离为 5 倍的风轮直径或者单排风机中的最小距离为 3 倍的风轮直径，增加的湍流强度为 $I_{\text{park}}=0.15$，上面的湍流强度增加量通常需要被平均风速或者风机之间的距离修正为

$$I_{\text{park}}=0.15\beta_{\text{v}}\beta_{\text{l}} \tag{5-83}$$

式中：β_{v} 为平均风速的修正系数，由图 5-30 得到；β_{l} 为风机中的距离的修正系数，由图 5-31 和图 5-32 得到。

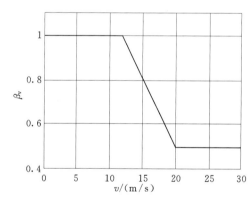

图 5-30　平均风速的修正系数

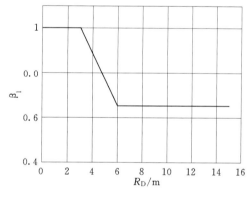

图 5-31　单排风机的修正系数

　　总的湍流按照式（5-82）计算。

　　（2）S. Frandsen 湍流模型。S. Frandsen 和 M. L. Thogersen 提出了一种用于计算风电机组的综合尾流作用的经验模型，模型考虑了不同结构和材料的疲劳响应。总的湍流强度确定为

$$I_{\text{T,total}}=\left[(1-Np_{\text{w}})I_{\text{T}}^{m}+p_{\text{w}}\sum_{i=1}^{N}(I_{\text{T,w}}^{m})(S_{i})\right]^{1/m} \tag{5-84}$$

$$I_{\text{T,w}}=\sqrt{\frac{1}{(1.5+0.3S_{i}\sqrt{v})^{2}}+I_{\text{T}}^{2}} \tag{5-85}$$

其中
$$S_i = \frac{x_i}{R_D}$$

式中：p_w 为尾流条件概率，取值 0.06；m 为所有考虑材料的曲线指数；v 为轮毂高度处自由气流的平均风速；x_i 为第 i 台风电机组的距离；R_D 为风轮直径；I_T 为背景湍流强度；$I_{T,w}$ 为尾流中心轮毂高度处的最大湍流强度；N 为相邻最近风电机组数。

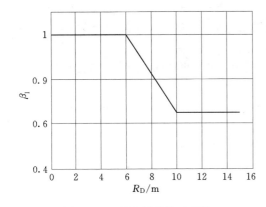

图 5-32 风机团的修正系数

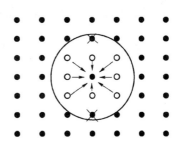

图 5-33 相邻最近风电机组数计算

由图 5-33 得到：$N=1$，两台风电机组组成风电场；$N=2$，一排风电机组组成风电场；$N=5$，两排风电机组组成风电场；$N=8$，多于两排风电机组组成的风电场。

如果风电场风电机组本身多于 5 排，风电场本身会影响风电场周围的大气环境，如果垂直与主流风向的风电机组间的距离小于 3 倍的风轮直径，必须考虑增加的湍流强度，这时风电场的湍流强度计算公式为

$$I_T^* = 0.5\sqrt{I_w^2 + I_T^2} + I_T \tag{5-86}$$

$$I_w = \frac{0.36}{1 + 0.08\sqrt{s_r s_f v}} \tag{5-87}$$

其中
$$S_r = x_r / R_D, \quad S_f = x_f / R_D$$

式中：S_r 为同行风电机组间距；S_f 为不同行之间的间距。

（3）D. C Quarton 和 TNO laboratory 湍流模型。这种简单的湍流模型由 D. C Quarton 和 J. F. Ainslie，后经 D. C Quarton 和 J. F. Ainslie 以及荷兰 TNO 实验室标定后得到，即

$$I_{add} = k_1 C_T^{\alpha_1} I_{amb}^{\alpha_2} \left(\frac{X}{X_n}\right)^{\alpha_3} \tag{5-88}$$

式中：k_1 为比例系数；α_1，α_2，α_3 为指数系数；X 为下游区的距离；X_n 为近尾流区的长度，由涡黏度尾流模型得到；I_{amb} 为自由流湍流强度。

比例系数和指数的选择见表 5-6。

表 5 - 6 比例系数和指数的选择

模 型	k_1	α_1	α_2	α_3
Quarton 和 Ainslie	4.800	0.700	0.680	−0.570
Quarton 和 Ainslie（修改后）	5.700	0.700	0.680	−0.960
荷兰 TNO 实验室	1.310	0.700	0.680	−0.960

要注意的是在 Quarton - Ainslie 模型中，周边气流湍流用百分数（如 10％），而 TNO 模型中，周边气流湍流用小数表示（如 0.1）。

（4）B. Lange 湍流模型。因为 B. Lange 湍流模型的参数从涡黏度湍流模型中来，所以 B. Lange 湍流模型只是用在涡黏度湍流模型中。

在尾流的湍流中，湍流度被定义为风速的标准差与平均风速的比值，即

$$I_t = \sigma / v_0 \tag{5-89}$$

根据 B. Lange 湍流模型的定义，湍流模型可定义为

$$I_t = \varepsilon \frac{2.4}{k v_0 z_h} \tag{5-90}$$

其参数也如涡黏性参数模型。

（5）G. C. Larsen 湍流模型。G. C. Larsen 湍流模型是确定尾流内湍流水平的简单经验公式。在风电场下风向位置可确定为

$$I = 0.29 S^{-1/3} \sqrt{1 - \sqrt{(1 - C_T)}} \tag{5-91}$$

式中：S 为用风轮直径表示的间隔；C_T 为推力系数。

（6）Jensen 湍流模型。该模型如式（5-26）～式（5-28）所述。

5.4 风电场微观布置方法

5.4.1 风电机组微观选址的基本原则

风电场微观
选址技术
标准

微观选址是在宏观选址选定的小区域中明确风电机组布置以使风电场经济效益更高的过程。风电机组微观选址的原则是：风电机组布置要综合考虑地形、地质、运输、安装、环境、土地和联网等条件最大限度地利用风能资源。其选址步骤如下：

（1）计算整个风电场的风资源，找出风能资源较好的位置。

（2）根据具体的地形、道路情况确定适合布置风电机组的地形位置，要求坡度较缓、交通方便。

（3）在满足上述条件的前提下确定不同间距的多种方案，间距在主风向上为5～9 倍的风机直径，在垂直主风向上为 3～5 倍的风电机组直径。

（4）确定风电机组间距后在实际地形上布置风电机组，计算发电量及湍流强度、尾流损失等的影响。

（5）进行方案比较，选择合理的风电机组间距布置风电机组。

风电机组布置间距基于经验的研究结论有：风电机组的最小横向间距范围为 $(2\sim5)D_0$，最小纵向间距范围为 $(5\sim12)D_0$。实际上，风电场风电机组的横向、纵向间距应该按在盛行风向上，上游风电机组尾流对下游其他风电机组出力无影响或影响很小的原则确定，即对于不同的风电场，其最优风电机组间距是不同的，应根据风场区域形状、尺寸和风电机组类型等因素经综合优化设计计算后确定。

对于风电场区域无限制的情况，风电机组的最优纵向间距可按上游风电机组尾流风速恢复至90%的原则确定，即确定风电机组的最优纵向间距首先应研究确定风电机组尾流风速的变化规律。由于采用一维非线性尾流模型计算时，风电机组的轴向推力系数对风电机组尾流风速影响最大，其他参数如地表粗糙度、风电机组轮毂安装高程等影响较小，设计良好的叶片在其运行范围内大部分轴向诱导系数值一般为 0.33 左右，则可估算得到相应的推力系数为 0.88 左右。因此，可采用推力系数 0.88 求得对应的风电机组尾流风速与风电机组下游距离的关系曲线，计算分析结果表明，风机的最优纵向间距约为 $15D_0$。当风电机组采用排列状方式布置时，假设首排风电机组出力为对应风电场自由风速下的最大出力，则在单一风向下不考虑横向风电机组之间的尾流影响和风机轴向推力系数的变化时，第二排风电机组的相对出力为72.9%，第三排风电机组的相对出力为53.1%。以此类推可知，当风场布置 3 排或 3 排以上风电机组时，后排风电机组出力受前排风电机组的影响很大，因此后排风电机组的纵向间距应适当增大。

关于风电机组的最优横向间距，可按上游风电机组尾流对其他列的风电机组出力无影响或影响很小的原则选取。即确定风电机组的最优横向间距首先应研究确定风电机组尾流影响区域的变化规律，风电机组尾流影响范围（即影响区域直径）随着下游距离的增加而增加。当风场布置两排风电机组时，风电机组最小横向间距应为 $2.5D_0$；风场布置 3 排风电机组时，风电机组最小横向间距应为 $3D_0$；随着风电机组布置排数的增多，风电机组的最小横向间距也应适当增大。

对于风电场区域确定的情况，受风场尺寸以及风电场开发经济性等因素的限制，风电机组最优布置间距一般需根据风场具体情况适当调整。

5.4.2　风电机组的排列布置方法

风电机组的排列布置是在风电机组的型号、数量和场地已知的情况下考虑地形地貌对风速的影响和风电机组尾流效应影响，合理地选择风电机组的排列方式，使风电场的年发电量最大。布置的主要方法如下：

（1）对平坦地形，当盛行主风向为一个方向或两个方向且相互为反方向时，风电机组排列方式一般为矩阵式分布。风电机组群排列方向与盛行风向垂直，前后两排错位，即后排风电机组始终位于前排两台风电机组之间，通常称为梅花形排布，如图 5 - 34 所示。根据国外进行的试验，风电机组间距离为其风轮直径的 10 倍时，风电机组效率将减少 20%～30%，20 倍距离时无任何影响。但是，在考虑风电机组的风能最大捕获率或因考虑场地面积而允许出现较小干扰，并考虑道路、输电线等投资成本的前提下，可适当调整各风电机组间间距和排距。一般来说，大部分认为风电机组的列距为 3～5 倍风轮直径；行距为 5～9 倍风轮直径。

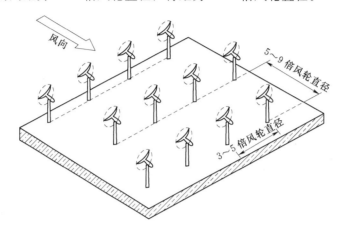

图 5 - 34　风电机组的梅花形排布

（2）风能经风电机组转轮后，部分动能转化为机械能，尾流区风速减小约 1/3，尾流流态也受扰动，尤以叶尖部位扰动最大，故前、后排风电机组之间应有 5D（D 为风轮直径）以上的间隔，由周围自由空气来补充被前排风电机组所吸收的动能并恢复均匀的流场。前排风电机组是后排的障碍物的复杂地形条件下的风力发电场场址，可利用仿真分析软件（WAsP 软件）结合风电机组排列布置原则优化机组布置方案。

（3）当场地为多风向区，即该地存在多个盛行风向时，依场地面积和风电机组数量，风电机组排布一般采用梅花形或者对行排布，具体布置方法和间距如图 5 - 35 和图 5 - 36 所示。

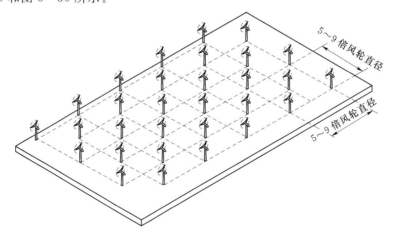

图 5 - 35　盛行风不是一个方向的风电机组梅花形排列

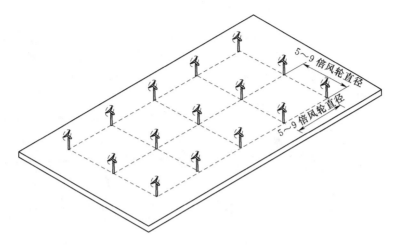

图 5-36 盛行风不是一个方向的风电机组对行排列

（4）起伏的山地风电场，与开阔平原或沿海滩涂区域相比，在大环境风资源确定后，其风电场内的风能分布情况除受到粗糙度、风机及尾流影响、障碍物的影响，还会受到地形变化造成的影响。其中最主要受到的是高程变化的影响，由于风速随高度切变的原理，而风能与风速呈 3 次方关系，高程变化是山地风电场内风能分布变化的最主要影响因素。同时，复杂地形变化形成了山脊、山谷、山凹、陡壁、盆地等地貌形式，可能产生迎风面、背风面、喇叭口等情况，造成风电场内各处风速与风向变化大、紊流强度不一、风切变、极端风况等不同情况。

因此，在山地风电场的风电机组布置中，风机间布置间距已不是影响风电场发电量的主要因素，而在进行风电场的风电机组选址时，应充分考虑地形对风的影响，结合场址的范围大小，对风电场风能分布进行深入的分析。

山地地形风电场的风电机组布置，要根据风电场的地形，研究其风能分布的特点，需要注意以下问题：

1）要认识一个风电场的风资源情况，并对其进行评价，必须通过测风塔的实测数据。而测风塔所在的位置，所测得的数据是否能够反映风电场的风资源尤为重要。

2）处于复杂地形的风电场，一个测风塔的数据明显不能代表场址内所有区域的风资源，目前一般采用风电场微观选址软件来推演出场址内其他各点的风能分布情况。

3）现在常用的 WAsP 软件（风电场风能分析计算软件），由于其程序内部计算模型的关系，在处理复杂地形风电场模拟时存在不足，所以建议在对山地地区风电场规划选址及初步测风时，要在不同具有代表场内地形的区域分别设立多座测风塔，且在同一测风塔的多个不同高度设立风速标及风向标。这样能尽可能全面地以实测数据反映风电场的风能资源状况。

在复杂地形条件下，风电机组定位要特别慎重，设计难度也大，但一般应选择

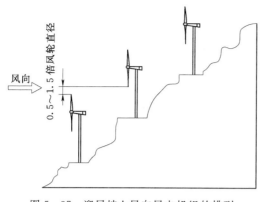

图 5-37　迎风坡上风向风电机组的排列

在四面临风的山脊上，也可布置在迎风坡上，同时必须注意复杂地形条件下可能存在的紊流对风电机组运行的影响，如图 5-37 所示。

对复杂地形如山区、山丘等，有时也不能简单地根据上述原则确定风电机组位置，而是根据实际地形，测算各点的风力情况后，经综合考虑各方因素如安装、地形地质等，选择合适的地点进行风电机组安装。

5.5　风电场微观布置的典型软件包

5.5.1　WAsP 软件

5.5.1.1　WAsP 软件构成

目前，国内外风电场风资源评估和微观选址中，大部分要用到 WAsP 软件。该软件在计算风电场不同点的风资源和年发电量时，除考虑不同地表的粗糙度、风电机组附近建筑物和其他障碍物以及地形对风资源引起的变化等因素外，还考虑了风电机组之间的尾流和不同高程空气密度的变化对风电机组处理造成的影响。

WAsP 软件的核心思想是两条主线，如图 5-38 所示。第一条主线是以实测的风速和风向数据（不能少于 1 年）为基础。由于此时的风数据，严格意义上只能代表测风点的状况，所以必须利用多年研究

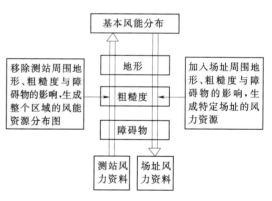

图 5-38　WAsP 软件分析评估流程图

所得的数学模型，除去以测风点为中心一定范围内（如果没有水面，至少半径 5km 的圆周内，否则半径至少 10km）地形、地表粗糙度和障碍物对风的影响，得到某一标准状况下风的分布，称为风图谱（Wind Atlas）。风图谱给出该标准状况下风速的概率分布（一般符合威布尔分布），这是计算风能密度和风电机组功率的基础。第二条主线是以所得到的风图谱为基础，加上以风电机组定位点为中心一定范围内（如果没有水面，至少半径 5km 的圆周内，否则半径至少 10km）地形、地表粗糙度和障碍物对风的影响，得到该点的平均风速和平均风能密度，并结合风电机组本身的功率曲线，计算出风电机组在该点的理论年发电量。由此可找出一定范围内风

电机组的最佳布置位置。

因此，一个完整的 WAsP 软件的应用过程就包含了以下模块的计算：

（1）原始风数据的分析。该模块对实测的时间序列的风速和风向数据进行统计分析，得到风速发生的频率（风频）作为风向的函数，成为风数据统计表格（风频表）。

（2）风图谱产生。该模块以风频表为基础，除去地形、地表粗糙度和障碍物对风的影响，得到某一标准状况下风资源的分布即风图谱。

（3）风趋势的估算。该模块以风图谱为基础，加上地形、地表粗糙度和障碍物对风的影响，算出该点的平均风速和平均风能密度等。

（4）风电机组功率的估算。该模块根据风机功率曲线，结合先前计算出的平均风速和平均风能密度，计算出风电机组的理论年发电量等。

因此，可以看出，只需输入风资源信息、地形信息、粗糙度信息、障碍物信息和风电机组功率曲线等 5 种信息，WAsP 软件就能得出所需的计算结果。

5.5.1.2 WAsP 软件输入

1. 地形信息模型

WAsP 软件利用 Troen 建立的 BZ 模型计算地形特征对风速的影响。只需给出数字化等高线信息即可。BZ 模型是基于解决风能分布问题的思想而专门开发的，该模型是以估算点（即风电机组定位点或测风点）为中心的一个辐射状网状模型，中心角为 5°，径向有 100 个网格点。离中心点越近，网格越密，反之越疏。一般对于半径 10km 的模型，中心点网格长度为 2m，相邻网格的尺寸以 1% 的幅度递增。原则上应该输入每个网格点的高度值，但是由于实用性，WAsP 软件要求输入一定数量的等高线，然后积分插值出各个网格点的高度值。因此模型的精确度只由数字化等高线的精确度和密度决定。在数字化等高线时应遵循以下原则：

（1）估算点附近的等高线应尽可能详细和精确。

（2）最好的情况是估算点正好在山顶，则最高的等高线应包括该点，即以该点所在的等高线定义山顶。

（3）估算点若不在山顶，则包含该点的等高线及该点应该被输入。

这几条原则看似简单，但实际使用并不容易。特别是 WAsP 软件对等高线数字化时输入的点数有一定的限制，因此需在精确性和可用性上做一权衡。

2. 粗糙度信息模型

因为风电机组布置位置的确定需要充分利用有利于加大风速的地形，而在平坦地形中，地形的分析主要考虑的就是地表粗糙度的影响，在复杂地形中，除要考虑地表粗糙度的影响外，还需考虑地形特征的影响。所以，地表粗糙度是一个十分重要的参数。地表面粗糙度以粗糙度高度 z 来表征，定义为风随高度为对数变化时平均风速为零处的高度。一般有

$$z_0 = \frac{0.5hS}{A_H} \tag{5-92}$$

式中：h 为粗糙因素高度；S 为迎风面积；A_H 为粗糙因素占地面积，在实际应用

中，将粗糙度分为 4 个等级：0 级为水域（海洋、湖泊等）；1 级为开阔区；2 级为分散居民区及带放风带的农场；3 级为城市、森林及有密集放风林的区域。

在一定距离内，地表面越复杂或粗糙度变化层次越多，则粗糙度或综合粗糙度就越大，对风的影响就越大。反之，地表面越简单或粗糙度变化层次越少，则粗糙度或综合粗糙度就越小，对风的影响就越小。若地形过于复杂，则考虑因素增多，需各级综合使用。确定粗糙度应根据地形复杂程度进行勘察，勘察范围在 2～50km 范围内进行（简单地形可在 20km 范围内）。地形越复杂，勘察范围就越广。在勘察无法进行的情况下，需要提供详细描述本地区的地图来确定粗糙度及其等级值。为方便起见，粗糙度可依地形得出。可以看出广阔的平原区或水域其粗糙度最小，几乎为 0，而复杂地形如有树木、草丛小山丘之类的区域其综合粗糙度一般较大；对于复杂地形，则查阅相关资料得到。当地表面粗糙度不是均匀变化时，可以将一个扇区内的地形分为 4 个分区，每个分区内的地形有相近的粗糙度，经现场实际勘察后确定综合粗糙度。例如，某一个扇区地形的 4 个分区内的粗糙等级分别是 0、1、2、3，即在这个扇区内的地形粗糙度等级为 1 级的和 2 级的出现次数为 1，粗糙度等级为 3 级的出现次数为 2，则其综合粗糙度为 0.163m。

WAsP 软件中采用数字化粗糙度变化线和粗糙度玫瑰图等两种方式描述粗糙度。粗糙度模型的计算是以粗糙度玫瑰图为基础的。对于第一种方式，WAsP 软件将对每个估算点自动计算出其相应的粗糙度玫瑰图。总的来说，使用粗糙度变化线较灵活，用户可以自由地变换估算点，而粗糙度玫瑰图只描述一点的情况但它具有较高的精确度，一般在缺少合适的地形图、只计算一个点或某一点需要特别精确计算时使用。

（1）数字化粗糙度变化线。所谓粗糙度变化线是划分不同粗糙度区域的线，该线具有两个特征值，即沿其行进方向（指数字化时定标设备的行进方向）左边的地形粗糙度值和右边的粗糙度值。

在大多数的地形图上，不同粗糙度的区域是很明显的，因而可使用地形图来划分粗糙度并进行数字化，在划分时要十分小心，以保证其兼容性，即粗糙度变化线不能交叉。

（2）粗糙度玫瑰图。粗糙度玫瑰图是以估算点为中心，一个扇区地描述地形粗糙度。

3. 障碍物信息模型

地面障碍物即对风速风向产生影响的屏蔽物，如建筑物、防风带等。气流流过障碍物时，在其下游会形成尾流扰动区，在尾流区不但降低风速，而且还有强的湍流，对风电机组运行非常不利。因此，在风电机组布置是必须避开障碍物的尾流区。

地面障碍物对风速、风向产生的影响与障碍物到测风点的距离以及障碍物和测风点的高度有密切关系。另外，还与障碍物的孔隙度（密度）有一定关系。为便于计算，一般将障碍物近似视为具有一定长度、宽度和高度的矩形物来考虑，WAsP 软件把每个障碍物看成是一个长方体，并且可同时考虑 50 个障碍物。计算中要考虑：障碍物到场地某估算点的距离及方位；障碍物针对场地参考点的高度；障碍物宽度；障碍物的密实度等。障碍物实度越大如建筑物、墙壁等，密实度就越大；反之，障碍物实度越小如防风带等，则孔隙度就越小。障碍物输入数据要经现场实际勘察后才能确定，或提供一定比例的可以明确描述障碍物特征的地图。

在 WAsP 软件的实际应用过程中，有些物体有时应当做障碍物来处理，有些又应当做地表面粗糙度元素来处理。区分的原则是：如果估算点到物体的距离少于 50 倍物体的高度并且测风仪或风机轮毂高度小于 3 倍物体的高度时，则该物体应当作为障碍物来考虑；反之，则该物体应当作为粗糙度元素来考虑。

4. 风电机组功率曲线

风电机组产生的功率随冲击在叶片上的风的不同而不同。通常使用风电机组轮毂高度处的风速做代表。风电机组产生的功率作为轮毂高度处风速的函数称为风电机组的功率曲线。风电机组生产厂家一般都提供风电机组的功率曲线。

需要注意的是，风能是空气运动的动能，也可定义为每秒钟在面积 F 上从以速度 V 自由流动的气流中所获得的能量，即获得的功率，它等于面积、速度和气流动压的乘积，所以，空气密度的大小直接关系到风能的多少，特别是在高海拔的地区，影响更为突出。而风电机组生产厂家提供的风电机组的功率曲线一般是标准空气密度（1.225kg/m³）下的曲线，风电机组安装在特定风电场时，场址的空气密度与标准空气密度有一个偏差，必须对功率曲线进行修正。通常认为风电机组输出功率和空气密度成正比，所以就有修正方法：用 WAsP 软件计算得到的风电机组功率应乘以系数（场址密度/1.225，即场址空气密度与标准空气密度的比值）。另外一种修正方法是按风电机组生产厂家直接提供的场址空气密度下的风电机组功率曲线进行计算，则可能更为准确。

5.5.1.3 WAsP 软件适用性问题

地形对风电机组布置具有很大的影响，当气流通过丘陵或山地时，会受到地形阻碍的影响。山地对风速影响的水平距离，在向风面为山高的 5～10 倍。山脊越高，坡度越缓，在背风面影响的距离就越远。封闭的谷地风速比平地小，而长、直的谷地，当风沿谷地吹时，其风速比平地加强，即产生狭管效应，风速增大。但当风垂直谷地吹时，风速亦较平地小，类似封闭山谷。

然而，WAsP 软件是以特定的数学模型为基础，基于欧洲比较平坦的地形条件设计。实践已证明，WAsP 软件对地形相对简单、地势较平坦的地区比较适用，但据相关资料介绍，WAsP 软件在某些方面存在一定的局限性，表现如下：

（1）WAsP 软件的障碍物模型可能将障碍物对风的影响估计过大。

（2）WAsP 软件的地形模型对较陡峭山背风面风速的衰减估计不足。

（3）对较复杂地形，如坡度大于 17° 的山脉，由于受许多边界条件等的限制，WAsP 软件可能将不会很好地评估地形对风速的上述影响，很可能将高估某些机位的发电量，低估另一些机位的发电量，其结果的不确定性随着地形的复杂度的增加而增大。

另外，WAsP 软件将风向分为 12 个方位的风资源评估与我国气象站用 16 个方位观测资料的不同将可能产生一定偏差，WAsP 软件中韦布尔参数的确定方法与实际存在一定的偏差。因此，为尽可能使软件计算结果接近实际，在进行风电场风电机组选址时，应尽可能多地安装测风仪，测风仪的安装位置应尽可能对于将来风机布置位置具有代表性，并应进行不同高度的阶梯测风，且以实际测量风况数据作为风电机组微观选址的主要依据。然而，可惜的是目前 WAsP 的主体功能模块不具备多个测风塔测风数据联合分析从而减少计算误差的能力，只能划分不同的区域分别利用各自区域内的一个测风塔测风数据独立计算。

尽管该软件对复杂地形的适用性存在一定限制，WAsP 软件仍是进行风能资源评估及风电场选址的较有力工具，具有其他软件所无法比拟的独特性，被世界各地尤其是欧洲国家普遍采用，作为风电场建设的基础工具。

5.5.2 Meteodyn WT 软件

5.5.2.1 Meteodyn WT 软件原理

在复杂地形风电场空气流场计算中，越来越多的客户（投资商、开发商、制造商）借助于计算流体力学技术进行流场模拟及风资源评估。Meteodyn WT 是由法国政府环境能源署支持开发的基于流体力学技术的风资源评估及微观选址软件工具，与传统的风能计算软件 WAsP、WindFarm 相比，更能适应复杂山区的风能资源评估，能减少复杂地形条件下计算结果的误差，从而评估整个场址范围内的风能资源分布。其风资源计算过程包括：载入地形文件、定义绘图区域、定义测风塔坐标，进行定向计算；载入单个测风塔测风数据进行单塔综合；将单塔计算的结果进行多塔综合，计算得到场址范围内的风能资源分布，绘出风谱图；发电量计算过程包括：根据多塔综合的结果，开展微观选址，输入风电机组位置，进行发电量计算。基于风电机组位置，计算尾流损失，同时进行湍流校正。

5.5.2.2 Meteodyn WT 软件应用

Meteodyn WT 利用输入地形文件，建立结果点坐标，根据绘图区域进行定向计算，通过输入测风塔测风数据，得到区域内目标点的风能资源情况。Meteodyn WT 功能及相关结果详细过程包括：

1. 测风塔位置选择优化

风电场前期工作的第一步就是在已圈定场区范围内设立测风塔，收集至少一年的测风数据。复杂山地风电场开发中，测风塔选址如果代表性不强，凭借主观经验，造成其测量数据质量不高、代表性差，会影响风资源评估结果的准确性。通过在 WT 软件中输入已确定区域的地形及粗糙度数据，并进行定向模拟计算，根据整个场区的定向模拟计算结果（湍流强度、入流角、风加速因子）选择风电场中最具代表性的位置来设立测风塔，避免只凭经验的缺点，使其测风塔结果更具有代表性。地形数据通常为 dxf、map、xyz、shp 等格式，粗糙度数据格式可以为 map、tiff、xyz、chm 等格式。WT 提供的卫星地图数据，可以针对勘测数据进行外围弥补，软件也可以自动对两个甚至多个地形数据进行整合。根据 WT 提供的扫描地表粗糙度数据信息，可以直接进行粗糙度的设定与分析，而无须手动绘制粗糙度文件。在 CFD 模拟中，可以对所选的多个结果点实现残差和计算结果的实时监控；当出现计算发散时，对导致发散的区域进行定位，从而为改善计算收敛性提供关键信息。对于整个流场模拟计算结果，可以看到任何一个平面与切面的变量值，包括风加速因数、湍流、入流角、水平偏差等。

2. 风电场风能资源评估

根据风电场测风塔的测风数据，并结合地形数据及粗糙度数据，可以模拟计算得到整个场区风能资源分布及其他相关风流属性图谱，根据实际需要，选择不同的高度进行风资源图谱绘制，以及不同的变量（如能量密度、功率、平均湍流强度、平均入流角、极端风速等）进行绘制。根据这些绘图，可以清楚得到各种参数在整个场区的分布，为下一步微观选址提供依据。WT 软件可以直接输入 tab、tim、akf、timsigma、SST 等格式的风流数据，同时软件可以输入不同的测风塔，对测风塔数量没有限制，可以进行真正的多塔综合，根据实际情况，进行分片分区域控制，灵活设置多测风塔综合权重，从而实现多塔综合模拟功能。在没有测风数据的情况下，可以采用中尺度数据，载入 WT 中进行降尺度模拟分析计算，得到高分辨率风资源图谱。根据实际测量的湍流，可以对软件模拟的湍流进行校正分析，得到更为准确的湍流结果。输入实际空气密度后，软件会自动计算每台风电机组轮毂高度处的空气密度，并在发电量计算中自动校正。可以一次性定义多个不同高度的绘图区域，软件可以一次性输出不同高度的 WRG 文件，可以自行指定绘图区域的分辨率并进行相关计算。根据实测数据自动计算场区内的大气稳定度分布，生成包含大气稳定度信息的时间序列文件，在发电量评估中加以考虑。WT 可以输出通用的 WRG 文件，也可以输出目前最新格式的 WRB 文件，WRB 文件包含更多的信息内容，可以为风电机组优化提供更多有意义的信息并进行相关约束。

3. 发电量评估

风电机组的微观选址后，以及其后的综合，可以得出每台风电机组的发电量时间序列。从而可以进行风电场发电量的后评估，即根据实际风电机组的发电量序列，以及计算的发电量时间序列，两者进行比较，从而评估风电机组运行过程中存在的问题，如果根据风流测算，该风电机组应该满发，但是实际却没有，那么可能就要去查看该风电机组状态，是否有故障，是否需要维修。软件根据不同的空气密度，以及输入的功率曲线，可以通过桨距的自动调整从而控制发电量。可以允许在同一风电场内位置不同的风电机组以及不同轮毂高度的风电机组，进行混搭发电量计算及尾流效应分析。目前 WT 软件可以提供多种附加湍流模型——简化的 Frandsen 模型、完整的 Frandsen 模型、原始的 Quarton 模型、改进的 Quarton 模型以及荷兰 TNO 实验室的 Quarton 模型，这些不同的附加湍流模型与相关的尾流模型结合，共有 10 余种不同组合可供选择。考虑各种折减与不确定性，可以按照不同概率水平计算出发电量。

在发电量计算过程中，输入测风数据，同时风电机组的标准风功率曲线和推力系数曲线，得到受尾流损失的发电量。同时考虑风电机组可利用率、叶片污染影响、低温停机影响、控制和湍流影响、场内能量损耗等折减影响，最终确定整个风电场年上网电量。

4. 提供风电机组厂商载荷安全分析所需数据

根据 WT 软件输出的相关结果，如入流角、湍流强度、极大风速等变量，可以以此为依据来进一步分析风电机组的载荷，尤其是在复杂地形情况下，以往软件都难以进行精确计算，并且不能提供相应变量的分扇区结果值，WT 可以输出这个结果。同时 WT 可以输出完整的湍流矩阵，不同风速段、不同方向扇区的各种湍流强度，方便厂商及设计院进行选型及风电机组载荷安全校核；可以输出完整的入流角、扫风面积范围内的风切变、容量系数、发电量、尾流损失、尾流衰减，以及各个方向扇区的相关变量输出，结果丰富。

5.5.3 风电场发电量计算不确定性

5.5.3.1 发电量评估不确定性综合统计方法

风电场发电量评估的不确定性是确定存在的，造成不确定性的实质是随机变量的统计不确定性。风资源计算和发电量计算是一个统计过程，不确定性是量化估算结果可信的一种方式，在风电场发电量计算过程中，体现在风电场风速或年均发电量评估的误差。

通常假设风资源和发电量评估的不确定性遵循正态分布，正态分布的概率密度函数为

$$f(x) = \frac{1}{\sqrt{2\pi}\sigma} \exp\left\{ -\left[\frac{(x-\mu)^2}{2\sigma^2} \right] \right\} \quad (-\infty < x < +\infty) \quad (5-93)$$

式中：μ 为随机变量的均值；σ 为随机变量的标准差。

研究风资源和发电量评估的不确定性其实就是在寻找正态分布的标准差 σ。

在风资源评估或风电场发电量评估时有许多相互独立的不确定性来源，需要将它们都分离出来并量化，量化后的不确定性称为不确定度。在发电量评估领域，几乎每个不确定性分量之间都有一定的关联，使他们都不相互完全独立，但这种关联性非常小，近似认为各不确定性分量是相互独立的。两个独立的不确定性统计计算方法为

$$\sigma = \sqrt{\sigma_1^2 + \sigma_2^2} \quad (5-94)$$

对于两个可以拆分开来，却明显不互相独立的不确定性分量，其总的不确定度应是两个不确定度的乘积开方，即

$$\sigma = \sqrt{\sigma_1 \sigma_2} \quad (5-95)$$

对于正态分布，不同的超越概率（超越某一值的概率）对应的均值和标准差关系为

$$\begin{cases} P_{99} = \mu - 2.33\sigma \\ P_{95} = \mu - 1.96\sigma \\ P_{90} = \mu - 1.28\sigma \\ P_{75} = \mu - 0.67\sigma \\ P_{50} = \mu \end{cases} \quad (5-96)$$

式中：μ 为估算的年均发电量；σ 为年均发电量的总不确定度，即标准差。

对于风电场发电量评估来说，σ 的量化是关键，即

$$\sigma = \sqrt{\sigma_1^2 + \sigma_2^2 + \sigma_3^2 + \cdots + \sigma_n^2} \qquad (5-97)$$

σ_1、σ_2、σ_3、$\cdots$、σ_n 为 n 个独立的不确定性，需要逐一量化。

超越概率一般用正态分布的累计函数来表示，即

$$F(X) = 1 - \frac{1}{2}\left[1 + \mathrm{erf}\left(\frac{X - \mu}{\sqrt{2\sigma^2}}\right)\right] \qquad (5-98)$$

对风电场发电量估算的不确定性进行分解并量化，这些不确定性基于经验或专业机构的建议值，仅供参考以及为提供未来相关方面研究的基础。

可以把风电场发电量的评估的不确定性分为两组：影响年平均风速的不确定性和直接影响发电量的不确定性，前者要通过敏感度分析转换为后者。平均风速敏感度分析的过程就是解决风电场的平均风速降低 1% 时发电量降低多少的过程。平均风速敏感度主要与威布尔分布和功率曲线相关。

令第 i 个风速区间的概率为 f_i，风电机组的发电功率为 P_i，则年发电量 AEP 为

$$AEP = 8760 \sum P_i f_i \qquad (5-99)$$

保持威布尔分布的 k 参数不变，仅平均风速降低 1%，利用

$$P(v_1 < v < v_2) = \exp\left[-\left(\frac{v_1}{c}\right)^k\right] - \exp\left[-\left(\frac{v_2}{c}\right)^k\right] \qquad (5-100)$$

平均风速敏感度计算公式为

$$S = \frac{AEP_1 - AEP_2}{AEP_1} \times 100\% \qquad (5-101)$$

5.5.3.2 风流模型的不确定度分析

对于风流模型的不确定性评估很困难，仅讨论对不确定性研究最深入的 WAsP 软件模型。风速的不确定度，需要根据敏感度转化为发电量的不确定度。

（1）垂直外推。垂直外推的不确定性有两方面，即测风塔与风电机组的海拔差和测风高度与轮毂高度差。海拔差引起的不确定度表征的是地形加速效应模型的不确定性，而测风高度引起的不确定度表征的是风切变模型的不确定性。两者与地形息息相关并非相互独立。另外，垂直外推的不确定度还与大气稳定度有关。

（2）水平外推。从微观角度讲，风电场内部不同点位的风况是不同的，这与地形和地貌的复杂程度相关。测风塔只对一个点位的风资源进行测量，需要通过风资源计算软件推算到其他风机点位，由于存在假设和对自然现象的简化，因此产生了水平外推的不确定性。距离越远，水平外推导致的不确定度越大，地形地貌越复杂，不确定度越大。

（3）地表形态相似度。测风塔处的地表形态与风电机组位置差异越大，风资源软件推算的不确定度越大。地表形态形似度应考虑地形数据的质量，如等高线和粗糙度图。等高线图也不是越精细越好，因为风电场建设过程中地形会遭到一定的破坏，如削平山尖和道路施工等。

风流模型的不确定分量之间相对独立性较差，因为或多或少都与地表形态相关。风流模型的不确定性见表 5－7。

表 5－7　风流模型不确定性

不确定性	评　价	不确定性	评　价
＜3％	可能过低	5.5％～7.5％	较高
3％～4％	较好	＞7.5％	可能过高
4％～5.5％	一般		

5.5.3.3　损耗折减及其不确定度

损耗折减及其不确定度都是直接针对发电量而言，风电场发电量的损耗是多方面的，可以归类研究。

1. 尾流折减

尾流会降低风向下游风电机组的发电量，尾流影响程度受风电机组间距、推力曲线和大气稳定度等因素影响，可以通过排布优化降低风场发电量的尾流损耗。风资源计算软件都会计算整个风电场内每台风电机组因为尾流的损耗情况，并在理论发电量结果中直接扣除尾流损耗。通常需要把尾流损耗控制在 10％ 以内。

尾流损耗折减的不确定度主要包括：

（1）尾流计算模型本身的不确定度（不考虑超大风电场影响）为 2％ 左右。

（2）未来尾流影响的不确定度一般小于 3％。

2. 可利用率折减

当风速和其他条件在风电机组说明书中规定的范围内时，发电的时间占总时长的百分比，称为风电机组的可利用率。可利用率的算法有

$$A = \frac{T_{\text{gen}}}{T_{\text{total}}} \tag{5-102}$$

$$A = \frac{T_{\text{tot}} - T_{\text{err}}}{T_{\text{total}}} \tag{5-103}$$

式中：T_{gen} 为发电小时数；T_{err} 为由于故障或维修导致风电机组不能运行的小时数；T_{total} 为规定时期内的小时数，不包括外部环境条件原因导致不能执行规定功能的情况。

可利用率是评价风电机组质量的最重要综合指标之一，用于评估风电项目的收益和发电量等，并作为风电机组设备质保和惩罚评判标准之一。可利用率一般由风电机组设备供应商提供最低质量保证，若合同中可利用率保证值为 95％，则该项损耗折减为 5％。对于商业运行的一流的风电机组来说，其可利用率损耗折减的发电量不确定度分量可保证在 2％ 以内，而质量较差的风电机组可高达 5％ 以上。另外，还需考虑电网、升压站等关键设备影响发电机组的可利用率折减及其不确定度。

3. 功率曲线折减

一般来说，风电机组设备供应商也会对功率曲线给予最低保证，保证的基准是合同中规定的现场空气密度下理论功率曲线值，风电机组实际行动的功率曲线要尽

量接近该理论曲线，通常要保证实际功率曲线不低于理论功率曲线的95%。

功率曲线符合比例计算方法为

$$K = \frac{\sum F(v_i) P_{\text{real}}(v_i)}{\sum F(v_i) P_0(v_i)} \times 100\% \qquad (5-104)$$

式中：$F(v_i)$ 为第 i 个风速区间的概率，用威布尔累积分布函数求得；$P_{\text{real}}(v_i)$ 为第 i 个风速区间中间值的实际功率，即实际功率曲线；$P_0(v_i)$ 为理论功率曲线。

若合同中功率曲线的保证率为95%，则发电量折减为5%，其不确定度来源可以参照表5-8。

表5-8 功率曲线折减的不确定度（参考）

条 件	折减	发电量不确定度
经过验证的理论功率曲线	3%	2%
未经过验证的理论功率曲线	5%	5%
湍流	1.0%	0.2%
高风滞后	1.0%	0.5%
仪表计量	—	0.5%

实际案例中，功率曲线折减一般都包含了湍流和高风滞后的部分，因此可以只把湍流和高风滞后效应引入不确定性中考虑，而不进行额外折减。

4. 电气损耗、环境损耗、缩减损耗

电气损耗主要包括风电机组励磁系统和冷却系统等的自耗电，各级输电线路的发热损耗、变压器的铜损和铁损等。一般电气损耗取5%左右，发电量不确定度为2%左右。发电机、电压等级、输电线长度和变压器特性等都会影响到电气损耗。

自然环境也会对风电机组的发电量产生负面影响，有些环境因素造成的发电量折减是长期的和缓慢发生的，有些则是可以预见的和每年发生的。环境损耗需要根据风电场的气候和环境特征具体问题具体分析。

主要的环境损耗因素有：冰冻引起的性能退化；非冰冻引起的性能退化；由于冰冻、雷电、冰雹等引起的停机；高温、低温导致的停机；地表粗糙度变化进而影响发电量；其他不可抗力事件等。

人为降低风电机组的功率而达到其他目的，如电网限负荷等都需要计算在发电量损耗折减里，可以包括：

(1) 扇区管理，为了避免某一扇区的过高湍流或入流角对风电机组造成过大的荷载，在该扇区采取降低功率或停机措施。

(2) 为了降低噪声或光影闪变对居民和环境的影响而降低发电功率。

(3) 购电协议缩减或电网限负荷。

5.5.3.4 偏差修正及其不确定度

1. 平均风速长期修正

测风时间长度一般要求不少于一整年，但不足以反映风电场20年的长期平均风况，所以必须进行平均风速的长期修正，但是修正过程存在不确定性。测风时间

长度与风速年度波动的不确定度之间的关系是

$$\sigma = \frac{6\%}{\sqrt{n}} \qquad (5-105)$$

式中：n 为测风时间长度，年。

　　如果测风时间为 1 整年，则风速年度波动的不确定度为 6%。如果对风数据进行了长期修正，不确定度就由两部分构成，即长期修正的不确定度和风速年度波动的不确定度。

　　2. 复杂风电场 RIX 修正

　　崎岖指数（RIX）是用来描述地形的复杂程度，是脱流程度或地形加速效应高估程度的间接度量。崎岖指数越大，地形越复杂，脱流越严重。用预测站和参考站崎岖指数之差 ΔRIX 作为风流模型表现优劣的指标，即

$$\Delta RIX = RIX_{\mathrm{WTG}} - RIX_{\mathrm{MET}} \qquad (5-106)$$

式中：RIX_{WTG} 为风电机组机位点，即预测站的崎岖指数；RIX_{MET} 为测风塔点位，即参考站的崎岖指数。

　　一般当 $|\Delta RIX| < 5\%$ 时，不建议修正。RIX 修正是针对单台风电机组的平均风速的修正，不同机组的 ΔRIX 不同，修正值也不同，最后要转化成整个风电场的年发电量修正。

　　3. 功率曲线修正

　　风电机组设备厂商提供的功率曲线为标准空气密度下的功率曲线，而实际风轮轮毂高度的空气密度并非标准空气密度。由于风功率与空气密度成正比，因此空气密度的变化直接影响功率曲线。

　　IEC 61400-12 提供了风电机组功率曲线的测量标准，该方法也适用于将标准空气密度下的功率曲线修正成现场实际空气密度下的功率曲线。缩放标准空气密度下的功率曲线时应计算

$$v_{\mathrm{site}} = v_{\mathrm{std}} \left(\frac{P_{\mathrm{std}}}{P_{\mathrm{site}}} \right)^{\frac{1}{3}} \qquad (5-107)$$

式中：P_{site} 为修正功率曲线；P_{std} 为标准功率曲线；v_{site} 为同样发电功率对应的现场风速；v_{std} 为标准风速。

　　可在满发功率处直接截断处理，也可在不同风速段，应用不同的空气密度比值的指数（从 $1/3 \sim 2/3$），以提高准确度。

　　现场的空气密度昼夜和四季差别都可能很大，修正后的功率曲线也只是年均空气密度下的。另外，风电场内地形海拔差也使每台风电机组轮毂高度上的空气密度不尽相同。因此修正后的功率曲线同样存在着不确定性。计算过程中可以对每台风电机组的功率曲线分别进行修订，提高计算的准确度，并降低其不确定性。因此需要根据实际的计算方法和风电场实况估计功率曲线修正的不确定度。

5.6 风电场微观布置新方法

目前国内风电场的微观选址工作大部分依靠 WAsP 和 Meteodyn WT 等商业软件，且在风电机组选址时需要人工布置每个风电机组的微观地址后，商业软件才可以计算得到年发电量，在发电量计算时一般也是采用风速概率密度和风向的概率密度方法按照对周向的一定分度后离散求得的，要达到较好的微观选址结果，需要多次人工确定微观地址，然后经方案比较后得到，微观选址的工作量大，并且一般不会得到最优的结果。

风电场风电机组优化布置是风电场规划中的关键环节，其布置方案的优劣直接影响风电场的发电量以及风电场的经济性水平。在风电场区域边界以及该区域风资源确定的情况下，如风电机组布置数量太少，将会降低该区域风资源的利用率；但如风电机组布置数量太多、风电机组间距太小，则会由于风电机组尾流的影响而降低各单台风电机组的发电效益，从而降低整个风电场开发的经济性。因此，考虑风电机组布置数量在内的风电机组最优布置方案是风电场规划设计和开发过程中需要深入研究的重要课题。

在最初的研究中，风电场风电机组优化布置理论基本属于经验性结论，布置方式也基本为规则性的行列布置。如 Patel 提出风电机组布置的最优距离为在盛行风向上风电机组间隔 $(8\sim12)D_0$（D_0 为风轮直径），在垂直于盛行风向上风电机组间隔 $(1.5\sim3)D_0$。而一些专家指出在盛行风向上要求风电机组间隔 $(5\sim9)D_0$，在垂直于盛行风向上要求风电机组间隔 $(3\sim5)D_0$。这些基于经验判断给出的风电机组布置间隔距离，在一定程度和特定阶段指导了风电场风电机组优化布置的探索研究和工程应用。Ammara 等曾据此构建了一个风电场风电机组布置方案，在保证相同发电量的同时，能够有效地减少风电机组的总占用土地面积。

实际上，不同风电场和风电机组类型的风电机组最优间隔距离不相同，上述经验成果只能在一定条件范围内作为风电机组优化布置设计的参考。因此，许多学者针对不同风况、不同区域边界的特定风电场进行了风电机组最优布置的更精确的计算研究。Mosetti 等首先提出了基于遗传算法的风电机组优化布置计算方法，把风电场总投资成本、发电效益作为优化变量，用两者的比值作为目标参数，评价不同风电机组布置方案优劣。该计算方法采用穷举法对不同风电机组布置方案进行经济比较，最终确定相对优化的风电机组布置方案，摆脱了风电机组经验布置间距的限制，可以获得更科学、合理的结果。Grady 等在 Mosetti 等研究的基础上，利用遗传算法研究了风电机组优化布置问题，并结合理论分析，对风电机组优化布置形式进行了计算分析和校核，得到了更好的结果。Marmidis 等采用 Monte Carlo 方法对风电场风电机组优化布置问题进行了研究，提出了研究该问题的新思路和新方法。

Mosetti 等的研究虽提出了若干创新性的计算方法和模型，研究成果也为风电场风电机组优化布置的研究和实际工程设计提供了重要的理论基础，但其中所采用的风电机组优化布置计算模型还不完善，更未对风电场风电机组最优布置的一般性规律进行系统的探讨分析和论证研究。

现有研究者提出了利用实数编码遗传算法对风电场进行微观选址优化的方法，方法基本思想是对风电场测量风速进行用相对高度方向的指数模型校正，得到风电机组轮毂高度的风速，对风电机组功率特性曲线采用线性化方法离散，利用插值方法得到任意风速的风电机组输出，对单风电机组尾流采用线性化的尾流模型，对处于多风电机组尾流中风电机组风速采用差方累加方法求解，当风电机组部分处于尾流中采用面积系数法修正，当风电场设计中微观选址的优化目标函数在风电场装机的总台数确定时，用总的发电量作为目标函数，当风电场装机的总台数没有确定，应用单位电量成本作为目标函数，采用基于实数编码的遗传算法，优化得到风电场中各风电机组的微观布置地址。

5.7　风电场单机微观布置与容量选择

风电场风电机组的单机容量选择和排列布置相互影响，风电机组特性影响尾流效应，尾流效应影响风电场的发电量。因此，风电场选址规划时应同时考虑风电机组的容量选择和排列布置问题。目前，在风电机组的容量选择和排列布置中的主要问题是对风电机组的强迫停运率和尾流效应等的估计不足，由此将造成发电量的减少和增加运行维护费用。

选择风电机组容量的原则是在已知风资源数据和风电机组技术资料条件下，选择使风电场的单位千瓦时成本最小的风电机组，风电机组选择中的主要问题是风电机组的技术指标要适合当地风资源的特点。

在考虑风电场的空气密度与标准空气密度的差别时，通常采用的方法是直接把计算的年发电量乘以风电场实际空气密度和标准空气密度之比，这种方法与实际情况相差较大。目前在风力发电项目可行性研究报告中，通常假设尾流效应造成的能量损失是 $1\%\sim3\%$，或者仅考虑均匀风速场情况。

5.7.1　相关参数

反映风电机组和风电场风资源匹配的参数有容量系数、发电量及可利用率等。

1. 容量系数

风电场容量系数 C_f 可以定义为风电机组年平均输出功率 P_{year} 与额定功率 P_{rate} 之比，容量系数反映风电机组的能量输出情况，是考核风电场运行的重要指标。其计算公式为

$$C_f = \frac{P_{year}}{P_{rate}} \qquad (5-108)$$

风电场容量系数也可以定义为风电场一段时间内的实际发电量与这段时间内的额定发电量的比值，等价于风电场在一段时间内满负荷工作的时间，代表了风电场总的发电情况。用公式表示为

$$风电场年满负荷利用小时数 = \frac{风电场年上网电量}{风电场装机容量} \times 100\% \qquad (5-109)$$

$$C_f = \frac{风电场年满负荷利用小时数}{8760} \times 100\% \qquad (5-110)$$

式中：8760 为全年小时数。

一般来说，风电场年满负荷利用小时数：超过 3000h（容量系数大于 0.34）为优秀场址；2500～3000h（容量系数在 0.28～0.34）为良好场址；在 2000～2500h（容量系数在 0.23～0.28）为及格场址；低于 2000h（容量系数为 0.23）的场址，不具备开发价值。目前，国内风电场的容量系数 $C_f = 0.25～0.35$。

例题： 某风电场装有单机装机容量为 1.5MW 的风电机组 33 台，轮毂高度 65m，发电机满负荷利用小时为 2425h，用 WAsP 软件估算代表年发电量为 182636MW·h，空气密度系数为 0.90，风电机组可利用率 0.95，控制湍流系数为 0.96，污染系数为 0.97，电能损失系数为 0.92，功率曲线折损率为 0.95，气候系数为 0.94，试求：（1）上网电量；（2）风电场容量系数。

解：（1）计算上网电量

当空气密度系数为 0.90 时 $W_k = 182636 \times 0.90 \approx 164372$（MW·h）

当气候系数为 0.94 时 $W_q = 164372 \times 0.94 \approx 154510$（MW·h）

当机组可利用率为 0.95 时 $W_j = 154510 \times 0.95 \approx 146785$（MW·h）

当控制湍流系数为 0.96 时 $W_t = 146785 \times 0.96 \approx 140914$（MW·h）

当污染系数为 0.97 时 $W_w = 140914 \times 0.97 \approx 136687$（MW·h）

当电能损失系数为 0.92 时 $W_d = 136687 \times 0.92 \approx 125752$（MW·h）

当功率曲线折损率为 0.95 时 $W_g = 125752 \times 0.95 \approx 119464$（MW·h）

上网电量为 $W_n = 119464$ MW·h

（2）风电场容量系数

$$C_f = \frac{风电场年满负荷利用小时数}{8760} \times 100\% = 2425/8760 = 0.276$$

2. 发电量

发电量是某一时间段 T 内一台风电机组的发电量，一般发电量 E 表示为

$$E = T \int_0^\infty f(v) P(v) \mathrm{d}u \qquad (5-111)$$

式中：$f(v)$ 为风速的 Weibull 概率分布；$P(v)$ 为风电机组的功率曲线。

然而，由于受各种因素的影响，风电机组的实际发电量比计算的发电量要小，同时风电场各个风电机组的发电量都不一样。

3. 可利用率

可利用率是风电机组可靠性的量化指标，并属于广义可靠性，包括风电机组可靠性和维修性。因此，风电机组的可利用率是固有可靠性和使用管理可靠性的综合度量指标。风电机组的可利用率计算方法为

$$A = \frac{T_t - (T_{cum} - T_s - T_P - A_{LDT})}{T_t} \qquad (5-112)$$

式中：T_t 为总小时数，一般指一年 8760h；T_{cum} 为累积停机小时数；T_P 为计划维

修时间；T_s 为使用维护人员操作失误造成的停机小时数；A_{LDT} 为非维修停机小时数，主要包括电网故障小时数、不可抗力造成的停机小时数及气候限制导致的停机小时数。

4. 其他参数

除通过以上 3 个参数之外，还有风电机组分布系数、风资源系数和损失系数等参数。风电场分布系数说明了风电场中风电机组分布位置对发电量的影响，风资源系数近似说明了风电场的风资源情况，损失系数说明了风电机组各种停机情况导致的发电量损失情况。

5.7.2　选择方法

风电场机组的选型和风电场容量确定通常通过方案比较的方法，选择优选方案。我国的电力项目管理、审查和审批，基本上以总装机容量等作为指标，以下分析时拟定风电场总装机规模在 50MW 左右。由于各机型的单机容量不同，随单机容量的变化，风电场风电机组台数也将发生变化，其配套的电气和土建工程也将随之变化。因此，在单台风电机组技术分析的基础上，应着重对风电场整体进行技术和经济的分析，以判断不同风电机组机型对项目经济性的影响。

技术经济评价指标是针对多种风电机组机型，按相同的原则进行风电场的风电机组布置，配套电气、土建、施工等设计方案，估算出不同机型的发电量和配套费用，并假设各机型每千瓦时发电量的投资费用，即单位电量费用相同，在此假设条件下，反推各机型的单位千瓦价格，该单位千瓦价格即为各机型的技术经济评价指标。根据技术经济评价指标的定义，可以看出，技术经济评价指标综合反映了各机型的技术和经济含金量，该指标越高，说明该机型技术和经济性能较好，更适应研究的风电场，应用该机型可提高工程的投资效益。

表 5-9 为某风电场的技术经济评价指标估算值，其中收集了单机装机容量 600～2300kW、风轮直径 43～90m 共 11 种风电机组机型，这些机型包含了不同单机容量，定桨、变桨、变桨变速等不同技术类型，IEC1～IEC3 不同等级的风电机组，基本概括了目前主要风电机组的设备特性。同时，按相同的原则进行风电场的风电机组布置，配套电气、土建、施工等方案设计，估算出不同机型的发电量和配套费用，计算各机型的技术经济评价指标。

表 5-9　某风电场不同机型经济评价指标估价值

机　型	GTW1	GTW2	GTW3	GTW4	GTW5	GTW6	GTW7	GTW8	GTW9	GTW10	GTW11
安全等级	IEC1	IEC1	IEC3	IEC1	IEC1	IEC1	IEC1	IEC3	IEC1	IEC2a	IEC3
单机装机容量/kW	600	850	850	1300	1250	1250	1500	1500	2000	2000	23000
风电机组台数/台	83	59	59	38	40	40	33	33	25	25	22
装机容量/kW	49800	50150	50150	49400	50000	50000	49500	49500	50000	50000	50600
叶片直径/m	43.2	52.0	58.0	60.0	64.0	66.0	70.5	77.0	80.0	82.0	90.0
扫风面积/m²	1465.0	2122.6	2640.7	2826.0	3215.4	3419.5	3901.6	4654.3	5024.0	5278.3	6358.5

续表

机　　型	GTW1	GTW2	GTW3	GTW4	GTW5	GTW6	GTW7	GTW8	GTW9	GTW10	GTW11
单位容量扫风面积 /(m²/kW)	2.44	2.50	3.11	2.17	2.57	2.74	2.60	3.10	2.51	2.64	2.76
单位容量扫风面积排名	10	9	1	11	7	4	6	2	8	5	3
理论电量/(万 kW·h)	137.7	202.3	230.6	258.3	286.4	291.7	360.4	397.1	464.6	473.5	564.6
估算电量/(万 kW·h)	110.2	161.8	184.5	206.7	229.1	233.4	288.3	317.7	371.7	378.8	451.7
利用小时/h	1836.0	1903.7	2170.6	1589.6	1832.7	1866.9	1921.9	2117.7	1858.6	1894.0	1963.8
利用小时排名	9	5	1	11	10	7	4	2	8	6	3
配套费用① /万元	15797	12195	12562	9558	10043	10165	10095	10430	8919	9135	9433
单位发电量投资费用 /(元/kW)	3.672	3.672	3.672	3.672	3.672	3.672	3.672	3.672	3.672	3.672	3.672
评价指标/(元/kW)	440.8	562.9	674.9	481.8	582.9	595.4	619.6	700.0	622.4	633.2	660.2
评价指标排名	11	9	2	10	8	7	6	1	5	4	3

① 配套费用包括塔架、箱式变压器、道路、电缆、风电机组吊装等费用。

综上，得到的结论如下：

（1）对整个风电场而言，发电量与单机装机容量没有直接的关系，而每千瓦扫风面积越大则风电机组的发电量也越大。

（2）随着风电机组单机装机容量的加大，风电场风电机组台数的减少，其配套费用也随之减少。

（3）随着机型的每千瓦扫风面积加大，其技术经济评价指标也随之加高。

（4）当机型的每千瓦扫风面积基本相同时，技术经济评价指标随单机容量加大而加大。

表 5-10 所列是风电场单机装机容量选型的经济性比较。

表 5-10　风电场单机装机容量选型的经济性比较

序号	项目	方案一	方案二	序号	项目	方案一	方案二
1	单机装机容量/kW	300	600	7	建筑工程/万元	312	294
2	风电机组台数/台	20	10	8	临时工程/万元	40	36
3	装机容量/kW	6000	6000	9	其他费用/万元	402	380
4	设计年发电量/万 kW	1405	1450	10	基本设备费/万元	135	120
5	工程静态投资/万元	6369	5670	11	单位电量静态投资 /[元/(kW·h)]	4.53	3.91
6	机电设备及安装工程/万元	5480	4840				

从表 5-10 可以看到在相同的装机容量条件下，单机装机容量越大，机组安装的轮毂高度越高，发电量越大，分项投资和总投资均降低，效益越好，并且在高处的风速稳定，紊流干扰小，再考虑建设风电场的地质条件（风机的地基位置最好是

承载力强的基岩、密实的壤土或黏土等，并要求地下水位低，地震烈度小）、运输条件、吊装条件及对生态进行保护等因素。同时，我国为了支持风电机组国产化，规定在大型风电场建设中，国产化的风电机组要占一定的比例，所以在选择风电机组中还要考虑国家的政策。

第6章 大气动力学与风电场选址

6.1 计算流体力学与风电场选址

6.1.1 风电场选址计算分析现状

  风能资源评估是风电场选址的第一步必做的关键步骤，风能资源评估的准确性对风电场以后运行的效益至关重要。目前，国外现有的风能资源评估技术方法主要分为传统的基于观测资料进行评估的方法和基于数值模拟技术的评估方法。传统的风能资源评估方法又可分为通过对气象站历史观测资料内插或外推进行的评估，以及在待建风电场位置安装测风塔实施 1～2 年的观测后进行的基于测风塔观测资料的评估。而基于数值模拟技术的方法主要是应用数值模式模拟某一地区的风况，将模拟结果作为风能资源评估的资料开展评估，这种方法不仅可以填补对无风记录区域风资源状况不清的空白，而且对风电场选址也有一定的指导作用。由于这种方法是利用计算机进行数值模拟，投资少且确实可行，在相关领域现在已经被广泛接受。

  目前，风场选址主要借助于风能资源评估软件。常用的风能资源评估软件主要有两类：适用于较简单地形的 WAsP（Wind Atlas Analysis and Application Program）类和适用于复杂地形的 CFD（Computational Fluid Dynamics）类。其中，丹麦 WAsP 软件包和挪威的 WindSim、丹麦的 WindPro、英国 WindFarm 和法国的 MeteodynWT 就分别是以上两类风资源评估软件中应用率较高的几款软件。

  20 世纪八九十年代，丹麦 Risø 实验室在 Jackson he Hunt 理论基础上，发展了一个用于风电场微观选址的风资源分析工具软件——WAsP。该软件的核心是一个微尺度线性风场诊断模式，利用地转风和单点的测风资料推算周围区域风场的风资源分布，适用较为平坦地形，在复杂地形应用中误差较大，适用范围在 $100km^2$ 以内的小范围风资源的调查。但是，WAsP 不能描述陡峭地形作用下产生的湍流，不能处理近海岸或其他地表类型梯度变化较大的近地层气流，而且该软件也没有考虑海风或山谷风的热力效应。

  20 世纪 90 年代后期，丹麦 Risø 实验室开发利用了 KAMM - WAsP 模式进行风能资源评估的方法，即利用网格尺度为 2～5km 的中尺度 KAMM（Karlsruhe Atmospheric Meso - scale Model）模式输出结果驱动 WAsP，从而得到具有较高分辨率的风资源分布图。

  CFD 技术是现代计算技术和大气动力学相结合的一种流体力学数值求解方法，近年在多个领域获得成功的应用，其中在风电场选址中的应用就是计算流体力学的

计算流体
力学在风
电场选址
中的运用

一个成功的范例。上面提到的 WindSim 和 Meteodyn WT 都是以 CFD 为核心的风资源评估系统软件。

中国气象局风能太阳能资源评估中心引进了加拿大气象局风能资源数值模拟系统，在此基础上经过本地化的改进后，建立了中国气象局风能资源数值模式系统。该系统分为 3 个部分：天气尺度背景场分类、中尺度数值模拟和统计分析计算，基本思路是运用动力与统计相结合的方法，认为区域气候的形成是大尺度气候背景场和局地地形地表条件相互作用的结果，通过对长期气候资料中与近地层风场形成相关的基本要素的统计分析，建立大尺度气候背景场，再利用高分辨率地形和土地利用资料，采用中尺度气象模式，模拟在大尺度天气背景场条件下由地形的驱动作用而产生的风能资源分布。

风能资源评估存在的主要问题有：①风能资源详查不足，气象台站的分布密度东部平均为 30km，西部平均为 100km，限制了风能资源评估的分辨率；②风能资源评估手段相对薄弱，国外软件在我国大部分风能资源丰富地区应用时，存在不同程度的局限性；③海上风能资源调查、研究薄弱，还没有针对 50m 以下的全面的海上风能资源调查；④未来在全球和区域气候变化的背景下，我国风能资源的可能变化尚缺乏系统深入的研究；⑤尚未建立风电场风资源预报系统，几乎没有专业化的，能做出全面、细致预报的风资源预报系统；⑥在规范化、标准化及管理工作方面也尚不完善。

6.1.2　风能资源数值模拟方法与步骤

1. 风能资源数值模拟方法

随着计算机性能和技术的发展，数值模拟计算方法在风能资源评估的应用中也得到了快速发展，为问题的解决提供了有效的工具，有利于复杂地形和海上风能资源的开发与利用。它主要是利用测风数据或气象站数据，在边界层气象背景场和具体的地形地貌基础上模拟出整个风电场的流场情况，获得较高分辨率的风能资源空间分布，确定可利用风能资源区域的面积，为全面了解区域风速的分布状况和风电场风能资源分布状况提供有效的依据。

数值模拟计算方法从气候的背景来说，可分为大尺度模式、中尺度模式、小尺度模式和微尺度模式。不同的模式，采用不同的气象参数，得出满足不同要求的风能资源评估结果。

（1）大尺度模式没有考虑热力作用的影响，主要是根据地面 0m 高度的地转风进行分类，没有考虑太阳辐射等引起的热量收支变化的影响，只适用于地势平缓、海拔较低的地区；但在地形复杂、盆地高山交错、海拔较高的地区和高原地区的热力作用凸显，不考虑热力作用影响的气候背景场类型的模拟可能产生较大误差。

（2）中尺度模式主要考虑的是近地层风场，与地转风、大气层结构和地表因素等的影响有关，能有效地模拟地形波、峡谷效应、对流风、海湖风以及下坡风等地形风场。

（3）小尺度模式和微尺度模式主要从天气（如雨、雪等）角度进行模拟，即主要根据气象数据，对风场进行数值模拟，使得到的气候背景场较好地代表复杂多变的气候特征，从而较好地得出风场风能资源分布趋势。

不同的尺度模式均存在一定的计算适用条件。如果要研究一个国家或地区风能资源的宏观分布和风电发展规划，选用大、中尺度数值模式模拟可以满足要求。因为大、中尺度数值模式对大气边界层的湍流运动过程，采用参数化形式来简化处理，只能处理大气在水平方向的运动尺度远远大于垂直方向上的运动尺度的情况。但当地形过于复杂时，大气在垂直方向上的运动尺度与水平方向的运动尺度相当，必须在基本运动方程中增加湍流交换项，即采用小尺度模式或者大气边界层模式。对于非常平坦而光滑的地表条件，可采用基于质量守恒原理的线性小尺度线性诊断模式。对于山区和粗糙的地表条件，需采用基于非线性湍流闭合方案求解的大气边界层模式。如果为陡峭地形或需精确计算风电机组之间尾流的影响，则需要采用计算流体力学模式。

目前，按照风能资源评价技术规定的要求，获得多年（20～30年）平均区域风能资源分布状况的常用方法有：①根据短时间序列的数值模拟结果与长时间序列的观测资料进行统计和相关分析，得到多年平均的风能资源分布；②根据长期气候资料中一些重要因素的统计分析，建立大尺度气候背景场，再利用高分辨率地形资料和土地利用资料，采用中尺度气象模式模拟在大尺度气候背景场条件下，由地形的驱动作用而产生的风能资源分布。

采用数值模式对区域风能资源状况进行模拟研究是一种比较先进的方法，将模拟结果作为风资源普查的辅助资料和前期手段，可以弥补观测资料的不足，尤其对于复杂地形区域的数值模拟，可以在一定程度上减少风能资源评估的不确定性，对大范围区域风能资源的宏观评估、风电场宏观选址以及风电场微观选址等均具有很好的参考价值。然而，采用数值模拟还不能够认定选点以及确定风电场址位置，只能反映计算区域内风能资源的分布趋势，而在数值上会有系统性的偏差。此外，数值模拟不能准确反映特殊天气过程的演变规律，在其影响下的风场模拟结果会比实况偏差大。但是，数值模拟可以作为风能资源普查和风电场选址的一种新型辅助手段，具有重要的发展潜力和研究价值，是未来风能资源普查评价技术的重要发展方向。同时，对前期风电场选址及优化测风点具有较高的指导作用。

2. 数值模拟方法的评估步骤

数值模拟方法是把理论分析、物理模型、计算方法、数值实验和模式评价等研究方法综合考虑，不受被模拟现象的空间和时间尺度的制约。采用数值模拟方法对风能资源状况进行评估，有以下步骤：

（1）建立相关数学模型。针对大气系统，根据守恒原理的基本方程，对质量守恒方程、能量守恒方程、动量守恒方程、水物质守恒方程和其他气体和气溶胶物质守恒方程，基于一定的假设和原则对基本方程进行简化。采用尺度分析法确定守恒关系式中各项的相对重要性，如小尺度和微尺度模式下的湍流项。较为准确的分析方法是计算具有或没有特定项的守恒方程的各种特解，以确定各项的重要性。最后，在满足计算精度要求下，形成合理、适用、便于求解的数学方程组。

（2）根据实际情况设置数学模型的边界条件，并进行求解。风能资源的数值模拟计算中，需要设置的边界条件一般包括上边界、侧边界和下边界。其中，上边界和侧边界的设置相对固定，主要考虑对计算结果会造成实质性影响的下边界的设置。数学模型的求解一般采用相应的求解器进行求解，许多大型商业软件中均内置了相关的求解器。计算完成后，能够得到计算区域内的初步风图谱，描述该计算区域内的风能分布状况。

（3）为了避免在风能资源计算中产生过大的偏差，结合实地测量数据对计算数学模型进行验证和修正。根据风图谱中风能分布的特点，一般可以把计算区域分成几个部分，并在典型位置布置测风塔，获取测点的风况数据。目前，关于采用测风数据对计算数学模型进行修正的方法方面，研究成果相对较少，在工程应用中的具体处理方式也各不相同。其基本原则是，通过计算得到的风图谱与实测风况数据或指标参数进行对比，寻找两者之间的差别并分析产生原因。根据实测风况数据或指标参数，修改数学模型或重新设定边界条件，重新计算求解，直到数值模拟的结果和测风结果基本相同。最后，计算得出风能资源评估所需的基本指标参数。

6.2　大气动力学相关理论

6.2.1　大气运动模型

大气作为流体，它的运动规律遵循流体力学的基本定律，大气动力学方程和 Navier - Stokes 方程有许多共同之处，主要区别是大气运动处于旋转的地球表面上。在大气运动过程中，受到的力有：①气块与地球之间的牛顿万有引力；②由于气压空间分布差异引起的气压梯度力；③由分子黏性引起德尔黏性内摩擦力；④地球旋转引起的科氏力。其中，黏性内摩擦力对运动的加速度影响很小，可以略去。只有在非常贴近地面的几厘米中，才有必要考虑黏性的影响。不考虑分子黏性作用的标量形式的大气运动方程、连续方程、热力学方程，再加上位温方程和状态方程，则可得到完整的大气动力—热力学方程组。

运动方程为

$$\frac{\mathrm{d}u}{\mathrm{d}t} = -\frac{1}{\rho}\frac{\partial p}{\partial x} + 2\Omega v\sin\varphi - 2\Omega w\cos\varphi \qquad (6-1)$$

$$\frac{\mathrm{d}v}{\mathrm{d}t} = -\frac{1}{\rho}\frac{\partial p}{\partial y} - 2\Omega u\sin\varphi \qquad (6-2)$$

$$\frac{\mathrm{d}w}{\mathrm{d}t} = -\frac{1}{\rho}\frac{\partial p}{\partial z} - g + 2\Omega u\cos\varphi \qquad (6-3)$$

$$\frac{\mathrm{d}\rho}{\mathrm{d}t} + \rho\,\nabla\vec{V} = 0 \qquad (6-4)$$

其中
$$\frac{\mathrm{d}}{\mathrm{d}t} = \frac{\partial}{\partial t} + (\vec{V}\nabla) = \frac{\partial}{\partial t} + u\frac{\partial}{\partial x} + v\frac{\partial}{\partial y} + w\frac{\partial}{\partial z} \qquad (6-5)$$

式中：x 为 x 方向水平坐标；y 为 y 方向水平坐标；z 为 z 方向垂直坐标；$\vec{V}$ 为三维

风速矢量；u 为水平 x 方向风速分量；v 为 y 方向水平风速分量；w 为 z 方向的垂直风速分量；ρ 为空气密度；φ 为纬度；Ω 为旋转角速度（对于地球来说，$\Omega = 15°/h = 7.29 \times 10^{-5}\,\mathrm{rad/s}$）。

热力学方程为

$$\frac{\mathrm{d}\theta}{\mathrm{d}t} = F_\theta \qquad (6-6)$$

大气状态方程为

$$p = \rho R T \qquad (6-7)$$

考虑到位温 θ 的保守属性，以位温 θ 代替方程中的温度 T，计算为

$$\theta = T\left(\frac{p_0}{p}\right)^{\frac{R}{C_p}} \qquad (6-8)$$

6.2.2 大气运动的尺度分析及近似

大气运动是按尺度分级的，大气运动包含微小尺度和宏大尺度的运动，不同尺度的运动形态中方程各项所起的作用不同。由此就可以用尺度分析的观点对大气运动方程组进行简化。

按大气运动系统的水平范围 L，可分为大、中、小、微等 4 类尺度系统。大尺度系统 L 的量级约为 $10^3\,\mathrm{km}$，如大气长波、大型气旋和反气旋等；中尺度系统 L 的量级约为 $10^2\,\mathrm{km}$，如台风温带气旋；小尺度系统 L 的量级约为 $10\,\mathrm{km}$，如山谷风等；微尺度系统 L 为几百米至几千米，如龙卷风等。

垂直尺度可按其垂直伸展的垂直尺度 D 来划分。对大多数大中尺度系统，$D \approx 10^4\,\mathrm{m}$；小微尺度系统中，$D \approx 10^3\,\mathrm{m}$。

大气运动中水平速度尺度数量级为 $D \approx 10\,\mathrm{m/s}$，垂直速度尺度数量级为 $w < uD/L$，由运动系统的水平和垂直尺度决定。对大尺度系统，$D \approx 10^4\,\mathrm{m}$，$L \approx 10^6\,\mathrm{m}$，因此 $w < 10^{-1}\,\mathrm{m/s}$；对于中尺度系统，$w < 10\,\mathrm{m/s}$；对于深厚的小尺度系统，$w \approx 10\,\mathrm{m/s}$ 和水平速度尺度相同；对于浅薄的小尺度系统，如山谷风，海陆风，$w \approx 10^{-1}\,\mathrm{m/s}$。

表 6-1 给出了大、中、小、微 4 类尺度系统的基本尺度，包括水平范围尺度、垂直尺度、水平速度尺度、垂直速度尺度及平均时间尺度。从表 6-1 中可看出，尺度越大垂直速度越小，生命史越长；反之，尺度越小，垂直速度越大，生命史越短。

表 6-1 基 本 尺 度 参 数

系统		水平范围 L/m	垂直尺度 D/m	水平速度 $u/(\mathrm{m/s})$	垂直速度 $w/(\mathrm{m/s})$	平均时间尺度 τ/s
大尺度系统		10^6	10^4	10^1	$<10^{-1}$	10^5
中尺度系统		10^5	10^4	10^1	$<10^6$	10^5
小尺度系统	深厚系统	10^4	10^4	10^1	$<10^6$	10^6
	浅薄系统	10^4	10^3	10^1	$<10^6$	10^6
微尺度系统		$10^2 \sim 10^3$	10^3	$10^0 \sim 10^1$	$10^{-1} \sim 10^1$	$10^2 \sim 10^4$

根据上述尺度分析，可对大气动力学基本方程组按量级大小进行简化近似。水平运动方程中惯性力和科氏力之比定义为罗斯贝（Rossby）数，以 $R_\circ$ 表示为

$$R_\circ = \frac{\dfrac{V^2}{L}}{fV} = \frac{V}{fL} \tag{6-9}$$

其中
$$f = 2\Omega \sin\varphi$$

式中：f 为科里奥利频率；Ω 为地球旋转角速度；φ 为纬度。

对于中尺度系统，$R_\circ \approx 10^0$，惯性力和科氏力具有同样的数量级，得到

$$\begin{cases} \dfrac{\mathrm{d}u}{\mathrm{d}t} = -\dfrac{1}{\rho}\dfrac{\partial p}{\partial x} + 2\Omega v \sin\varphi \\[2mm] \dfrac{\mathrm{d}v}{\mathrm{d}t} = -\dfrac{1}{\rho}\dfrac{\partial p}{\partial y} - 2\Omega u \sin\varphi \end{cases} \tag{6-10}$$

对于小尺度系统，$R_\circ \approx 10^1$，即惯性力大于科氏力，科氏力可略去，得到

$$\begin{cases} \dfrac{\mathrm{d}u}{\mathrm{d}t} = -\dfrac{1}{\rho}\dfrac{\partial p}{\partial x} \\[2mm] \dfrac{\mathrm{d}v}{\mathrm{d}t} = -\dfrac{1}{\rho}\dfrac{\partial p}{\partial y} \end{cases} \tag{6-11}$$

对于大尺度系统，$R_\circ \approx 10^{-1}$，即惯性力项远小于科氏力项，由此略去方程中惯性力项，垂直速度项远小于水平速度项也略去，即可得到

$$\begin{cases} -\dfrac{1}{\rho}\dfrac{\partial p}{\partial x} + 2\Omega v \sin\varphi = 0 \\[2mm] -\dfrac{1}{\rho}\dfrac{\partial p}{\partial y} - 2\Omega u \sin\varphi = 0 \end{cases} \tag{6-12}$$

式（6-12），说明大尺度运动具有气压梯度力和科氏力相平衡的特点，称为地转平衡。利用这一诊断关系，可根据气压的分布直接求出地转平衡下的水平风，地转风关系式为

$$\begin{cases} u_g = -\dfrac{1}{f\rho}\dfrac{\partial p}{\partial y} \\[2mm] v_g = \dfrac{1}{f\rho}\dfrac{\partial p}{\partial x} \end{cases} \tag{6-13}$$

式中：u_g、v_g 分别为 x 方向、y 方向的地转风速度。

地转风虽然是根据气压分布计算出的风，不是实际存在的风，但在中、高纬度自由大气中，地转风与实际风相当接近，可认为是实际风的一个良好的近似。由于自由大气中的大尺度运动近似满足地转关系，因此也称为地转近似。对垂直运动方程的简化，可得到准静力平衡近似关系式为

$$-\dfrac{1}{\rho}\dfrac{\partial p}{\partial z} - g = 0 \tag{6-14}$$

其他方程均可依据尺度分析，在具体情况下进行简化，这里不再赘述。

6.3 大气的地转运动和非地转运动

由于地转风和地转风关系对风场建模有重要意义，现在做深入探讨。根据观测事实，基于简化程度的不同，大气的运动可以被区分为地转运动和非地转运动。

6.3.1 大气的地转运动

在离地面大约 1km 以上的大气中，地球表面对大气运动的摩擦作用已经可以忽略不计。在自由大气中，大尺度运动基本是水平的。若运动大致是平直的，离心力也可以忽略。于是作用在运动大气上的主要力就只有气压梯度力和科氏力，这两种力的平衡称为地转平衡，此情况下形成的水平匀速直线运动，成为地转风，从而得到了风场和气压场的关系。

一般来说，流体应沿着压力梯度的方向运动，而旋转地球上的大气由于受到科氏力的作用，在地转平衡条件下，将沿着与压力梯度垂直的方向而运动。地转风与水平气压场的这种关系可归纳为有名的白贝罗（Buys - Ballot）风压定律，即在北半球背风而立，高压在右，低压在左；在南半球背风而立，高压在左，低压在右。在压力坐标下的地转风表达式将更加方便，气压 p 是高度 z 的单值函数，$p = p(x, y, z, t)$，因此可以用 p 代替 z 作为垂直坐标，构成 (x, y, p, t) 坐标系。任意物理量 $F = F(x, y, z, t)$ 可以表示成为 (x, y, p, t) 坐标系内的函数形式 $F(x, y, p, t)$，即

$$F(x, y, p, t) = F[x, y, P(x, y, z, t), t] \qquad (6-15)$$

F 对 (x, y, t) 的导数可表示为

$$\left(\frac{\partial F}{\partial x}\right)_p = \left(\frac{\partial F}{\partial x}\right)_z + \frac{\partial F}{\partial z}\left(\frac{\partial z}{\partial x}\right)_p \qquad (6-16)$$

式中：下标 p 表示沿等压面的导数。

如果 F 就是气压，且 $\left(\frac{\partial p}{\partial x}\right)_p = 0$，可得到

$$\left(\frac{\partial p}{\partial x}\right)_z = \rho g \left(\frac{\partial z}{\partial x}\right)_p \qquad (6-17)$$

同理可得

$$\left(\frac{\partial p}{\partial y}\right)_z = \rho g \left(\frac{\partial z}{\partial y}\right)_p \qquad (6-18)$$

将其代入式（6-13），得到在 p 坐标下的地转风表达式为

$$\begin{cases} u_g = -\dfrac{g}{f}\left(\dfrac{\partial z}{\partial y}\right)_p \\ v_g = \dfrac{g}{f}\left(\dfrac{\partial z}{\partial x}\right)_p \end{cases} \qquad (6-19)$$

在式（6-19）中，地转风只是等压面坡度的函数，而式（6-18）中地转风是等高面上水平气压梯度和密度的函数，从而减少了自变量，且其对应关系不随高度

变化。在 (x,y,p,t) 坐标系中，地转风还可以表示成为

$$
\begin{cases}
u_{\mathrm{g}} = -\dfrac{1}{f}\left(\dfrac{\partial \phi}{\partial y}\right)_{\mathrm{p}} \\[3mm]
v_{\mathrm{g}} = \dfrac{1}{f}\left(\dfrac{\partial \phi}{\partial x}\right)_{\mathrm{p}}
\end{cases}
\tag{6-20}
$$

其中 $\phi = gz$ 为重力位势。$H_{\mathrm{p}} = \dfrac{R_{\mathrm{d}} T_{\mathrm{v}}}{g}$ 为压力标高的表达式，故推导出 $\phi =$

$\dfrac{R_{\mathrm{d}} T_{\mathrm{v}}}{H_{\mathrm{p}}} z$，这样就可以利用温度数据来求得地转风。实际验证表明，自由大气中的风是十分接近于地转风的。曾有人统计过，在 $1.5 \sim 9\mathrm{km}$ 高度间，实际风与地转风矢量的角度偏差约为 $\pm(9° \sim 11°)$，实际风速与地转风速间的相关系数为 $0.8 \sim 0.9$。

应明确此规律只适用于中、高纬度。科氏参数 f 随纬度的减小而减小，纬度足够低时，科氏力小的无法与气压梯度力相平衡。一般认为当纬度小于 $15°$ 时，地转风概念便失去意义。

6.3.2　大气的非地转运动

非地转运动就是所有不满足地转假定的空气水平运动的统称。其中主要包括梯度风、三力平衡风和空气做加速运动时的非地转风。

1. 梯度风

除等压线（或等位势线）具有曲率外，其他条件均满足地转假定的风。梯度风就是空气沿弯曲的等压线的一种无摩擦的水平匀速运动，是惯性离心力，气压梯度力和科氏力达到平衡时空气的匀速曲线运动。它有气旋和反气旋两种形式，气旋是一种被闭合的等压线（或等位势线）所包围的中心处气压（或位势高度）最低的系统；反之，为反气旋。约定曲率半径的方向由曲率中心指向外为正。对于气旋来说，$\partial p/\partial r > 0$，而反气旋 $\partial p/\partial r < 0$。梯度风的计算为

$$
\frac{1}{\rho}\frac{\partial p}{\partial r} = \frac{W_{\mathrm{c}}^2}{r} + 2\omega W_{\mathrm{c}} \sin\varphi
\tag{6-21}
$$

对式（6-21）求解，舍去不合理的解，便得到

$$
W_{\mathrm{c}} = -\frac{1}{2} + \sqrt{\frac{f^2 r^2}{4} + \frac{r}{\rho}\frac{\partial p}{\partial r}}
\tag{6-22}
$$

将地转风的模代入式（6-21）中，忽略高阶小量后，可得

$$
W_{\mathrm{c}} = W_{\mathrm{g}} - \frac{W_{\mathrm{g}}}{fr}
\tag{6-23}
$$

对于反气旋可得

$$
W_{\mathrm{ac}} = W_{\mathrm{g}} + \frac{W_{\mathrm{g}}}{fr}
\tag{6-24}
$$

式中：W_{c} 和 W_{ac} 分别为对应于气旋和反气旋的梯度风风速；W_{g} 为地转风的模。

当 r 趋近于 ∞，梯度风即成为地转风。小尺度系统中，如龙卷风等，科氏力很

小，空气的运动可视为水平气压梯度力与惯性力和离心力相平衡的结果，则

$$\frac{1}{\rho}\frac{\partial p}{\partial r}-\frac{W_c^2}{r}=0 \qquad (6-25)$$

2. 三力平衡风

在地转假设下，考虑摩擦力时得到的风，因其一般位于地面边界层，将在 6.4 节中大气分层和结构中详细介绍。

3. 空气做加速运动时的非地转风

中尺度情况下，对大气水平运动方程进行简化情况，所得的就是空气做加速运动时的非地转运动方程，即

$$\begin{cases} \dfrac{\mathrm{d}u}{\mathrm{d}t}=-f(v-v_g) \\[2mm] \dfrac{\mathrm{d}v}{\mathrm{d}t}=f(u-u_g) \end{cases} \qquad (6-26)$$

气象学中，一般定义非地转风与地转风的矢量差为非地转偏差风，其分量形式为

$$\begin{cases} u'=\dfrac{1}{f}\dfrac{\mathrm{d}u}{\mathrm{d}t} \\[2mm] v'=\dfrac{\mathrm{d}v}{\mathrm{d}t} \end{cases} \qquad (6-27)$$

6.4 大气分层和结构

6.4.1 概述

由于地球自转以及不同高度大气对太阳辐射吸收程度的差异，使得大气在水平方向比较均匀，而在垂直方向呈明显的层状分布。可按大气不同的性质如热力性质、电离状况、大气组分等特征分成若干层次。一般按气温的垂直分布特征，划分为对流层、平流层、中间层、热成层和外逸层 5 个层次。也可以依据不同高度上大气运动受力的不同将大气分为大气边界层和自由大气层。大气分层示意图如图 6-1 所示。

1. 大气边界层

风吹过地面时，由于地面上各种粗糙元（草地、庄稼、树林、建筑物等）的作用，会对风的运动产生摩擦阻力，使风的能量减少并导致风速减小。减小的程度随离地面的高速增加而降低，直至达到某一高度时，其影响就可以忽略。这一层受到地球表面摩擦阻力影响的大气层称为大气边界层。在大气边界层中，地球表面和大气之间发生较大的热量、质量和能量交换。

大气边界层可划分为 3 个区域：地面至离地面 2m 的区域为底层；2~100m 的区域为下部摩擦层；100~2000m 的区域为上部摩擦层，又称埃克曼（Ekman）层。底层和下部摩擦层总称为地表层或地面边界层，3 个区域总称为摩擦层或大气边界

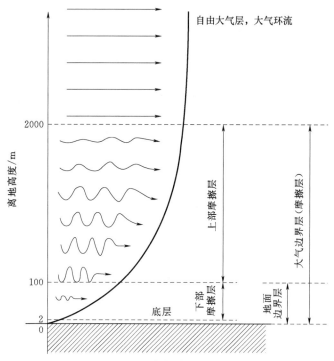

图 6-1　大气分层示意图

层，再往上就进入了地面摩擦不起作用的自由大气层。

　　大气边界层的高度随气象条件、地形和地面粗糙度的不同而有差异，这一层是人类社会实践和生活的主要场所。地面上建筑物和构筑物的风载和结构响应等正是大气边界层内空气流动的直接结果。在大气边界层中，空气运动是一种随机的湍流运动。主要特征表现在以下方面：

　　（1）由于大气温度随高度变化所产生的温差引起的空气上下对流运动。

　　（2）由于地球表面摩擦阻力的影响，风速随高度变化。

　　（3）由于地球自转引起的科氏力作用，风向随高度的增加而变化。

　　（4）由于湍流运动引起动量垂直变化，大气湍流特性随高度变化。

　　大气边界层内的风可看成是由平均风和脉动风两部分组成。

　　2. 地面边界层

　　地面边界层也称普朗特（Prandtl）边界层，其高度经常定义为大气边界层的固定百分比（约 10%）。但实际上，地面边界层随温度梯度的变化而变化。

　　风速随高度的变化规律称为风切变或风速廓线。要确定给定高度风电机组的发电量，首先必须知道风切变。另外，风切变在风轮和整个结构上会产生附加载荷。风切变与地面粗糙度和地形地貌有关，另外还取决于温度切变。温度切变层分为 3 类。

　　（1）第一类为不稳定层。在不稳定层，地面空气温度高于上层空气温度。夏季，强日照使地面温度剧增，这种情况形成最典型的不稳定层。地面温度高，地表空气上升，密度降低，上层空气向下流，上、下层空气相互掺混，形成湍流。这种垂直方向的不稳定性强掺混导致风速沿高度增长缓慢。

（2）第二类为稳定层。在稳定层，地表空气温度要比上层温度低。冬季就会出现这种情况，地表空气密度高于上层空气密度，形成一个稳定的平衡状态，上、下层空气掺混减弱，湍流度相应减弱。垂直方向上风速梯度得不到平衡，即风速沿高度增长加剧。在稳定条件下，风向沿高度明显变化。

（3）第三类为中性层。在中性层中，地表空气既未升温也未降温，温度切变为绝缘线。每增高 100m，空气温度约降低 1℃。这种情况经常出现在高风速条件下，风切变只取决于地面摩擦的影响，而与热力引起的掺混无关。

6.4.2 大气边界层方程

流体力学中流体与刚性界面之间会形成一个运动性质与流体内部不同的区域，即边界层。大气作为流体，其下垫面（陆地或海洋）之间也形成一个运动性质特殊的区域，即大气边界层或行星边界层。大气边界层最靠近下垫表面的对流层底层，受地面的直接影响。边界层中大气湍流是主要的运动形态。存在各种尺度的湍流，湍流输送起着重要作用并导致气象要素日变化显著。

大气边界层是一个多层结构，根据湍流摩擦力、气压梯度力和科氏力对不同层次空气运动作用的大小，可以将其分为 3 层。

1. 黏性副层

黏性副层是紧靠地面的一个薄层，该层内分子黏性力远大于湍流切应力，但其典型厚度小于 1cm，在实际中可忽略。

2. 近地面层

从黏性副层到 50～100m，大气呈明显的湍流性质。湍流通量值随高度变化很小，可假设其近似不变，也称常通量层或常应力层。

近地层由于薄，便产生了一个主要特征：通量（如动量通量、热量通量、水汽通量等）在近地层中可取为对高度不变的常数。很多规律基本都建立在这个特性的基础上，利用近地面层中通量为常数的性质可求得风随高度的变化，设风速 u 沿平均风方向，得到

$$\frac{\tau}{\rho} = -\overline{u'v'} = u_*^2 \qquad (6-28)$$

式中：τ 为湍流切应力；u_* 为摩擦速度，u_* 具有湍流切应力的性质，一般随高度而变化。

根据混合长度理论，有

$$u_*^2 = K_m \frac{d\overline{u}}{dz} \qquad (6-29)$$

其中，式（6-29）中的湍流动力黏性系数 K_m 与湍流强弱以及不同尺度的湍流能量分配有关，可写成

$$K_m = \kappa u_* z \qquad (6-30)$$

式中：κ 为卡门常数，初步实验值大约在 0.3～0.42，一般取 0.4；z 为高度。

将 K_m 代入式（6-29），得

$$\frac{\mathrm{d}\bar{u}}{\mathrm{d}z}=\frac{u_*}{\kappa z}\qquad(6-31)$$

假设近地面层摩擦速度不随高度变化，对上式积分并设 $z=z_0$ 处，$u=0$，得到中性层界下风速廓线的典型形式——对数风速廓线为

$$\bar{u}=\frac{u_*}{\kappa}\ln\frac{z}{z_0}\qquad(6-32)$$

式中：z_0 为风速为零的高度；z 为下垫面的粗糙度。

因 $z_0 \ll z$，故有时将式（6-32）写为

$$u=\frac{u_*}{\kappa}\ln\frac{z+z_0}{z_0}\qquad(6-33)$$

有时下垫面的覆盖物比较高，如森林或城市建筑物，垂直坐标扣除某一高度后，仍服从对数律，即

$$u=\frac{u_*}{\kappa}\ln\frac{z-d}{z_0}\qquad(6-34)$$

式中：d 为零平面位移。

不同层下，对数风速廓线有所区别，根据 Monin-Obukov 相似理论，平均风速廓线可表示为对数线性律，即

$$u=\frac{u_*}{\kappa}\left[\ln\frac{z+z_0}{z_0}+\varphi\left(\frac{z}{L}\right)\right]\qquad(6-35)$$

式中：L 为综合尺度长度。

中性稳定状态为

$$\frac{z}{L}=0,\varphi\left(\frac{z}{L}\right)=0\qquad(6-36)$$

不稳定状态为

$$\varphi\left(\frac{z}{L}\right)=\int_{z_0/L}^{z/L}\frac{L}{z}\left[1-\left(1-a\frac{z}{L}\right)\right]^{-1/4}d\left(\frac{z}{L}\right)\qquad(6-37)$$

稳定状态下为

$$\varphi\left(\frac{z}{L}\right)=m\frac{z}{L}\qquad(6-38)$$

其中 $m=5.2$。

根据混合长度和离地面高度的关系另一种关系，也可以得到幂次律，即

$$u_2=u_1\left(\frac{z_2}{z_1}\right)^{\alpha}\qquad(6-39)$$

式中：u_1 为 z_1 高度处的风速。

知道 α 的值后，即可求出任意高处的风速。可用于中性，也可用于非中性，只是 z_1 值不同。实用中常对某地区用实测风先定出 z_1 再应用。z_1 值指稳定度参数，不仅与大气层结有关，而且与固定高度上的风速及下垫面的粗糙度 z 有关。国家军用标准 GJB 1172—1991《军用设备气候极值》中根据我国风资料确定的指数 α 的计

算公式为

$$\alpha = \frac{1}{\ln\left[\dfrac{(z_1 z_2)^{\frac{1}{2}}}{z}\right]} - 0.0403\ln\left(\frac{u_1}{6}\right) \tag{6-40}$$

各下垫面的粗糙度依据下垫面地表状况的不同而取不同值，见表 6-2。

表 6-2　各种下垫表面的粗糙度值

地表覆盖	粗糙度/m	地表覆盖	粗糙度/m
冰面	$10^{-5} \sim 10^{-4}$	长草、农作物	0.05
平静的海	10^{-4}	城镇郊区	0.4
雪面	10^{-3}	城市森林	1
短草	10^{-2}	大城市中心、丘陵区	$1 \sim 3$

3. 上部摩擦层

上部摩擦层也称为艾克曼层，这一层的范围是从近地面层到 $1 \sim 1.5\mathrm{km}$，特点是湍流摩擦力、气压梯度力和科氏力的数量级相当，都不能忽略。依据不同的稳定度类型，又可称为稳定边界层、中性边界层和对流边界层。这里我们只讨论中性大气边界层。此时，在气压梯度力、科氏力和湍流摩擦力三力平衡的条件下，湍流动力黏性系数 K_m 为常数，即

$$\begin{cases} -\dfrac{1}{\rho}\dfrac{\partial p}{\partial x} + 2\Omega v\sin\varphi + F_x = 0 \\[2mm] -\dfrac{1}{\rho}\dfrac{\partial p}{\partial y} - 2\Omega v\sin\varphi + F_y = 0 \end{cases} \tag{6-41}$$

在这一层中只考虑流动摩擦力，由湍流摩擦力的表达式，并假设 K_m 为常数，则

$$\begin{cases} F_x = \dfrac{\partial}{\partial z}\left(K_m\dfrac{\partial u}{\partial z}\right) = K_m\dfrac{\partial^2 u}{\partial z^2} \\[3mm] F_y = \dfrac{\partial}{\partial z}\left(K_m\dfrac{\partial v}{\partial z}\right) = K_m\dfrac{\partial^2 v}{\partial z^2} \end{cases} \tag{6-42}$$

设水平气压场不随高度变化，将式（6-13）代入，得

$$\begin{cases} K_m\dfrac{\mathrm{d}^2\bar{u}}{\mathrm{d}z^2} = -f\bar{v} \\[3mm] K_m\dfrac{\mathrm{d}^2\bar{v}}{\mathrm{d}z^2} = f\bar{u} - fu_g \end{cases} \tag{6-43}$$

边界条件为：$z \to \infty$，$\bar{u} = u_g$，$\bar{v} = 0$；$z = 0$，$\bar{u} = 0$。

求解二阶非齐次线性常微分方程得到

$$\begin{cases} \bar{u} = u_g\left[1 - \mathrm{e}^{-\frac{z}{\delta}}\cos\left(\dfrac{z}{\delta}\right)\right] \\[3mm] \bar{v} = u_g\mathrm{e}^{-\frac{z}{\delta}}\sin\left(\dfrac{z}{\delta}\right) \end{cases} \tag{6-44}$$

其中

$$\delta = \sqrt{\frac{2K_m}{f}}$$ （6-45）

$$z_m = \pi\delta$$

式中：u_g 为地转风；$\overline{u}$，$\overline{v}$ 为平均风分量；δ 为边界层高度的特征量，称为埃克曼标高；z_m 为地面边界层的近似高度。

6.4.3　自由大气层

1500m 以上可以看作自由大气，地球表面对大气运动的摩擦作用已可以忽略不计。在自由大气中，运动基本是水平的。除赤道附近，纬度小于 ±15° 之间的地区外，自由大气的水平运动可看成是准地转的。因而，在自由大气层中，可由式（6-13）近似求得风速随高度的分布。

由式（6-19）可知，地转风正比于等压面的坡度或重力位势梯度。而两等压面之间的厚度，可由静力平衡关系表示为

$$\delta_z = -\frac{\delta\rho}{\rho g} = -\frac{RT}{\rho g}\delta p$$ （6-46）

$$u_g = -\frac{g}{f}\left(\frac{\partial z}{\partial y}\right)_p$$ （6-47）

对式（6-47）两边对 p 求导得

$$\begin{cases} \dfrac{\partial u_g}{\partial p} = -\dfrac{g}{fT}\left(\dfrac{\partial T}{\partial y}\right)_p \\ \dfrac{\partial v_g}{\partial p} = -\dfrac{g}{fT}\left(\dfrac{\partial T}{\partial x}\right)_p \end{cases}$$ （6-48）

表明地转风与等压面上温度水平梯度成正比。两等压面之间的矢量差称为热成风，热成风并不是真正存在的风，只是为了讨论方便而引入的概念。热成风的分量形式为

$$\begin{cases} u_T = -\dfrac{R}{f}\left(\dfrac{\partial\overline{T}}{\partial y}\right)_p \ln\left(\dfrac{p_1}{p_2}\right) \\ v_T = -\dfrac{R}{f}\left(\dfrac{\partial\overline{T}}{\partial x}\right)_p \ln\left(\dfrac{p_1}{p_2}\right) \end{cases}$$ （6-49）

式中：$\overline{T}$ 为等压面 p_1 和 p_2 之间气层的平均温度，可得出，热成风的大小与水平温度梯度成正比，与科氏参数成反比。

热成风与等温线平行，用两层之间的重力位势厚度梯度表示热成风分量为

$$\begin{cases} u_T = -\dfrac{1}{f}\dfrac{\partial\Delta\Phi}{\partial y} \\ v_T = -\dfrac{1}{f}\dfrac{\partial\Delta\Phi}{\partial x} \end{cases}$$ （6-50）

$$\Delta\Phi = R\,\overline{T}\ln\left(\frac{p_1}{p_2}\right) \tag{6-51}$$

其中，自由大气中风随高度变化主要原因是存在水平温度梯度，其变化的形式，是由两等压面间的水平温度梯度场同下层气压场的相互配置情况决定的。总体规律是，随着高度的增加，风向最终总是趋向于热成风的方向，即趋向于同平均温度场的等温线平行。

6.5 基于数值模拟的风能资源评价

实验研究、理论分析和数值计算是研究流体运动规律的三种基本方法，在现代的流体学领域中，它们相互依赖、相互促进、共同发展。计算技术的提高和高性能计算机的出现，使得数值计算方法所研究的深度和广度不断发展，不仅用于研究已知的一些问题，而且还可以用于发现新的物理现象，它在流体力学领域中占有越来越重要的地位。由于资料分析法在资料的时空分辨率方面具有一定局限性，越来越多的高分辨率气象模式及流体力学计算软件被应用到风电场风资源分析工作中。本节将结合典型风电场风资源软件，介绍与风电场设计相关的计算流体力学知识。

目前应用于风能资源分析评估的软件主要有 WAsP、WindSim、Meteodyn WT、WindPro、GH WindFarm 等。其中 Meteodyn WT 不仅适用于平坦地形的风能资源分析，更适用于复杂地形的风能资源分析。本节主要介绍 Meteodyn WT 的原理。

6.5.1 CFD 软件

流体流动受到物理守恒定律的约束，基本的守恒定律包括质量守恒定律、动量守恒定律和能量守恒定律。如果流动包含不同的组成成分或相互作用，系统还要遵守组分守恒定律。如果流动处于湍流状态，系统还要遵守附加的湍流输运方程。控制方程就是这些守恒定律的数学描述，本节介绍风电场空气动力场数值模拟中用到的相关控制方程组，在风电场风资源的 CFD 计算中，有时能量方程被忽略。

1. 质量守恒方程

质量守恒方程又称连续性方程，任何流动问题都必须满足质量守恒定律。该定律可以表述成：单位时间内流通微元体中的质量增量，等于同一时间间隔内流入该微元体的净质量。质量守恒方程写成微分形式为

$$\frac{\partial\rho}{\partial t} + \nabla(\rho\vec{v}) = S_m \tag{6-52}$$

式（6-52）为质量守恒方程的一般形式，同时适用于不可压缩及可压缩流动。方程中 S_m 为质量源项，表示从多相流中扩散副相到连续性主相提供的质量流动，或者由用户自定义。

2. 动量守恒方程

动量守恒方程的本质是牛顿第二定律，可表述为微元体中流动的动量对时间的

变化率等于外界作用在该微元体上的各种力之和。按照该定律得出在惯性坐标系中的动量守恒方程为

$$\frac{\partial}{\partial t}(\rho \vec{v}) + \nabla(\rho \vec{v} \vec{v}) = -\nabla p + \nabla(\overline{\overline{\tau}}) + \rho \vec{g} + \vec{F} \tag{6-53}$$

式中：p 为静压；$\overline{\overline{\tau}}$ 为应力张量；$\rho \vec{g}$ 为重力体积力；$\vec{F}$ 为其他附加体积力。

$\vec{F}$ 也可以包含其他与模型相关的源项，在风电场尾流计算中，$\vec{F}$ 通常被设置为风轮和机舱的对流场阻力源项。

应力张量 $\overline{\overline{\tau}}$ 是因分子黏性作用而产生的作用在微元体表面上的黏性应力张量，对于牛顿流体，黏性应力与流体的变形率成正比，表达式为

$$\overline{\overline{\tau}} = \mu \left[(\nabla \vec{v} + \nabla \vec{v}^{\mathrm{T}}) - \frac{2}{3} \nabla \vec{v} I \right] \tag{6-54}$$

式中：μ 为分子黏性系数；I 为单位张量；$\nabla \vec{v} I$ 为体积膨胀作用。

3. 湍流控制方程

湍流流是自然界和工程装置中非常普遍的流动类型，湍流运动的特征是在运动过程中流体质点具有不断且随机的相互掺混现象，速度和压力等物理量在空间上和时间上都具有随机性质的脉动。质量守恒方程式 [式（6-52）] 和动量方程式 [式（6-53）] 对于层流和湍流都是适用的。

在传统工程设计中只需要知道平均作用力和平均速度等参数，即只需要了解湍流所引起的平均流场的变化，因此研究人员经常采用求解时间平均的控制方程组，而将瞬态的脉动量通过模型在时均方程中体现出来，即 RANS 模拟方法。在雷诺平均过程中，瞬态雷诺方程中的求解变量被分解成时均量和波动量，速度分量可为

$$u_i = \overline{u_i} + u_i' \tag{6-55}$$

式中：$\overline{u_i}$ 为速度分量的平均值（$i = 1$、2、3）；u_i' 为速度分量的波动值（$i = 1$、2、3）。

将质量守恒方程和动量守恒方程改写成雷诺时均形式为

$$\frac{\partial \rho}{\partial t} + \frac{\partial}{\partial x_i}(\rho u_i) = 0 \tag{6-56}$$

$$\frac{\partial}{\partial t}(\rho u_i) + \frac{\partial}{\partial x_j}(\rho u_i u_j) = -\frac{\partial p}{\partial x_i} + \frac{\partial}{\partial x_j} \left[\mu \left(\frac{\partial u_i}{\partial x_j} + \frac{\partial u_j}{\partial u_i} - \frac{2}{3} \delta_{ij} \frac{\partial u_k}{\partial x_k} \right) \right] + \frac{\partial}{\partial x_j}(-\rho \overline{u_i' u_j'})$$

$$\tag{6-57}$$

式（6-56）和式（6-57）称为 RANS 模式的控制方程。相对于瞬态 NS 方程，方程中多出的相表示湍流效应。为使湍流封闭需要对雷诺应力 $-\rho \overline{u_i' u_j'}$ 进行模拟。对于雷诺应力有两种处理方式：一是使用 Boussinesq 假设将雷诺应力与平均速度梯度联系起来；二是推导出雷诺应力等关联项的输运方程，即雷诺应力模型（Reynolds stress model，RSM）。

Boussinesq 假设可写为

$$-\rho \overline{u_i' u_j'} = \mu_t \left(\frac{\partial u_i}{\partial x_j} + \frac{\partial u_j}{\partial x_i} \right) - \frac{2}{3} \left(\rho k + \mu_t \frac{\partial u_k}{\partial x_k} \right) \delta_{ij} \tag{6-58}$$

S-A 湍流模型、$k-\varepsilon$ 和 $k-w$ 湍流模型都使用了这一假设。使用该假设模拟雷

诺应力由于只需要计算湍流黏性，因而具有相对低的计算成本。S-A 湍流模型只需要额外求解一个湍流黏性 μ_t 的输运方程；而 $k-\varepsilon$ 和 $k-w$ 模型，将湍流黏性 μ_t 表示成 k、ε 或 k、w 的函数，需要求两个额外的输运方程。Boussinesq 假设的缺点是将湍流黏性 μ_t 当成各向同性的标量，而实际上流场中湍流可能具有较强的各向异性。然而对于湍流切应力占优的切变流动，例如壁面边界流动、混合边界层和射流等大多数工程流动，该假设非常适用。RSM 模型需要求解各向雷诺应力的输运方程以及额外决定尺度的方程（通常是 ε 或 w）。在多数情况下，基于 Boussinesq 假设的模型都是合适的，能够较好地模拟流场特性，而计算量大的雷诺应力模型不适用工程应用。一般而言，雷诺应力模型适用于各向异性湍流对时均流动作用占优的情况，包括高速旋转的流动和压力驱动的二次流。

$k-\varepsilon$ 湍流模型包括标准 $k-\varepsilon$ 湍流模型、RNG $k-\varepsilon$ 湍流模型以及 Realizable $k-\varepsilon$ 湍流模型。三种模型基本形式相似，都是关于 k 和 ε 的输运方程，主要区别在于：①湍流黏度的计算方法；②控制 k 和 ε 湍流扩散的湍流 Prantl 常数；③ε 方程中的生成和耗散项。本书只介绍标准 $k-\varepsilon$ 湍流模型。标准 $k-\varepsilon$ 湍流模型是一种基于湍流动能 k 及其耗散率 ε 的输运方程模型，其中 k 的输运方程由准确方程得到，而 ε 的输运方程通过适当物理简化假设得到。由于模型建立在湍流完全发展的假设，且分子黏性作用可以忽略的基础上，标准 $k-\varepsilon$ 湍流模型只适用于湍流完全发展的流动。

湍流动能 k 及其耗散率 ε 的输运方程为

$$\frac{\partial}{\partial t}(\rho k)+\frac{\partial}{\partial x_i}(\rho k u_i)=\frac{\partial}{\partial x_j}\left[\left(\mu+\frac{\mu_t}{\sigma_k}\right)\frac{\partial k}{\partial x_j}\right]+P_k+G_b-\rho\varepsilon-Y_M+S_k \quad (6-59)$$

$$\frac{\partial}{\partial t}(\rho\varepsilon)+\frac{\partial}{\partial x_i}(\rho\varepsilon u_i)=\frac{\partial}{\partial x_i}\left[\left(\mu+\frac{\mu_i}{\sigma_\varepsilon}\right)\frac{\partial\varepsilon}{\partial x_i}\right]+C_{1\varepsilon}\frac{\varepsilon}{k}(P_k+C_{3\varepsilon}G_b)-C_{2\varepsilon}\rho\frac{\varepsilon^2}{k}+S_\varepsilon$$

$$(6-60)$$

式中：P_k 为由于时均速度梯度造成的湍流动能生成率；G_b 为由于浮生力作用造成的湍流动能生成率；Y_M 为可压缩湍流中体积变化对整体湍流动能的耗散作用；$C_{1\varepsilon}$、$C_{2\varepsilon}$、$C_{3\varepsilon}$ 为常数；σ_k、σ_ε 为 k 和 ε 的 Prantl 常数；S_k、S_ε 为用户自定义的源项。

湍流动能生成率 P_k 为

$$P_k=-\rho\overline{u_i'u_j'}\frac{\partial u_j}{\partial x_i} \quad (6-61)$$

在 Boussinesq 假设下，有

$$P_k=\mu_t S^2 \quad (6-62)$$

式中：S 为平均应变率张量 S_{ij} 的模量。

S 的两种分别定义为

$$S=\sqrt{2S_{ij}S_{ij}} \quad (6-63)$$

$$S_{ij}=\frac{1}{2}\left(\frac{\partial u_i}{\partial x_j}+\frac{\partial u_j}{\partial x_i}\right) \quad (6-64)$$

湍流黏度可表示为

$$\mu_t = \rho C_\mu \frac{k^2}{\varepsilon} \tag{6-65}$$

模型参数为：$C_{1\varepsilon} = 1.44$，$C_{2\varepsilon} = 1.92$，$C_\mu = 0.09$，$\sigma_k = 1.0$，$\sigma_\varepsilon = 1.3$。

6.5.2　风电场 CFD 的边界条件

在进行风电场流场数值计算时，应首先保证入口处的风速、湍流动能及其耗散率能够在到达研究区之前保持水平均匀性。在水平均匀性条件中，速度、湍流动能及其耗散率在流动方向上保持不变，其他方向上梯度为 0。为保持水平均匀性，边界条件、湍流模型及相关参数之间应互相协调。考虑二维定常平衡大气层的 $k - \varepsilon$ 方程为

$$\frac{\partial}{\partial z}\left[\left(\mu + \frac{\mu_t}{\sigma_k}\right)\frac{\partial k}{\partial z}\right] + P_k - \rho\varepsilon + S_k = 0 \tag{6-66}$$

$$\frac{\partial}{\partial z}\left[\left(\mu + \frac{\mu_t}{\sigma_\varepsilon}\right)\frac{\partial \varepsilon}{\partial z}\right] + C_{1\varepsilon}\frac{\varepsilon}{k}P_k - C_{2\varepsilon}\rho\frac{\varepsilon^2}{k} + S_\varepsilon = 0 \tag{6-67}$$

湍流动能生成率 P_k 为

$$P_k = -\rho\,\overline{u'w'}\frac{\partial u}{\partial z} = \tau\frac{\partial u}{\partial z}\mu_t\left(\frac{\partial u}{\partial z}\right)^2 \tag{6-68}$$

其中

$$\tau = -\rho\,\overline{u'w'}$$

式中：τ 为湍流切应力。

对于湍流流动，流体分子黏度 $\mu = \mu_t$，在式（6-66）和式（6-67）中被忽略，结合式（6-65）、式（6-68）有

$$\frac{C_\mu}{\sigma_k}\frac{\partial}{\partial z}\left(\frac{k^2}{\varepsilon}\frac{\partial k}{\partial z}\right) + C_\mu\frac{k^2}{\varepsilon}\left(\frac{\partial u}{\partial z}\right)^2 - \varepsilon + \frac{S_k}{\rho} = 0 \tag{6-69}$$

$$\frac{C_\mu}{\sigma_\varepsilon}\frac{\partial}{\partial z}\left(\frac{k^2}{\varepsilon}\frac{\partial \varepsilon}{\partial z}\right) + C_{1\varepsilon}C_\mu k\left(\frac{\partial u}{\partial z}\right)^2 - C_{2\varepsilon}\frac{\varepsilon^2}{k} + \frac{S_\varepsilon}{\rho} = 0 \tag{6-70}$$

在湍流动能 k 的输运方程中，为保持 k 的局部平衡，假设 k 的生成率和耗散率量值相当，则有

$$P_k = \rho\varepsilon \tag{6-71}$$

由此可导出

$$\varepsilon = \sqrt{C_\mu}\,k\,\frac{\partial u}{\partial z} \tag{6-72}$$

速度分布为

$$u = \frac{u_*}{\kappa}\ln\frac{z + z_0}{z_0} \tag{6-73}$$

式中：u_* 为摩擦速度；z_0 为大气粗糙度；κ 为冯卡门常数，取 $\kappa = 0.4187$。

进而得

$$S_k = -\frac{\kappa\sqrt{C_\mu}\,\rho}{\sigma_k u_*}\frac{\partial}{\partial z}\left[k(z + z_0)\frac{\partial k}{\partial z}\right] \tag{6-74}$$

$$S_\varepsilon = \rho C_\mu \left\{ \frac{C_{2\varepsilon} - C_{1\varepsilon}}{\kappa^2} \frac{u_*^2 k}{(z+z_0)^2} - \frac{1}{\sigma_\varepsilon} \frac{\partial}{\partial z} \left[k(z+z_0) \frac{\partial \left(\frac{k}{z+z_0} \right)}{\partial z} \right] \right\} \qquad (6-75)$$

1. 水平均匀性入流边界

（1）恒定切应力下的入流边界。假定边界层中切应力恒定，且与避免处相等，则有

$$\tau = \rho u_*^2 = \mu_t \frac{\partial u}{\partial z} = C_\mu \rho \frac{k^2}{\varepsilon} \frac{\partial u}{\partial z} \qquad (6-76)$$

结合式（6-72）、式（6-73），得

$$k = \frac{u_*^2}{\sqrt{C_\mu}} \qquad (6-77)$$

从而有

$$\varepsilon = \frac{u_*^3}{\kappa(z+z_0)} \qquad (6-78)$$

$k-\varepsilon$ 方程的源项为

$$S_k = 0 \qquad (6-79)$$

$$S_\varepsilon = \frac{\rho u_*^4}{(z+z_0)^2} \left[\frac{(C_{2\varepsilon} - C_{1\varepsilon})\sqrt{C_\mu}}{\kappa^2} - \frac{1}{\sigma_\varepsilon} \right] \qquad (6-80)$$

如果 $k-\varepsilon$ 方程的参数满足

$$\sigma_\varepsilon = \frac{\kappa^2}{(C_{2\varepsilon} - C_{1\varepsilon})\sqrt{C_\mu}} \qquad (6-81)$$

此时源项 $S_k = 0$、$S_\varepsilon = 0$，即不需要设置源项。

（2）切应力渐变的入流边界。对湍流动能沿高度做修正有

$$k = \frac{u_*^2}{\sqrt{C_\mu}} \left(1 - \frac{z}{h_g} \right)^2 \qquad (6-82)$$

式中：h_g 为当地大气边界层厚度。

h_g 计算为

$$h_g = \frac{u_*}{6f_c} \qquad (6-83)$$

式中：f_c 为中纬度 Coriolis 参数。

f_c 的计算公式为

$$f_c = 2\Omega \sin|\theta_N| \qquad (6-84)$$

式中：Ω 为地球自转角速度，取值 $7.27 \times 10^{-5} \mathrm{rad/s}$；$\theta_N$ 为当地纬度。

根据式（6-76），有

$$\varepsilon = \frac{u_*^3}{\kappa(z+z_0)} \left(1 - \frac{z}{h_g} \right)^2 \qquad (6-85)$$

进而得出切应力沿高度的分布关系为

$$\tau(z) = \mu_t \frac{\partial u}{\partial z} = \rho u^{*2} \left(1 - \frac{z}{h_g} \right)^4 \qquad (6-86)$$

$\lambda(z)$ 设为湍流动能沿高度的衰减函数，定义为

$$\lambda(z) = k \left/ \frac{u_*^2}{\sqrt{C_\mu}} \right. \qquad (6-87)$$

将式（6-76）、式（6-85）及式（6-87）代入式（6-74）和式（6-75），忽略 z_0/h_g，得

$$S_k = \frac{2\kappa\rho u_*^3}{\sigma_k h_g \sqrt{C_\mu}} \lambda(4\sqrt{\lambda} - 3) \qquad (6-88)$$

$$S_\varepsilon = \frac{\rho u_*^4}{(z+z_0)^2} \lambda \left[\frac{(C_{2\varepsilon} - C_{1\varepsilon})\sqrt{C_\mu}}{\kappa^2} - \frac{1}{\sigma_\varepsilon}(3\lambda - 8\sqrt{\lambda} + 6) \right] \qquad (6-89)$$

如果湍流参数满足式（6-81），则有

$$S_\varepsilon = \frac{\rho u_*^4}{\sigma_\varepsilon(z+z_0)^2} \lambda(-3\lambda + 8\sqrt{\lambda} - 5) \qquad (6-90)$$

2. 其他边界条件

为满足水平均匀性条件，除入口条件外，壁面、上顶面、左右侧面及出口都需要按照特定方式设定：左右侧面设置为对称面，出口设置为压力出口，上顶面除设置为对称面外，还需要进行特殊处理。

在标准 $k-\varepsilon$ 湍流模型中，对壁面的模拟是通过壁面函数完成的。标准壁面函数可表示为

$$\frac{u_P u_*}{\dfrac{\tau_w}{\rho}} = \frac{1}{\kappa} \ln \frac{E z_P^*}{1 + C_S K_S^*} \qquad (6-91)$$

其中

$$z_P^* = \rho u_* z_P / \mu \qquad (6-92)$$

$$K_S^* = \frac{\rho u_* K_S}{\mu} \qquad (6-93)$$

式中：P 为下标，紧邻壁面单元格中心位置物理量；E 为常数，取 $E=9.793$；C_S 为粗糙度常数，取 $C_S = 0.5 \sim 0.1$；K_S 为粗糙长度；τ_w 为壁面处切应力。

壁面毗邻单元格如图 6-2 所示。

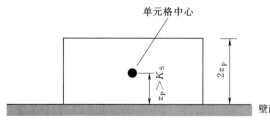

图 6-2　壁面毗邻单元

为防止近壁面速度 u_P 趋近零时，出现奇异解，τ_w 计算为

$$\tau_w = \rho u_* u_\tau \qquad (6-94)$$

其中摩擦速度 u_* 为

$$u_* = C_\mu^{1/4} k^{1/2} \qquad (6-95)$$

摩擦速度 u_τ 为

$$u_\tau = \kappa u_P \left/ \ln \frac{E z_P^*}{1 + C_S K_S^*} \right. \qquad (6-96)$$

根据大气边界层速度入流条件，有

$$\frac{u_P}{u_*} = \frac{1}{\kappa} \ln \frac{z_P + z_0}{z_0} \tag{6-97}$$

对于平衡边界层，有 $u_* = u_\tau$，且当 $C_S K_S^* \ll 1$ 时（完全粗糙模式），比较式 (6-91) 和式 (6-97)，得

$$K_S = \frac{E z_0}{C_S} \frac{z_P}{z_P + z_0} \tag{6-98}$$

当限制 $K_S \leqslant K_S$，则

$$\frac{z_P}{z_0} \geqslant \frac{E}{C_S} - 1 \tag{6-99}$$

3. 参数设计

(1) 湍流模型参数。湍流模型参数 $C_{1\varepsilon}$、$C_{2\varepsilon}$、C_μ、σ_k、σ_ε 的标准值和修正值见表 6-3。标准值适用于一般的工业流动；对于大气边界层，常采用 ABL 修正，取 $C_\mu = 0.033$，$C_{1\varepsilon}$ 按式 (6-96) 修正。

表 6-3　湍流模型参数标准值和修正值

参数	C_μ	σ_k	σ_ε	$C_{1\varepsilon}$	$C_{2\varepsilon}$	是否满足式 (6-96)
标准	0.09	1.0	1.3	1.44	1.92	否
ABL 修正	0.033	1.0	1.3	1.176	1.92	是

(2) 湍流黏度比极限值。考虑湍流黏性比有

$$\gamma = \frac{\mu_t}{\mu} = \frac{\dfrac{C_\mu \rho k^2}{\varepsilon}}{\mu} = \frac{\dfrac{C_\mu k^2}{\sqrt{C_\mu} k \dfrac{\partial u}{\partial z}}}{\mu / \rho}$$
$$= \frac{\kappa u_* (z + z_0)}{\nu} \tag{6-100}$$

式中：ν 为运动黏度，常温下空气取 $\nu = 1.46 \times 10^{-5}$。

在求解器中，湍流黏性比的默认上限 $\gamma_{max} = 1 \times 10^5$。为使湍流黏性比在此限度内，应满足

$$z + z_0 < \frac{\gamma_{max} \nu}{\kappa u_*} \tag{6-101}$$

在大气边界层高处，$z = z_0$。取常温空气，摩擦速度设为 0.1m/s，则有

$$z < \frac{10^5 \times 1.46 \times 10^{-5}}{0.42 \times 0.1} \approx 34.8 \text{m} \tag{6-102}$$

实际情况中摩擦速度要比 0.1m/s 稍大，在 0.6m/s 左右，此时能保持湍流黏性比在默认限度的高度将低于 34.8m，占总计算高度的比例不到 10%，会导致绝大部分计算区湍流黏性比超出最大限度，影响模拟结果。考虑极限情况，认为湍流黏性比在整个大气边界层中都没有超出限度。取 $u_* = 6$m/s，对于中纬度地区，如

$\theta_N = \pi/4$，$f_c = 2\Omega\sin|\theta_N| \approx 1.0\times10^{-4}$，有

$$\gamma_{\max} > \frac{\kappa u_*^2}{6 f_c \nu} \approx 1.72\times10^7 \qquad (6-103)$$

即需要将最大湍流黏性比设置在 1.72×10^7 以上，才能排除对计算的影响。

第7章 风电场的电气设计

7.1 风电场电气设备构成

7.1.1 常规发电厂站电气设备的构成

在常规发电厂站中，根据电能生产、传输、转换和分配等各环节的需要，配置了各种电气设备。根据它们在运行中所起的作用不同，通常将它们分为一次设备和二次设备。

1. 一次设备及其作用

一次设备是直接生产、变换、输送、分配电能的设备，具体包括：

(1) 进行电能生产和变换的设备，如发电机、电动机、变压器等。

(2) 接通、断开电路的开关电器，如断路器、隔离开关、自动空气开关、接触器、熔断器等。

(3) 限制过电流或过电压的设备，如限流电抗器、过电压保护器等。

(4) 将电路中的电压和电流降低，供测量仪表和继电保护装置使用的变换设备，如电压互感器、电流互感器。

(5) 载流导体及其绝缘设备，如母线、电力电缆、绝缘子、穿墙套管等。

(6) 其他为电气设备正常运行及人员、设备安全而配置的设备，如接地装置等。

2. 二次设备及其作用

二次设备是对一次设备进行监测、控制、调节和保护的设备，具体包括：

(1) 各种测量仪表，如电流表、电压表、有功功率表、无功功率表、功率因数表等。

(2) 各种继电保护及自动装置。

(3) 直流电源设备，如蓄电池、浮充电装置等。

7.1.2 风电场与常规发电厂站的区别

与火电厂、水电站及核电站等常规发电厂站相比，风电场的电能生产有着很大的区别，这主要体现在以下方面：

(1) 风电机组的单机容量小。目前陆上风电场所用的主流大型风电机组多为 3～5MW；海上风电场的风电机组单机容量稍大一些，最大已达 14MW，平均为 6MW 左右；一般火电厂、水电站等常规发电厂站中，发电机组的单机容量往往是几十兆瓦、几百兆瓦，甚至是上千兆瓦。

（2）风电场的电能生产方式比较分散，发电机组数目多。火电厂、水电站等常规发电厂站，要实现百万千瓦级的功率输出，往往只需少数几台或十几台发电机组即可实现，因而生产比较集中。对于风电场而言，由于风电机组的单机容量小，要达到大规模的发电应用，往往需要很多台风电机组。例如，按目前单机容量为 3MW 计算，建设一个 10 万 kW（即 100MW）的陆上风电场，需要约 33 台风电机组；若要建设 100 万 kW（即 1000MW）规模的风电场，则需要 333 台风电机组。这么多的风电机组，分布在方圆几十平方千米甚至上百平方千米的范围内，电能的收集明显比生产方式集中的常规发电厂站复杂得多。

（3）风电机组输出的电压等级低。火电厂、水电站等常规发电厂站中的发电机组输出电压往往在 6～20kV 电压等级，甚至更大（如单机容量为 1000MW 的汽轮发电机，其出口电压可达 27kV）。而风电机组的输出电压要低得多，一般为 690V 或 400V。因此，风电机组发出的电能通常经过二次升压，升至 110kV/220kV/330kV 后再接入公用电网。

（4）风力发电机的类型多样化。火电厂、水电站等常规发电厂站的发电机几乎都是同步发电机。而风力发电机的类型很多，同步发电机、异步发电机都有应用，还有一些特殊设计的机型，如双馈式感应发电机等。发电原理的多样化，使得风电并网给电力系统带来了很多新的问题。

（5）风电场的功率输出特性复杂。对于火电厂、水电站等常规发电厂站而言，通过汽轮机或水轮机的阀门控制，以及必要的励磁调节，可以比较准确地控制发电机组的输出功率。而对于风电场，由于风能本身的波动性和随机性，风电机组的输出功率也具有波动性和随机性。而且那些基于异步发电原理的风电机组还会从电网吸收无功功率，这些都需要无功补偿设备进行必要的弥补，以提高功率因数和稳定性。

（6）风电机组并网需要电力电子换流设备。火电厂、水电站等常规发电厂站可通过控制汽轮机或水轮机的阀门，准确地调节和维持发电机组的输出电压频率。而在风电场中，风速的波动性会造成风电机组定子绕组输出电压的频率波动。为使风电机组定子绕组输出电压的频率波动不致影响电网的频率，往往采用电力电子换流设备作为风电机组并网的接口：先将风力发电机输出电流整理为直流，再通过逆变器变换为频率和电压满足要求的交流电送入电网。这些用于并网接口的电力电子换流器，有可能给风电场和电力系统带来谐波等电能质量问题，在一般发电厂站中不需要。

7.1.3　风电场电气设备的构成

虽然风电场的电气设备也是由一次设备和二次设备共同组成，但由于风电场自身的电气特点，风电场电气部分与常规发电厂站的电气部分也不尽相同。

风电场的一次设备（也称主设备）是风电场直接生产、变换、输送和分配电能的设备，它们构成了风电场的主体。按照在电能生产过程中的整体功能，风电场一次设备主要分为 4 个部分：风电机组的一次设备、集电系统的一次设备、升压变电站的一次设备及场用电系统的一次设备。其中，风电机组的一次设备，除风力发电机之外，还包括电力电子换流设备（也称变频器）和对应的机组升压变压器。集电系统的一次设备主要有汇流母线、电缆线或架空线路（也有部分文献中，将风电机组和升压变压器包括在集电系统之中）。升压变电站的一次设备主要有升压变压器、导线、开关设备等。风电机组发出的电能并不是全都送入电网，有一部分在风电场内部就用掉了，包括维持风电场正常运行及安排检修维护等生产用电和风电场运行维护人员在风电场内的生活用电等，也就是风电场场内用电部分。该部分用电由风电场场用电系统供给。风电场场用电系统的一次设备主要有场用变压器（也称为站用变压器）。风电场一次设备的基本构成如图7-1所示。

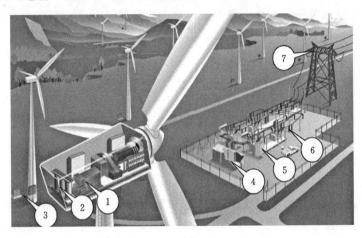

图7-1　风电场一次设备的基本构成示意图
1—风力发电机；2—电力电子换流设备；3—机组升压变压器；4—升压变电站中的低压配电装置；
5—升压变电站中的升压变压器；6—升压变电站中的高压配电装置；7—架空线路

风电场二次设备是对风电场一次设备进行监测、控制、调节和保护的设备。具体来分，包括风电场的控制设备、继电保护和自动装置、测量仪表、通信设备等。风电场二次设备通过电压互感器和电流互感器与一次设备进行电气联系，即通过电压互感器和电流互感器将一次设备的高电压和大电流转换为低电压和小电流，从而传递给进行测量和保护的设备，测量和保护设备对所测得的电压和电流进行判别，以监视一次设备的运行状态并记录，在此基础上，工作人员便可根据监视结果，使用控制设备去分、合相应的开关设备。因此，风电场中的电压互感器和电流互感器按作用来分可以认为是二次设备，但由于其直接并联和串联于一次电路中，通常将其归为一次设备。

7.2 电 气 一 次

风电场一次设备主要由风电机组、集电系统、升压变电站及场用电系统等4个部分的一次设备所构成。

7.2.1　风电机组的一次设备

7.2.1.1　风力发电机

风力发电机作为风电机组部分一次设备的重要组成部分，在风电系统设计中一直备受关注。如何降低风力发电机的成本、体积和重量，并保证其在恶劣环境中能长期有效地运行，是风电系统设计中需要重点考虑的问题。目前风电场中应用的风力发电机，大都是三相交流发电机。不管是同步发电机还是异步发电机或是其改进型号，各种风力发电机的基本构成都是类似的。在众多的风力发电机类型中，有几种机型由于具有良好的输出电压性能，近年来获得了很大发展，将会成为未来并网风力发电的主流机型。这些机型都是通过电力电子换流器实现风电机组的变速恒频控制（即风力机和发电机转子的转速是可变的，而发电机输出电压的频率是恒定的）。

1. 笼型异步风力发电机

笼型异步风力发电机采用的是笼型转子的异步发电机，其工作原理同异步发电机工作原理。由于风速的不断变化，导致风电机组以及发电机的转速也随之变化，因此笼型异步风力发电机发出的电频率是变化的。往往通过定子绕组与电网之间的换流器，将变频的电能转换为与电网频率相同的恒频电能。

2. 永磁直驱式风力发电机

永磁直驱式风力发电机，其转子铁芯采用永磁材料制造，在相当长的时间内，可以保证转子能提供恒定的磁场，这与在转子绕组中通入直流励磁电流的效果相当。由于省掉了转子励磁绕组和相应的励磁电流回路，转子结构比较简单，无须外部提供励磁电源，提高了效率。直驱式是指风力机与发电机之间没有变速机构（即齿轮箱），而是由风力机直接驱动发电机的转子旋转。

与其他型式的风力发电机相比，永磁直驱式风力发电机具有较高的功率密度。因为没有齿轮箱，可省掉齿轮箱的成本，减轻机舱的重量，大大降低风电机组的运输和安装成本（尽管由于直接耦合，永磁直驱式风力发电机的转速很低，使得发电机体积大、成本高，但由于省去了价格较高的齿轮箱，整个发电机的成本还是降低了），而且也避免了齿轮箱产生的噪声；同时，转轴连接的可靠性得到了提高，降低了风电机组的运维成本。故永磁直驱式风力发电机是一种非常有发展前途的风力发电机型式。

按照磁路结构的不同，永磁风力发电机分为常规磁通永磁电机、轴向磁通永磁电机和横向磁通永磁电机 3 种。

3. 双馈式感应风力发电机

双馈式感应风力发电机，其结构与绕线式异步发电机类似。其中，双馈式是指发电机的定子绕组和转子绕组与电网都有电气连接，都可以与电网交换功率。双馈式感应风力发电机又分为有刷双馈和无刷双馈两种。图 7-2 为有刷双馈式风力发电机的系统示意图。

用于控制输出电压频率的转子绕组交流励磁电流，由外电路经换流器提供。换

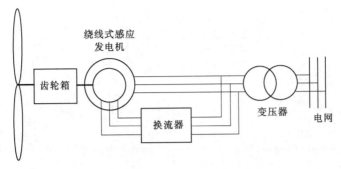

图 7-2 有刷双馈式风力发电系统示意图

流器先将电网 50Hz 的交流电整流，得到直流电，再将该直流电逆变为频率满足要求的交流电，用于转子绕组的励磁。当风速在较大范围内变化时，若 $n < n_1$，发电机处于亚同步运行状态，为保证定子绕组输出电压的频率为同步速 n_1 所对应的频率，需要转子旋转磁场相对于转子本身的转速与转子旋转方向相同，且使 $n + n_2 = n_1$，所需励磁电流的方向为从外电路流入转子绕组（将其指定为正方向）。若 $n > n_1$，发电机处于超同步运行状态，为保证定子绕组输出电压的频率为同步速 n_1 所对应的频率，需要转子旋转磁场相对于转子本身的转速与转子旋转方向相反，使 $n - n_2 = n_1$，所需励磁电流的方向为从转子绕组流入外电路。当 $n = n_1$ 时，换流器向转子绕组提供直流励磁电流（频率为 0），此时发电机将按同步发电机的原理运行。

需要注意的是，这里所说的励磁电流的流入流出只是为了便于理解和表述，实际上，由于双馈式风电机的励磁电流为交流电，电流无所谓流入或流出，只能说电流与参考方向相同或相反。在这里，更可以将其理解为功率的流入和流出。

在同步运行状态，换流器只提供直流励磁电流，不在发电机和电网之间交换功率。在亚同步运行状态，需要电网经换流器给发电机的转子提供能量；而在超同步运行状态，转子绕组会经换流器向电网馈送功率。

该发电系统采用线绕式感应发电机，需要利用电刷和滑环来调节不同风速下的转子电功率频率，因此会增加整个发电系统的故障率和维护成本。

图 7-3 为无刷双馈式风力发电机的系统示意图。该发电机的定子侧有两套极数不同的绕组，一套称为功率绕组，直接接电网；另一套称为控制绕组，通过双向换流器接电网（定子绕组也可只有一套绕组，但需有 6 个出线端，3 个出线端为功率端口，接工频电网；另外 3 个出线端为控制端口，通过换流器接电网）。其转子为鼠笼型结构，无须电刷和滑环，转子的极对数应为定子两个绕组极对数之和。当风速改变时，通过改变控制绕组的供电频率就可以保持定子绕组的输出频率恒定。

对于无刷双馈发电机，有

$$f_p \pm f_c = (p_p + p_c) f_m \qquad (7-1)$$

式中：f_p 为定子功率绕组电流频率，由于其与电网相连，f_p 与电网频率相同；f_c 为定子控制绕组电流频率；f_m 为转子转速对应的频率；p_p 为定子功率绕组的极对数；p_c 为定子控制绕组的极对数。超同步时，式中取"+"；亚同步时，式中取"−"。

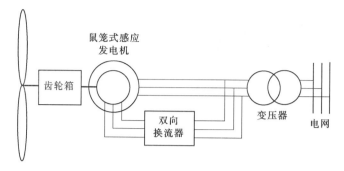

图 7-3 无刷双馈式风力发电机系统

由式（7-1）可知，当发电机的转速 n 变化时，即 f_{m} 变化时，若控制 f_{c} 相应变化，可使 f_{p} 保持恒定不变，即与电网频率保持一致，也就实现了变速恒频控制。

由于该种发电机省掉了滑环和电刷，因而增加了系统的可靠性。但是，两套绕组全部置于定子，相互间会存在一定的耦合，且增加了发电机的设计难度。

海上风电场的风力发电机大多是依据海上风况及运行情况对陆上风力发电机改造而来，因此目前应用最广泛的海上风力发电机与陆上风力发电机的类型基本一致，仍主要是永磁直驱式风力发电机和双馈式感应风力发电机两类。随着风力发电机技术的快速发展，一些新型结构的风力发电机，如开关磁阻发电机、游标发电机、混合励磁发电机，多相发电机和超导发电机等，也将成为海上风力发电机的型式之一。

7.2.1.2 电力电子换流设备

在风电场中，由于发电机的转子与风力机直接连接，转子的转速取决于风力机的转速。当风速发生变化时，风力机的转速随之发生变化，转子的旋转速度也随着风速时刻变化，从而导致发电机定子绕组输出的电压频率也随之变动。为了解决风速变化带来的风力发电机输出电压频率波动的问题，最好的方式就是在发电机定子绕组与电网之间配置电力电子换流设备（简称为换流器）。

1. 永磁直驱式风电机组的并网换流器

目前，大型永磁同步直驱式风电机组采用的并网换流器，一般都是交-直-交变频结构，严格来说，是一个整流器和一个逆变器的组合。

图 7-4 为带有并网换流器的永磁同步直驱式风电机组结构示意图。并网换流器连接在风力发电机定子绕组与电网之间，风电机组输出的全部功率都要经过换流器送入电网，因而换流器的容量要按风电机组的额定功率来设计。例如，3MW 永磁直驱式风电机组所配备的并网换流器容量也至少要按 3MW 来设计。

由于电力电子控制技术的快速性和精确性，风速变化造成机端电压频率波动，经换流器变频后，送入电网的电压、电流的频率能始终保持恒定，不会对电网造成影响。

2. 有刷双馈式风电机组的并网换流器

有刷双馈式风电机组所用的换流器，通常也由两部分组成，一部分作为整流器使用，另一部分作为逆变器使用。

由于有刷双馈式感应风力发电机不同于普通的异步发电机，其在次同步运行及

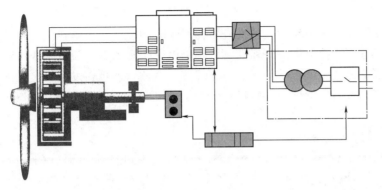

图 7-4 带有并网换流器的永磁同步直驱式风电机组结构示意图

超同步运行状态下都可以作为发电机状态运行，但其功率流向有所不同。

在次同步运行状态，电网侧换流器（此时作为整流器）将电网 50Hz 的交流电整流，得到直流电；再由发电机侧换流器（此时作为逆变器）将该直流电逆变为频率满足要求的交流电，用于转子绕组的励磁。此时，电网通过换流器向发电机的转子送入功率。

在超同步运行状态，发电机侧换流器（此时作为整流器）将转子绕组感应出的低频交流电整流，得到直流电；再由电网侧换流器（此时作为逆变器）将该直流电逆变为频率与电网频率相同的交流电，送入电网。此时，发电机转子通过换流器向电网馈送功率。

在同步运行状态，换流器应向发电机转子提供直流电。实际上，风电机组处于严格的同步运行状态的时候很少，即使出现，持续的时间也很短。因此，在控制上，在发电机接近同步运行状态时，提供的励磁电流为频率非常低的交流电。

有刷双馈式风电机组的结构如图 7-5 所示。风力发电机与电网之间的换流器连接到发电机的转子侧，定子绕组则直接与电网相连。

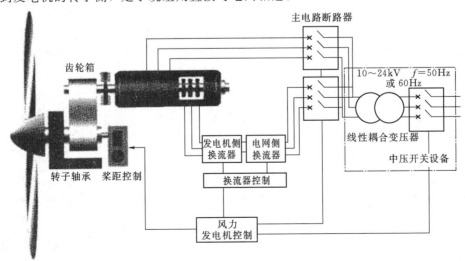

图 7-5 有刷双馈式风电机组结构示意图

3. 无刷双馈式风电机组的并网换流器

无刷双馈式风电机组的并网换流器类似于有刷双馈式风电机组的换流器。尽管风电机组变速恒频控制方案是在发电机定子电路实现的，但流过定子控制绕组的功率仅为无刷双馈式发电机总功率的一小部分。因此，连接在发电机定子的控制绕组与电网之间的双向换流器，其容量也仅为发电机容量的一小部分，类似于有刷双馈式风电机组的并网换流器。

7.2.1.3　机组升压变压器

风电机组出口的机组升压变压器一般归属于风电机组部分的一次设备，如图 7-6 所示。该变压器通常布置在风电机组塔筒外侧附近，其作用是将风力发电机发出的 690V 电压升高至 35kV。为了便于施工和运行维护，目前国内陆上风电场通常是把 3~8 台风电机组的升压变压器分为一组，集中设计在一个箱式壳体中，因此风电机组的升压变压器又被称为箱式变压器，如图 7-7 所示。箱式变压器具有投资低、体积小、重量轻、施工周期短、维修方便、高可靠性、外形多样化易与周围环境相协调，低噪声、低损耗等特点，在我国陆上风电场中被广泛使用。

图 7-6　风电机组出口的机组升压变压器

图 7-7　箱式变压器

目前，国外已有"箱变上置"的新技术，即把箱式变压器放置在风电机组上部的机舱内，这样的布置方式与目前传统箱式变压器放置在风电机组塔筒旁边的布置方式相比，具有以下 5 个方面的优势：①连接风电机组换流器至箱式变压器的电缆线路距离大大缩短，节省电缆成本；②减少箱式变压器的占地面积，降低箱式变压器基础的施工造价，缩短施工养护周期；③减少了连接电缆的根数，降低线路损耗，提高发电性能；④上置的箱式变压器型式不同，具有更强的耐候性和抗短路能力，提高发电可靠性；⑤在遭遇结冰、暴雪等自然灾害时，避免或减少了箱式变压器布置在地面上可能出现的损坏和安全事故风险。

国内也有装机容量 5.0MW 的大容量风电机组正在进行"箱变上置"这项新技术的测试。这种布置箱式变压器的新方式是今后风电机组向大型化、集成化发展的技术创新趋势。图 7-8 为国内三一重能 5.0MW 陆上风电机组的"箱变上置"示意图。

在海上风电场中，由于海上环境的高湿、高盐、易腐蚀等特点，风电机组升压变压器都布置在风电机组的塔筒内部或机舱中，作用仍是将风电机组发出的低压电能升高至 10kV 或 35kV。

箱式变压器

图7-8 三一重能5.0MW陆上风电机组的"箱变上置"示意图

7.2.2 集电系统的一次设备

在风电场中,集电系统的作用是将机组升压变压器高压侧(10kV或35kV)输出的电能按组收集起来,然后统一送至风电场升压变电站。在设计时,需要对机组升压变压器高压侧到升压变电站的主变压器低压侧之间的各种因素进行分析考虑,如电压等级、风电机组连接方式、集电线路类型等。其中,线路电压等级将对一次设备费用和有功损耗带来影响,通常采用10kV或35kV以降低线路损耗和投资成本。风电机组的分组遵循位置就近和数量均衡的分配原则,连接风电机组最大输出容量须小于单回路输送容量限制。集电线路类型包含架空线和电缆两类,线路由多台机组串接而成,输出容量为机组容量之和。

7.2.2.1 陆上风电场集电系统一次设备

陆上风电场集电系统的一次设备主要包括:10kV或35kV电缆、架空线路以及相应的开关设备。集电系统在收集电能时,按组进行收集,分组采用位置就近原则,每组包含的风电机组数目大体相同,多为3~8台。对于每一组内的多台风电机组输出,一般是在机组升压变压器的高压侧采用单元集中汇流或分段串接汇流方式(其中分段串接汇流方式是中型及以上风电场常用方式),汇流到10kV或35kV母线,再经一条10kV或35kV输电线路输送到风电场升压变电站。输电线路采用地下电缆还是架空线路,需要视风电场的具体情况而定。架空线路投资低,但在风电场内需要条形或格形布置,不利于设备检修,也不美观;采用直埋电力电缆敷设,风电场景观较好,但投资较高。

7.2.2.2 海上风电场集电系统一次设备

海上风电场集电系统的一次设备由35kV海底集电电缆和开关设备组成。由于其特殊的环境要求,通常直接通过海底电力电缆线路将海上风电机组升压变压器升压至35kV的电能按照分组汇集起来,然后送至海上或岸上升压变电站。海上风电场集电系统设计考虑的因素主要包括电压等级、线路类型、集电系统拓扑结构、线路铺设及保护等。海上风电场集电系统的科学设计与优化,对于海上风电场的安全、经济运行至关重要,在设计时需着重考虑以下3方面的因素:

(1)电气性能。海上风电场集电系统电压、电流会随着集电系统拓扑布局方案而不同，只有合理布局，才能保障海上风电机组、海底电缆等正常运行，使损耗和误差降到可承受范围内，避免发生过电压与过电流。

（2）可靠性。海上风电场集电系统的稳定运行能保障输出电能质量的合格及电能的连续性。一旦集电系统发生故障，将使风电场发电量降低，运行时间受到影响，海上风电场的经济性和安全性则得不到保障。此外，由于可靠性受集电系统拓扑结构影响，因此，在考虑可靠性因素时，也要求合理设计拓扑结构。

（3）经济性。海上风电场发电成本由许多因素构成，其中集电系统占总成本的相当一部分。因此，需要对集电系统进行科学合理地设计与优化，如降低网损或合理减少电缆成本等。

7.2.3　升压变电站的一次设备

风电场中升压变电站的一次设备包括主变压器、开关设备和导线。主变压器（图 7-9）将集电系统汇集来的电能电压升高至 110kV 或 220kV，然后接入电力系统。对于大型或百万千瓦级以上的特大型风电场，还需要升高至 500kV 或更高电压等级，再送入电力主干网。

海上升压变电站（图 7-10）是海上风电场输出电能的关键部分，能够将集电系统汇集的电压等级为 35kV 的电能再次升压至 110kV/220kV 后，送入大电网中。与陆上风电场中升压变电站不同的是，海上升压变电站，从其基础型式来看，有固定式和移动式两大类，其中固定式包括导管架式、重力式和单桩式，移动式包括半潜式和自升式；从整体结构布局来看，由最初敞开式向半敞开式过渡，直到如今的全封闭式；从输电形式来看，大容量且离岸距离较远的选用柔性直流输电方式，小容量且离岸距离较近的选用交流输电方式。随着风电技术的发展，各种型式的海上升压变电站也在不断升级，且不断满足海上风电场发展规模的要求。

图 7-9　陆上风电场主变压器

图 7-10　海上升压变电站

7.2.4　场用电系统的一次设备

风电场场用电系统包括维持风电场正常运行及安排检修维护等生产用电以及各类工作人员在风电场内的生活用电系统等。场用电系统的一次设备主要有场用变压器（也称所用变压器或站用变压器，如图 7-11 所示）、各类开关设备和导线。场用变压器为降压变压器，高压侧接风电场内集电系统的 35kV 母线，低压侧接 0.4kV 的场用配电段。场用配电段为照明、检修、通风、采暖、水处理系统、消防水泵、直流充电装置、UPS、变压器控制箱、各类控制柜等风电场内的低压负荷配电。

海上风电场也同样包含场用电系统，其中主要一次设备为场用变压器，变压等级为 35kV/0.4kV。

图 7-11　风电场场用变压器

7.2.5　开关设备

风电场中常用的开关设备有断路器、隔离开关、熔断器和接触器，它们的功能各不相同。断路器是最为重要的开关电器，由于装设了专门的灭弧装置，断路器可以熄灭分合电路时所产生的电弧，因此它用来实现电路的最终分合。隔离开关也是最常见的开关电器，一般作为检修电气设备和断路器配合适用。当断路器断开电路后，隔离开关可以在电气设备之间形成明显的电压断开点，以保证安全，因不需装设灭弧机构，结构简单。此外，隔离开关还可以用来分合小电流电路及在其两侧处于等电位的时候用于分合电路。熔断器是最早出现的保护电器，它的作用是在电路中发生故障或过负荷的情况下自动断开电路，从而使得故障设备从整个电路中切除出去，以保证故障设备和系统的安全。接触器则实现电路正常工作时电路的分合，它只能分合正常电流，无法断开故障电流，因此它常常和熔断器一起工作，以取代较为昂贵的断路器。

7.2.6　载流导体

风电场中常见的载流导体有母线、连接导体和输电线路，其中输电线路又可分为架空线路和电缆。

母线是将风电场的电气装置中各载流分支回路连接在一起的导体，它是汇集和分配电能的载体，因此又称为汇流母线。母线的作用是汇集、分配和传送电能。由于母线在运行中，有巨大的电能通过，短路时将承受很大的发热和电动力效应，因此，必须合理地选用母线材料、截面形状和截面积，以满足风电场安全经济运行的要求。

连接导体是将发电厂和变电站内部电气设备进行连接的导体。

架空线路是通过铁塔、水泥杆塔架设在空气中的导线，一般为裸导线。架空线路造价低廉，但占用通道面积大，为目前各地区风电场采用的主要输电线路型式之一。

电缆通常是由几根或几组导线每组至少两根绞合而成的类似绳索的导体。电缆中，每组导线之间相互绝缘，并常围绕着一根中心扭成，整个外面包有高度绝缘的覆盖层。风电场中的电缆可分为电力电缆、控制电缆、计算机电缆、信号电缆等。在内蒙古草原地区和黑龙江林地地区的陆上风电场，出于保护环境、森林防火、防雷等的需要，都大多采用了电缆作为主要输电线路型式。在海上风电场中，则主要选用电缆作为电能的传输导体，它在海上风电机组间连接、机组与升压变电站连接等发挥重要作用。

7.2.7　电流互感器和电压互感器

　　风电场在运行过程中，需要对其运行状态进行监视。电流和电压是对风电场电气一次系统运行状态的最直接反映。互感器则是对电气一次部分的电流和电压起变换作用的传感器。它将风电场电气一次部分的大电流、高电压按照比例变成标准的小电流和低电压提供给电气二次部分中的测量设备和继电保护装置使用。这样电气二次部分就可以采用小功耗、高精度的标准化、小型化的设备和元器件。

　　互感器分为电流互感器和电压互感器。电流互感器串接于电气一次部分的电路中，将大电流变为小电流；电压互感器并接于电气一次部分的电路中，将高电压变换为低电压。

7.2.8　风电场电气一次设备选型及计算

　　风电场电气设计首先应遵循国家的相关法律、法规，贯彻执行国家的经济建设方针、政策和基本建设程序，使设计符合安全可靠、技术先进、经济合理的要求，便于施工和检修维护。其次，还应结合工程项目的中长期发展规划，正确处理近期建设与远期发展的关系，并考虑后期发展扩建的可能。此外，风电场的电气设计还须遵循节约用地、环境保护和"节能降耗"等原则。

　　风电场电气设计分为电气一次部分设计和二次部分设计两部分，其设计质量直接影响风电场的发电可靠性与发电效率，是非常重要的环节。风电场电气一次部分设计主要包括风电机组选型，机组升压变压器、主变压器和场用变压器选择、场内集电线路设计、母线选择、开关设备选型、互感器选择、电气主接线设计等，设计的重点是要求电气一次部分有较高的安全性、方便性和灵活性，同时要满足系统及设备的正常运行，并保证供电的可靠性和设备运行方式的简单性、可靠性和经济性。由于风电机组选型和电气主接线设计在本书的其他章节已有详细叙述，因此这里仅对风电机组升压变压器、主变压器和场用变压器的选择，集电线路设计、母线以及各类开关设备的选择、互感器选择进行阐述，在选择时依旧遵循电气设备"按正常运行条件进行选择，按短路条件进行校验"的一般性原则。

7.2.8.1　变压器选择

　　变压器的选择包括变压器台数、容量以及相数、绕组数、绕组连接方式等类型选择。不同用途的变压器，选择时考虑的主要因素也不同。风电场各类变压器的选择应符合国家相关制造业的标准，同时应满足 DL/T 5383—2007《风力发电场设计技术规范》和 DL/T 5222—2005《导体和电器选择设计技术规定》等设计规范。在具体选择时，首先要计算和确定变压器的容量；其次要结合风电场的条件，选择合适的变压器型式，通常优先选择油浸式、低损耗、自然油循环、风冷/自冷式有载调压变压器。变压器的其他电气参数的选择方法和校验方法只需按照电气设备选择的通用方法即可。

1. 机组升压变压器

由于风电场中机组升压变压器是和风电机组一对一相连，因此机组升压变压器台数和风电机组台数相等。在选择时，机组升压变压器计算和考虑的参数主要有额定容量、额定电压、绕组连接方式等。

（1）额定容量。风电场中机组升压变压器额定容量的确定应与风电机组最大出力匹配，同时考虑风电机组及机组升压变压器的自用电负荷（如冷却风机、油泵等），因此无论是陆上风电场还是海上风电场，其机组升压变压器所选容量一般都比风电机组容量大，常取 1.1 倍左右的风电机组容量作为机组升压变压器额定容量。例如风电机组容量为 2.5MW，则对应的机组升压变压器容量则为 2.75MW。

（2）额定电压。根据电网侧要求的发电端电压等级以及集电系统电压等级，选择机组升压变压器额定电压为 $35\pm2\times2.5\%/0.69\text{kV}$。

（3）绕组连接方式。机组升压变压器的分接头在高压绕组上，采用无励磁调压方式，绕组连接方式通常选用 D，yn11。

2. 主变压器

风电场中主变压器的台数对整个风电场的电气主接线形式和配电装置的结构有着直接影响。一般而言，主变压器的台数越少，则电气主接线形式越简单，配电装置所需的电气设备也越少，占地面积也越少。因此，风电场的主变压器台数通常在 1~2 台较为适宜，大型和特大型风电场的主变压器台数会相应增加。

在三相电力系统中，采用三台单相变压器组要比用同容量的一台三相变压器投资大、占地多，而且运行损耗大，配置装置结构复杂，维护工作量也大，故一般都选用三相变压器。绕组数一般对应于变压器所连接的电压等级。风电场主变压器容量的选择应该满足风电场对于电能输送的要求，即主变压器应能够将低压母线上的最大剩余功率全部输送入电力系统。同时，当电力系统出现过电压或者短路情况时，主变压器在短时间内要具有保持运行状态的能力。这就要求主变压器容量应与所接入风电机组的总容量相匹配。在正常使用情况下，主变压器送出容量为 S_n，则

$$S_n = \frac{P}{n\cos\varphi} \tag{7-2}$$

式中：P 为风电场总装机容量；n 为主变压器台数；$\cos\varphi$ 为变压器的额定功率因素，电力行业规定在 0.95 以上；S_n 为每台主变压器送出容量。

主变压器的台数应根据风电场规划容量、分期容量、建设规划等情况综合确定。考虑风电场实际情况及风电机组的功率因素接近 1 的区间时，可选择主变压器容量等于风电场的总发电量。

3. 场用变压器

场用电在设计时应遵循最大程度使用风电场自发电、保障风电场场内用电的可靠性、场用电电源切换方式灵活等原则。因此，通常选择两台场用变压器，一台连

接至场内 35kV 母线,一台接至外电网 10kV 母线,两台互为备用,即选择一台变比为 35/0.4kV 和一台变比为 10/0.4kV 的场用变压器。在确定场用变压器容量时,需考虑场用电负荷的增长因素以及变压器过负荷因素,适当照顾到远期场用电负荷发展情况。

7.2.8.2　集电线路设计

风电场集电线路设计需考虑机组升压变压器高压侧到主变压器低压侧的全部内容,包括集电线路电压等级、风电机组的分组与连接方式、集电线路类型选择、导线截面选择等。

1. 集电线路电压等级

集电线路电压等级选择应根据风电场规模及接入条件等因素来确定。集电线路优先考虑采用 35kV 电压等级。对于风电机组容量特别小、风电机组位置距升压变电站较近或地方用电负荷较大应采用分布式接入系统的,集电线路可采用 10kV 电压等级。

2. 风电机组的分组与连接方式

风电机组的分组方式决定了集电线路回路数,进而影响进入升压变电站线路的布置。如果单回集电线路连接风电机组台数多,则集电线路回路数少,线路布置简单方便;反之,如果单回连接风电机组台数少,则集电线路回路数多,集电线路布置和道路安排相对复杂。

风电机组的连接方式则影响集电线路的投资,进而影响整个风电场电气系统的接线方案选择。现阶段,风电机组的连接方式主要分为放射形连接、环形连接和星形连接三种布局,其中环形连接又可分为单边环形、双边环形、复合环形和多边环形四种。

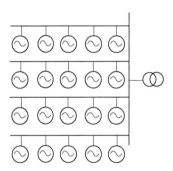

图 7-12　放射形连接示意图

(1) 放射形连接。放射形连接 (图 7-12) 是风电机组分组后,每组内若干台风电机组连接于同一条 35kV 输电线路上,这样风电场内所有机组连接组成若干条 35kV 线路,共同并联接于 35kV 汇流母线,再统一送至风电场升压变电站。

放射形连接其优点是结构简单、操作简便、接线方式灵活可变、购置成本较低、能适用于风电机组布点不规则的场合;缺点是结构可靠性不高,如果线路某处发生故障,与其相连的所有风电机组都要被迫停运。在目前已建成的风电场中,放射形连接是采用最为广泛的一种连接方式。

(2) 环形连接。环形连接是风电机组连接中较为可靠的一种连接方式。环形连接又细分为单边环形连接、双边环形连接、复合环形连接等。

单边环形连接 (图 7-13) 是基于放射形连接的基础,通过增加一条冗余的线路,使各回路最末端的风电机组直接连接至汇流母线,该种连接方式的优点是集电系统的可靠性大大提高,缺点是各回路上都有新增冗余线路,投资成本较高,操作方法不够简便。

　　双边环形连接（图7-14）也是基于放射形连接的基础上，用一条冗余线路将相邻两回路末端的风电机组相连，当回路数为奇数时，则将最后一条回路末端的风电机组直接接至汇流母线上。与放射形和单边环形连接相比，该连接方式中各回路连接的风电机组数量增加了一倍，因此在设计时所使用的输电线路的额定功率也需要加倍。

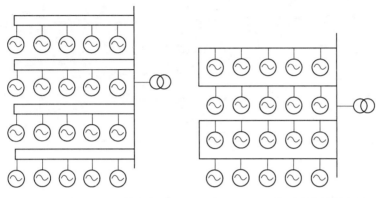

图7-13　单边环形连接示意图　　　　图7-14　双边环形连接示意图

　　复合环形连接（图7-15）是将单边环形连接与双边环形连接结合起来，并加以改进得到的一种连接方式。具体是将所有回路末端的风电机组互连，再通过一条冗余线路将最末端机组连回到汇流母线上。该连接方式相比于单边环形布局冗余电缆的数量更少，相比于双边环形布局电缆额定容量要求更低。

　　（3）星形连接。星形连接（图7-16）是每个分组内的各台风电机组都直接连接在线路末端节点上。这种连接方式的特点是任何一台风电机组或风电机组所在线路发生故障都不会影响到其他线路的正常运行。与放射形连接相比，星形连接方式更能保证集电系统的可靠性，同时也降低了对输电线路额定容量的要求，且无冗余线路。但由于该连接方式中心处需要配置复杂的风电机组间的开关设备，因而会增加该种连接方式的投资成本。星形连接方式一般适用于风向变化频繁的风电场。

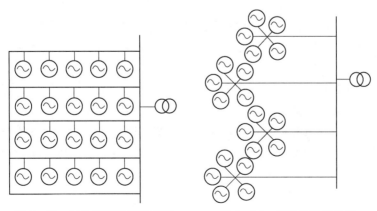

图7-15　复合环形连接示意图　　　　图7-16　星形连接示意图

为了便于对上述三类5种风电机组连接方式的分析对比，表7－1总结了各自的优缺点。

表7－1 风电机组连接方式对比表

布局方案	优　　点	缺　　点
放射形	简单，接线灵活，成本低	可靠性低
单边环形	可靠性高	成本较高，操作较复杂
双边环形	可靠性高	成本较高，操作较复杂
复合环形	可靠性高，成本、电缆额定容量要求介于双边环形和星形之间	
星形	可靠性高，电缆额定容量较低	开关配置复杂，成本较高

合理设计风电机组的连接方式，可以尽量节省集电线路的投资，优化风电场电气系统接线方案。在具体设计时，需要根据风电场工程的实地情况和设计经验，选择最为合适的风电机组连接方式。

3. 集电线路类型选择

集电线路通常有架空线和电缆两种选择，两者技术经济性能不同，应根据实际情况进行选择。

架空线与电缆相比，相同截面架空线的阻抗值大于电缆、载流量也比电缆大，对于连接风电机组数目相同的回路，所使用的架空线路截面小于电缆，因此有功损耗比电缆要大。而相同电压等级的电缆造价比架空线高，截面选择通常比架空线大，有些情况甚至要增加回路数才能满足输送容量要求，因此电缆成本要远远高于架空线路。

陆上风电场集电线路一般情况下优先采用架空线路，当受地形等约束条件限制时，如林区、公路等，适宜采用电缆线路。直埋敷设的电缆埋在地下，受周围环境影响小，电缆内部故障率较低，因此电缆的可靠性要高于架空线路。但实际中电缆的故障率会在一定程度上受到制造和敷设等客观因素的影响，且与架空线路相比，电缆的故障维修周期较长。但在架空线架设困难或者环境条件恶劣的地区，集电线路只能使用直埋敷设的电缆。

海上风电场集电线路全部采用海底电缆。电缆在正常选型时一般依据其长期允许载流量，按照100%恒定负载率和标准中的特定环境条件下进行计算。但对于海上风电场而言，由于其环境因素非恒定，且负载不断变化，如果集电线路电缆选型结果安全裕度过高，会导致浪费电缆线路载流能力，增加海上风电场建设时间和成本及运营费用。因此，依据海上风电场实时环境状态和变化的负载对集电线路电缆进行优化选型设计显得尤为重要。

4. 导线截面选择

风电场中各条集电线路都由若干台风电机组串接而成，各回路风电机组台数由分组方式决定，每回路的输出容量是该回路所有风电机组容量之和。

对于架空线路，电压等级为 10kV 时，主干线导线截面应介于 150～240mm²，次干线截面应介于 95～150mm²；电压等级为 35kV 时，导线截面应介于 95～185mm²。对于电力电缆线路，导线截面应介于 150～300mm²。在工程实际中，应尽量将三芯电缆的截面限制在 185mm² 及以下，以便于敷设和制作电缆接头。

7.2.8.3 载流导体选择

1. 导体截面选择

风电场内各种载流导体的截面一般按照工作电流或经济电流密度进行选择。通常情况下，风电场的载流导体可按照持续工作电流进行选择。对于风电场年发电小时数大于 5000h、传输容量大、母线较长（大于 20km 及以上）的，载流导体则按照经济电流密度进行选择。

（1）按照持续工作电流 $I_{\max}$ 选择：

$$I_{\max} \leqslant K I_{\mathrm{al}} \tag{7-3}$$

式中：$I_{\max}$ 为载流导体的持续工作电流，A；I_{al} 为在额定环境温度 25℃时导体的允许电流，A；K 为与实际环境温度和海拔有关的综合校正系数。

（2）按照经济电流密度 J 选择：

$$S = \frac{I_{\max}}{J} \tag{7-4}$$

式中：S 为载流导体的经济截面，mm²；J 为载流导体的经济电流密度，A/mm²。

风电场中常用母线截面形状有矩形、槽形和管形。矩形母线的散热条件好且安装连接方便。但矩形母线集肤效应系数较大，为了不浪费母线材料，单条矩形母线的最大截面一般不超过 1250mm²。

2. 导体的校验

在依据持续工作电流和经济电流密度选择适当的载流导体后，需要对导体进行电晕电压校验、热稳定校验以及硬导体的动稳定校验。

（1）电晕电压校验。对风电场内电压等级为 110kV 及以上的裸导体，需要按晴天不发生全面电晕的条件进行校验，即裸导体的临界电压 $U_{\mathrm{cr}} > U_{\max}$。按照电气设备选择的相关规定，当电压等级小于 60kV 时可不进行电晕校验，具体可不进行电晕校验的最小导体型号及外径需查阅电气工程设计相关资料。

（2）热稳定校验。在进行导体热稳定校验时，若计及集肤效应系数 K_{f} 的影响，由短路时发热的计算公式可得到由短路热稳定决定的导体最小截面为

$$S_{\min} = \frac{1}{C} \sqrt{Q_{\mathrm{k}} K_{\mathrm{f}}} \tag{7-5}$$

式中：C 为热稳定系数，可查表获得；Q_{k} 为短路热效应；K_{f} 为集肤效应系数。

（3）硬导体的动稳定校验。由于风电场中的硬导体通常都安装在支柱绝缘子

上，短路冲击电流产生的电动力将使导体发生弯曲，因此需要按弯曲情况进行应力计算。而软导体则不必进行动稳定校验。

为了满足硬导体的动稳定校验，在风电场中当矩形导体平放时，为避免导体因自重而过分弯曲，所选跨距一般不超过1.5～2m；三相水平布置的汇流母线常取绝缘子跨距等于配电装置间隔宽度。

7.2.8.4　开关设备选择

1. 断路器

选择风电场中的断路器时，需要考虑断路器的额定电压、额定电流，另外还要考虑其对故障电流的开合能力，即考虑额定开断电流和短路关合电流，校验其动稳定和热稳定。

额定电压是按断路器所在回路的额定电压选取。额定电流按不小于断路器所在回路在各种运行方式下最大的持续工作电流选取。

额定开断电流是指断路器在额定电压下能够开断的最大电流，反映的是断路器的灭弧能力，用I_{Nbr}表示，在选择断路器时，应满足以下条件：

$$I_{\text{Nbr}} \geqslant I_{\text{pt}} \tag{7-6}$$

式中：I_{pt}为实际开断瞬间的短路电流周期分量。

短路关合电流是反映断路器关合短路电流能力的一项参数，用I_{Nci}表示，在选择断路器时，要求其短路关合电流不小于短路时的最大冲击电流I_{shmax}，即

$$I_{\text{Nci}} \geqslant I_{\text{shmax}} \tag{7-7}$$

2. 隔离开关

隔离开关在选择时，较之于断路器要简单，只需要按照电气设备选择的通用方法，通过额定电压和额定电流来选取。

3. 熔断器

熔断器在选择时，需要满足正常工作时的额定电压、额定电流要求。同时，还要考虑其能在故障时切断短路电流，或起到限流的作用，即满足

$$I_{\text{Nbr}} \geqslant I_{\text{sh}} \tag{7-8}$$

或

$$I_{\text{Nbr}} \geqslant I'' \tag{7-9}$$

式中：I_{sh}为冲击电流值；I''为短路瞬间的短路电流交流分量。

7.2.8.5　互感器选择

1. 电流互感器选择

风电场内电流互感器选择内容主要包括额定电压和额定电流的选择、结构类型和准确级的确定以及热稳定、动稳定校验。

结构类型上，一般情况下电压等级在35kV以下的为户内式，35kV及以上的为户外式或装入式（装入变压器或断路器内部）。电流互感器准确级的确定，取

决于二次负荷的性质：对于测量精度要求较高的风力发电机、主变压器回路、500kV 输电线路等重要回路，应选用 0.2 级；对于对接运行监视的电能表、功率表、电流表和控制盘上仪表等电能计量，则采用 0.5～1 级；其他一般测量则可用 3.0 级；如果几个性质不同的测量仪器需要共用一台电流互感器时，其准确级按就高不就低的原则确定。通常用于继电保护装置的电流互感器可选 5P 级或10P 级。

在规划设计时，电流互感器应按风电场的具体需求进行选择，当资料规范上参考数据较老且无法满足具体需求时，还可先提出设计需求，后续进行招标采购。

2. 电压互感器选择

风电场内电压互感器选择内容主要包括额定电压和额定容量的选择、结构类型、接线方式和准确级的确定，具体可按照 35kV 以下、35kV、110kV 等风电场内不同电压等级进行分别选择。电压互感器的额定容量（对应于所要求的准确级），应不小于所带的二次负荷。如果电压互感器的三相负荷不相等，为满足准确级要求，通常对负荷最大的一相进行比较。计算电压互感器各相的负荷时，必须注意互感器和负荷的联结方式。

7.3 电 气 二 次

风电场二次设备也是风电场电气设备的重要组成内容。由各种二次设备相互连接，构成对一次设备进行监测、控制、调节和保护的电气回路称为二次回路。

7.3.1 风电机组的二次设备

风电机组的监控系统分为现地单机监控系统、中控室对各台风电机组进行监控的集中监控系统以及在远处（业主营地或调度机构）对风电机组进行监视的远程监控系统。

风电机组的控制器系统包括两部分：第一部分为计算机单元，主要功能是控制风电机组；第二部分为电源单元，主要功能是使风电机组与电网同期。

（1）每台风电机组的现地控制系统是一个基于微处理器的控制单元，该控制单元可独立调整和控制机组运行。控制柜上运行人员可通过操作键盘对风力机和发电机进行现地监视与控制。如手动开机、停机，向顺时针方向或逆时针方向旋转。风电机组在运行过程中，控制器能持续监视风力机和发电机的转速，控制制动系统使风力机和发电机安全运行，还可调节功率因数。

在风电机组塔架机舱里有手动操作控制箱，在控制箱上配有开关和按钮，如自动操作/锁定的切换开关，偏航切换开关，叶片变桨控制按钮，风速仪投入/切除转换开关，启动按钮，制动器卡盘钮和复归按钮等。

（2）为保证电力系统正常运行，确保供电质量，风电机组配置了温度保护、过负荷保护、电网故障保护、低电压保护、震动超限保护和传感器故障保护等保护装置。

（3）风电机组配备各种检测装置和变送器，能自动连续对风电机组进行监视，在中控室计算机屏幕上可反映风力机和发电机实时状态，如当前日期和时间、叶轮转速、发电机转速、风速、环境温度、风力发电机温度、当前功率、当前偏航、总电量等。

风电机组的升压变压器的控制、保护、测量和信号系统按照 GB/T 50062—2008《电力装置的继电保护和自动装置设计规范》和 GB/T 14285—2006《继电保护和安全自动装置技术规程》的规定，变压器配置高压熔断器保护、避雷器保护和负荷开关，采用高压熔断器作为短路保护，避雷器用于防御过电压，负荷开关用于正常分合电路，不装设专用的继电保护装置。

7.3.2　升压变电站的二次设备

目前，随着技术的发展，为了有效降低风电场运行维护成本，在绝大多数风电场中按照少人值班（少人值守）原则进行设计，采用全计算机监控方式，通过计算机监控系统进行机组的启停及并网操作、主变高压侧断路器和线路断路器的操作、站用电切换、辅助设备控制等。

计算机监控系统主干网采用分层分布开放式结构的双星形以太网，通讯规约采用标准的 TCP/IP，设置中央控制单元和现地控制单元，中央控制单元和现地控制单元通过冗余高速以太网连接，网络介质为光纤。中央控制单元设备置于变电站的中央控制室，现地控制单元按被控对象分布。

计算机监控系统中央控制配置为两台工业级主机操作员工作站（各配置一台监视器）、一台工程师工作站（配置一台监视器）、一个语音报警及报表管理打印工作站、两台互为热备用的以太网交换机、GPS 时钟系统及外围设备等。其主要功能为数据采集与处理、控制操作、运行监视、事件处理、报警打印、自检功能等。

7.3.2.1　升压变电站的控制、测量、信号系统

1. 110kV 及以上升压变电站的控制、测量和信号的原则

（1）110kV 升压变电站的主要电气设备可现地控制，也可采用集中监控系统。在中控室可操作 110kV 断路器、110kV 隔离开关、主变压器中性点隔离开关、10kV 断路器。

（2）110kV 隔离开关与相应的断路器和接地开关之间，装设闭锁装置。

（3）110kV 变电所监控系统结构分为站控层和间隔层，网络按双网考虑，通信介质采用光纤。站控层采用总线型，包括当地监控设备、运动终端、打印机等。间隔层采用总线型网络，按间隔配置。35kV 测控、保护合二为一，置于 35kV 开关柜，主变测控、保护各自独立，置于主控室，其他智能设备可通过通信口或智能型设备接入监控系统。

监控系统控制范围为整个升压变电站的断路器和电动隔离开关。控制方式：断路器分别在远方、监控系统和保护屏上控制；隔离开关分别在远方、监控系统和配

电装置处控制。

2. 监控系统的功能

（1）运行监视功能。主要包括变电站正常运行时的各种信息和事故状态下的自动报警，站内监控系统能对设备异常和事故进行分类，设定等级。当设备状态发生变化时退出相应画面。事故时，事故设备闪光直至运行人员确认，可方便地设置每个测点的越限值、极限值，越限时发出声光报警并退出相应画面。

（2）事故顺序记录和事故追忆功能。对断路器、隔离开关和继电保护动作发生次序进行排列，产生事故顺序报告。

（3）运行管理功能。可进行自诊断，在线统计和制表打印，按用户要求绘制各种图表；记录设备运行的各种参数、检修维护情况、运行人员的各种操作；进行继电保护定值的管理和操作票的开列；采集电能量，按不同时段进行电能累加和统计，最后将其制表打印。

（4）远动功能。在站级层设置远动终端，按双通道考虑。可从计算机网络上直接获得站内全部运行数据，可与调度端的 EMS 主站进行通信，将其所需的各个遥测、遥信和电能信息传给调度端，同时也可接收调度端发来的各种信息，并具有通道监视功能。

3. 电测量

按 GBJ 63—1990《电力装置的电测量仪表装置设计规范》进行配置。全站配置一套计费装置，关口计费点设置为：产权分界点，即在升压变电站高压出线及对侧变电站接入间隔中实施。在关口点设置双方向 0.2s 级多功能电子电能表两块。电量信息接入对侧变电站电量采集器，通过该采集器向中调、地调发送。

同时在升压变电站配置一台电量采集器，完成对电能表的数据采集。通过电量采集器将电量数据分别向中调、地调电量采集主站系统传输发送。电能计量信息传输规约按电力系统要求实施。

电能测量选择智能式电子电能表，正、反向有功电能、无功电能（峰、谷）分开计量电能表另外组屏，布置在控制室内。

4. 信号及其传递

信号分为电气设备运行状态信号，电气设备和线路事故以及故障信号。根据变电站的送出电压等级、地位以及电力系统的具体要求，将遥测和遥信信号通过相互独立的通道传输到地调或中调。

7.3.2.2 升压变电站的继电保护装置

主变压器、110kV 线路、35kV 线路及箱式变压器的继电保护参照 GB/T 50062—2008《电力装置的继电保护和自动装置设计规范》选用微机型保护装置。

1. 主变压器保护

主变压器保护主要配置一套二次谐波制动原理的微机型纵差保护，保护动作跳变压器各侧断路器。

差动保护是变压器的基本电气量主要保护方式，用于保护变压器本身故障，其原理为基尔霍夫电流定律，将变压器看作一个节点，则流入变压器的电流应该和流出的相同。

图 7-17 给出了双绕组变压器差动保护单相原理接线图。变压器两侧分别装设电流互感器 TA$_1$ 和 TA$_2$，并按图 7-17 中所示极性关系进行连接。

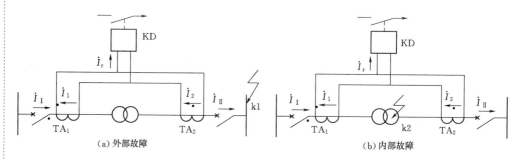

图 7-17　双绕组变压器差动保护单相原理接线图

理想状态下，当两侧的互感器选择不存在误差和不平衡，可以看出当发生外部故障时候，流入差动继电器 KD 的差流为 0，而当发生内部故障时候，流入差动继电器 KD 的差流则很大。

除了比率制动差动保护，一般还装设差动速断保护用于快速动作用于较为严重的故障，差动保护的跳闸逻辑为跳变压器各侧断路器，实现变压器和带电系统的完全隔离。

非电量保护包括重瓦斯、轻瓦斯、油温、绕组温度、压力释放等，保护动作于发信号。非电量保护也用于保护变压器本体。

此外，为了应对变压器本体的变化，还装设有油温、绕组温度、油位、冷却器故障等动作于信号的保护，其中冷却器故障和油温高也可以视情况整定带时限动作于跳闸。

除了装设主保护，变压器还装设有后备保护。后备保护用于防御变压器本身和外部系统的故障。常见的后备保护是用于防止相间短路的电流保护和用于防止接地短路的零序电流和零序电压保护，主要包括在低压侧装设复合电压起动的过电流保护、高压侧装设低电压闭锁过电流保护，以保护经延时动作于跳开主变压器两侧断路器。

此外，变压器还装设有主变压器过负荷保护，带时限动作于发信、启动风扇、闭锁有载调压，或跳低压侧分段断路器等。

2. 110kV 或 220kV 线路保护

对于风电场中的 110kV 或 220kV 线路保护，一般采用光纤纵差+距离保护。其中，220kV 线路保护配置两套冗余微机型、相互独立的主保护及完整的后备保护，并将主保护及后备保护综合于一整套装置内，两套保护均采用光纤纵差或距离保护。对于 110kV 线路则配置一套保护。

3. 场用变压器保护

设置电流速断、限时电流速断和过电流保护，保护动作于跳开场用变压器的断路器；零序过电流保护，动作于跳开场用变压器各侧断路器。

4．10～35kV 进线保护

采用限时电流速断、过电流、零序过电流保护，保护动作于断开本进线断路器。

5．10～35kV 电容器保护

装设限时电流速断、定时限过电流、过/欠电压、不平衡电压、零序过电流保护，保护动作于断开电容器回路的断路器。

7.3.2.3　升压变电站的操作电源系统

升压变电站的操作电源系统包括直流系统和交流系统。直流系统具有智能化功能，并能与变电站内的监控系统通信。其中，直流系统电压采用 DC 220V，设一组性能可靠、免维护的 300Ah 高频开关直流电源成套装置作为变电站的操作电源。直流系统接线采用单母线接线方式，不设端电池，浮充电运行方式。直流系统还设一套微机型绝缘监测装置蓄电池容量检测仪。对于集中监控设备，则可由交流不停电电源系统供电。

7.3.2.4　升压变电站的图像监控系统

升压变电站内通常设置一套图像监控系统，作为变电站少人值班的辅助配套设备，与变电站内监控系统相连。图像监控系统主要监视的场所包括主变压器、电容器室、气体绝缘开关设备室、高低压开关室等重要部位，并可根据需要设置若干监测点。

图像监控系统采用多媒体技术支持数字式装置，主要由 3 部分组成：第一部分在主要监视的场所的各个重要部位，安装监控前端设备——一体化球机；第二部分为传输网络，主要将前端设备的音、视频信号和监控信号传输到监控中心，并预留远程传输接口，传输介质采用同轴电缆或光纤；第三部分为监控中心，主要包括多媒体数字监控系统主机、录像机和打印机等。

7.3.3　风电场控制室二次设备

风电场控制室布置在风电场升压站内，与升压变电站中控室在同一房间。在中控室内采用微机对风电场场区中的风电机组进行集中监控和管理。中控室内的值班人员或运行人员可通过人机对话完成监视和控制任务。

7.3.4　升压变电站综合自动化技术

在电力系统中，广泛采用综合自动化技术。风电场的升压变电站也一样，常常采用综合自动化技术。风电场升压变电站综合自动化技术是提高变电站安全稳定运行水平、降低运行维护成本、提高经济效益和向用户提供高质量电能的一项综合技术。它把电力系统自动化技术与先进的计算机技术、通信技术和现代电力电子技术等相结合，从而实现对升压变电站的二次设备的功能进行重新组合和优化设计，完成对升压变电站全部设备的监视、测量和控制。

结合我国的情况，风电场升压变电站综合自动化系统的基本功能体现在 5 个方面：①微机继电保护功能；②远动终端 RTU 功能；③当地监控功能；④自动装置功能；⑤其他功能等。

　　1. 微机继电保护功能

　　微机继电保护功能是风电场升压变电站综合自动化系统的最基本、最重要的功能。它种类繁多，技术含量高，可靠性要求高。它包括 220～500kV 超高压输电线路保护和后备保护；110kV 高压输电线路保护；10～35kV 输电线路保护；两绕组变压器的主保护、后备保护以及非电量保护；三绕组变压器的主保护、后备保护以及非电量保护；母线保护；自动重合闸装置；电容器保护等。

　　微机继电保护与非微机的常规继电保护相比具有以下特点：

　　（1）微机继电保护装置有在线自检功能，能检测到本身绝大多数的故障，保护装置的可靠性大大提高了。

　　（2）微机继电保护装置的保护性能超过了常规继电保护。随着电力系统越来越复杂，常规继电保护变得越来越难以满足要求，现在只有微机继电保护才有能力承担电力系统的保护任务。例如，长线路超高压输电线路的纵联差动保护，大型发电机的反时限保护等。

　　（3）微机继电保护装置提供了一些附加功能。这些附加功能最初只是为保护功能锦上添花，到现在发展成为保护装置功能必不可少的重要组成部分。例如，微机线路继电保护可以提供保护动作时间、故障类型和相别、短时故障录波等功能，这些有助于运行部门对事故的分析和处理。进行在线自检功能，能检测到本身的绝大多数的故障，保护装置的可靠性大大提高。

　　（4）微机继电保护装置还提供了重要的附加功能——通信功能。微机继电保护装置通信功能使它可以向变电站监控系统现传送多种信息，为实现变电站监控系统提供基础。随着对自动化水平要求越来越高，对装置的通信功能要求越来越高。

　　（5）其他特点。例如，维护调试方便，改变保护定值方便从而适用电力系统运行方式的变化，软硬件灵活性大有利于保护的设计、生产等。

　　2. 远动终端 RTU 功能

　　在风电场或其升压变电站内按规约完成远动数据采集、处理、发送、接收以及输出执行等功能的设备，称为远动终端 RTU。远动终端 RTU 的主要任务是将表征电力系统运行状态的风电场升压变电站的有关实时信息采集到调度控制中心，把调度控制中心的命令发往风电场升压变电站，对设备进行控制和调节。

　　3. 当地监控功能

　　当地监控功能类似于电力系统远动系统，最大的不同在于控制地点，前者是在风电场升压变电站内，后者是在调度控制中心。

　　4. 自动装置功能

　　风电场升压变电站常见的自动装置功能包括：故障录波及测距装置功能、电压无功控制综合装置功能、低频减载装置功能、备用电源自动投入装置功能、小电流接地装置功能。

5. 其他功能

随着风电场升压变电站自动化系统的发展，它能包括越来越多的功能。例如操作票专家系统功能，仿真培训功能等。

7.4 电 气 主 接 线

电气主接线是发电厂和变电站连接多种类型电气设备并进行电能汇集、分配和输送的电路，也被称为电气主系统或电气一次接线。通常采用电气主接线图的形式来表示电气主接线。在电气主接线图中，发电设备、变压器、载流导体、开关、互感器以及测量和保护设备等各类电气设备均使用规定的图形符号与文字符号来表示，并以工作顺序的方式进行排列。通过电气主接线图就可以详细展示整个发电厂或变电站的主要电气设备连接关系与组成关系。在风电场中，也不例外，其电气部分的描述同样要靠电气主接线图。

由于风电场与其他发电厂有所不同，因此，其电气主接线包括风电机组、集电系统、升压变电站和场用电 4 个部分进行介绍。

图 7-18 风电机组
电气接线图

7.4.1 风电机组部分的电气接线

风电机组部分的电气接线一般都采用单元接线，即一台风电机组接一台机组升压变压器，也称一机一变，如图 7-18 所示。对于单机容量特别小的风电机组有时也采用两台风电机组或多台风电机组配一台变压器。

7.4.2 集电系统部分的电气接线

风电场集电系统部分的电气接线方式取决于风电机组的分组以及分组后的相互连接方式，在本章 7.2.8.2 中有详细阐述。图 7-19 为一种集电系统部分的电气接线图。

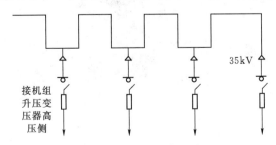

图 7-19 集电系统部分电气接线图

7.4.3 升压变电站部分的电气接线

风电场升压变电站的电气接线包括主变压器低压侧（10kV 或 35kV）接线，以及主变压器高压侧（110kV 或 220kV）接线。

由于主变压器低压侧与集电系统部分的相连，因此电气接线大多为单母线分段接线或单母线接线。具体选择什么样的接线形式，取决于集电系统部分汇集的风电机组分组数目：当风电场规模中等或较小，集电系统分组汇集的 10kV 或 35kV 线路数目较少时，一般采用单母线接线；对于规模中等及以上的风电场，10kV 或 35kV 线路数目较多时，一般采用单母线分段接线；对于特大型风电场，则可采用双母线接线的形式。每段母线的进线，是集电系统的并联输出，每段母线的出线是连接主变压器低压侧的输电线路。图 7-20 为某风电场升压变电站部分电气接线图。

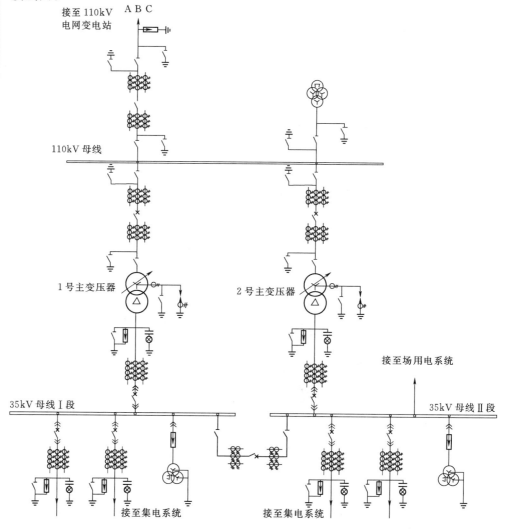

图 7-20 某风电场升压变电站部分电气接线图

7.4.4 场用电部分的电气接线

风电场的场用电系统部分，主要取自本风电场 35kV 母线段，经场用变压器降压至 400V（或 380V）后输送至场用电配电网。为了保证场用电系统的可靠性，同时还设一条备用电源引自外来 10kV 电网，经降压变压器降至 400V（或 380V）后同时接至场用电系统的 400V（或 380V）母线段。整个场用电部分采用单母线接线方式。图 7-21 为场用电部分电气接线图。

7.4.5 风电场电气主接线方案的选择与确定

风电场电气主接线的合理性与可靠性直接决定整个风电场电气系统的可靠性、灵活性和运行经济性，进而影响整个风电场的可靠性和经济性。因此，科学合理地选择和确定电气主接线方案是进行风电场电气系统计算、选型及设计的先决条件。

7.4.5.1 基本原则

风电场电气主接线方案在设计时，需要满足以下基本原则：

（1）可靠性。供电可靠性是电力生产的基本要求，也是风电场电

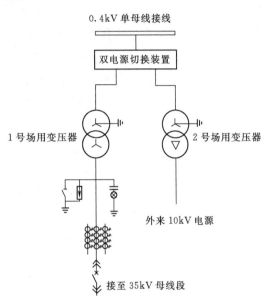

图 7-21 场用电部分电气接线图

气主接线方案选择和设计首要考虑的因素。具体体现在：任何回路上的断路器检修时，尽可能不影响其所在回路的供电；断路器或母线发生故障以及母线检修时，尽可能减少停运回路的数目和停运时间；尽可能避免风电场、升压变电站全部停电的可能性。

（2）灵活性。风电场电气主接线的灵活性，主要体现在风电场运行调度、设备检修以及后续改建、扩建等方面。首先在调度时，风电机组、各类变压器和线路等能灵活地投入和切除；其次在检修时，可以方便地停运断路器、母线及其继电保护设备，进行安全检修不会影响整个风电场的供电以及电力系统的运行；最后在扩建时，简单快捷地从初期接线过渡到最终接线，在不影响连续供电或停电时间最短的情况下，投入新装机组、变压器或线路而不互相干扰，并且对一次和二次部分的改建工作量最小。

（3）经济性。在满足可靠性、灵活性要求的前提下，所选择的电气主接线方案还应经济合理，主要包括：

1）建设投资少。电气主接线形式简单，可以减少断路器、隔离开关、互感器、

避雷器等一次设备的数量，也可以使继电保护和二次回路较为简单，从而节省二次设备的数量。

2）占地面积小。电气主接线方案应选择的科学合理，占地面积小，有利于各类设备和装置的布置。

3）电能损失少。在风电场中，电能损耗主要来自变压器，经济合理地选择主变压器以及机组变压器和场用变压器的型式、容量和数量，并尽可能避免因多次变压而增加电能损耗。

7.4.5.2　步骤

进行一个风电场电气主接线方案的选择和确定，主要步骤如下：

（1）收集与风电场电气系统设计相关的各类原始资料，根据具体设计要求，依据国家和行业的电气及风电场相关设计规范，分析拟定风电场内各电压等级的电气接线方式，在此基础上，拟定数个风电场电气主接线方案。

（2）对拟订的各个电气主接线方案进行技术经济比选，最终获得最优方案。

（3）依据最终的最优电气主接线方案，绘制电气主接线图。

7.4.5.3　方案

风电场电气主接线方案在具体选择和确定时，可先从风电机组部分至集电系统部分，再至升压变电站部分和场用电部分，依次进行。

风电机组部分电气接线较为简单，依据风电场装机台数和每台风电机组的单机装机容量，在选择好风电机组升压变压器后，采用单元接线方式进行一机一变连接。

集电系统部分电气接线可结合集电线路设计与优化结果，按照技术经济最优的原则选择和确定。

升压变电站部分电气接线应根据升压变电站的规划容量、输电线路电压等级、升压变电站功能、主变压器连接元件总数、设备特点等进行设计，并对设计方案进行技术经济比较与分析论证，最终确定升压变电站电气接线方案。其中，主变压器低压侧（35kV 或 10kV）接线一般是单母线分段接线方式，分段数宜与主变压器台数一致，各个母线段间设置分段断路器，便于主变压器检修时其母线段电能的送出。另外在风资源比较匮乏的时候，也可用来使空载主变压器退出运行，以节约主变压器的空载损耗。

场用电部分应由两路独立的电源组成，一路引自主变压器低压侧，另一路从外电网引接，每个回路中各设一台场用降压变压器。场用电系统应采用三相四线制，系统的中性点直接接地。一般情况下，风电场输出电能的电压等级为 220kV 时，其场用电系统采取单母线分段接线；输出电能的电压等级为 110kV 时，场用电系统采取单母线接线。

图 7-22 为某陆上风电场电气主接线图示例。

海上风电场电气主接线图

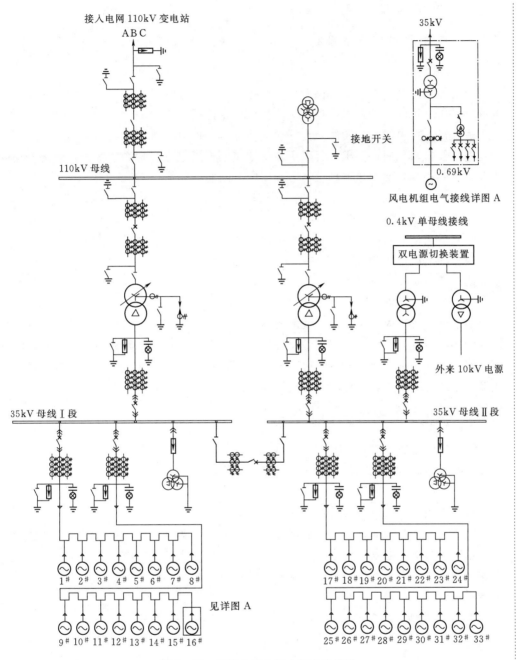

图 7-22 某陆上风电场电气主接线图

7.5 通 信 系 统

风电场的通信系统主要包括系统通信和场内通信两个部分。在设计过程中，需依照 DL/T 5391—2007《电力系统通信设计技术规定》、DL/T 5225—2016《220kV～

1000kV 变电站通信设计规程》等相关设计规定、规程和其他行业相关要求。

7.5.1　陆上风电场通信系统

1. 系统通信

系统通信是为上级主管部门对风电场生产调度和现代化管理提供电话通道，并为继电保护、远动和计算机监控系统等提供信息传输通道。

多数陆上风电场都采用两路光纤通信互为备用的通信方式。光纤通信结合上级调度通信及自动化通信要求，可采用光纤通道的方式接入当地系统通信，通道与电力调度中心相连，实现风电场至电力调度中心的通信联络。

2. 场内通信

场内通信是为风电场生产运行、调度指挥及行政办公系统各职能部门之间业务联系和对外通信联络提供服务，分为场内生产调度通信和行政管理通信。

根据陆上风电场规模及其在系统中的重要地位，满足电力系统通信发展的要求，同时考虑到设备管理上的方便，场内通信应按照风电场接入系统通信部分的要求进行设计，在风电场内可采用生产调度通信和行政管理通信共用一套交换设备。设备的选型配置可根据当前通信技术发展状况、风电场自动化运行水平以及对通信业务的实际需要，设置与不同类型设备相连接的接口装置，并配套设置数字录音设备，对调度通话进行自动或手动启动录音，也可手动切除。调度交换机门数设计按照接入系统设计要求，光传输设备按照双套设计，蓄电池按照双套配置。

7.5.2　海上风电场通信系统

海上风电场通信系统不仅首先要满足 DL/T 5391—2007 和 DL/T 5225—2016 的设计要求，同时还应满足国际海事组织《国际海上人命安全公约》（SOLAS 公约）和全球海上遇险与安全系统 GMDSS 的相关要求。

1. 系统通信

海上风电场系统通信主要包括调度电话、调度自动化、系统继电保护及生产管理信息等。海上风电场须配置一套场内生产调度及管理电话系统，主机设置于陆上集控中心，海上升压变电站及海上风电机组分别部署 IP 语音网关和 IP 电话，实现全场语音通话业务。

2. 升压变电站通信

海上升压变电站与陆上集控中心的场内通信应具备两条独立的通信通道，宜选择数字光纤通信方式，且通信不得中断；光传输设备宜选用 SDH，且应双套冗余配置；通信电源宜采用一体化电源的通信用直流变换电源。海上升压变电站的无线通信应至少设置 1 套无线对讲系统，作为平台内部通信方式；应设置 1 套以上海洋船舶专用甚高频调频无线通信系统，作为与周围作业船只的通信方式。此外，还应设有海上升压变电站应急通信系统。

第8章 风电场的运行方式

8.1 电力系统负荷曲线

8.1.1 电力系统用户特性

电力系统中有各种类型的用户，通常按用电部门的属性划分，可将用户分为工业用电、农业用电、交通运输用电及市政生活用电四大类。

1. 工业用电

工业用电主要指有关工矿企业中的各种电动设备、电炉、电化学设备及车间照明等生产用电。工业用电的特点是用电量大，年内用电过程比较均匀，但在一昼夜内随着生产班制和产品种类的不同而有较大的变化。例如，一班制生产企业的用电变化较大，三班制和连续性生产企业的用电变化比较均匀；炼钢厂中的轧钢车间用电是有间歇的，所需电力在短时间内常有剧烈的变动。

2. 农业用电

农业用电主要指电力排灌、乡镇企业及农副产品加工用电、畜牧业及农村生活与公共事业用电等。农业用电中的排灌用电以及农产品的收获用电均具有一定的季节性。排灌用电各年不同，干旱年份的排灌用电比多雨年份的更多，但在用电时期内用电量相对稳定，而在一年不同时期内则很不均匀。

3. 交通运输用电

交通运输用电主要指电气化铁路用电以及城市电车、轨道交通用电等。随着电气化铁路运输的发展，交通运输用电量会有较大增长，但在一年内与一昼夜间用电相对稳定，只是在电气列车启动以及货运电气化机车重载爬坡时负荷变化较大。

4. 市政生活用电

市政生活用电主要是指城市交通、给排水、通信、各种照明以及家用电器等方面的用电。这类用户的特点是一年内及一昼夜内变化都比较大。以照明为例，夏天夜短用电少，冬天夜长用电多。随着城市建设的发展、人民群众生活水平的提高以及一些异常气候的出现，近年来城市用电量迅速增长。

8.1.2 电力负荷分类及特性

1. 电力负荷分类

通常，把用户的用电设备所取用的功率统称之为负荷（以往又称负载）。电力负荷由国民经济各部门的用电负荷组成。电力负荷包括各类用电设备，如照明设备、异步电动机、同步电动机、电热电炉、整流设备等。

按照不同的划分标准，电力负荷可分为以下几类：

（1）按物理性能来分，可将电力负荷分为有功负荷与无功负荷。有功负荷是把电能转换为其他能量形式（如机械能、光能、热能等），并在用电设备中实际消耗掉的功率；无功负荷是产生磁场所消耗的功率。

（2）按电力生产和销售过程来分，可将电力负荷分为发电负荷、供电负荷和用电负荷等。发电负荷是指某一时刻发电厂实际发电出力。发电负荷减去发电厂厂用负荷后，就是供电负荷，它代表了由发电厂供给电网用的电力。供电负荷减去电网中线路和变压器的电力损耗后，得到的就是用电负荷，也就是用电户耗用的电力。

（3）根据对供电可靠性的要求及中断供电在政治经济上所造成损失或影响的程度分类，可将电力负荷分为一类负荷、二类负荷和三类负荷。其中，一类负荷指中断供电将造成人身伤亡，或在政治经济上有重大损失的负荷；二类负荷指中断供电将影响重要用电单位的正常工作，或将在政治经济上有较大损失的负荷；三类负荷指不属于以上一类和二类的负荷。

2. 电力负荷的特性

负荷特性是指负荷功率随负荷端电压或系统的频率变化而变化的规律，它对电力系统的运行有重要影响。其中，负荷功率随负荷点电压变动而变化的规律，称为负荷的电压特性；负荷功率随电力系统频率改变而变化的规律，称为负荷的频率特性；负荷功率随时间变化的规律，称负荷的时间特性。但一般习惯上把负荷的时间特性称为负荷曲线，而把负荷的电压特性和负荷的频率特性统称为负荷特性。

负荷特性包括静态特性和动态特性。静态特性是指当电力系统频率及电压缓慢变化达到稳态时，负荷功率与电压或频率的关系；动态特性则是指在电压、频率急剧变化过程中的负荷功率与电压、频率的关系。另外，由于负荷的有功功率与无功功率变化对电压、频率的影响各不相同，所以负荷特性还分为有功特性与无功特性两种。

8.1.3　电力负荷曲线

电力负荷随时间不断变化，具有随机性，电力负荷随时间变化的关系用曲线来表示，即为负荷曲线。根据持续的时间，负荷曲线可分为日负荷曲线、周负荷曲线、季负荷曲线和年负荷曲线；根据所涉及的范围，负荷曲线可分为个别用户的负荷曲线、变电站的负荷曲线、电力系统的负荷曲线等。

在电力系统规划和运行中，应用最多的是电力系统的日负荷曲线和年负荷曲线，如图 8-1 和图 8-2 所示。

1. 日负荷曲线

电力负荷在一昼夜内的变化过程线，称为日负荷曲线。日负荷曲线的变化是有一定规律性的。如图 8-1 所示，该用电户在上午、下午各有一个高峰，晚上因增加大量照明负荷形成尖峰，午休期间及夜间各有一个低谷，且夜间低谷比午休期间的低谷要低得多。

不同用电户的日负荷曲线

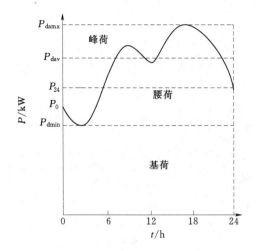

图 8-1 某用电户的日负荷曲线

P_0—当日 0 时负荷；P_{24}—当日 24 时负荷

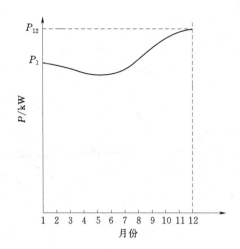

图 8-2 某用电户的年负荷曲线

P_1—1 月最大/平均负荷；

P_2—12 月最大/平均负荷

在日负荷曲线中，虽然各小时的负荷各不相同，但对分析计算有重要意义的主要有 3 个特征值，即日最大负荷 P_{dmax}、日平均负荷 P_{dav} 和日最小负荷 P_{dmin}。其中平均负荷 P_{dav} 可根据式（8-1）计算得出，即

$$P_{dav} = \frac{\sum_1^{24} P_i}{24} = \frac{E_日}{24} \tag{8-1}$$

式中：P_i 为一昼夜内第 i 个小时的负荷；$E_日$ 为一昼夜内系统所供应的电能，亦即用电户的日用电量，相当于日负荷曲线下方包括的全部面积。

将日最小负荷 P_{dmin} 水平线以下的部分称为基荷，日平均负荷 P_{dav} 水平线以上的部分称为峰荷，日最小负荷 P_{dmin} 和日平均负荷 P_{dav} 水平线之间的部分称为腰荷。由图 8-1 可以看出：峰荷随时间的变化量最大；基荷在一昼夜内都不变；腰荷位于峰荷和基荷之间，在一昼夜内某段时间内不变，在另一段时间内变动。

为了反映日负荷曲线的特征，一般采用以下指标值表示。

（1）基荷指数。基荷指数是日最小负荷与日平均负荷之比 α，通常表示为

$$\alpha = P_{dmin} / P_{dav} \tag{8-2}$$

α 值越大，表示基荷占整个日负荷的比重越大，这说明系统的日用电情况比较平稳。

（2）日最小负荷率。日最小负荷率是日最小负荷与日最大负荷之比 β，通常表示为

$$\beta = P_{dmin} / P_{dmax} \tag{8-3}$$

β 值越小，表示日最小负荷与日最大负荷的差别越大，日负荷越不均匀。

（3）日平均负荷率。日平均负荷率为日平均负荷与日最大负荷之比 γ，通常表示为

$$\gamma = P_{\mathrm{dav}} / P_{\mathrm{dmax}} \qquad (8-4)$$

γ 值越大，表示日负荷变化越小。

β 和 γ 的数值与用户的构成情况、生产班次及调整负荷的措施有关。很明显 $\beta \leqslant \gamma \leqslant 1$。

我国电力系统的工业用电比重较大，一般 $\gamma \approx 0.8$，$\beta \approx 0.6$。国外电力系统由于市政用电比重较大，β 值较小，一般 $\beta < 0.5$。

日负荷曲线主要用于研究电力系统日运行方式，如经济运行、调峰措施、安全分析、调压和无功补偿等。

2. 年负荷曲线

除了日负荷曲线外，另一类常用的负荷曲线是年负荷曲线，它是电力负荷在一年内的变化曲线。在一年内，负荷之所以发生变化，主要由于各季的照明负荷有变化，其次系统中尚有各种季节性负荷，如空调、灌溉、排涝等用电。年负荷曲线的纵坐标为负荷，横坐标为时间，为简化计算，常以月为单位。年负荷曲线一般采用两种曲线表示。

（1）年最大负荷曲线。一年内每月（或每日）最大负荷随时间的变化曲线，称为年最大负荷曲线。它表示电力系统在一年内各月（或各日）所需要的最大电力。这种负荷曲线的形状有两个特性：①在北方地区，冬季的负荷最高，夏季则低落 $10\% \sim 20\%$；在南方地区则恰好相反；②由于一年内随着生产的发展，电力负荷不断有所增长，因而实际上年末最大负荷总比年初的最大负荷大，这种考虑年内负荷增长的曲线，称为动态负荷曲线。在实际工作中，为简化计算，一般不考虑年内负荷增长因素，则称为静态负荷曲线。

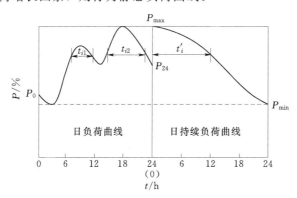

图 8-3　日持续负荷曲线
P_0—当日 0 时负荷；P_{24}—当日 24 时负荷；$P_{\max}$—当日最大负荷；$P_{\min}$—当日最小负荷

（2）年平均负荷曲线。一年内各月（或各日）的平均负荷随时间的变化曲线，则称为年平均负荷曲线。该曲线下方所包围的面积大小，即等于一年内负荷消耗的电量。

3. 持续负荷曲线

在进行电力系统规划和研究系统运行的经济效益时，还要用到一种派生的负荷曲线——持续负荷曲线。该曲线不是按时间顺序，而是按某一研究周期内电力负荷递减的顺序

绘制成的负荷曲线。按照研究周期的不同，有日持续负荷曲线、月持续负荷曲线、年持续负荷曲线等。图 8-3 表示了日负荷曲线与相应的日持续负荷曲线的关系。

图 8-3 中，t 不代表时刻顺序，而是某一负荷 P 的持续运行时间。t_i' 可表示为

$$t'_i = \sum_j t_{ij} \qquad (8-5)$$

式中：t_{ij} 为日负荷曲线上负荷等于 P_i 时在第 j 段上的持续时间；t'_i 为负荷等于 P_i 时，日持续负荷曲线上的持续时间。

上述各种负荷曲线，无论在设计阶段或运行阶段，为了确定各电厂站在电力系统中的运行特性及其各电厂站所需的装机容量，均具有重要的作用。

8.2　电力系统中各类电源的运行特性

现代电力系统广泛采用的有凝汽式电厂、热电厂、水电站、核电站、抽水蓄能电站以及太阳能、风力、地热、潮汐等新型能源发电站。近年来，核电站和风电场在我国得到了很大的发展，为了合理确定电力系统中各类电源的构成和运行方式，应对各类电源的运行特性有一定的了解。

8.2.1　火电厂

1. 分类

火电厂的主要设备包括锅炉、汽轮机和发电机等。按其生产性质，又可分为两大类。

（1）凝汽式火电厂。凝汽式火电厂的任务是发电。锅炉生产的蒸汽直接送到汽轮机内，按一定顺序在转轮内膨胀做功，带动发电机发电。蒸汽在膨胀做功过程中，压力和温度逐级降低，废蒸汽经冷却后凝结为水，最后用泵将水抽回至锅炉中再生产蒸汽，如此循环不已。

（2）供热式火电厂。供热式火电厂的任务是既要供热，又要发电。如采用背压式汽轮机，则蒸汽在汽轮机内膨胀做功驱动发电机后，其废蒸汽不进入凝汽器冷却，而全部被输送到工厂企业中供生产用或者输送到用户供取暖。这种机组以供热为主，在没有热负荷的情况下不能发电。但是，当发电机故障时机组可以利用减温、减压装置继续供热。

如采用抽气式汽轮机，则可在转轮中间根据热力负荷要求抽出所需的蒸汽，当不需要供热时，则与凝汽式火电站的工作过程相同。这类机组无论抽气多少，都能发出额定出力。

火电厂的运行情况与所供给的燃料有很大关系。不同种类煤的发热量差异很大。每千克发热量达到 2.931×10^7 J 的煤称为标准煤。一般质量较好的煤及无烟煤的发热量为 $(1.675 \sim 2.512) \times 10^7$ J/kg，劣质烟煤的发热量为 $(1.047 \sim 1.675) \times 10^7$ J/kg，褐煤的发热量为 $(0.837 \sim 1.675) \times 10^7$ J/kg。

2. 运行特性

在电力系统中，火电厂的运行特性可以归纳为以下方面：

（1）火电厂的出力和发电量比较稳定。只要发电设备正常、燃料供应充足就可以全年按其额定装机容量发电。

（2）火电机组启动技术复杂，且需耗费大量的燃料、电能等。以 5 万 kW 的火电机组为例，从冷状态启动到带满负荷需要 6h。因此，火电机组不宜经常启停，一般来说，适宜承担电力系统的基荷。

（3）火电厂有最小技术出力的限制。负荷太小时锅炉可能出现燃烧不稳定的现象。一般燃煤火电厂的最小技术出力为其额定出力的 60%～70%，如果火电机组连续不断地在接近满负荷的情况下运行，则可以获得最高的热效率和最小的煤耗。特殊设计的调峰火电机组的最小技术出力可以降低到 50%，但单位电能的煤耗要增加较多，造价较高。这一特性就限制了火电厂的负荷调节能力。

（4）火电厂本身的单位装机容量投资比水电站低，但考虑环境保护等措施的费用，以及煤矿、铁路等配套工程的投资，则折合后的单位装机容量火电投资，可能与水电站装机容量投资相近。但火电厂必须消耗大量的燃料，且厂用电和管理人员较多，因此火电厂单位发电成本比水电站单位发电成本要高。

8.2.2　水电站

水电站是利用天然水流的水能来生产电能，其发电功率与河流的落差及流量有关。

1. 分类

根据开发河段的水文、地形、地质等自然条件，水电站的分类如下：

（1）坝式水电站。通过拦河筑坝或闸来抬高开发河段水位，使原河段的落差集中到坝址处，从而获得水头，进入水力机组的平均流量为坝址处的平均流量。由于坝址上游段常因形成水库而发生淹没。若淹没损失不大，则可以建中、高水坝，以获得较高的水头，其厂房建在坝的下游，不承受上游水压力，这种坝式水电站称为坝后式水电站。若地形、地质等条件不容建设高坝，则可利用低坝获取水头，此时，厂房也成为挡水建筑的一部分，这种坝式水电站称为河床式水电站。

坝式水电站往往形成较大的水库，因而能进行流量调节，即径流调节，这种水电站所引取的水量经过水库调节已不同于天然流量。因此，其发电出力较好地符合电力系统的要求。当不能形成径流调节所需的较大水库时，只能按天然流量发电，称为径流式水电站。

（2）引水式水电站。引水式水电站分为无压引水式水电站和有压引水式水电站。采用沿岸修筑坡降平缓的明渠或无压隧道来集中落差，称为无压引水式水电站；若采用有压隧道或管道来集中落差，则成为有压引水式水电站。引水式水电站一般没有水库，为径流式水电站。

（3）混合式水电站。在开发的河段上，首先筑坝集中水能以获取水头，再从坝址处筑引水道（常为有压的）集中坝址处至水电站间的落差，这种水电站称为混合式水电站。该类水电站多半是蓄水式的，可以进行径流调节。

2. 运行特性

水电站的运行特性主要有以下方面：

（1）水电站的出力和发电量随天然径流量和水库调节能力而有一定的变化。由于天然径流量在一年内或各年间有很大的波动，即使通过水库调节可以减少其波动幅度，但仍不能完全消除。因此，水电站的出力和发电量受水文条件及水库调节情况的影响。在丰水年，一般发电量较多，电能有余，甚至可能发生弃水；遇到特殊枯水年，则发电量不足，甚至导致用户停电。

（2）水电站的出力受其水库利用情况影响。一般水电站的水库都具有综合利用任务，但各部门的用水要求不同，建有防洪与灌溉任务的水库，汛期及灌溉期内水电站发电量较多，但冬季发电则受到限制。对于下游有航运任务的水库，水电站有时需要承担电力系统的基荷，以便向下游经常泄放均匀的流量。

（3）水电站机组启停灵便、迅速。水电机组一般从停机状态到满负荷运行仅需1～2min。此外，水轮机出力在一定幅度变化时仍能维持较高的效率，并可迅速改变出力大小，以适应负荷的剧烈变化，因此水电站适合在电力系统中担任调峰、调频和事故备用等任务。

（4）水电站发电利用的是水能，是可再生性能源，不像火电厂那样需要燃料，因此水电站的运行费用几乎与其生产的电量无关。在一定时期内，当天然来水多时，发电量亦多，而运行费用并不显著增加。故水电站应充分利用天然来水所提供的能量，在丰水期尽可能多发水电，以节省系统燃料消耗。

（5）水电站的建设地点受水能资源、地形、地质等条件的限制。水工建筑物工程量大，一般又远离负荷中心地区，往往需要配套建设远距离输变电工程。同时，水电站的水库产生的淹没损失一般较大，移民安置工作比较复杂，因此水电站的单位装机容量投资较高。而水电站发电不需要消耗燃料，故其单位发电成本较火电厂要低。

8.2.3 核电站

核电站主要由反应堆、蒸汽发生器、汽轮机及发电机等部分组成。反应堆的核心称为堆芯，核燃料铀就放置在堆芯中。运行时，铀在反应堆内发生裂变反应，每次反应所产生的新中子，能连续不断地使铀发生核裂变，在反应堆堆芯内进行这种链式裂变反应时，同时释放大量热能，需要用冷却剂加以吸收。冷却剂吸热增温后，经过一次回路流到蒸汽发生器，把热量传递给二次回路管道中的水，使其变为蒸汽。冷却剂最后用泵仍抽回至反应堆内。蒸汽则从二次回路进入汽轮机高压缸和低压缸做功，驱动发电机。这里的汽轮发电机组在结构上和一般火电厂相似，只是核电站产生的蒸汽压力低，故汽轮发电机的体积较大。

核电站的运行特性是需要持续不断地以额定出力状态运行，因此在电力系统中总是承担基荷。由于核电站主要设备及辅助设备复杂，建设质量标准和安全措施要求很高，一般每年需要更换一次燃料，需要停运半个月左右，因此，在有核电站的电力系统中需要设置较大的发电机组备用容量，并要求有抽水蓄能机组进行调峰配合。核电站单位装机容量的造价比燃煤火电厂高出约数倍，但单位发电量所需的燃料费用较低，所以核电站的单位发电成本可能与火电厂相差不多或略低一些。

8.2.4　抽水蓄能电站

1. 分类

在我国电力系统的日负荷曲线上，一昼夜内的负荷是很不均匀的，一般上、下午及晚上各出现一次高峰，中午及午夜各有一个低谷。当系统的最小负荷率 β 较小时，在火电和核电比重较大的电力系统可能出现机组最小技术出力大于日最小负荷的情况。此时，为了维持系统在最小负荷时火电厂和核电站的稳定运行，可利用系统多余的发电出力从高程较低的下水库抽水到高程较高的上水库，把电能转换为水能，蓄存起来；当白天出现峰荷时，再从上水库放水发电。这就是抽水蓄能电站的主要功能。抽水蓄能电场按其运行周期可以分为以下几种：

（1）日抽水蓄能电站。以日为运行周期，在夜间负荷处于低谷时进行一次抽水，白天出现峰荷时发电 1～2 次。

（2）周抽水蓄能电站。以周为运行周期，一般维持夜间抽水，白天发电的方式。但在周末系统负荷较低时，可利用盈余的发电出力延长抽水时间，使其在下一周的工作日中能加长担任峰荷的时间，多发电。显然，它所需要的库容较日抽水蓄能电站要大。

（3）季抽水蓄能电站。每年汛期，利用水电站的季节性电能作为抽水能源，将水电站必须溢弃的多余水量，抽到上水库蓄存起来，在枯水季内放水发电，以增补天然径流的不足，在枯水期增加发电量。

2. 运行特性

综上所述，抽水蓄能电站除了调峰填谷以外，在电力系统中还具有以下运行特性：

（1）担任系统备用容量。当系统水电比重较小时，大部分设备备用容量要由火电厂承担，这就迫使部分火电机组经常处于旋转备用状态，因而效率降低，煤耗上升。在此情况下，可以充分利用抽水蓄能机组灵活、可靠的特点，替代火电机组充当事故备用。

（2）担任系统负荷备用，以发挥抽水蓄能电站的调频作用。

（3）担任调相任务。当不进行抽水及发电时，距负荷中心较近的抽水蓄能电站可以利用同步发电机多带无功负荷，对电力系统起调相作用。

（4）吸收系统负荷低谷时的多余电能进行抽水蓄能，使高温高压火电机组继续保持在高效率情况下运行，不必降低出力或部分机组临时停机，从而使火电机组达到单位电能煤耗最小、年运行费最省的经济运行状态。

8.2.5　风电场

在能源日益紧缺和环境保护日益重视的今天，世界各国都在大力推进风电的发展。目前风力发电普遍采用的是水平轴三桨叶的形式，其转速很低，因此一般需要很大的齿轮增速器将其转速提高到风力发电机所要求的转速。20 世纪 90 年代的风电机组主要采用定速型，其转速是定值，由电网频率、齿轮升速比和风力发电机的

极对数确定，即

$$n = \left(\frac{60f}{p}\right)k \qquad (8-6)$$

式中：n 为风电机组转速，r/min；f 为电网频率，Hz；p 为发电机的极对数；k 为齿轮升速比。

　　近年来，变速风电机组成为风电发展的主流。由于变速风电机组可根据风速连续调节风电机组转速，因而可以提高机械功率的转换效率，获得更多的电能，同时由于转速和输出功率同步变化，使风电机组的机械转矩近似维持不变，因而减少了最大机械载荷。但是，风电机组转速的变化引起所发出电能频率的变化，为了维持与电网的同步，就需要增加电力电子装置，从而提高了风电机组的造价。

　　风电机组在运行时，其典型功率输出特性一般分为 4 段，如图 8-4 所示。

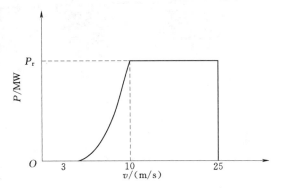

图 8-4　风电机组的出力特性曲线

　　(1) 当风速 $v<3$m/s 时，风电机组处于制动状态，无功率输出。

　　(2) 当风速为 3m/s$\leqslant v<10$m/s 时，功率按 $P=\frac{1}{2}C_{\mathrm{p}}A\rho v^3$ 计算。

　　(3) 当风速为 10m/s$\leqslant v<25$m/s 时，输出额定功率。

　　(4) 当风速 $v\geqslant 25$m/s 时，为了保护风电机组，整个风电机组制动，输出功率为零。

　　综上可见，风力发电的主要优点是替代和节约化石燃料，减少有害气体的排放，有利于环境保护。但由于风速的不确定性较大，风电机组的输出功率难以控制，因而会引起电力系统输电线路功率的波动和负荷点电压的波动。

8.2.6　太阳能电站

　　太阳能发电是目前新能源发电中除风力发电外一个非常重要的发展方向。我国的太阳能资源丰富，不仅拥有世界上太阳能资源最丰富的地区之一——西藏地区，而且陆地面积每年接受的太阳总辐射能相当于 2.4×10^4 亿 t 标准煤，等于数万个三峡工程发电量的总和。如果将这些太阳能有效利用，对于缓解我国的能源问题、减少二氧化碳排放量、保护生态环境、确保经济发展过程中的能源持续稳定供应等都将具有重大而深远的意义。

8.2.6.1　分类

　　太阳能发电主要有光伏发电和光热发电两种形式，因此太阳能电站分为光伏电站和光热电站两种。

1. 光伏电站

光伏发电是利用光生伏特效应（photovoltaic effect）将太阳辐射能直接转换为电能的发电方式。大型光伏电站一般由多个供电单元组成，各供电单元通过串并联组成光伏阵列，将经过光电转换产生的直流电经过二极管汇集到直流母线，再经逆变器将直流电变为满足质量要求的交流电，最终通过升压变压器升压后并入电网，如图 8-5 所示。

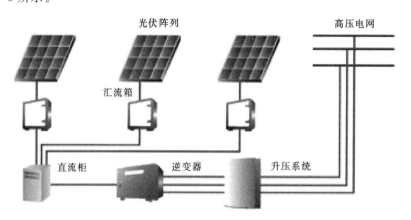

图 8-5　光伏电站结构示意图

光伏发电最初因成本过高仅用于太空卫星的持续供电。随着光伏器件技术和基础配套设备的日趋完善，光伏组件成本逐渐下降，光伏发电开始被应用于地面发电。与此同时，光伏器件的能量转换效率也获得了长足的提高。另外，各种光伏电池材料和结构近年来获得发展，由此衍生出第二代薄膜太阳电池和第三代高级概念太阳电池等光伏电池概念。

在工程应用领域，自 2000 年起，独立式光伏项目在我国快速发展，2020 年我国光伏发电新增装机容量 48GW。目前光伏发电的成本大约是燃煤成本的 11～18 倍，因此现阶段世界各国光伏发电的发展大多依赖政府的补贴，而政府的补贴规模则决定了本国的光伏发电的发展规模。但从长远来看，随着技术的提升，光伏产业链各个环节成本的持续下降，以及我国要实现 2030 年碳达峰、2060 年碳中和的目标，光伏产业将在 2030 年以后成为主流的能源形式之一。

2. 光热电站

光热发电是利用太阳辐射所产生的热能发电。在光热电站中，通过反射镜将低密度太阳能辐射聚集到集热器，然后通过加热工质将低密度太阳能转换为高密度热能，进而驱动汽轮机高速旋转产生电能。光热电站（图 8-6）主要包含两部分，一是光—热转换部分，二是热—电转换部分。光—热转换部分利用聚光器、吸热器等特殊设备将太阳光收集起来，产生很高温度的热能；热—电转换部分和普通火电厂很类似，但由于太阳能的特殊性，略有不同。

光热电站通常配有一个储热系统。储热系统用于将白天吸收的多余太阳能热量储存，以在夜晚光照不足时释放储存的热量驱动光热电站发电，从而维持光热电站

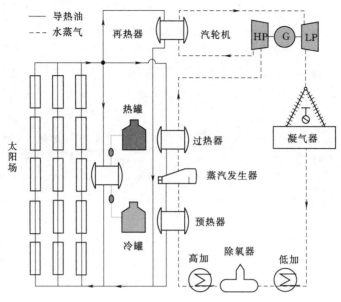

图 8-6 光热电站结构示意图

24h 持续运行。此外，由于配备了储热系统，光热电站可以通过灵活储、放热以克服天气变化等导致的出力波动性。

8.2.6.2 运行特性

太阳能光伏发电虽然具有高度自动化、工作周期长、无须机械转动部分等优点，但易受到天气因素、环境温度、空气灰尘等因素影响，其间歇性与波动性会对电力系统的安全可靠运行带来诸多问题。此外，在用电量较高的夜晚或弱光环境下，太阳能光伏电站无法工作，而是更多依赖于其他发电形式或储能装置对用电负荷提供电能。

与风电、光伏发电等间歇性新能源发电相比，光热电站的出力可调可控，并且具有快速调节出力的能力，其每分钟的出力调节范围可达 20％的装机容量左右。因此，光热电站既可作为独立电源发电并网，又可与风电、光伏发电等间歇性电源协调运行，以减轻后者的出力波动性、最大化协调运行收益并提高新能源的消纳水平和利用率。

8.2.7 生物质电站

生物质能是太阳能以化学能形式贮存在生物质中的能量形式，即以生物质为载体的能量，它直接或间接地来源于绿色植物的光合作用，是人类利用最早的能源之一。

1. 分类

在我国，生物质的主要形式有农业生产物及农林废物、生活垃圾、工业有机废物等。由于生物质的形式多样化，生物质发电也包含直接燃烧发电、气化发电等多种发电方式。

（1）直接燃烧发电。直接燃烧发电是以秸秆、垃圾燃烧等为代表的一种生物质发电方式，也是生物质发电的常规和主要途径。其发电系统与燃煤火力发电系统相似，是将秸秆、垃圾等生物质加工成适于锅炉燃烧的形式（粉状或块状），送入锅炉内充分燃烧，再利用燃烧产生的热能加热锅炉内的水，产生饱和蒸汽，饱和蒸汽在过热器内继续加热成过热蒸汽进入汽轮机，驱动汽轮发电机组旋转发电，从而将使储存于生物质燃料中的化学能→热能→蒸汽的内能→机械能→电能。生物质直接燃烧发电与常规火力发电的区别主要在于锅炉的进料系统和燃烧设备，这也是直接燃烧发电的两大技术难点。

（2）气化发电。气化发电是将生物质通过发酵，产生沼气等气体燃料，再将气体燃料燃烧发电或者进入燃料电池发电的另一种生物质能发电方式。气化发电的关键技术之一是燃气净化。常见发酵产生的可燃气体杂质较多，直接燃烧会带来燃爆等危险。因此，气化发电对系统的安全性要求较高，在发电过程中需要对气体成分、氧气含量、温度等进行监控，避免出现燃爆。沼气发电属于气化发电方式之一，它的原理是将废弃物进行厌氧发酵后产生沼气，燃烧沼气驱动发电机组发电。

2. 运行特性

生物质发电与其他分布式发电系统相似，在整个发电过程中，都需要经过电力电缆、换流器、变压器等电气设备将所发的电能输送出去。生物质发电不受时间和环境约束，可以在任何地域建设使用，只要持续提供生物质，则可以持续发电。因此与风、光发电相比，生物质发电更加可控，输出也更加稳定，在电力系统中适宜承担更加广泛的负荷类型。但生物质发电本身也是一种分布式发电系统，其发电机组容量小，会随着燃料供给或者其他因素导致发电量不稳定，甚至出现频繁启动和停机的问题，而这些会对电网的频率、功率因素、供电质量等产生影响。

8.2.8　潮汐电站

潮汐作为一种自然现象，在海湾或河口、江口可见：通常海水或江水每天有两次的涨落现象，早上的称为潮，晚上的称为汐。潮汐现象主要由月球、太阳的引潮力以及地球自转效应所造成。一直以来，潮汐为人类的航海、捕捞和晒盐提供了方便。涨潮时，大量海水汹涌而来，具有很大的动能，同时水位逐渐升高，动能转化为势能；落潮时，海水奔腾而归，水位陆续下降，势能又转化为动能。海水在这样往复运动时所具有的动能和势能统称为潮汐能。潮汐能是一种蕴藏量极大、取之不尽、用之不竭、不需开采和运输、洁净无污染的可再生能源。

潮汐能的主要利用方式是潮汐发电。潮汐发电是水力发电的一种，其发电原理与普通水力发电原理类似：在有条件的海湾或河口、江口建筑堤坝、闸门和厂房，围成水库，水库水位与外海潮位之间形成一定的潮差，通过出水库，在涨潮时将海水储存在水库内，以势能的形式保存，然后，在落潮时放出海水，利用高低潮位之间的落差，推动水轮机旋转，带动发电机发电。差别在于海水与河水不同，蓄积的海水落差不大，但流量较大，并且呈间歇性。

我国于 1957 年在山东建成了第一座潮汐电站。目前国内最大的潮汐电站是温岭江厦潮汐电站，也是我国第一座双向潮汐电站，共安装 6 台双向灯泡贯流式潮汐发电机组，装机容量 4100kW，年发电量约 720 万 kW·h，位居世界第四。

1. 分类

（1）单水库单程式潮汐电站。只有一个水库，仅在涨潮（或落潮）时发电的潮汐电站，被称为单水库单程式潮汐电站（简称为单库单向潮汐电站）。

（2）单水库双程式潮汐电站。只有一个水库，但是涨潮与落潮时均可发电，在水库内外水位相同的平潮时不能发电，这种潮汐电站被称之为单水库双程式潮汐电站（简称为单库双向潮汐电站）。该种潮汐电站大大提高了潮汐能的利用效率。

（3）双水库双程式潮汐电站。有两个相邻水库，一个水库在涨潮时进水，另一个水库在落潮时放水的潮汐电站，被称为双水库双程式潮汐电站（简称为双库双向潮汐电站）。在双库双向潮汐电站中，前一个水库的水位总比后一个水库的水位高，故也称前者为上水库，后者称为下水库，水轮发电机组放置在两水库之间的隔坝内，两水库始终保持着水位差，故可以全天发电。

2. 运行特性

单库潮汐电站的运行特性是一天内不能连续不断地发电，发电时间要随当时潮汐涨落的时间而定，发电具有间歇性，这种间歇性周期变化和日夜周期不一。双库双向潮汐电站则可以全天连续发电。另外，建设潮汐电站，无淹没损失，不需要移民，没有环境污染问题，还可以结合潮汐发电发展围垦、水生养殖和海洋化工等综合利用项目，对环境具有友好性。

8.3 风电场接入电力系统

风电场接入电力系统是保证风电场正常运行，通过电网向终端用户输送电能的重要环节，也是风电场实现销售收入的必要条件。

8.3.1 风电场接入电力系统方式

目前，风电场接入电力系统的方式主要有分散接入和集中接入两种。

1. 分散接入方式

分散接入方式，如图 8-7 所示，其特点是接入规模小、接入电压等级低，对系统运行影响相对较小。这种接入方式主要针对单个小风电场直接接入配电网，向负荷供电。由于风电的随机性和波动性，这种接入方式对配电网的无功电压、电能质量影响较大，需要采取一定的无功控制措施来

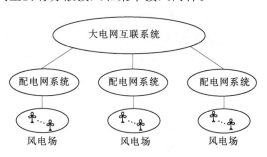

图 8-7 风电场分散接入电力系统示意图

调节配电网的电压并且采取一定的电能质量治理措施抑制闪变和谐波，保证配电网的供电质量。

2. 集中接入方式

集中接入方式，如图 8 - 8 所示，其特点是风电场开发规模大、接入电压等级高、电能输送距离远，对系统运行影响较大，以异地消纳为主。

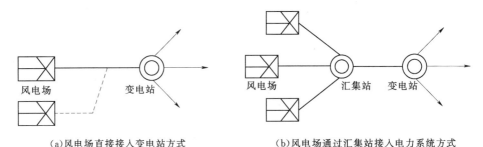

(a)风电场直接接入变电站方式　　　　　　　　(b)风电场通过汇集站接入电力系统方式

图 8 - 8　风电场集中接入电力系统示意图

集中接入方式具体又可以分为直接接入和通过建设汇集站接入两种。

（1）直接接入变电站方式。该方式主要用于单个规模较大的风电场，通过专用输电线路将该风电场直接接入附近的变电站，如图 8 - 8 （a）所示。

（2）通过建设汇集站接入电力系统方式。当存在多个规模较大且地理位置比较接近的风电场时，在合适的位置建设专门的汇集站，再通过高压输电线路接入电网，如图 8 - 8 （b）所示。这里所说的汇集站既可能是开关站，也可能是变电站具体采用哪种，需要根据实际情况经技术经济论证后确定。目前，我国大型风电基地——酒泉风电基地就是采用建设风电汇集站的接入方式接入电力系统的。

8.3.2　风电场接入电力系统规划

风电场接入电力系统的方案主要由风电场的最终装机容量由风电场在电网所处的位置来确定。在对风电场接入电力系统进行综合规划设计时，需要考虑风电不确定性因素的影响。风能资源丰富的区域一般都远离负荷中心，风电场接入地区网架比较薄弱，因此大规模风电接入电网后可能会出现电网电压水平下降、线路传输功率超出热极限、系统短路容量增加和系统暂态稳定性改变等一系列问题，为减少输电阻塞，将电力保质保量地输送到用户，需要对输电线路进行升级、改造和扩展，同时给系统提供充足的无功备用，使系统电压保持在正常范围。

风电场接入电力系统时，根据其装机容量的大小，大体上可以分为离网规划和并网规划两种。

1. 离网规划

离网规划是指装机容量较小、以分布式电源（DG）的方式接入配电网的规划。由于风电出力的随机波动性，通常与柴油发电机并联运行，组成风电柴油联合发电系统，或者与光伏发电结合，形成风光互补发电系统，同时为了保证其稳定连续供电，还需要配备蓄能装置等。国内外已有许多专家学者对风电场离网规划进行了研究，有的提出由平均风速和光辐射值估算风光互补发电系统的发电成本，并对各种方案进行比较，确定最优发电容量和蓄电池容量；还比较了风光柴油联合发电系统和新建输电线路的常规成本，分析其经济效益。但该模型没有考虑不确定因素对其成本的影响。有的采用模拟法分析风电柴油联合发电系统运行状况，同时考虑了风速时间序列、负荷数据、系统控制策略和约束条件，计算在电池容量不同情况下发电系统经济性。在此基础上，还有学者提出进一步研究风电柴油联合发电系统最大节油的运行方式。

上述规划思路和方法都是基于系统正常运行的前提下，没有考虑风电机组的随机停运所产生的影响。因此，有学者提出了采用蒙特卡洛序贯仿真方法研究风光互补发电系统可靠性与概率成本分析时，考虑机组随机停运、风能和太阳能的随机性，风速采用时间序列方法预测，建立其可靠性模型，实现可靠性与经济性评估，为其规划设计提供参考。另外，在用解析法建立风力柴油联合发电系统可靠性时，结合负荷和风速持续曲线，除了考虑机组随机停运和风电随机性，还考虑了风电受穿透功率极限的约束。

总体来说，离网规划的可靠性与经济性研究是风能应用的基础，同时也是进行并网规划的基础。

2. 并网规划

并网规划是指大型风电场接入输电网，由系统统一调度的规划。进行并网规划时，要在风电场并网前，对含风电场的电力系统进行计算，全面分析系统接纳风电能力、并网时冲击电流、无功补偿、电压稳定性、潮流分布、电能质量、调峰调频、继电保护整定、安全稳定控制装置、调度自动化子站设备、电能计量装置以及通信系统的接入等问题。这对风电场业主和电网部门都是非常必要的，有助于发现风电场并网后电力系统中可能出现的问题，通过必要的控制措施增强风电场并网后电网的安全性与稳定性，同时也能最大限度地保证风电场的并网发电，保障风电场业主投资的回收与利益。

研究风电场并网规划时，首先要确定该系统能够接纳风电的最大容量，即风电穿透功率极限。确定穿透功率极限的方法有很多，如基于机会约束规划的穿透功率极限计算方法，将计算风电场穿透功率极限的非线性目标约束函数作线性化的求解方法，从系统频率偏差、谐波畸变率、负荷潮流等电能质量方面来计算穿透功率极限的方法等。确定风电穿透功率极限后，再对含风电场的发输电系统进行综合规划，常用的方法有线性规划法、动态规划法、人工神经网络和遗传算法等。也有相关学者提出基于改进遗传算法的含风电场发电系统容量扩展规划模型，采用序贯蒙特卡洛法对含风电场的发电系统进行随机生产模拟，不仅考虑了风速随机性、机组随机停运、风速序列和负荷序列相关性，而且考虑了风电穿透功率极限的约束，其中系统规划和运行等非线性约束条件通过惩罚函数来处理。

8.4 风电场的运行方式

风能是一种不稳定的能源，如果没有储能装置或与其他发电装置互补运行，风力发电装置本身难以提供稳定的电能输出。为了解决风力发电稳定供电的问题，目前国内外比较一致的看法是：单机装机容量在 1000kW 以上的，进行并网运行；单机装机容量在几十千瓦到几百千瓦的，或并网运行，或与柴油发电机等其他发电装置并联互补运行；单机装机容量在 10kW 以下的，采用直流发电系统并配合储能装置独立运行。

8.4.1　并网运行

对于单机装机容量在 1000kW 以上的风电场，其运行方式主要有恒速恒频和变速恒频两种并网运行方式。

8.4.1.1　恒速恒频的并网运行方式

恒速恒频方式，即风力发电机的转速不随风速的波动而变化，始终维持恒定转速运转，从而输出恒定额定频率的交流电。这种方式目前已普遍采用，具有简单可靠的优点，但不能充分利用风能。

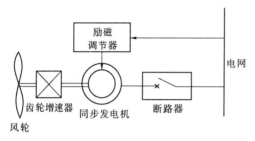

图 8-9　同步发电机与电网并联电路图

1. 同步风力发电机的并网运行方式

风力驱动的同步发电机与电网并联运行的电路如图 8-9 所示。除风轮、齿轮增速器外，电气系统包括同步发电机、励磁调节器、断路器等，发电机通过断路器与电网相联。

（1）同步并网。同步风力发电机与电网并联合闸前，为了避免电流冲击和转轴受到突然的扭矩，需要满足一定的并联条件：①风力发电机的端电压大小等于电网的电压；②风力发电机的频率等于电网的频率；③并联合闸的瞬间，风力发电机与电网的回路电势为零；④风力发电机的相序与电网的相序相同。由于风力发电机有固定的旋转方向，只要使发电机的输出端与电网各相互相对应，即可保证第四个条件得到满足。所以在并网过程中主要应检查和满足前 3 个条件。

风电机组的启动和并网过程为：由风向传感器测出风向并使偏航控制器动作，使风电机组对准风向；当风速超过切入风速时，桨距控制器调节叶片桨距角使风电机组起动；当发电机被风电机组带到接近同步转速时，励磁调节器动作，向发电机供给励磁，并调节励磁电流使发电机的端电压接近于电网电压；在风力发电机被加速几乎达到同步转速时，发电机的电势或端电压的幅值将大致与电网电压相同；它们的频率之间的很小差别将使发电机的端电压和电网电压之间的相位差在 0°～360°的范围内缓慢地变化，检测出断路器两侧的电位差，当其为零或非常小时使断路器合闸并网；合闸后由于有自整步作用，只要转子转速接近同步转速就可以使发电机牵入同步，即使发电机与电网保持频率完全相同。以上过程可以通过微机自动检测和操作。

这种同步并网方式可使并网时的瞬态电流减至最小，因而风电机组和电网受到的冲击也最小。但是要求风电机组调速器调节转速使发电机频率与电网频率的偏差达到允许值时方可并网，所以对调速器的要求较高，如果并网时刻控制不当，则有可能产生较大的冲击电流，甚至并网失败。另外，为了实现上述同步并网所需要的控制系统，一般价格较高，对于小型风电机组将会占其整个成本的一个相当大的部分，由于这个原因，同步发电机一般用于较大型的风电机组。

（2）有功功率调节。风电机组并入电网后，从风电机组传入发电机的机械功率 P_m，除了小部分补偿发电机的机械损耗 q_{mec}、铁耗 q_{Fe} 和附加损耗 q_{ad} 外，大部分转化为电磁功率 P_{em}，即

$$P_{em} = P_m - (q_{mec} + q_{Fe} + q_{ad}) \tag{8-7}$$

电磁功率减去定子绕组的铜损耗 q_{cul} 后就得到发电机输出的有功功率 P，即

$$P = P_{em} - q_{cul} \tag{8-8}$$

对于一个并联在无穷大电网上的同步风力发电机，要增加它的输出电功率，就必须增加来自风电机组的输入机械功率。而随着输出功率的增大，当励磁不做调节时，电机的功率角 δ 就必然增大。图 8-10 所示为同步风力发电机的功角特性曲线。

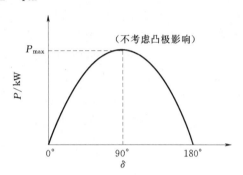

图 8-10 同步风力发电机的功角特性曲线图

由图 8-10 可以看出，当 $\delta = 90°$ 时，输出功率达到最大值，这个发生在 $\sin\delta = 1$ 时的最大功率叫作失步功率。达到这个功率后，如果风电机组输入的机械功率继续增加，则 $\delta > 90°$，电机输出功率下降，无法建立新的平衡，电机转速将连续上升而失去同步，同步发电机不再能稳定运行，所以这个最大功率又称为发电机的极限功率。

如果一台风力发电机运行于额定功率状况，突然一阵剧烈的阵风，有可能导致输出功率超过发电机的极限功率而失步。避免出现这种情况的方法：一是很好地设计叶轮转子及控制系统使其具有快速桨距调节功能，能对风速的急剧变化迅速做出反应；二是短时间增加励磁电流，这样功率极限也跟着增大了，静态稳定度有所提高；三是选择具有较大过载倍数的电机，即发电机的最大功率比其额定功率有一个较大的裕度。

从功角特性曲线看到的另一个情况是当功率角 δ 变成负值时，发电机的输出功率也变成负值。这意味着发电机现在作为电动机运行，功率取自电网，风力发电机组变成了一个巨大的风扇，当然不希望这种运行情况发生。所以当风速降到一个临界值以下时，应使发电机与电网脱开，防止电动运行。

（3）无功功率调节。电网的总负载中，除了需要有功功率，有的负载还需要无功功率，如异步电动机和变压器等都需要电感性的无功功率。整个电网要是无功功率发得不够，就会导致电网的电压下降，这对用户很不利。因此同步发电机与电网并联后，不仅能向电网发出有功功率，而且能向电网发出无功功率，这是它的一个

很大的优点。在风电机组功率不变时，通过调节励磁电流，可以改变风力发电机发出的无功功率。

2. 感应风力发电机的并网运行

（1）电机并网。感应发电机可以直接连入电网，也可以通过晶闸管调压装置与电网连接。感应发电机的并网条件是：①转子转向应与定子旋转磁场转向一致，即感应发电机的相序应和电网相序相同；②发电机转速应尽可能接近同步转速时并网。并网时必须满足条件①，否则电机并网后将处于电磁制动状态，在接线时应调整好相序。条件②的满足不是非常严格，但越接近同步转速并网，冲击电流衰减的时间越快。

当风速达到启动条件时风电机组启动，感应发电机被带到同步转速附近（一般为 98%～100% 同步转速）时合闸并网。由于发电机并网时本身无电压，故并网时必将伴随一个过渡过程，流过 5～6 倍额定电流的冲击电流，一般零点几秒后即可转入稳态。感应发电机并网时的转速虽然对过渡过程的时间有一定影响，但一般来说影响不大，所以对风力发电机并网合闸时的转速要求不是非常严格，并网比较简单。风电机组与大电网并网时，合闸瞬间的冲击电流对发电机及大电网系统的安全运行不会有太大的影响。但对小容量的电网系统，并网瞬间会引起电网电压大幅度下跌，从而影响接在同一电网上的其他电气设备的正常运行，甚至会影响到小电网系统的稳定与安全。为了抑制并网时的冲击电流，可以在感应发电机与三相电网之间串接电抗器，使系统电压不致下跌过大，待并网过渡过程结束后，再将其短接。

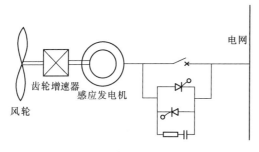

图 8-11　感应风力发电机的软并网电路图

对于较大型的风电机组，目前比较先进的并网方法是采用双向晶闸管控制的软投入法，如图 8-11 所示。当风电机组将发电机带到同步转速附近时，发电机输出端的断路器闭合，使发电机经一组双向晶闸管与电网连接，双向晶闸管触发角由 180°～0° 逐渐打开，双向晶闸管的导通角由 0°～180° 逐渐增大。通过电流反馈对双向晶闸管导通角的控制，将并网时的冲击电流限制在 1.5～2 倍额定电流以内，从而得到一个比较平滑的并网过程。瞬态过程结束后，微处理机发出信号，利用一组开关将双向晶闸管短接，从而结束了风力发电机的并网过程，进入正常的发电运行。

（2）并网运行时的功率输出。感应风力发电机并网运行时，向电网送出的电流的大小及功率因数，取决于转差率 s 及电机的参数。前者与感应风力发电机负载的大小有关，后者对设计好的电机是给定的数值，因此这些量都不能加以控制或调节。并网后电机运行在其转速—转矩曲线的稳定区，如图 8-12 所示。

当风电机组传给发电机的机械功率及转矩随风速而增加时，发电机的输出功率及其反转矩也相应增大，原先的转矩平衡点 A_1 沿其运行特性曲线移至转速较前稍高的一个新的平衡点 A_2，继续稳定运行。但当发电机的输出功率超过其最大转矩所对应的功率时，其反转矩减小，从而导致转速迅速升高，在电网上引起飞车，这十分危险。为此，必须具有合理可靠的失速桨叶或限速机构，保证风速超过额定风速或阵风时，风电机组输入的机械功率被限制在一个最大值范围内，保证发电机的输出电功率不超过其最大转矩所对应的功率值。

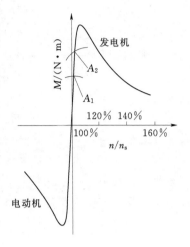

图 8-12 感应风力发电机的
转速—转矩特性曲线图

需要指出，感应风力发电机的最大转矩与电网电压的平方成正比，电网电压下降会导致发电机的最大转矩成平方关系下降。因此，若电网电压严重下降也会引起转子飞车；相反，若电网电压上升过高，会导致发电机励磁电流增加，功率因数下降，并有可能造成电机过载运行。所以，对于小容量电网应该配备可靠的过压和欠压保护装置，要选用过载能力强（最大转矩为额定转矩1.8倍以上）的发电机。

（3）无功功率及其补偿。感应风力发电机需要落后的无功功率主要是为了励磁的需要，另外也为了供应定子和转子漏磁所消耗的无功功率。单就无功功率来说，一般大、中型感应风力发电机，励磁电流为额定电流的 $20\%\sim25\%$，因而励磁所需的无功功率就达到发电机容量的 $20\%\sim25\%$，再加上补偿，这样感应风力发电机总共所需的无功功率为发电机容量的 $25\%\sim30\%$。

接在电网上的负载，一般来说，其功率因数都是落后的，亦即需要落后的无功功率，而接在电网上的感应发电机也需从电网吸取落后的无功功率，这无疑加重了电网上其他同步发电机提供无功功率的负担，造成不利的影响。所以对配置感应风力发电机的风电机组，通常要采用电容器进行适当的无功补偿。

8.4.1.2 变速恒频的并网运行方式

变速恒频方式，即风电机组的转速随风速的波动而变化，但仍输出恒定频率的交流电。这种方式可提高风能的利用率，但须增加实现恒频输出的电力电子设备。

采用变速恒频方式并网运行的风电机组的一个重要优点是可以使风电机组在很大风速范围内按最佳效率运行。从风电机组的运行原理可知，这就要求风电机组的转速正比于风速变化，并保持一个恒定的最佳叶尖速比，从而使风电机组的风能利用系数 C_p 保持最大值不变，风电机组输出最大的功率。因此，对变速恒频风电机组的要求，除了能够稳定可靠地并网运行之外，最重要的一点就是要实现最大功率输出控制。

1. 同步风力发电机交—直—交系统的并网运行

（1）同步风力发电机交—直—交系统与电网并联运行的特点如下：

1）由于采用频率变换装置进行输出控制，所以并网时没有电流冲击，对系统几乎没有影响。

2）因为采用交—直—交转换方式，同步发电机的工作频率与电网频率是彼此独立的，叶轮及发电机的转速可以变化，不必担心发生同步发电机直接并网运行时可能出现的失步问题。

3）由于频率变换装置采用静态自励式逆变器，虽然可以调节无功功率，但有高频电流流向电网。

4）在风电系统中采用阻抗匹配和功率跟踪反馈来调节输出负荷可使风电机组按最佳效率运行，向电网输送最多的电能。

（2）图8-13为具有最大功率跟踪的交—直—交风电转换系统联网示意图，采用系统输出功率作为控制信号，改变晶闸管的触发角，以调整逆变器的工作特性。该系统的反馈控制电路包括以下环节：

1）功率检测器。在系统输出端连续地测出功率，并提供正比于实际功率的输出信号。

2）功率变化检测器。对功率检测器的输出进行采样和储存，以便和下一个采样相比较。在这个检测器中有一个比较器，它与一个逻辑电路一起去测定后一个功率信号电平比前一个信号电平大还是小，当新的采样小于先前的数值时，逻辑电路就改变状态；如果新的采样大于先前的数值，逻辑电路就保持原来的状态。

3）控制电路。接受来自逻辑电路的信号并提供一个经常变化的输出信号，当逻辑电路为某一状态时输出就增加，而为另一状态时就减少。这个控制信号被用来触发逆变器的晶闸管，从而控制输送到电网的功率。

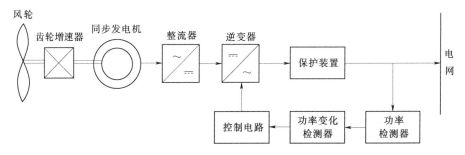

图8-13　具有最大功率跟踪的交—直—交风电转换系统联网示意图

上述控制方案的特点是：它不仅要求风电机组功率输出最大，还要求整个串联系统（包括风电机组、齿轮增速器、发电机、整流器和逆变器）的总功率输出达到最大。

2. 磁场调制发电机系统的并网运行

由于磁场调制发电机系统输出电压的频率和相位，仅取决于励磁电流的频率和相位，而与发电机的转速无关，这种特点非常适合用于与电网并联运行的风电机组。

图8-14为采用磁场调制发电机的风电机组的一种控制方案。它的设计思路是测出风速并用它来控制电功率输出，从而使风电机组叶尖速度相对于风速保持一个恒定的最佳速比。当风电机组转子速度与风速的关系偏离了原先设定的最佳比值时

则产生误差信号，这个信号使磁场调制发电机励磁电压产生必要的变化，以调整功率输出，直至符合上述比值为止。图 8-14 中风速传感器测得的风速信号通过一个滤波电路，目的是使控制系统仅对一段时间的平均风速变化做出响应，而不对短时阵风做出反应。

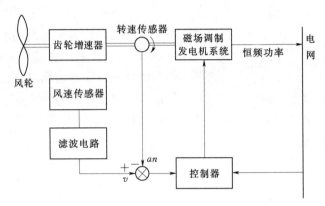

图 8-14 以风速为信号的磁场调制发电机系统控制原理图

图 8-15 为另一种控制方案，其设计思想是以发电机的转速信号代替风速信号，因为风电机组在最佳运行状态时，其转速与风速成正比关系，故两种信号具有等价性。以转速信号的三次方作为系统的控制信号，而以电功率信号作为反馈信号，构成闭环控制系统，实现功率的自动调节。

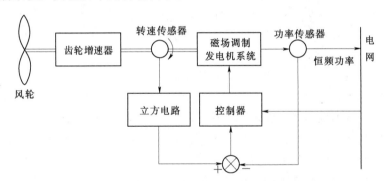

图 8-15 以转速为信号的磁场调制发电机系统控制原理图

由于磁场调制发电机系统的输出功率随转速而变化，从简化控制系统和提高可靠性出发，也可采用励磁电压固定不变的开环系统。如果对风电机组进行针对性设计，也能得到接近最佳运行状态的结果。

3. 双馈发电机系统的并网运行

（1）双馈风力发电机定子三相绕组直接与电网相联，转子绕组经交—交循环变流器联入电网。这种系统并网运行的特点如下：

1）风电机组启动后带动发电机至接近同步转速时，由循环变流器控制进行电压匹配、同步和相位控制，以便迅速地并入电网，并网时基本上无电流冲击。对于无初始启动转矩的风电机组，在静止状态下的启动可由双馈发电机运行于电动机工况来实现。

2）风力发电机的转速可随风速及负荷的变化及时做出相应的调整，使风电机组以最佳叶尖速比运行，产生最大的电能输出。

3）双馈风力发电机励磁可调量有 3 个，即励磁电流的频率、幅值和相位。调节励磁电流的频率，保证风力发电机在变速运行的情况下发出恒定频率的电力；通过改变励磁电流的幅值和相位，可达到调节输出有功功率和无功功率的目的。当转子电流相位改变时，由转子电流产生的转子磁场在电机气隙空间的位置有一个位移，从而改变了双馈风力发电机定子电势与电网电压向量的相对位置，也即改变了电机的功率角。因此，调节励磁不仅可以调节无功功率，也可以调节有功功率。

（2）无论是恒速恒频风力发电机并网运行，还是变速恒频风电发电机并网运行，在并网后都需要注意以下问题：

1）电压闪变与电压波动问题。按照我国的有关标准，对电能质量的要求主要包含电网高次谐波、电压闪变与电压波动、三相电压及电流不平衡、电压偏差、频率偏差等。风电机组并网后，对电能质量产生的主要影响有高次谐波以及电压闪变与电压波动方面。

尽管风电机组大多采用软并网方式，但在启动时仍有较大的冲击电流产生。而当风速超过切出风速时，风机又会从额定出力状态自动退出并网运行，此时如果整个风电场的大部分乃至全部风机同时动作，产生的冲击将会对配电网造成十分明显的影响，极易造成电压闪变与电压波动。

2）高次谐波问题。风电机组并网运行也会给电网带来高次谐波问题。一是风电机组本身配备的电力电子装置可能带来高次谐波问题。对于直接和电网相连的恒速风机，软启动阶段要通过电力电子装置与电网相连，因此会产生一定的高次谐波，不过过程很短；对于变速风机是通过整流和逆变装置接入电力系统，如果电力电子装置的切换频率恰好在产生谐波的范围内，则会产生很严重的高次谐波问题，不过随着电力电子设备的不断改进，这个问题也在逐步得到解决。二是风电机组的并联补偿电容器可能和线路电抗发生谐振。在实际运行中，曾经观测到在风电场出口变压器的低压侧产生大量谐波的现象。总体而言，与并网产生的电压闪变问题相比，风电机组并网运行带来的高次谐波问题不是很严重。

3）电网稳定性问题。在风电机组并网运行时，经常遇到的一个的难题是薄弱的电网短路容量、电网电压的波动和风电机组的频繁掉线。尤其是越来越多的大型风电机组并网后，对电网的影响更大。在过去的几十年间，风电场的主要特点是采用感应式发电机，装机规模较小，与配电网直接相连，对电网的影响主要表现为电能质量。随着电力电子技术的发展，大量新型大容量风电机组开始投入运行，风电场装机容量达到可以和常规发电厂相比的装机容量，直接接入输电网，与风电场并网有关的电压、无功控制、有功调度、静态稳定和动态稳定等问题越来越突出。这就需要对电网的稳定性进行计算、评估，根据电网结构、负荷情况，决定最大的风电发电量和电网在发生故障时的稳定性。国内外对电网稳定性都非常重视，开展了不少关于风电并网运行与电网稳定性方面的研究。

风电场大多采用感应风力发电机，需要系统提供无功支持，否则有可能导致小型电网的电压失稳。采用异步发电机，除非采取必要的预防措施，如动态无功补偿，否则会造成线损增加，送电距离远的末端用户电压降低。电网稳定性降低，在发生三相接地故障，都将导致全网的电压崩溃。由于大型电网具有足够的备用容量和调节能力，一般不必考虑风电机组并网引起频率稳定性问题。但是对于孤立运行的小型电网，风电机组并网带来的频率偏移和稳定性问题不容忽视。

　　由于变频技术的发展，我们可以利用交—直—交的变频调节装置的控制功能很容易地根据电网采集到的线路电压波动情况、功率因数状况以及电网的要求，来调节和控制变频装置的频率、相位角和幅值使之达到调节电网的功率因数，为电网提供无功能量的要求。

　　4）发电计划与调度。传统的发电计划基于电源的可靠性以及负荷的可预测性，以这两点为基础，发电计划的制订和实施有了可靠的保证。但是，如果系统内含有风电场，因为风电场出力的预测水平还达不到工程实用的程度，发电计划的制订变得困难起来。如果把风电场看作电源，可靠性得不到保证；如果把它看作负荷（负的负荷），又不具有可预测性，正因为如此，有必要对含风电场电网的运行计划进行研究。风电场并网运行后，如果电力系统的运行方式不相应地做出调整和优化，电力系统的动态响应能力将不足以跟踪风电机组功率的大幅度、高频率的波动，系统的电能质量和动态稳定性将受到显著影响，这些因素反过来会限制系统准入的风电功率水平，因此有必要对电力系统传统的运行方式和控制手段做出适当的改进和调整，研究随机的发电计划算法，以适应风电场的并网运行。

8.4.2　互补运行

　　对于单机容量在几十千瓦到几百千瓦的风电场除采取并网运行方式以外，还可与柴油发电机、光伏阵列以及水力发电装置等其他发电装置并联互补运行。根据我国的实际情况，下面分别介绍风—柴互补、风—光互补、风—水互补、风—气互补以及风—生物质互补等几种常见的互补发电运行方式。

　　1. 风—柴互补运行

　　风—柴互补运行是指风电机组与柴油发电机组组成互补发电系统运行，主要用于解决孤立岛屿与村落的供电。图8-16所示的是典型风—柴互补发电运行示意图。

　　由于风—柴互补运行主要是解决边远地区的供电，而且柴油发电机组的单机容量都很小（常为几十千瓦级），效率比较低，发电成本比较高，因此一般只用于独立的小电网或孤立的电网中，很少应用于并网发电。

　　2. 风—光互补运行

　　风—光互补运行是将风电机组、光伏阵列、智能控制器、蓄电池组、多功能逆变器和辅助件等组成一个发电系统，在夜间和阴雨天无阳光时，由风能发电；晴天由太阳能发电；在既有风又有太阳的情况下两者同时发挥作用，将发出的电能存储到蓄电池组中，当用户需要用电时，逆变器将蓄电池组中储存的直流电转变为交流

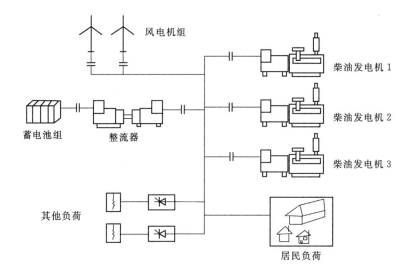

图 8-16　典型风—柴互补发电运行示意图

电，通过输电线路送到用户负载处，从而实现全天候的发电功能。此外，我国属于季风气候区，一般冬季风大，太阳辐射小；夏季风小，太阳辐射大。风能和太阳能正好可以相互补充利用，采用风光互补发电运行可以很好地克服风能和太阳能提供能量的随机性和间歇性的缺点，实现连续供电。图 8-17 即为典型的风—光互补发电运行示意图。

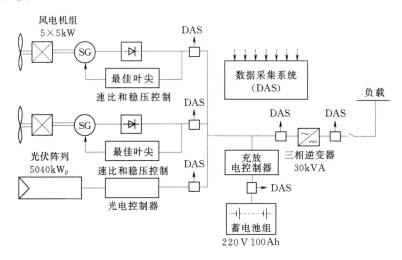

图 8-17　典型风—光互补发电运行示意图

风—光互补运行特别适应于风能和太阳光资源丰富的地区，如草原、海岛、沙漠、山区、林场、渔排、渔船等地区；风—光互补运行还可用于城市的住宅小区和环境工程，如照明路灯、庭院、草坪、景观灯、广场、公园、公共设施、广告牌等。但是，由于太阳能的能量密度低，风—光互补发电运行占地面积较大，现阶段太阳能发电的成本也较高，因此，在现阶段还难以进行大规模的开发。

3. 风—水互补运行

风—水互补系统将风电机组与水力发电装置有机结合。由于风的随机性与不可控性，风电机组的出力一直在随机波动，水电机组则可快速调节发电机的出力，非常适合调节对风电机组出力的补偿。另外，在资源分布上有天然的时间互补性。在我国的大部分地区，夏秋季节风速小，风电机组的出力较低，而这时候正是雨量充沛的时候，水电机组可多承担相应的负荷；到了冬春时节枯水期，天然来水量较小，水电机组的出力不足，而这时的风速较大，风电机组能够承担更多的负荷。

4. 风—气互补运行

风—气互补运行是指将风电机组与燃气轮机组结合起来联合发电，通过具有快速启停和快速负荷调节特性的燃气轮机组来补偿风电机组出力的波动，使得整个发电系统的出力在一段时间内有稳定的输出的一种互补发电运行方式。目前，风—气互补发电方式在我国新疆已得到了较好的应用。

5. 风—生物质互补运行

风—生物质互补运行是把风力发电和生物质发电相结合的互补发电运行方式。生物质能与风能、太阳能等其他可再生能源不同的是，可以通过燃料形式储存起来，与负荷相对应，人为的控制其发电量。利用风—生物质互补发电运行不仅可以提供稳定的电力输出，还可以减少地球温室化，因此这种发电运行方式是一种非常具有前景的互补运行方式。

8.4.3 独立运行

风电场的独立运行，又称离网运行，是指风电场输出的电能经储能设备蓄能后，直接或经配电网供给用户使用，电能不并入大电网进行远距离输送。因为风速的变化会使风力机输出的机械功率发生变化，从而使风力发电机输出功率产生波动而使电能质量下降。通过风电场中的储能装置，可以使风电这种间歇性、波动性很强的可再生能源变得可控、可调，在风力强时，除了将风电场发出的电能向负荷供电外，多余的风能都可以其他形式的能量储存在储能装置中；在风力弱或无风时，再将储能装置中储存的能量释放出来并转换为电能，向负荷供电。

目前用于风电储能的方式包括机械储能、电磁储能和化学储能三大类。其中：机械储能是将电能转化为机械能进行储存，常见的储能方式有飞轮储能、抽水储能和压缩空气储能等3种；电磁储能是将电能转化为电磁能进行储存，常见的储能方式有超级电容储能和超导储能等两种；化学储能是将电能转化为化学能进行储存，常见的储能方式有各类蓄电池储能、可再生燃料电池储能和液流电池储能等3种。飞轮储能、抽水储能、超导储能、氢燃料电池储能是今后风电场重点发展的储能方式。

8.4.3.1 机械储能

1. 飞轮储能

飞轮储能是一种基于机电能量转换的储能装置，其基本工作原理是：将风力发

飞轮储能

电机发出的电能通过电力电子换流器变换后控制电动机带动飞轮加速旋转，从而将电能转化为机械能储存在高速旋转的飞轮本体中；当需要释放能量时，电动机作为发电机运行，由飞轮带动其转动减速发电，将机械能转换为电能，经电力电子换流器变换后输送给用电负荷。

飞轮储能具有效率高、建设周期短、寿命长、高储能、充放电快捷、充放电次数无限以及无污染等优点，缺点是能量密度比较低，保证系统安全性方面的费用很高。

2. 抽水储能

抽水储能

抽水储能是利用多余的电能将水从位置低的下水库抽到相对位置高的上水库，从而将电能转化成重力势能储存起来，在需要用电时再利用水的重力势能发电的一种能源储存方式。抽水储能具有技术成熟、低成本、循环水利用等优势。但由于建设抽水储能水库需要特殊的地理条件，同时，效率仅有 70% 左右，建设期长达 8~10 年等因素，抽水储能的发展也受到了一定制约。

3. 压缩空气储能

压缩空气储能

压缩空气储能是指将多余的电能用于压缩空气，将空气高压密封在一定容量的设施（如天然洞穴、废矿井等）中，在负荷高峰期释放压缩空气推动涡轮机发电的储能方式。在风力强、用电负荷较小的时候，用风电场发出的多余电能将空气压缩并储存起来；在无风或用电负荷增大时，再将储存的压缩空气释放出来，形成高速气流，推动涡轮机转动，并带动发电机发电，供应负荷。

压缩空气储能的优点是安全系数高，寿命长，可以冷启动、黑启动，响应速度快。但与抽水储能方式相似，这种储能方式也需要特定的地形条件，即需要特定的洞穴用于储存风能。因此，这也限制了压缩空气储能的发展。

8.4.3.2　电磁储能

1. 超级电容储能

超级电容储能

超级电容器又可称超大容量电容器、双电层电容器、（黄）金电容、储能电容或法拉电容。众所周知，化学电池是通过电化学反应，产生法拉第电荷转移来储存电荷的，而超级电容器的电荷储存发生在电极、电解质形成的双电层上以及在电极表面进行欠电位沉积、电化学吸附、脱附和氧化还原产生的电荷的迁移。与传统的电容器和二次电池相比，超级电容器的比功率是电池的 10 倍以上，储存电荷的能力比普通电容器高，并具有充放电速度快、对环境无污染、循环寿命长、使用的温限范围宽等特点。在风电场直流母线侧并入超级电容器，不仅能像蓄电池一样储存能量，平抑由于风力波动引起的能量波动，还可以起到调节有功、无功的作用，但超级电容器价格较为昂贵，因此用此方法储能成本较高。

2. 超导储能

超导储能

超导储能是利用超导线圈将电磁能直接储存起来，需要时再将电磁能返回用电负荷的一种新型高效的储能技术。超导储能系统主要由电感很大的超导储能线圈、使线圈保持在临界温度以下的氦制冷器和交直流变流装置构成。当储存电能时，将风电场发出的多余电能，经过交—直流变流器整流成直流电，激励超导线圈，使超导电感充电，并保持恒流运行，所储存的能量几乎可以无损耗地永久储存下去，直到需要释放时为止；在需要用电时，再从超导电感提取能量，将超导线圈储存的直流电经逆变器转变为交流电输出，提供给用电负荷。由于采用了电力电子装置，这种转换非常简便，响应极快，并且储能密度高，结构紧凑。

超导储能的优点很多，包括功率大、质量轻、体积小、损耗小、反应快等，不仅可以调节有功功率和无功功率，而且对于改善供电品质和提高供电的动态稳定性有巨大的作用。它的储能效率高达90%以上，远高于其他储能技术。目前，小容量超导储能装置已经商品化，但由于在大型线圈产生的电磁力的约束以及制冷等技术方面尚不成熟，因此，大规模超导储能装置还尚处于研究阶段。

8.4.3.3　化学储能

1. 各类蓄电池储能

铅酸蓄电池主要特点是采用稀硫酸做电解液，用二氧化铅和绒状铅分别作为电池的正极和负极的一种酸性蓄电池，具有成本低、技术成熟、储能容量大（已达到兆瓦级）等优点，主要应用于电力系统的备载容量、频率控制、不断电系统。然而，它的缺点是储存能量密度低、可充放电次数少、制造过程中存在一定污染等。

镍镉电池正极板上的活性物质由氧化镍粉和石墨粉组成，负极板上的活性物质由氧化镉粉和氧化铁粉组成，电解液通常用氢氧化钾溶液。镍镉电池具有大电流放电特性、耐过充放电能力强、维护简单、循环寿命长等优点，最早应用于手机、笔记本电脑等设备。但是，镍镉电池的记忆效应会逐渐降低电池的容量。

镍氢蓄电池是由氢离子和金属镍合成，电量储备比镍镉电池多30%，比镍镉电池更轻，使用寿命也更长，并且对环境无污染。镍氢电池的缺点是价格比镍镉电池要高很多，性能比锂电池要差。

钠硫蓄电池是在300℃的高温环境下工作，它的正极活性物质是液态的硫，负极活性物质是液态金属钠，中间是多孔性陶瓷隔板。钠硫电池的主要特点是能量密度大（是铅酸蓄电池的3倍）、充电效率高（可达到80%）、循环寿命比铅蓄电池长等优点，适用于大型储能系统。

锂离子蓄电池是由可使锂离子嵌入及脱嵌的碳作负极、可逆嵌锂的金属氧化物作正极和有机电解质构成。锂离子蓄电池与现有的铅酸蓄电池、镍氢蓄电池等电池相比有诸多优点，如无记忆效应、高工作电压、低自放电率、无环境污染性、高能量密度等，在电子消费品领域应用十分普遍。现在国内外都在大力研发新式的储能电池，其中锂离子蓄电池备受关注。

2. 可再生燃料电池储能

氢燃料电池是可再生燃料电池中较为典型的一种。氢燃料电池技术中最为关键的科学实践环节是氢的大规模储存。有前景、安全经济的氢气储运方式是利用金属氢化物储氢材料。金属氢化物储氢密度比液氢还高，氢以原子态储存于合金中，当它们被重新放出来时，经历扩散、相变、化合等过程，受到热效应与速度的制约，不易爆炸，安全程度高。利用金属材料储氢是目前比较受重视的应用项目。近年来国外还研制出一种再生式燃料电池，这种燃料电池既可利用氢氧化合直接产生电能，也可以用它电解水产生氢和氧。

3. 液流电池储能

液流电池，也称氧化还原液流蓄电系统，与通常蓄电池的活性物质被包容在固态阳极或阴极之内不同，液流电池的活性物质以液态形式存在，既是电极活性材料又是电解质溶液，它可溶解分装在两大储液罐的溶液中，溶液流经液流电池，在离子交换膜两侧的电极上分别发生还原与氧化反应。此化学反应为可逆，因此可达到多次充放电的能力。该电池的储能容量由储存槽中的电解液容积决定，输出功率则取决于电池的面积。由于这种电池没有固态反应，不发生电极物质结构形态的改变，能够100％深度放电，与其他常规蓄电池相比，具有明显的优势。目前，液流电池均已实现商业化运作，100kW级液流电池储能系统已步入试验示范阶段。

第9章　风电场的经济计算与评价

9.1　风电场经济计算与评价的任务和内容

风电场经济计算与评价的实质是研究风电场建设方案的经济效益与经济效率的问题。通过研究风电场建设方案的经济效果，寻找出具有最佳经济效果的建设方案。风电场经济计算与评价是风电场项目规划建设过程中的关键环节和核心内容，也是决定风电场项目投资命运的重要决策依据。

1. 风电场经济计算与评价的任务

研究风电场经济计算与评价，主要任务如下：

（1）对规划兴建的风电场工程，在做好规划、勘测、设计的基础上，研究不同规划、不同标准、不同投资、不同效益的各个比较方案，通过分析论证和经济计算，从中选择技术上正确、经济上合理、财务上可行的最佳方案。

（2）对已建成的风电场工程，仍需进行经济评价，研究进一步发挥工程经济效益的途径。当风电场项目建成运行后，仍需不断收集有关资料，分析项目实际运行状况与预期目标之间的差距及其产生的原因，以便提出改进措施，进一步提高经营管理水平，在保证工程安全、充分发挥工程效益的前提下，尽可能增加风电企业的财务收入。

2. 风电场经济计算与评价的内容

风电场经济计算的内容比较广泛，其经济计算指标包括单位装机容量投资、单位发电成本及财务内部收益率、财务净现值、投资回收期、投资利润率、借款偿还期、资产负债率、利息备付率、偿债备付率等。在财务评价阶段，用市场价格计算各种财务支出和财务收入。其中，财务支出包括风电场建设项目的投资、年运行费、利息支出和税金等。财务收入主要包括发电收入、CDM 收入及其他收入等。在国民经济评价阶段，用影子价格计算各种费用与效益。费用包括固定资产投资与年运行费。其中：固定资产投资，是指项目达到设计规模所需投入的全部建设费用；年运行费，是指项目在运行初期和正常运行期每年所需支出的全部运行费用。风电场项目效益包括发电效益、环境效益和社会效益。国民经济评价指标计算中有经济内部收益率、经济净现值和经济效益费用比等。但由于环境效益和社会效益都不太容易量化，因此现阶段风电场建设项目一般只需要进行财务评价即可。

3. 风电场经济计算与评价的特点

风电场项目既属于基础设施建设，同时又是营利性项目。风电场项目的经济计算与评价和其他项目的相比，有其自身的特点如下：

（1）对于风电场项目来说，其运行周期相对较长，因此在进行经济评价时应强调考虑时间因素，采取动态分析的方法。但强调动态分析指标并不排斥静态指标。静态指标相对比较简单、直观，使用起来比较方便，在评价过程中，可以根据工作阶段和深度的不同，计算静态指标进行辅助分析。

（2）对于风电场项目的经济评价，一定要将其微观主体成本效益评价与宏观主体效益评价相结合。风电场项目本身是营利性项目，但在现阶段，我国风电电量在全社会用电量中的比例以及风电运行效率与欧美风电发达国家相比，还存在较大差距，因此，在今后一段时期内，风电发展仍需要争取国家政策的支持。此外，在进行风电场项目经济评价时，需注意项目投资回收期的计算。

（3）对于风电场项目来说，按期投入生产有着至关重要的意义，这就要求在经济评价中，应重视风电场项目的财务生存能力，项目是否能够抵御风险、资金运转是否顺利、各项工作进展时间表制定是否科学等都直接关系到项目的成败。

（4）定量分析与定性分析相结合，以定量分析为主。经济评价的本质是通过效益和费用的计算，对项目建设和生产过程中的诸多经济因素给出明确、综合的数量概念，从而进行经济分析和比较。评价指标应力求正确反映生产的两个方面，即项目所得与所费的关系。风电场项目是一个复杂的投资项目，总会存在一些经济因素不能量化，不能直接进行数量分析，对此则应进行实事求是的、准确的定性描述，并与定量分析结合在一起进行评价。

9.2　风电场经济计算指标

风电场的经济计算指标主要有单位千瓦投资、单位发电成本、财务内部收益率、财务净现值、投资回收期、投资利润率、借款偿还期、资产负债率、利息备付率和偿债备付率等。

1. 单位千瓦投资

单位千瓦投资是指风电场每千瓦装机容量的投资成本，其计算公式为

$$单位千瓦投资 = \frac{总投资}{总装机容量} \quad （元/kW） \qquad （9-1）$$

式（9-1）中，风电场的总投资主要包括 6 个部分，如图 9-1 所示。

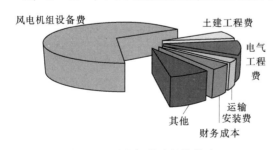

图 9-1　风电场的总投资构成

由于风电机组设备费约占总投资的 70%，因此降低风电机组设备投资，可以降低风电场的单位千瓦投资。

风电场的总装机容量是指风电场全部风电机组的总容量。提高风电场风电机组的单机容量，也有利于降低风电场的单位容量投资。随着风电机组单机容量的持续增加，风电场的单位千瓦投资会进一步降低。

单位千瓦投资没有考虑风资源、风电机组与风资源的匹配、风电机组的可靠性等因素，因此它不能完整地反映一个风电场的经济性。

2. 单位发电成本

单位发电成本是指风电场在设备使用期（一般 20～30 年）范围内，每生产 1kW·h 电量所需要的发电总成本。其计算公式为

$$单位发电成本 = \frac{年固定费 + 运行维护费 + 修理费}{年发电总量} \quad [元/(kW·h)] \quad (9-2)$$

式（9-2）中，年固定费包括：设备年折旧费、摊销费、人工工资和福利费、银行利息、管理费及税金。其中，设备年折旧费，按年折旧率或综合折旧率进行计算；摊销费，按摊销费率进行计算，若无无形资产，则按零计算；人工工资和福利费，按照每人平均年工资和福利费率进行计算；银行利息，根据贷款偿还方式和贷款利率进行计算；管理费及税金，按管理费率和税率进行计算。

运行维护费包括计划内的保证风力发电机组正常运行所进行的正常维护费；修理费是指风电场在运营期内大修的年平均费用，一般风电机组每隔 5 年、10 年或 15 年进行一次大修，大修部分主要在齿轮、轴承、轴封和其他运行部件。

风电场发电总成本构成如图 9-2 所示。

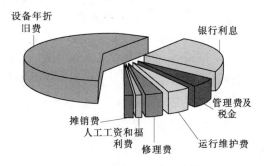

图 9-2　风电场发电总成本构成

由于设备折旧费在发电成本中占的比例最大，因此，对于风电场这种一次性投资较大的项目，应特别注意控制投资总额。

一个风电场的年发电量与风电场的风资源情况、风电机组的功率曲线以及风电机组与风能资源的匹配情况有关。选择风资源丰富的风电场以及与其相匹配的风电机组，有利于提高风电场的年发电量，降低风电场的单位发电成本。

由于单位发电成本把风电场的原始建设投资成本、风能资源、风电机组与风资源的匹配情况、风电机组在使用期内的运行维护及大修全部考虑进去，因而该指标较为全面、真实地反映了风电场的经济性。

3. 财务内部收益率

财务内部收益率（financial internal rate of return，FIRR）是项目在整个计算期内各年财务净现金流量的现值之和等于零时的折现率。它反映了风电场实际达到的收益情况，根据风电场的现金流量进行计算，考虑了资金的时间价值，是评价风电场实际盈利能力的动态指标。该指标计算公式为

$$\sum_{t=1}^{n}(CI - CO)_t(1 + FIRR)^{-t} = 0 \quad (9-3)$$

式中：CI 为现金流入量；CO 为现金流出量；$(CI - CO)_t$ 为第 t 年的净现金流量；

n 为计算期。

　　财务内部收益率的计算通常采用试算法，也可采用线性内插法即试插法或直线内插法。它是先按实际贷款利率或基准收益率进行折现，求得净现值，如为正，则采用更高折现率，使计算得到的净现值接近于零的负值。如此重复，逐渐用逼近的方法在零附近求得两个反向的不同值的净现值，之后再运用内插法，求得净现值为零时的最大折现率，即财务内部收益率。该算法的具体计算公式为

$$FIRR = i_1 + \frac{NPV_1(i_2 - i_1)}{|NPV_1| + |NPV_2|} \tag{9-4}$$

式中：i_1 为当净现值为接近于零的正值时的折现率；i_2 为当净现值为接近于零的负值时的折现率；NPV_1 为采用低折现率 i_1 时净现值的正值；NPV_2 为采用高折现率 i_2 时净现值的负值。

　　当风电场的财务内部收益率大于电力行业基准的财务内部收益率时，即可说明项目的盈利能力已满足最低要求，在财务上是可以接受的；反之不可接受。

　　4. 财务净现值

　　财务净现值（financial net present value，FNPV）是风电场按行业的基准收益率或设定的目标收益率，将风电场计算期内各年的净现金流量折算到开发活动起点的现值之和。它是风电场经济后评价中的一个重要经济指标，是评价风电场盈利能力的绝对动态指标。其表达式为

$$FNPV = \sum_{t=1}^{n} (CI - CO)_t (1+i)^{-t} \tag{9-5}$$

式中：CI 为现金流入量；CO 为现金流出量；$(CI - CO)_t$ 为第 t 年的净现金流量；i 为基准收益率或设定的折现率；n 为计算期。

　　财务净现值也可以通过现金流量表计算出来。一般情况下，风电场财务盈利能力分析只计算风电场项目投资的财务净现值，再根据需要选择所得税前净现值或所得税后净现值。按照设定的折现率计算的财务净现值，通常大于或等于零时，项目方案在财务上可以考虑接受，小于零的项目则不考虑接受。财务内部收益率和财务净现值是一组相对应的指标，财务内部收益率实质上是使净现值为零时的折现率，净现值是折现率为基准收益率时的折现值。

　　5. 投资回收期

　　投资回收期（payback period）是指以风电场项目的净现金收入抵偿全部投资所需要的时间，一般以年为单位。它是考察风电场项目在财务上的投资回收能力的主要评价指标，有静态和动态之分。对于投资者而言，投资回收期越短越好。

　　投资回收期一般从建设开始年算起，若从风电场项目运行期开始计算，则应予以特别注明。

　　风电场项目投资回收期的计算公式为

$$\sum_{t=1}^{T_{回}} (CI - CO)_t = 0 \tag{9-6}$$

式中：CI 为现金流入量；CO 为现金流出量；$(CI - CO)_t$ 为第 t 年的净现金流量；

$T_回$ 为投资回收期。

投资回收期也可根据现金流量表（全部投资）中累计净现金流量计算得出，其详细计算公式为

$$投资回收期＝（累计净现金流量出现正值的年份数）－1$$
$$＋（上年累计净现金流量的绝对值/当年净现金流量）$$

$$(9-7)$$

若求出的投资回收期小于行业的基准投资回收期，则表明项目投资能在规定的时间内回收。投资回收期越短，表明项目投资回收越快，抗风险能力越强。

6. 投资利润率

投资利润率（return on investment）是指风电场项目达到设计生产能力后的一个正常年份的年利润总额或年平均利润总额与风电场总投资的比率。它是考察风电场单位投资盈利能力的一项静态指标。其计算公式为

$$投资利润率＝\frac{年利润总额或年平均利润总额}{风电场总投资}\times100\%$$

$$(9-8)$$

将风电场的投资利润率与行业平均投资利润率比较，可以判别风电场投资盈利能力是否满足要求。

7. 借款偿还期

借款偿还期（loan repayment period）是指以风电场项目投产后获得的可用于还本付息的资金，还清借款本息所需的时间，一般以年为单位表示。借款偿还期的计算公式为

$$借款偿还期＝借款偿还后开始出现盈余年份－开始借款年份$$
$$＋当年借款额/当年可用于还款的资金额 \qquad (9-9)$$

借款偿还期是考察风电场项目偿债能力的一项重要指标，通常适用于不预先给定借款偿还期，而是按项目的最大偿还能力和尽快还款原则还款的项目。

8. 资产负债率

资产负债率（loan of asset ratio，LOAR）是指风电场项目各期期末负债总额与资产总额的比率，计算公式为

$$LOAR＝\frac{TL}{TA}\times100\%$$

$$(9-10)$$

式中：$LOAR$ 为资产负债率；TL 为期末负债总额；TA 为期末资产总额。

资产负债率反映了项目总资产中有多少是通过负债筹集的，该指标是评价项目负债水平的综合指标。适度的资产负债率，表明企业经营安全、稳健，具有较强的筹资能力，也表明企业和债权人的风险较小。

9. 利息备付率

利息备付率（interest coverage ratio）也称已获利息倍数，是指风电场项目在借款偿还期内各年可用于支付利息的税息前利润与当期应付利息费用的比值。其计算公式为

$$利息备付率＝税息前利润/当期应付利息×100\% \qquad (9-11)$$

利息备付率应分年计算，该指标正常情况应大于 1，且越大，表明利息偿付的保障程度越高。

利息备付率是从付息资金来源的充裕性角度反映项目偿付债务利息的保障程度的一项重要指标。

10. 偿债备付率

偿债备付率（debt service coverage ratio）是指风电场项目在借款偿还期内，各年可用于还本付息的资金与当期应还本付息金额的比值。其计算公式为

$$偿债备付率＝可用于还本付息的资金/当期应还本付息的金额×100\%$$

$$(9-12)$$

式中：可用于还本付息的资金包括可用于还款的折旧和摊销、成本中列支的利息费用、可用于还款的利润等；当期应还本付息的金额包括当期应还贷款本金额及计入成本费用的利息。

偿债备付率也应分年计算，在一般情况下，该项指标应大于 1，其越大，表明可用于还本付息的资金保障程度越高。因此，该项指标也是反映项目偿还债务本金加利息能力的一项重要指标。

9.3　风电场经济计算与评价

9.3.1　风电场项目的经济计算

9.3.1.1　总成本费用计算

1. 固定资产价值

在风电场项目经济计算中，固定资产价值的计算公式为

固定资产价值＝固定资产投资＋建设期利息－无形及长期待摊资产价值

$$(9-13)$$

2. 总成本费用

风电场的总成本主要包括折旧费、修理费、职工工资及福利、保险费、其他费用和利息支出等。其中各项费用的计算公式为

$$折旧费＝固定资产价值×综合折旧率 \qquad (9-14)$$

$$修理费＝固定资产价值×修理费率 \qquad (9-15)$$

$$职工工资及福利＝职工人均年工资×编制定员×(1＋X) \qquad (9-16)$$

式中：X 为职工福利占工资总额的百分比，%。

3. 经营成本

风电场项目中，经营成本是经济评价现金流量分析中所使用的特定概念，是项目现金流量表中运营期现金流出的主体部分。经营成本的计算公式为

$$经营成本＝总成本费用－折旧－摊销－利息支出 \qquad (9-17)$$

风电上网
电价相关
政策发文

9.3.1.2 发电效益计算

1. 销售收入

风电场的发电经济效益主要体现为发电销售收入,其计算公式为

$$发电销售收入 = 上网电量 \times 上网电价(含增值税) \tag{9-18}$$

其中   上网电价(含增值税) = 上网电价(不含增值税) × (1+增值税税率)

计算发电销售收入,要正确估算上网电量和确定上网电价(含增值税电价)。

风电场的上网电量是根据测风数据选用的风电机组和布置方案设计等进行估算。根据《中华人民共和国可再生能源法》第十四条规定:"电网企业应当与依法取得行政许可或者报送备案的可再生能源发电企业签订并网协议,全额收购其电网覆盖范围内可再生能源并网发电项目的上网电量,并为可再生能源发电提供上网服务。"

在 2019 年之前,风电的上网电价是先后依据国家发展和改革委员会(以下简称为国家发改委)《国家发展改革委关于完善风力发电上网电价政策的通知》(发改价格〔2009〕1906 号)和《国家发展改革委关于调整光伏发电陆上风电标杆上网电价的通知》(发改价格〔2016〕2729 号)等相关文件,按风能资源状况和工程建设条件,将全国分为 4 类风能资源区,相应制定风电标杆上网电价。海上风电上网电价,依据国家发改委规定在 2019 年前核准的近海风电项目上网电价为 0.85 元/(kW·h),潮间带风电项目上网电价为 0.75 元/(kW·h)。

2019 年 5 月 24 日,国家发改委公布《关于完善风电上网电价政策的通知》(发改价格〔2019〕882 号),将陆上、海上风电标杆上网电价均改为指导价,规定 2019 年 7 月 1 日以后核准的集中式陆上风电项目及海上风电项目全部通过竞争方式确定上网电价,不得高于项目所在资源区指导价;对于陆上风电指导价低于当地燃煤机组标杆上网电价的地区,以燃煤机组标杆上网电价作为指导价;自 2021 年 1 月 1 日开始,新核准的陆上风电项目全面实现平价上网,国家不再补贴。该文件还将 2019 年符合规划、纳入财政补贴年度规模管理的新核准近海风电指导价调整为 0.8 元/(kW·h),2020 年调整为 0.75 元/(kW·h);新核准近海风电项目通过竞争方式确定上网电价,不得高于上述指导价。对 2018 年底前已核准的海上风电项目,如在 2021 年底前全部机组完成并网的,执行核准时的上网电价;2022 年及以后全部机组完成并网的,执行并网年份的指导价。

2. 税金

风电场项目属于电力工程行业项目,其缴纳的税金包括增值税、销售税金及附加、企业所得税,计算公式为

$$税金 = 增值税 + 销售税金及附加 + 企业所得税 \tag{9-19}$$

现阶段,风电场项目的增值税税率为 17%,是以不含增值税的电费收入为计税依据。根据《中华人民共和国增值税暂行条例》,风电场项目的增值税率为 17%。按照《关于资源综合利用企业及其他产品增值税政策的通知》(财税〔2008〕156 号)规定,"利用风力生产的电力所得的增值税实行增值税即征即退 50% 的优惠政策"。根据《关于固定资产进项税额抵扣问题的通知》(财税〔2009〕113 号)规定:

"机器、机械、运输工具类固定资产只要用于增值税应税项目，其购进货物或劳务的进项税额就可以抵扣销项税"，因此风电场项目可享受增值税进项税抵扣的优惠政策。

销售税金及附加在计算时，城建税按应缴流转税税额的 5% 计征、教育费附加按应缴流转税税额的 3% 计征、地方教育费附加按应缴流转税税额的 2% 计征，以上三项附加税根据主税抵扣或减半征收的应税额度计征，即因增值税的优惠减免政策，销售税金及附加也相应随之减免。

风电场项目的所得税，按照《中华人民共和国企业所得税法》规定所得税基本税率 25% 进行计算。同时，风电企业还享有以下优惠政策：

（1）财政部、海关总署、国家税务总局联合印发《关于深入实施西部大开发战略有关税收政策问题的通知》（财税〔2011〕58 号）"自 2011 年 1 月 1 日至 2020 年 12 月 31 日，对设在西部地区的鼓励类产业企业减按 15% 的税率征收企业所得税"。风电企业享受此项政策。

（2）国家税务总局《关于实施重点扶持的公共基础设施项目企业所得税优惠问题的通知》（国税发〔2009〕80 号）规定：风电项目自经营期开始，所得税享受"三免三减半"的优惠政策，即取得第一笔生产经营收入所属纳税年度起，第一年至第三年免征企业所得税，第四年至第六年减半征收企业所得税，减半征收期间执行 7.5% 的所得税税率，减半期结束到 2020 年 12 月末执行 15% 的所得税税率。

3. 利润

在风电场经济计算中，利润分为发电利润和税后利润，计算公式分别为

$$发电利润＝发电销售收入－发电成本－增值税－销售税金附加 \qquad (9-20)$$
$$税后利润＝发电利润－企业所得税 \qquad (9-21)$$

9.3.1.3　项目计算期的确定

项目计算期是经济计算与评价的重要参数，它是指经济计算与评价中，为进行动态分析所设定的期限，包括建设期和运营期。

（1）建设期是指项目资金正式投入开始到项目建成投产运行为止所需要的时间，可按合理工期或预计的建设进度确定。

（2）运营期分为投产期和达产期两个阶段。投产期是指项目投入生产，但生产能力尚未完全达到设计能力的过渡阶段；达产期是指生产运营达到设计预期水平后的时间。运营期一般应以项目主要设备的经济寿命期而定。目前，风电机组的经济寿命期一般为 20 年。

9.3.1.4　现金流量的构成

进行风电场项目的现金流量分析，首先要正确识别和选用现金流量，包括现金流入和现金流出，现金流入和现金流出之差为净现金流量。

计算现金流量的时间单位为年。一般自项目资金正式投入开始，按每 12 个月为一个计算年。这样做是为使计算的财务内部收益率和财务净现值指标更为准确。

所得税前和所得税后分析的现金流入完全相同，但现金流出略有不同。所得税前分析是不将所得税作为现金流出，所得税后分析是将所得税视为现金流出。

9.3.1.5 盈利能力与偿债能力指标计算及其参数

1. 盈利能力分析的主要指标

风电场盈利能力分析的主要指标是风电场项目投资财务内部收益率、项目投资财务净现值和项目资本金财务内部收益率，其他指标可根据风电场项目的特点和经济评价的目的、要求等选用。

反映盈利能力的财务报表有现金流量表和利润与利润分配表。项目投资现金流量表用于计算项目投资内部收益率、项目投资财务净现值及投资回收期等指标；项目资本金现金流量表，用于计算项目资本金财务内部收益率以及项目资本金财务净现值等指标；投资各方现金流量表用于计算投资各方财务内部收益率；利润与利润分配表用于计算总投资收益率和项目资本金净利润率等指标。

2. 偿债能力分析的主要指标

对筹措了债务资金（以下简称借款）的风电场项目，偿债能力是指考察项目能否按期偿还借款的能力。风电场项目偿债能力分析的主要指标是利息备付率、偿债备付率和资产负债率等。反映偿债能力的财务报表有财务计划现金流量表、资产负债表和借款还本付息表。其中，财务计划现金流量表用于计算累计盈余资金，分析项目的财力生存能力；资产负债表用于计算资产负债率指标；借款还本付息表用于计算借款偿还期、偿债备付率和利息备付率指标。通过计算上述指标，分析判断风电场项目财务主体的偿债能力。

9.3.2 风电场项目的经济评价

风电场项目的经济评价，包括财务评价和国民经济评价两部分，是风电场项目优选与科学决策的重要依据。其中，财务评价是从企业（或项目）的角度，在国家现行财税制度和价格体系的基础上，对项目进行财务效益分析，考察项目的盈利能力、清偿能力等财务状况，以判断其在财务上的可行性。国民经济评价则是在合理配置国家资源的前提下，从国家整体的角度分析计算项目对国民经济的净贡献，以考察项目的经济合理性。由于风电场项目一般只进行财务评价，因此，这里重点讨论风电场项目的财务评价。

风电场项目
经济评价
相关标准

1. 融资前分析与融资后分析的关系

风电场项目决策可分为投资决策和融资决策两个层次。投资决策重在考察项目净现金流量的价值是否大于其投资成本，融资决策重在考虑资金筹措能否满足要求。一般是投资决策在先，融资决策在后。根据不同的决策需要，财务评价可分为融资前分析和融资后分析。

进行风电场项目财务评价首先要进行融资前分析。融资前分析是指不考虑债务融资条件下的财务评价。在融资前分析结论满足要求的情况下，初步设定融资方案，再进行融资后分析。融资后分析是指以设定的融资方案为基础进行的财务评价。

融资前分析只进行盈利能力分析，并以项目投资折现现金流量分析为主，计算项目投资财务内部收益率和净现值指标，也可计算投资回收期指标（静态）。融资后分析主要是针对项目资本金折现现金流量和投资各方折现现金流量进行分析，既包括盈利能力分析，又包括偿债能力分析和财务生存能力分析等内容。

2. 融资前分析

（1）融资前项目投资现金流量分析，是从项目投资总获利能力角度，考察项目方案设计的合理性。根据需要，可从所得税前和所得税后两个角度进行考察，选择计算所得税前和所得税后指标。

（2）融资前财务评价的现金流量应与融资方案无关。从该原则出发，融资前项目投资现金流量分析的现金流量主要包括销售收入、建设投资、流动资金、经营成本、营业税金及附加、所得税。

（3）所得税前分析的现金流入主要是发电销售收入，在计算期的最后一年，还包括固定资产残值及回收流动资金；现金流出主要包括建设投资、流动资金、经营成本、税金等。根据上述现金流入与流出编制项目投资现金流量表，并根据该表计算项目投资税前财务内部收益率和项目投资税前财务净现值。

按所得税前的净现金流量计算的相关指标，是投资盈利能力的完整体现，用于考察由项目方案设计本身所决定的财务盈利能力，仅体现项目方案本身的合理性。所得税前指标可以作为初步投资决策的主要指标，用于考察项目是否基本可行，并值得为之进行融资。所得税前指标还特别适用于建设方案设计中的方案比选。

（4）项目投资现金流量表中的所得税，应根据息税前利润乘以所得税率计算。原则上息税前利润的计算应完全不受融资方案变动的影响，即不受利息多少的影响。

（5）财务评价中，一般将内部收益率的判别基准（基准收益率）和计算净现值的折现率采用同一数值，这样可使采用内部收益率大于或等于基准收益率对项目效益的判断和采用基准收益率计算的财务净现值大于等于零对项目效益的判断结果一致。

（6）进行融资前分析得到的结论可以满足方案比选和初步投资决策的需要。如果分析结果表明项目效益符合要求，再考虑融资方案，继续进行融资后分析；如果分析结果不满足要求，则可以通过修改方案设计以完善项目方案，必要时甚至可以据此做出放弃项目的建议。

3. 融资后分析

在融资前分析结果可以接受的前提下，可以开始考虑融资方案，进行融资后分析。融资后分析包括项目的盈利能力分析、偿债能力分析以及财务生存能力分析，进而判断项目方案在融资条件下的合理性。

（1）融资后的盈利能力分析。融资后的盈利能力分析包括动态分析（折现现金流量分析）和静态分析（非折现盈利能力分析）。

1）动态分析是通过编制财务现金流量表，根据资金时间价值原理，计算财务内部收益率、财务净现值等指标，分析项目的获利能力。融资后的动态分析可分为两个层次。一是项目资本金现金流量分析。项目资本金现金流量分析是从项目投资者整体的角度，考察项目带来的收益水平。它是在拟订的融资方案的基础上进行的息税后分析，依据的报表是项目资本金现金流量表。二是项目资本金财务内部收益率的判别。在依据融资前分析的指标对项目基本获利能力有所判断的基础上，计算的项目资本金财务内部收益率指标体现了在一定的融资方案下，投资者整体获得的收益水平，该指标可用来对融资方案进行比较和取舍。当计算的项目资本金财务内部收益率大于或等于最低可接受收益率时，说明在一定的融资方案下的投资获利水平大于或达到了项目投资者整体对投资获利的最低要求，是可以接受的。其中最低可接受收益率的确定主要取决于当时的资本收益水平以及投资者对资金收益的要求。

2）静态分析是主要依据利润与利润分配表，并借助现金流量表计算相关盈利能力指标，包括项目资本金净利润率、投资收益率等，不采取折现方式计算相关指标。当静态分析指标分别符合其相应的参考值时，即认为从该指标看，盈利能力是满足要求的。如果不同指标得出的判断结论相反，应通过分析原因，得出合理的结论。

（2）融资后的偿债能力分析。融资后的偿债能力分析主要通过计算借款偿还期、利息备付率、偿债备付率和资产负债率等指标，分析判断财务主体的偿债能力。

（3）融资后的财务生存能力分析。风电场项目运营期间，确保从各项经济活动中得到足够的净现金流量，是项目能够持续生存的条件。运营期内拥有足够的现金流量是风电场项目财务可持续的基础，各年累计盈余资金不为负值，是风电场项目财务生存能力的必要条件。财务评价中应根据财务计划现金流量表，综合考察项目计算期内的投资活动、融资活动和经营活动所产生的各项现金流入和流出，计算净现金流量和累计盈余资金，分析项目是否有足够的净现金流量维持正常运营。

财务生存能力分析应结合偿债能力分析进行，如果拟安排的还款期过短，致使还本付息负担过重，导致为维持资金平衡必须筹措的短期借款过多，可以通过调整还款期，减轻各年还款负担。

通常运营期前期的还本付息负担较重，所以应特别注重运营期前期的财务生存能力分析。

4．不确定性分析

风电场项目经济评估所采用的基本变量都是对未来的预测和假设，因而具有不确定性。通过对拟建项目具有较大影响的不确定因素进行分析，计算基本变量的增减变化引起项目财务或经济指标的变化及其变化程度，预测项目可能承担的风险，使项目的投资决策建立在较为稳妥的基础上，这被称为不确定性评估或风险评估。不确定性分析考核评估的是项目经受各种风险冲击的能力，目的是要借此说明该项目投资的可行性。

不确定性分析主要侧重于因资料和经验的不足，对未来情况所做的估计与实际之间的差异；风险分析则着重于不确定因素发生的可能性。通过不确定性分析可以找出影响项目效益的敏感因素，确定敏感程度，但无法获得这种不确定因素发生的可能性以及给项目带来经济损失的程度。

不确定性分析包括盈亏平衡分析和敏感性分析。

（1）盈亏平衡分析。盈亏平衡分析是通过计算风电场项目达产年的盈亏平衡点，分析项目成本与收入的关系，判断项目对产出品数量变化的适应能力和抗风险能力。在具体计算时，盈亏平衡点要按达产年份数据计算，不能按计算期内平均值计算。各年数值不同时，最好按达产年后的年份分别计算，给出最高的盈亏平衡点和最低的盈亏平衡点。

（2）敏感性分析。敏感性分析用于考察项目涉及的各种不确定因素对项目基本方案经济评价指标的影响，找出敏感因素，估计项目效益对它们的敏感程度，粗略预测项目可能承担的风险，为进一步的风险分析打下基础。

在进行敏感性分析时，一般采用单因素敏感性分析，即每次改变一个因素的数值进行分析，估算单个因素的变化对项目效益产生的影响。

进行风电场项目敏感性分析：首先应根据项目特点，结合经验判断选择对项目效益影响较大且重要的不确定因素进行分析。风电场项目主要对建设投资、电量、电价等不确定因素，以及财务内部收益率和资本金内部收益率指标进行敏感性分析；其次，一般选择不确定因素变化百分率为±5％、±10％等；最后，将敏感性分析的结果进行汇总，编制敏感性分析表，将不确定因素变化后计算的经济评价指标与基本方案评价指标进行对比分析，并计算敏感度系数和临界点，按不确定性因素的敏感程度进行排序，找出最敏感的因素，分析敏感因素可能造成的风险，并提出应对措施。其中：敏感度系数是指项目评价指标变化率与不确定因素变化率之比；临界点指不确定因素变化使项目由可行变为不可行的临界值。

9.3.3　风电场项目经济评价案例分析

9.3.3.1　陆上风电场项目经济评价案例

1. 概述

某风电场拟安装 33 台单机装机容量 1500kW 的风电机组，总装机容量 49.5MW，平均年上网发电量 10491 万 kW·h，折合等效满负荷发电小时数 2119h。估算本工程建设投资为 44237 万元。本项目计算期为 21 年，其中，建设期一年，生产经营期 20 年。

本项目财务评价是在场址方案、系统布置、设备选型以及建设条件等方面进行研究论证后推荐方案基础上，根据中华人民共和国国家发展和改革委员会和建设部颁发的《建设项目经济评价方法与参数》（第三版）和《风电场工程可行性研究报告编制办法》（发改办能源〔2005〕899 号）及国家现行财税政策、会计制度和相关法规要求，进行费用和效益计算，考察其获利能力、清偿能力等财务状况，以判断其在财务上的可行性。

2. 财务评价

（1）项目投资估算与资金筹措。具体内容如下：

1）建设投资。根据投资估算报告成果，本风电场项目建设投资估算总额为 44237 万元。

2）建设期利息。建设期利息为项目借款在建设期内应计入固定资产原值的利息。本项目长期贷款年利率按 5.94％计，复利计算建设期利息为 1069 万元。

3）流动资金。本项目流动资金按 30 元/kW 估算，为 149 万元。

4）项目总投资计算公式为

项目总投资＝建设投资＋建设期利息＋流动资金

本项目总投资为 45455 万元。项目投资估算详见表 9-1。

表 9-1 项目投资估算表

序　号	费 用 名 称	估算价值/万元	比例/%
1	风电场建设总投资	44237	97.32
1.1	第一至第三部分合计	38585	84.89
1.1.1	第一部分　机电设备及安装工程	32922	72.43
1.1.2	第二部分　建筑工程	2910	6.40
1.1.3	第三部分　其他费用	2753	6.06
1.2	预备费合计	867	1.91
1.2.1	基本预备费	867	1.91
1.2.2	涨价预备费	0	0.00
1.3	机械设备增值税进项税额	4785	10.53
2	建设期利息	1069	2.35
3	流动资金	149	0.33
	风电场静态投资①	44237	97.32
	风电场动态投资②	45306	99.67
	总投资③	45455	100.00

① 风电场静态投资＝风电场建设总投资－涨价预备费。

② 风电场动态投资＝风电场建设总投资＋建设期利息。

③ 总投资＝风电场建设总投资＋建设期利息＋流动资金。

项目资本金为项目建设投资、建设期利息和铺底流动资金的 20%。本项目资本金为 9070 万元，其中含有铺底流动资金 45 万元（占流动资金的 30%）；利用银行长期贷款本金为 35211 万元，贷款年利率 5.94%，复利计算建设期利息为 1069 万元，贷款期限为 12 年，工程施工期间不还本付息。向银行借入流动资金 104 万元，占流动资金的 70%，贷款年利率为 5.31%，并在还完长期借款后偿还。

投资计划与资金筹措详见表 9-2。

（2）投资形成固定资产价值计算。本阶段按照投资形成固定资产和设备增值税进项税考虑，暂不考虑无形资产和其他资产。具体内容如下：

1）固定资产计算公式为

固定资产原值＝建设投资－设备增值税进项税＋建设期利息

表 9-2 投资计划与资金筹措表　　　　　　　　　　单位：万元

序　号	项　目	合　计	第一年	第二年
1	总投资	45455	45306	149
1.1	建设投资	44237	44237	0
1.2	建设期利息	1069	1069	0
1.3	流动资金	149	0	149

续表

序　号	项　目	合　计	第一年	第二年
2	资金筹措	45455	45306	149
2.1	资本金	9070	9025	45
	其中用于流动资金	45	0	45
2.2	借款	36385	36281	104
2.2.1	长期借款	36281	36281	0
	其中本金	35211	35211	0
2.2.2	流动资金借款	104	0	104
2.2.3	其他短期借款	0	0	0
2.3	其他	0	0	0

2）据本阶段投资估算成果，本项目固定资产原值为 40521 万元。

3）设备增值税。建设期购买固定资产（机械设备）进项税额为 4785 万元，根据《中华人民共和国增值税暂行条例》，该进项税额在项目运营期内的销项税额中逐年抵扣，抵扣期 6.4 年。

（3）总成本费用计算。本项目发电总成本费用主要包括折旧费、修理费、职工工资及福利费、保险费、材料费、其他费用和利息支出等。具体计算为

折旧费＝固定资产价值×综合折旧率

修理费＝固定资产价值(扣除建设期利息)×修理费率

职工工资及福利费＝职工人均年工资×定员×(1＋福利费等提取率)

保险费＝固定资产价值×保险费率

材料费用＝装机容量×材料费定额

其他费用＝装机容量×其他费用定额

利息支出＝流动资金贷款利息＋生产期固定资产贷款利息

经营成本＝总成本费用－折旧费－摊销费－财务费用

本项目固定资产折旧期 15 年，残值率 3％，综合折旧率则为 6.47％。运营期前两年固定资产修理费率为零（质保期），以后各年按固定资产价值（扣除所含的建设期利息）的 1.5％提取。风电场职工人数按 20 人计，人均年工资按 50000元估算，职工福利费为工资总额的 14％，住房公积金和劳保统筹等分别按工资总额的 10％和 36.6％提取。运营期前两年保险率为零（质保期），以后各年按固定资产价值（扣除所含的建设期利息）的 1.5％提取。其他费用按 60 元/kW 计取。

本项目运营期年平均成本费用为 3747 万元，其中，年平均经营成本为 1132 万元。总成本费用见表 9-3。

（4）发电效益计算。具体内容如下：

1）上网电价。本项目运营期不含增值税与含增值税上网电价分别为 0.5214 元/(kW·h) 和 0.6100 元/(kW·h)。

表 9-3 总成本费用表

注：第 1 年为建设期/年；第 2～21 年为生产期/年。

序号	项目	合计	成本比例/%	1	2	3	4	5	6	7	8	9	10	11	12	13	14	15	16	17	18	19	20	21
1	上网电量/(万kW·h)	209820	—	0	10491	10491	10491	10491	10491	10491	10491	10491	10491	10491	10491	10491	10491	10491	10491	10491	10491	10491	10491	10491
2	发电成本/万元	74947	100.00	0	5239	5043	5596	5400	5204	5009	4813	4617	4421	4225	4029	3833	3828	3828	3828	1207	1207	1207	1207	1207
2.1	折旧费/万元	39306	52.44	0	2620	2620	2620	2620	2620	2620	2620	2620	2620	2620	2620	2620	2620	2620	2620	0	0	0	0	0
2.2	维修费/万元	10652	14.21	0	0	592	592	592	592	592	592	592	592	592	592	592	592	592	592	592	592	592	592	592
2.3	工资及福利费/万元	3212	4.29	0	161	161	161	161	161	161	161	161	161	161	161	161	161	161	161	161	161	161	161	161
2.4	材料费/万元	0	0.00	0	0	0	0	0	0	0	0	0	0	0	0	0	0	0	0	0	0	0	0	0
2.5	保险费/万元	2841	3.79	0	0	0	158	158	158	158	158	158	158	158	158	158	158	158	158	158	158	158	158	158
2.6	摊销费/万元	0	0.00	0	0	0	0	0	0	0	0	0	0	0	0	0	0	0	0	0	0	0	0	0
2.7	利息支出/万元	12997	17.34	0	2161	1965	1769	1573	1377	1181	985	789	593	397	201	6	0	0	0	0	0	0	0	0
2.8	其他费用/万元	5940	7.93	0	297	297	297	297	297	297	297	297	297	297	297	297	297	297	297	297	297	297	297	297
3	总成本费用①/万元	74947	100.00	0	5239	5043	5596	5400	5204	5009	4813	4617	4421	4225	4029	3833	3828	3828	3828	1207	1207	1207	1207	1207
4	经营成本②/万元	22645	30.21	0	458	458	1207	1207	1207	1207	1207	1207	1207	1207	1207	1207	1207	1207	1207	1207	1207	1207	1207	1207
5	售电单位成本③/[元/(kW·h)]	0.3572	—	0	0.4993	0.4807	0.5334	0.5148	0.4961	0.4774	0.4587	0.4401	0.4214	0.4027	0.3840	0.3654	0.3648	0.3648	0.3648	0.1151	0.1151	0.1151	0.1151	0.1151
6	售电单位经营成本/[元/(kW·h)]	0.1079	—	0	0.0436	0.0436	0.1151	0.1151	0.1151	0.1151	0.1151	0.1151	0.1151	0.1151	0.1151	0.1151	0.1151	0.1151	0.1151	0.1151	0.1151	0.1151	0.1151	0.1151

① 总成本费用=发电成本。
② 经营成本=发电成本-折旧费-摊销费-利息支出。
③ 售电单位成本=总成本费用/上网电量。

2）销售收入。根据《中华人民共和国可再生能源法》第十四条规定，"电网企业应当与按照可再生能源开发利用规划建设，依法取得行政许可或者报送备案的可再生能源发电企业签订并网协议，全额收购其电网覆盖范围内符合并网技术标准的可再生能源并网发电项目的上网电量"。发电销售收入为

$$发电销售收入＝上网电量×上网电价$$

本风电场年上网电量为 10491 万 kW·h，年发电销售收入为 5470 万元。

3）税金。电力工程缴纳的税金包括增值税、销售税金附加、所得税。

增值税退税补贴收入。增值税为价外税，按照财政部和国家税务总局《关于资源综合利用及其他产品增值税政策的通知》（财税〔2008〕156 号），风力发电项目实现的增值税实行即征即退 50％的政策。本项目运营期内可获得增值税即征即退 50％的退税额为 6182 万元。

销项税按风力发电销售收入的 17％计取；进项税包括按成本费用中修理费（80％）的 17％计取的进项税额和尚未抵扣的机器设备的增值税进项税额。其具体计算公式为

$$增值税应纳税额＝销项税额－进项税额$$

$$增值税实纳税额＝增值税应纳税额×（1－退税率）$$

销售税金及附加为城市维护建设税和教育费附加，分别按缴纳的增值税额的 5％和 4％缴纳（含 1％的地方教育费附加）。

企业所得税税率为 25％，并享受"三免三减半"的税收优惠。

本项目运营期年平均缴纳增值税 309 万元，年平均缴纳销售税金及附加为 56 万元，年平均缴纳所得税 480 万元。

4）利润。具体计算公式为

$$利润总额＝发电收入－发电成本－销售税金附加＋补贴收入$$

$$税后利润＝利润总额－所得税$$

税后利润提取盈余公积金 10％，剩余部分为可分配利润，再扣除应付利润，即为未分配利润。

本项目运营期年平均利润总额 1976 万元，年平均税后利润 1495 万元。

风电场发电收入、税金、利润计算见表 9-4。

（5）清偿能力分析。具体内容如下：

1）还贷平衡计算。还贷资金包括还贷折旧和还贷利润。本阶段折旧费暂按 100％用于还贷，可分配利润全部或部分用于还贷。还贷方式采用本金等额偿还，利息照付的方式，还本付息计算表见表 9-5。

通过计算，本项目综合利息备付率为 1.81，综合偿债备付率为 1.16。借款偿还期内，各年偿债备付率均大于 1。

2）资产负债率。资产负债表见表 9-6。

表 9 - 4　损益和利润分配表

序号	项目	合计	建设期/年 1	生产期/年 2	3	4	5	6	7	8	9	10	11	12	13	14	15	16	17	18	19	20	21
	生产负荷/%	—	0	100	100	100	100	100	100	100	100	100	100	100	100	100	100	100	100	100	100	100	100
	上网电量/(万kW·h)	209820	0	10491	10491	10491	10491	10491	10491	10491	10491	10491	10491	10491	10491	10491	10491	10491	10491	10491	10491	10491	10491
	不含税电价/[元/(kW·h)]	—	0	0.5214	0.5214	0.5214	0.5214	0.5214	0.5214	0.5214	0.5214	0.5214	0.5214	0.5214	0.5214	0.5214	0.5214	0.5214	0.5214	0.5214	0.5214	0.5214	0.5214
1	发电销售收入/万元	109393	0	5470	5470	5470	5470	5470	5470	5470	5470	5470	5470	5470	5470	5470	5470	5470	5470	5470	5470	5470	5470
2	销售税金及附加/万元	1113	0	0	0	0	0	0	42	76	76	76	76	76	76	76	76	76	76	76	76	76	76
2.1	城市维护建设税/万元	618	0	0	0	0	0	0	24	42	42	42	42	42	42	42	42	42	42	42	42	42	42
2.2	教育附加费/万元	495	0	0	0	0	0	0	19	34	34	34	34	34	34	34	34	34	34	34	34	34	34
3	总成本费用/万元	74947	0	5239	5043	5596	5400	5204	5009	4813	4617	4421	4225	4209	3833	3828	3828	3828	1207	1207	1207	1207	1207
4	发电利润/万元	33334	0	231	427	-127	69	265	419	581	776	972	1168	1364	1560	1566	1566	1566	4186	4186	4186	4186	4186
5	本年应纳增值税退税额/万元	6182	0	0	0	0	0	0	236	425	425	425	425	425	425	425	425	425	425	425	425	425	425
6	利润总额/万元	39515	0	231	427	-127	69	265	655	1005	1201	1397	1593	1789	1985	1990	1990	1990	4611	4611	4611	4611	4611
7	弥补以前年度亏损/万元	127	0	0	0	0	69	57	0	0	0	0	0	0	0	0	0	0	0	0	0	0	0
8	所得税/万元	9606	0	0	0	0	0	26	82	251	300	349	398	447	496	498	498	498	1153	1153	1153	1153	1153
9	税后利润/万元	29909	0	231	427	-127	0	182	573	754	901	1048	1195	1342	1489	1493	1493	1493	3458	3458	3458	3458	3458
10	盈余公积金/万元	2991	0	23	43	0	0	18	57	75	90	105	119	134	149	149	149	149	346	346	346	346	346
11	可供分配利润/万元	26918	0	208	384	-127	0	164	516	679	811	943	1075	1208	1340	1343	1343	1343	3112	3112	3112	3112	3112
12	应付利润/万元	0	0	0	0	0	0	0	0	0	0	0	0	0	0	0	0	0	0	0	0	0	0
13	未分配利润/万元	26918	0	208	384	-127	0	164	516	679	811	943	1075	1208	1340	1343	1343	1343	3112	3112	3112	3112	3112
14	累计未分配利润/万元	—	0	208	592	466	535	756	1271	1950	2761	3704	4779	5987	7326	8670	10013	11357	14469	17581	20693	23806	26918
15	税息前利润/万元	52512	0	2392	2392	1642	1642	1642	1836	1990	1990	1990	1990	1990	1990	1990	1990	1990	4611	4611	4611	4611	4611
16	税息前折旧摊销前利润/万元	91818	0	5012	5012	4262	4262	4262	4456	4611	4611	4611	4611	4611	4611	4611	4611	4611	4611	4611	4611	4611	4611

表 9 - 5　还 本 付 息 计 算 表

序号	项　目	合计	建设期/年	生　产　期/年											
			1	2	3	4	5	6	7	8	9	10	11	12	13
1	人民币借款及还本付息/万元	—	—	—	—	—	—	—	—	—	—	—	—	—	—
1.1	年初借款本息累计/万元	—	0	36281	33086	29788	26490	23192	19893	16595	13297	9999	6700	3402	104
1.1.1	本金/万元	—	0	35211	0	0	0	0	0	0	0	0	0	0	0
1.1.2	建设期利息/万元	—	0	1069	0	0	0	0	0	0	0	0	0	0	0
1.2	本年借款/万元	35315	35211	104	0	0	0	0	0	0	0	0	0	0	0
1.3	本年应计利息/万元	14066	1069	2161	1965	1769	1573	1377	1181	985	789	593	397	201	6
1.4	本年偿还本金/万元	36385	0	3298	3298	3298	3298	3298	3298	3298	3298	3298	3298	3298	104
1.5	本年支付利息/万元	12997	0	2161	1965	1769	1573	1377	1181	985	789	593	397	201	6
2	税息前利润/万元	23487	0	2392	2392	1642	1642	1642	1836	1990	1990	1990	1990	1990	1990
3	还本付息的资金来源/万元	57367	0	5942	5942	5112	5112	5086	4751	4359	4310	4261	4212	4163	4115
	指标计算	—	—	—	—	—	—	—	—	—	—	—	—	—	—
	利息备付率/%	1.81	0.00	1.11	1.22	0.93	1.04	1.19	1.55	2.02	2.52	3.35	5.01	9.88	360.59
	偿债备付率/%	1.16	0.00	1.09	1.13	1.01	1.05	1.09	1.06	1.02	1.05	1.10	1.14	1.19	37.59

由表 9 - 6 可见，项目建设期资产负债率最高为 80.08%，此后逐年递减。项目投产后第 7 年资产负债率即可降至 60% 以下，第 11 年长期贷款本息全部还清。以上说明本项目具有一定的偿债能力。

（6）盈利能力分析。本风电场项目生产期为 20 年，在计算期内，各工程及设备不考虑更新。

根据项目投资现金流量表可计算财务评价指标：所得税后财务内部收益率为 8.31%，大于项目投资财务基准收益率 8.00%；项目财务净现值为 875 万元（按收益率为 8% 计算），远大于零。项目投资现金流量分析见表 9 - 7。

根据项目资本金现金流量表可计算以下财务评价指标：所得税后资本金财务内部收益率为 11.02%，大于项目资本金财务基准收益率 10.00%；资本金财务净现值为 1031 万元（按收益率为 10% 计算），大于零。项目资本金现金流量分析见表 9 - 8。

根据损益表和资产负债表可以计算出

总投资收益率＝年平均税息前利润/总投资

资本金净利润率＝年平均税后利润/资本金

本项目总投资收益率为 5.78%，资本金净利润率为 16.49%。

以上各项指标说明本项目具有一定的盈利能力，在财务上可以被接受。

（7）财务生存能力分析。本项目财务计划现金流量表见表 9 - 9。

表 9-6　资产负债表

序号	项目	建设期/年		生产期/年																	
		1	2	3	4	5	6	7	8	9	10	11	12	13	14	15	16	17	18	19	20	21
1	资产/万元	45306	42388	39516	36092	32863	29803	27078	24534	22136	19886	17782	15826	17211	18703	20196	21689	25147	28605	32063	35521	38979
1.1	流动资产总值/万元	0	632	1311	1355	1596	2007	2279	2355	2578	2948	3465	4129	8134	12247	16360	20473	23931	27389	30847	34305	38979
1.1.1	流动资产/万元	0	149	149	149	149	149	149	149	149	149	149	149	45	45	45	45	45	45	45	45	0
1.1.2	累计盈余资金/万元	0	483	1162	1207	1448	1858	2131	2207	2430	2800	3316	3980	8089	12202	16315	20429	23887	27345	30803	34261	38979
1.2	在建工程	0	0	0	0	0	0	0	0	0	0	0	0	0	0	0	0	0	0	0	0	0
1.3	固定资产净值/万元	40521	37901	35281	32660	30040	27419	24799	22179	19558	16938	14318	11697	9077	6456	3836	1216	1216	1216	1216	1216	0
1.4	固定资产增值税进项税额/万元	4785	3855	2925	2076	1227	377	0	0	0	0	0	0	0	0	0	0	0	0	0	0	0
1.5	无形及其他资产净值/万元	0	0	0	0	0	0	0	0	0	0	0	0	0	0	0	0	0	0	0	0	0
2	负债及所有者权益/万元	45306	42388	39516	36092	32863	29803	27078	24534	22136	19886	17782	15826	17211	18703	20196	21689	25147	28605	32063	35521	38979
2.1	流动负债总额/万元	0	104	104	104	104	104	104	104	104	104	104	104	0	0	0	0	0	0	0	0	0
2.2	长期借款/万元	36281	32982	29684	26386	23088	19789	16491	13193	9895	6596	3298	0	0	0	0	0	0	0	0	0	0
	负债小计/万元	36281	33086	29788	26490	23192	19893	16595	13297	9999	6700	3402	104	0	0	0	0	0	0	0	0	0
2.3	所有者权益/万元	9026	9301	9728	9602	9671	9910	10483	11237	12138	13186	14380	15722	17211	18703	20196	21689	25147	28605	32063	35521	38979
2.3.1	资本金/万元	9026	9070	9070	9070	9070	9070	9070	9070	9070	9070	9070	9070	9070	9070	9070	9070	9070	9070	9070	9070	9070
2.3.2	资本公积金/万元	0	0	0	0	0	0	0	0	0	0	0	0	0	0	0	0	0	0	0	0	0
2.3.3	累计盈余公积/万元	0	23	66	66	66	84	141	217	307	412	531	665	814	963	1113	1262	1608	1953	2299	2645	2991
2.3.4	累计未分配利润/万元	0	208	592	466	535	756	1271	1950	2761	3704	4779	5987	7326	8670	10013	11357	14469	17581	20693	23806	26918
	资产负债率/%	80.08	78.06	75.38	73.40	70.57	66.75	61.29	54.20	45.17	33.69	19.13	0.66	0.00	0.00	0.00	0.00	0.00	0.00	0.00	0.00	0.00

表 9 – 7 项目投资现金流量表

序号	项目	合计	1	2	3	4	5	6	7	8	9	10	11	12	13	14	15	16	17	18	19
			建设期/年		生产期/年																
	装机容量/MW	—	49.5	49.5	49.5	49.5	49.5	49.5	49.5	49.5	49.5	49.5	49.5	49.5	49.5	49.5	49.5	49.5	49.5	49.5	49.5
1	现金流入/万元	122038	0	6400	6400	6319	6319	6319	6083	5894	5894	5894	5894	5894	5894	5894	5894	5894	5894	5894	5894
1.1	发电销售收入/万元	109393	0	5470	5470	5470	5470	5470	5470	5470	5470	5470	5470	5470	5470	5470	5470	5470	5470	5470	5470
1.2	本年设备进项税抵扣和应纳增值税退税额/万元	10967	0	930	930	849	849	849	613	425	425	425	425	425	425	425	425	425	425	425	425
1.3	回收固定资产余值/万元	1184	0	0	0	0	0	0	0	0	0	0	0	0	0	0	0	0	0	0	0
1.4	回收流动资金/万元	495	0	0	0	0	0	0	0	0	0	0	0	0	0	0	0	0	0	0	0
2	现金流出/万元	79206	44237	606	458	1207	1421	1421	1488	1799	1799	1799	1799	1799	1799	1799	1799	1799	2436	2436	2436
2.1	建设投资/万元	44237	44237	0	0	0	0	0	0	0	0	0	0	0	0	0	0	0	0	0	0
2.2	流动资金/万元	149	0	149	0	0	0	0	0	0	0	0	0	0	0	0	0	0	0	0	0
2.3	经营成本/万元	22645	0	458	458	1207	1207	1207	1207	1207	1207	1207	1207	1207	1207	1207	1207	1207	1207	1207	1207
2.4	销售税金及附加/万元	1113	0	0	0	0	0	0	42	76	76	76	76	76	76	76	76	76	76	76	76
2.5	调整所得税/万元	11063	0	0	0	0	214	214	238	515	515	515	515	515	515	515	515	515	1153	1153	1153
3	净现金流量①/万元	42833	-44237	5793	5942	5112	4898	4898	4595	4096	4096	4096	4096	4096	4096	4096	4096	4096	3458	3458	3458
4	累计净现金流量/万元	—	-44237	-38444	-32502	-27390	-22492	-17594	-12999	-8903	-4807	-711	3385	7480	11576	15672.1	19768	23864	27322	30780	34238
5	所得税前净现金流量/万元	53896	-44237	5793	5942	5112	5112	5112	4833	4611	4611	4611	4611	4611	4611	4611	4611	4611	4611	4611	4611
6	所得税前累计净现金流量/万元	—	-44237	-38444	-32502	-27390	-22278	-17166	-12333	-7722	-3111	1499	6110	10721	15331	19942.1	24553	29164	33774	38385	42996

	税后	税前
	所得税后	所得税前
项目投资财务内部收益率/%	8.31	951
项目投资财务净现值（项目投资财务基准收益率为8%）/万元	875	4514
投资回收期/年	10.2	9.7

注：

① 净现金流量＝现金流入－现金流出。

276

表 9-8　项目资本现金流量表

（注：年序中，第 1 年为建设期；第 2～21 年为生产期）

序号	项目	合计	1	2	3	4	5	6	7	8	9	10	11	12	13	14	15	16	17	18	19	20	21
	装机容量/MW	—	49.5	49.5	49.5	49.5	49.5	49.5	49.5	49.5	49.5	49.5	49.5	49.5	49.5	49.5	49.5	49.5	49.5	49.5	49.5	49.5	49.5
1	现金流入/万元	121724	0	6400	6400	6319	6319	6319	6083	5894	5894	5894	5894	5894	5998	5894	5894	5894	5894	5894	5894	5894	7155
1.1	发电销售收入/万元	109393	0	5470	5470	5470	5470	5470	5470	5470	5470	5470	5470	5470	5470	5470	5470	5470	5470	5470	5470	5470	5470
1.2	本年设备进项税抵扣和应纳增值税退税额/万元	10967	0	930	930	849	849	849	613	425	425	425	425	425	425	425	425	425	425	425	425	425	425
1.3	回收固定资产余值/万元	1216	0	0	0	0	0	0	0	0	0	0	0	0	0	0	0	0	0	0	0	0	1216
1.4	回收流动资金/万元	149	0	0	0	0	0	0	0	0	0	0	0	0	104	0	0	0	0	0	0	0	45
2	现金流出/万元	91919	9026	5961	5721	6274	6078	5908	5811	5818	5671	5524	5377	5231	1993	1781	1781	1781	2436	2436	2436	2436	2436
2.1	项目资本金/万元	9026	9026	0	0	0	0	0	0	0	0	0	0	0	0	0	0	0	0	0	0	0	0
2.2	流动资金中自有资金/万元	45	0	45	0	0	0	0	0	0	0	0	0	0	0	0	0	0	0	0	0	0	0
2.3	国外借款本金偿还/万元	0	0	0	0	0	0	0	0	0	0	0	0	0	0	0	0	0	0	0	0	0	0
2.4	国内借款本金偿还/万元	36489	0	3298	3298	3298	3298	3298	3298	3298	3298	3298	3298	3298	208	0	0	0	0	0	0	0	0
2.5	国外借款利息偿还/万元	0	0	0	0	0	0	0	0	0	0	0	0	0	0	0	0	0	0	0	0	0	0
2.6	国内借款利息偿还/万元	12997	0	2161	1965	1769	1573	1377	1181	985	789	593	397	201	6	0	0	0	0	0	0	0	0
2.7	经营成本/万元	22645	0	458	458	1207	1207	1207	1207	1207	1207	1207	1207	1207	1207	1207	1207	1207	1207	1207	1207	1207	1207
2.8	销售税金及附加/万元	1113	0	0	0	0	0	0	42	76	76	76	76	76	76	76	76	76	76	76	76	76	76
2.9	所得税/万元	9606	0	0	0	0	0	26	82	251	300	349	398	447	496	498	498	498	1153	1153	1153	1153	1153
3	净现金流量①/万元	29805	-9026	439	679	45	241	411	272	76	223	370	517	664	4005	4113	4113	4113	3458	3458	3458	3458	4718
4	累计净现金流量/万元	29805	-9026	-8587	-7908	-7863	-7623	-7212	-6940	-6864	-6641	-6271	-5754	-5090	-1085	3028	7141	11254	14713	18171	21629	25087	29805

资本金财务内部收益率/%	11.02
资本金财务净现值（资本金财务基准收益率为10%）/万元	1031
投资回收期/年	13.3

注：

① 净现金流量＝现金流入－现金流出。

表 9 – 9　财务计划现金流量表

注：第 1 年为建设期，第 2～21 年为生产期（生产期/年）。

序号	项目	合计	建设期 1	2	3	4	5	6	7	8	9	10	11	12	13	14	15	16	17	18	19	20	21
	装机容量/MW	—	49.5	49.5	49.5	49.5	49.5	49.5	49.5	49.5	49.5	49.5	49.5	49.5	49.5	49.5	49.5	49.5	49.5	49.5	49.5	49.5	49.5
1	经营活动净现金流量①/万元	86996	0	5942	5942	5112	5112	5086	4751	4359	4310	4261	4212	4163	4115	4113	4113	4113	3458	3458	3458	3458	3458
1.1	现金流入/万元	127990	0	6400	6400	6400	6400	6400	6400	6400	6400	6400	6400	6400	6400	6400	6400	6400	6400	6400	6400	6400	6400
1.1.1	发电销售收入/万元	109393	0	5470	5470	5470	5470	5470	5470	5470	5470	5470	5470	5470	5470	5470	5470	5470	5470	5470	5470	5470	5470
1.1.2	增值税销项税额/万元	18597	0	930	930	930	930	930	930	930	930	930	930	930	930	930	930	930	930	930	930	930	930
1.1.3	其他流入/万元	0	0	0	0	0	0	0	0	0	0	0	0	0	0	0	0	0	0	0	0	0	0
1.2	现金流出/万元	40994	0	458	458	1288	1288	1314	1648	2040	2089	2138	2187	2236	2285	2286	2286	2286	2941	2941	2941	2941	2941
1.2.1	经营成本/万元	22645	0	458	458	1207	1207	1207	1207	1207	1207	1207	1207	1207	1207	1207	1207	1207	1207	1207	1207	1207	1207
1.2.2	增值税进项税额/万元	1449	0	0	0	80	80	80	80	80	80	80	80	80	80	80	80	80	80	80	80	80	80
1.2.3	销售税金及附加/万元	1113	0	0	0	0	0	0	42	76	76	76	76	76	76	76	76	76	76	76	76	76	76
1.2.4	增值税/万元	6182	0	0	0	0	0	0	236	425	425	425	425	425	425	425	425	425	425	425	425	425	425
1.2.5	所得税/万元	9606	0	0	0	0	0	26	82	251	300	349	398	447	496	498	498	498	1153	1153	1153	1153	1153
1.2.6	其他流出/万元	0	0	0	0	0	0	0	0	0	0	0	0	0	0	0	0	0	0	0	0	0	0
2	投资活动净现金流量②/万元	-43021	-44237	-149	0	0	0	0	0	0	0	0	0	0	104	0	0	0	0	0	0	0	1260
2.1	现金流入/万元	1364	0	0	0	0	0	0	0	0	0	0	0	0	104	0	0	0	0	0	0	0	1260
2.2	现金流出/万元	44386	44237	149	0	0	0	0	0	0	0	0	0	0	0	0	0	0	0	0	0	0	0
2.2.1	建设投资/万元	44237	44237	0	0	0	0	0	0	0	0	0	0	0	0	0	0	0	0	0	0	0	0
2.2.2	维持运营投资/万元	0	0	0	0	0	0	0	0	0	0	0	0	0	0	0	0	0	0	0	0	0	0
2.2.3	流动资金/万元	149	0	149	0	0	0	0	0	0	0	0	0	0	0	0	0	0	0	0	0	0	0

续表

序号	项目	合计	建设期/年		生产期/年																	
			1	2	3	4	5	6	7	8	9	10	11	12	13	14	15	16	17	18	19	20	21
2.2.4	其他流出/万元	0	0	0	0	0	0	0	0	0	0	0	0	0	0	0	0	0	0	0	0	0
3	筹资活动净现金流量②/万元	−4996	44237	−5310	−5263	−5067	−4871	−4675	−4479	−4283	−4087	−3982	−3696	−3500	−109	0	0	0	0	0	0	0	0
3.1	现金流入/万元	44386	44237	149	0	0	0	0	0	0	0	0	0	0	0	0	0	0	0	0	0	0
3.1.1	项目资本金投入/万元	9070	9026	45	0	0	0	0	0	0	0	0	0	0	0	0	0	0	0	0	0	0
3.1.2	建设投资借款/万元	35211	35211	0	0	0	0	0	0	0	0	0	0	0	0	0	0	0	0	0	0	0
3.1.3	流动资金借款/万元	104	0	104	0	0	0	0	0	0	0	0	0	0	0	0	0	0	0	0	0	0
3.1.4	短期借款/万元	0	0	0	0	0	0	0	0	0	0	0	0	0	0	0	0	0	0	0	0	0
3.1.5	其他流入/万元	0	0	0	0	0	0	0	0	0	0	0	0	0	0	0	0	0	0	0	0	0
3.2	现金流出/万元	49381	0	5459	5263	5067	4871	4675	4479	4283	4087	3892	3696	3500	109	0	0	0	0	0	0	0	0
3.2.1	各种利息支出/万元	12997	0	2161	1965	1769	1573	1377	1181	985	789	593	397	201	6	0	0	0	0	0	0	0
3.2.2	偿还债务本金/万元	36385	0	3298	3298	3298	3298	3298	3298	3298	3298	3298	3298	3298	104	0	0	0	0	0	0	0
3.2.3	应付利润/万元	0	0	0	0	0	0	0	0	0	0	0	0	0	0	0	0	0	0	0	0	0
3.2.4	其他流出/万元	0	0	0	0	0	0	0	0	0	0	0	0	0	0	0	0	0	0	0	0	0
4	净现金流量④/万元	38979	0	483	679	45	241	411	272	76	223	370	517	664	4109	4113	4113	4113	3458	3458	3458	3458	4718
5	累计盈余资金/万元	—	0	483	1162	1207	1448	1858	2131	2207	2430	2800	3316	3980	8089	12202	16315	20429	23887	27345	30803	34261	38979

① 经营活动净现金流量=现金流入(1.1)−现金流出(1.2)。
② 筹资活动净现金流量=现金流入(2.1)−现金流出(2.2)。
③ 投资活动净现金流量=现金流入(3.1)−现金流出(3.2)。
④ 净现金流量=经营活动净现金流量+投资活动净现金流量+筹资活动净现金流量。

根据财务计划现金流量表可以看出，计算期内各年经营活动净现金流量均为正值。从经营活动、投资活动和筹资活动的全部净现金流量看，各年净现金流量和累计盈余资金均为正值，各年均有足够的净现金流量维持本项目的正常运转。因此，本项目具有财务生存能力。

（8）敏感性分析。根据本项目的特点，测算固定资产投资、上网电量及电价等不确定因素的单因素变化时，对工程项目投资财务内部收益率、项目资本金财务内部收益率影响的敏感性分析结果见表 9-10。

表 9-10　敏 感 性 分 析 表

序号	项目		财务内部收益率/%		序号	项目		财务内部收益率/%	
			项目投资	资本金				项目投资	资本金
1	基本方案		8.31	11.02	4	电量变化	−5%	7.50	9.15
2	投资变化	10%	6.94	7.96			−10%	6.67	7.40
		5%	7.60	9.37	5	电价变化	10%	9.91	15.11
		−5%	9.09	12.94			5%	9.12	13.00
		−10%	9.94	15.21			−5%	7.50	9.15
3	电量变化	10%	9.91	15.11			−10%	6.67	7.40
		5%	9.12	13.00					

当投资、电量及电价分别在偏离基本方案±10%范围内变化时，项目投资财务内部收益率分别在 6.94%～9.94%、6.67%～9.91% 和 6.67%～9.91% 的范围内变化；项目资本金财务内部收益率分别在 7.96%～15.21%、7.40%～15.11% 和 7.40%～15.11% 的范围内变化。

3. 财务评价结论

本财务评价，主要采用动态分析，按现行财会制度和税收法规进行测算。计算分析结果表明，本项目所得税后财务内部收益率为 8.31%，所得税后资本金财务内部收益率为 11.02%。借款偿还期内，各年偿债备付率均大于 1。各年净现金流量和累计盈余资金均为正值，各年均有足够的净现金流量维持本项目的正常运转。由此说明，本项目具有盈利能力、偿债能力和财务生存能力，具有财务可行性。在项目实施过程中应及时注意各种风险，以便采取措施，防止降低盈利能力，见表 9-11。

表 9-11　财 务 指 标 汇 总 表

序号	名　　称	数　　值	备　　注
1	装机容量/MW	49.5	
2	年发电量/(万 kW·h)	10491	
3	总投资/万元	45455	
4	建设期利息/万元	1069	
5	流动资金/万元	149	
6	发电销售收入总额/万元	109393	运营期总额

续表

序号	名　称	数　值	备　注
7	总成本费用/万元	74947	运营期总额
8	销售税金及附加总额/万元	1113	运营期总额
9	发电利润总额/万元	39515	运营期总额
10	电价		
10.1	上网电价（不含增值税）/[元/(kW·h)]	0.5214	
10.2	上网电价（含增值税）/[元/(kW·h)]	0.6100	
11	投资回收期/年	10.2	
12	内部收益率/%		
12.1	全部投资/%	8.31	
12.2	资本金/%	11.02	
13	财务净现值		
13.1	全部投资/万元	875	$I_c=8\%$
13.2	资本金/万元	1031	$I_c=10\%$
14	总投资收益率/%	5.78	运营期平均值
15	资本金净利润率/%	16.49	运营期平均值
16	资产负债率/%	80.08	最大值

9.3.3.2　海上风电场经济评价案例

1. 概述

某海上风电场总装机容量 99MW，选择最优方案安装 33 台单机装机容量 3MW 的风电机组，经计算，平均年上网发电量为 19399 万 kW·h，年运行小时数 1960h。该风电场建设期 1 年，生产经营期为 20 年，则计算期共为 21 年。

2. 项目财务评价

（1）项目投资估算与资金筹措。

建设投资：海上风电场建设投资一般在 14000～19000 元/kW，该海上风电场距离陆地较近，按 14700 元/kW 计算，故建设投资估算为 145530 万元。

建设期利息：长期贷款年利率按最新 5 年以上贷款利率基准值取 4.90% 计，按复利计算得出建设期利息为 2840 万元。

流动资金：按 30 元/kW 估算得流动资金为 297 万元。

项目总投资：建设投资、建设期利息、流动资金三项相加得到总投资为 148667 万元。

该项目资金为 29692 万元，其中含有铺底流动资金 89 万元；从银行长期贷款本金为 115927 万元，贷款期限为 14 年。从银行借入流动资金 208 万元，流动资金贷款年利率按最新一年贷款利率基准值为 4.35% 计，并在还完长期借款后偿还。

项目投资估算、投资计划与资金筹措具体见表 9-12 和表 9-13。

表 9 - 12　项 目 投 资 估 算 表

序号	费用名称	估算价值/万元	比例/%
1	风电场建设总投资	145530	97.89
1.1	第一部分至第三部分合计	125218	84.23
1.1.1	第一部分　机电设备及安装工程	109148	73.42
1.1.2	第二部分　建筑工程	8382	5.64
1.1.3	第三部分　其他费用	7688	5.17
1.2	预备费	4453	3.00
1.2.1	基本预备费	4453	3.00
1.2.2	涨价预备费	0	0
1.3	机械设备增值税进项税额	15859	10.67
2	建设期利息	2840	1.91
3	流动资金	297	0.20
—	风电场静态投资（1~1.2.2）	145530	97.89
—	风电场动态投资（1+2）	148370	99.80
—	总投资（1+2+3）	148667	100

表 9 - 13　投 资 计 划 与 资 金 筹 措 表

序号	项　目	合计	第 1 年
1	项目投入总资金	148667	148667
1.1	固定资产投资	145530	145530
1.2	建设期利息	2840	2840
1.3	流动资金	297	297
2	资金筹措	148667	148667
2.1	资本金	29692	29692
	其中：用于流动资金	89	89
2.2	借款	118975	118975
2.2.1	长期借款	118767	118767
	其中：本金	115927	115927
2.2.2	流动资金借款	208	208
2.3	其他短期借款	0	0
2.4	其他	0	0

（2）总成本费用计算。

1）固定资产为

固定资产原值＝建设投资－设备增值税进项税＋建设期利息

根据表 9 - 12，可知该风电场固定资产为 132511 万元。

2）设备增值税：风电场在建设期购买固定资产（机械设备）进项税额为 15859 万元，在项目开始运营 7.3 年后该进项税额在销项税额中抵扣完全。

3）总成本费用计算为

$$折旧费＝固定资产价值×综合折旧率$$

$$修理费＝固定资产价值×修理费率$$

$$职工工资福利＝职工人均年工资×人员数目×（1＋福利费等提取率）$$

$$保险费＝固定资产价值×保险费率$$

$$材料费用＝装机容量×材料费定额$$

$$其他费用＝装机容量×其他费用定额$$

$$利息支出＝流动资金贷款利息＋生产期固定资产贷款利息$$

$$经营成本＝总成本费用－折旧费－摊销费－财务费用$$

其中，该海上风电场固定资产折旧年限为 20 年，综合折旧率取 5%；修理费率在质保期（两年）内为 0，第三年为 0.95%，以后每年逐年增加 0.05%；海上风电场保险费率比陆上风电场要高，取 0.6%；海上风电场职工按 10 人计，人均年工资按 5万元估算，职工福利费、住房公积金和劳保统筹等之和按工资总额的 55% 提取；材料费定额按 15 元/kW 计取，其他费用按 20 元/kW 计取。

经过计算，总成本费用统计见表 9-14。由表 9-14 可知，该海上风电场运营期内年平均成本费用为 11844 万元，年平均经营成本为 6626 万元。

（3）发电效益计算。

1）上网电价：按照国家发改委发布的关于海上风电场上网电价的相关文件，该海上风电场运营期含增值税标杆上网电价为 0.85 元/（kW·h），不含增值税为 0.73 元/（kW·h）。

2）销售收入：发电销售收入＝年实际上网电量×上网电价（不含税）

3）税金：海上风电场实行即征即退 50% 政策，即退税率为 50%。

a. 增值税为

$$销项税＝发电销售收入×17\%$$

$$进项税＝修理费×17\%＋机器设备增值税进项税（未抵扣）$$

$$增值税应纳税＝（销项税－进项税）×（1－退税率）$$

b. 销售税金及附加：城市维护建设税按增值税应纳税 5% 缴纳，教育费按 3% 缴纳。

c. 企业所得税：所得税税率取 25%，享受"三免三减半"税收优惠。

4）利润为

$$利润总额＝发电销售收入－发电成本－销售税金附加＋补贴收入$$

$$税后利润＝利润总额－所得税$$

经计算，该海上风电场发电销售收入、税金、利润等见表 9-15。其中，年发电销售收入为 14093 万元，其年均缴纳增值税、年均缴纳销售税金附加以及年均缴纳所得税分别为 681.6 万元、109.1 万元和 699.3 万元，年均利润总额与年均净利润分别为 2821.6 万元和 2122.4 万元。

（4）清偿能力分析。计算借款还本付息与资产负债率时还贷方式采用等额还本、利息照付的方式。经计算，该海上风电场借款还本付息以及资产负债情况见表9-16、表 9-17。

表 9－14　总成本费用表

单位：万元

序号	项目	合计	建设期/年 1	生产经营期/年 2	3	4	5	6	7	8	9	10	11	12	13	14	15	16	17	18	19	20	21
1	发电成本	236883	0	13674	14603	14322	14024	13709	13375	13021	12647	12251	11832	11390	10923	10430	9899	9965	10031	10097	10164	10230	10296
1.1	折旧费	132511	0	6626	6626	6626	6626	6626	6626	6626	6626	6626	6626	6626	6626	6626	6626	6626	6626	6626	6626	6626	6626
1.2	固定修理费	35248	0	0	1259	1325	1391	1458	1524	1590	1656	1723	1789	1855	1921	1988	2054	2120	2186	2253	2319	2385	2451
1.3	工资福利费	1550	0	78	78	78	78	78	78	78	78	78	78	78	78	78	78	78	78	78	78	78	78
1.4	保险费	15901	0	795	795	795	795	795	795	795	795	795	795	795	795	795	795	795	795	795	795	795	795
1.5	材料费	2970	0	149	149	149	149	149	149	149	149	149	149	149	149	149	149	149	149	149	149	149	149
1.6	其他费用	3960	0	198	198	198	198	198	198	198	198	198	198	198	198	198	198	198	198	198	198	198	198
1.7	利息支出	44742	0	5830	5499	5152	4788	4407	4006	3586	3146	2684	2199	1690	1157	597	0	0	0	0	0	0	0
1.8	摊销费	0	0	0	0	0	0	0	0	0	0	0	0	0	0	0	0	0	0	0	0	0	0
2	经营成本	59629	0	1219	2478	2544	2610	2677	2743	2809	2875	2942	3008	3074	3140	3207	3273	3339	3406	3472	3538	3604	3671

表9-15　利润与利润分配表

单位：万元

生产经营期/年（第2～21年）；建设期/年（第1年）

序号	项目	合计	建设期 1	2	3	4	5	6	7	8	9	10	11	12	13	14	15	16	17	18	19	20	21
	上网容量/MW	—	0	99	99	99	99	99	99	99	99	99	99	99	99	99	99	99	99	99	99	99	99
	上网电量/(万kW·h)	387978	0	19399	19399	19399	19399	19399	19399	19399	19399	19399	19399	19399	19399	19399	19399	19399	19399	19399	19399	19399	19399
	不含税上网电价/[元/(kW·h)]	—	0	0.73	0.73	0.73	0.73	0.73	0.73	0.73	0.73	0.73	0.73	0.73	0.73	0.73	0.73	0.73	0.73	0.73	0.73	0.73	0.73
1	发电销售收入	281864	0	14093	14093	14093	14093	14093	14093	14093	14093	14093	14093	14093	14093	14093	14093	14093	14093	14093	14093	14093	14093
2	增值税（销项税）	47917	0	2396	2396	2396	2396	2396	2396	2396	2396	2396	2396	2396	2396	2396	2396	2396	2396	2396	2396	2396	2396
3	增值税进项税额	4794	0	240	240	240	240	240	240	240	240	240	240	240	240	240	240	240	240	240	240	240	240
4	营业税金及附加	2181	0	0	0	0	0	0	0	0	111	172	172	172	172	172	172	172	172	172	172	172	172
4.1	城市维护建设税	1363	0	0	0	0	0	0	0	0	70	108	108	108	108	108	108	108	108	108	108	108	108
4.2	教育费附加	818	0	0	0	0	0	0	0	0	42	65	65	65	65	65	65	65	65	65	65	65	65
5	发电成本费用	236883	0	13674	14603	14322	14024	13709	13375	13021	12647	12255	11832	11390	10923	10430	9899	9965	10031	10097	10164	10230	10296
6	补贴收入（应税）（返还的增值税）	13632	0	0	0	0	0	0	0	0	695	1078	1078	1078	1078	1078	1078	1078	1078	1078	1078	1078	1078
7	弥补以前年度亏损	738	0	0	0	0	69	384	285	0	0	0	0	0	0	0	0	0	0	0	0	0	0
8	利润总额	56433	0	419	-509	-229	69	384	718	1072	2030	2748	3166	3609	4076	4569	5100	5034	4968	4901	4835	4769	4703
9	所得税	13985	0	0	0	0	0	0	90	268	508	687	792	902	1019	1142	1275	1259	1242	1225	1209	1192	1176
10	补贴收入（免税）（抵扣的增值税）	15859	0	2156	2156	2156	2156	2156	2156	2156	766	0	0	0	0	0	0	0	0	0	0	0	0
11	净利润	42448	0	419	-509	-229	69	384	629	804	1523	2061	2375	2707	3057	3427	3825	3776	3726	3676	3626	3577	3527
12	提取法定盈余公积金	4268	0	42	-51	0	7	38	63	80	152	206	237	271	306	343	383	378	373	368	363	358	353
13	可供投资者分配的利润	38180	0	377	-458	-229	62	346	566	724	1370	1855	2137	2436	2751	3084	3443	3398	3353	3309	3264	3219	3174
14	应付利润	0	0	0	0	0	0	0	0	0	0	0	0	0	0	0	0	0	0	0	0	0	0
15	未分配利润	38180	0	377	-458	-229	62	346	566	724	1370	1855	2137	2436	2751	3084	3443	3398	3353	3309	3264	3219	3174
16	息税前利润	101175	0	6249	4990	4923	4857	4791	4725	4658	5176	5432	5365	5299	5233	5167	5100	5034	4968	4901	4835	4769	4703
17	息税折旧摊销前利润	167430	0	12874	11615	11549	11483	11417	11350	11284	11802	12057	11991	5299	5233	5167	5100	5034	4968	4901	4835	4769	4703

表 9 – 16　借款还本付息表

单位：万元

序号	项目	合计	建设期/年		生产期/年												
			1	2	3	4	5	6	7	8	9	10	11	12	13	14	15
1	人民币借款及还本付息	—	—	—	—	—	—	—	—	—	—	—	—	—	—	—	—
1.1	年初借款余额	—	0	118767	112020	104941	97516	89727	81556	72984	63993	54561	44667	34289	23401	11980	0
1.1.1	本金	—	0	115927	112020	104941	97516	89727	81556	72984	63993	54561	44667	34289	23401	11980	0
1.1.2	建设期利息	—	0	2840	0	0	0	0	0	0	0	0	0	0	0	0	0
1.2	本年借款	115927	115927	0	0	0	0	0	0	0	0	0	0	0	0	0	0
1.3	本年应计利息	47582	2840	5830	5499	5152	4788	4407	4006	3586	3146	2684	2199	1690	1157	597	0
1.4	本年偿还本金	118975	0	6748	7079	7425	7789	8171	8571	8991	9432	9894	10379	10887	11421	11980	208
1.4.1	本年偿还建设投资借款本金	118767	0	6748	7079	7425	7789	8171	8571	8991	9432	9894	10379	10887	11421	11980	0
1.4.2	本年偿还流动资金借款本金	208	0	0	0	0	0	0	0	0	0	0	0	0	0	0	208
1.5	本年支付利息	44742	0	5830	5499	5152	4788	4407	4006	3586	3146	2684	2199	1690	1157	597	0
1.5.1	建设投资借款利息	44610	0	5820	5489	5142	4778	4397	3996	3576	3136	2674	2189	1680	1147	587	0
1.5.2	流动资金借款利息	132	0	10	10	10	10	10	10	10	10	10	10	10	10	10	0
1.6	本年偿还建设投资借款本息和	163377	0	12567	12567	12567	12567	12567	12567	12567	12567	12567	12567	12567	12567	12567	0
2	息税前利润	71965	0	6249	4990	4923	4857	4791	4725	4658	5176	5432	5365	5299	5233	5167	5100
3	息税折旧摊销前利润	138220	0	12874	11615	11549	11483	11417	11350	11284	11802	12057	11991	5299	5233	5167	5100
4	所得税	6682	0	0	0	0	0	0	90	268	508	687	792	902	1019	1142	1275
5	指标计算	—	—	—	—	—	—	—	—	—	—	—	—	—	—	—	—
5.1	利息备付率	1.51%	0.00	1.12%	1.23%	0.94%	1.05%	1.18%	1.55%	2.03%	2.51%	3.36%	4.01%	5.88%	7.05%	10.04%	—
5.2	偿债备付率	1.03%	0.00	1.09%	1.14%	1.02%	1.01%	1.01%	1.04%	1.02%	1.04%	1.04%	1.05%	1.10%	1.15%	1.08%	—

表 9-17 资 产 负 债 表

单位：万元

序号	项目	建设期/年 1	2	3	4	5	6	7	8	9	10	11	12	13	14	15	16	17	18	19	20	21
													生产经营期/年									
1	资产	148667	142338	134750	127096	119376	111589	103646	95459	87550	79717	71713	63532	55168	46615	50232	54007	57733	61409	65036	68612	72140
1.1	流动资产总值	297	2750	3943	5071	6132	7127	7966	8561	8043	6836	5457	3902	2164	236	10479	20880	31231	41533	51785	61987	72140
1.1.1	流动资产	297	297	297	297	297	297	297	297	297	297	297	297	297	297	297	297	297	297	297	297	297
1.1.2	累计盈余资金	0	2453	3646	4774	5835	6830	7669	8264	7746	6539	5160	3605	1867	−61	10182	20583	30934	41236	51488	61690	71843
1.2	在建工程	0	0	0	0	0	0	0	0	0	0	0	0	0	0	0	0	0	0	0	0	0
1.3	固定资产净值	132511	125886	119260	112635	106009	99383	92758	86132	79507	72881	66256	59630	53004	46379	39753	33128	26502	19877	13251	6626	0
1.4	无形及递延资产净值	0	0	0	0	0	0	0	0	0	0	0	0	0	0	0	0	0	0	0	0	0
1.5	可抵扣增值税形成的资产	15859	13703	11547	9391	7234	5078	2922	766	0	0	0	0	0	0	0	0	0	0	0	0	0
2	负债及所有者权益	148667	142338	134750	127096	119376	111589	103646	95459	87550	79717	71713	63532	55168	46615	50232	54007	57733	61409	65036	68612	72140
2.1	流动负债总额	208	208	208	208	208	208	208	208	208	208	208	208	208	208	0	0	0	0	0	0	0
2.2	长期借款	118767	112020	104941	97516	89727	81556	72984	63993	54561	44667	34289	23401	11980	0	0	0	0	0	0	0	0
2.3	负债小计	118975	112227	105149	97724	89934	81764	73192	64201	54769	44875	34496	23609	12188	208	0	0	0	0	0	0	0
2.4	所有者权益	29692	30111	29601	29372	29441	29825	30454	31258	32781	34841	37216	39923	42980	46407	50232	54007	57733	61409	65036	68612	72140
2.4.1	资本金	29692	29692	29692	29692	29692	29692	29692	29692	29692	29692	29692	29692	29692	29692	29692	29692	29692	29692	29692	29692	29692
2.4.2	资本公积金	0	0	0	0	0	0	0	0	0	0	0	0	0	0	0	0	0	0	0	0	0
2.4.3	累计盈余公积金	0	42	−9	−9	−2	36	99	179	332	538	775	1046	1352	1694	2077	2454	2827	3195	3557	3915	4268
2.4.4	累计未分配利润	0	377	−82	−310	−248	97	663	1387	2757	4612	6749	9185	11936	15020	18463	21861	25214	28523	31787	35006	38180
	资产负债率	80.03%	78.8%	78.0%	76.9%	75.3%	73.3%	70.6%	67.3%	62.6%	56.3%	48.1%	37.2%	22.1%	0.4%	0.0%	0.0%	0.0%	0.0%	0.0%	0.0%	0.0%

由表 9-16 可知，该海上风电场项目综合利息备付率与综合偿债备付率分别为 1.51 和 1.13。在借款偿还期间，各年利息备付率和偿债备付率均大于 1。

由表 9-17 可知，该项目在建设期资产负债率为 80.03%，此后逐年递减，项目投产后第 10 年资产负债率即可降至 60% 以下，长期贷款本息于第 13 年全部还清。

通过上述清偿能力计算指标，可以分析得出该海上风电场项目具有一定的偿债能力。

（5）盈亏能力分析。假定该海上风电场项目生产经营期 20 年内各工程及设备不考虑更新，经过计算，可以得到该海上风电场项目投资现金流量、项目资本金现金流量情况，具体见表 9-18、表 9-19。

根据表 9-18、表 9-19 可算出该海上风电场所得税后项目投资财务内部收益率与资本金财务内部收益率分别为 5.22% 和 5.95%，低于电力行业的基准收益率 8%；所得税后项目投资财务净现值与资本金财务净现值分别为 8321.2 万元和 4244.8 万元，均大于 0。

根据表 9-15 和表 9-17，按总投资收益率＝年平均息税前利润/总投资，以及资本金净利润率＝年平均税后利润/资本金，可计算得出该上风电场总投资收益率为 3.40%，资本金净利润率为 7.15%。

因此，该海上风电场项目具有一定的盈利能力，但盈利能力不高。

（6）财务生存能力分析。经计算，该海上风电场项目财务计划现金流量统计见表 9-20。

由表 9-20 可知，该海上风电场生产经营期内各年经营活动净现金流量与各年净现金流量与累计盈余资金均大于 0，这说明各年均有一定的净现金流量维持风电场的正常运营。因此，该海上风电场项目具有一定的财务生存能力。

（7）敏感性分析。根据该海上风电场项目的特点，当固定资产投资、年上网电量及上网电价三类不确定因素出现浮动时，该风电场内部收益率会相应地发生改变，故需要对这三类因素进行单方面变化，以此测算该风电场内部收益率改变情况。具体计算结果见表 9-21。

由表 9-21 可知，当固定资产投资、年上网电量及上网电价分别在偏离基本方案±5%、±10% 范围内变化时，该海上风电场项目投资财务内部收益率分别在 4.00%～6.66%、3.83%～6.56%、3.83%～6.65% 范围内变化，项目资本金财务内部收益率分别在 2.83%～10.12%、2.42%～9.80%、2.42%～9.80% 范围内变化。

（8）评价结论。通过以上财务评价计算结果，分析表明该海上风电场在生产运营期 20 年内：

1）综合利息备付率与综合偿债备付率分别为 1.51 和 1.13。在借款偿还期间，各年利息备付率和偿债备付率均大于 1，长期贷款本息于第 13 年全部还清。

2）所得税后总投资财务内部收益率以及资本金财务内部收益率分别为 5.22% 和 5.95%，均小于财务基准收益率，导致收益率未达标的主要原因是该海上风电场投资较高，发电小时数偏低，从而导致收益率偏低。

表9-18 项目投资现金流量表

单位：万元

序号	项目	合计	建设期/年 1	2	生产经营期/年 3	4	5	6	7	8	9	10	11	12	13	14	15	16	17	18	19	20	21
1	现金流入	311652	0	16249	16249	16249	16249	16249	16249	16249	15554	15171	15171	15171	15171	15171	15171	15171	15171	15171	15171	15171	15468
1.1	营业收入	281864	0	14093	14093	14093	14093	14093	14093	14093	14093	14093	14093	14093	14093	14093	14093	14093	14093	14093	14093	14093	14093
1.2	补贴收入	29491	0	2156	2156	2156	2156	2156	2156	2156	1461	1078	1078	1078	1078	1078	1078	1078	1078	1078	1078	1078	1078
1.3	回收固定资产余值	0	0	0	0	0	0	0	0	0	0	0	0	0	0	0	0	0	0	0	0	0	0
1.4	回收流动资金	297	0	0	0	0	0	0	0	0	0	0	0	0	0	0	0	0	0	0	0	0	297
2	现金流出	207637	145827	1219	2478	2544	2610	2677	2743	2809	2987	3114	3180	3247	3313	3379	3445	3512	3578	3644	3711	3777	3843
2.1	建设投资	145530	145530	0	0	0	0	0	0	0	0	0	0	0	0	0	0	0	0	0	0	0	0
2.2	流动资金	297	297	0	0	0	0	0	0	0	0	0	0	0	0	0	0	0	0	0	0	0	0
2.3	经营成本	59629	0	1219	2478	2544	2610	2677	2743	2809	2875	2942	3008	3074	3140	3207	3273	3339	3406	3472	3538	3604	3671
2.4	营业税金及附加	2181	0	0	0	0	0	0	0	0	111	172	172	172	172	172	172	172	172	172	172	172	172
2.5	维持运营投资	0	0	0	0	0	0	0	0	0	0	0	0	0	0	0	0	0	0	0	0	0	0
3	所得税前净现金流量	104015	-145827	15030	13771	13705	13639	13573	13506	13440	12568	12057	11991	11925	11858	11792	11726	11660	11593	11527	11461	11395	11625
4	累计所得税前净现金流量	—	-145827	-130797	-117025	-103320	-89681	-76108	-62602	-49162	-36594	-24537	-12546	-622	11237	23029	34755	46414	58007	69534	80995	92390	104015
5	调整所得税	19457	0	0	0	0	607	599	591	1165	1294	1358	1341	1325	1308	1292	1275	1259	1242	1225	1209	1192	1176
6	所得税后净现金流量	84558	-145827	15030	13771	13705	13032	12974	12916	12276	11274	10699	10650	10600	10550	10500	10451	10401	10351	10302	10252	10202	10450
7	累计所得税后净现金流量	—	-148797	-133767	-119995	-106290	-93258	-80284	-67369	-55093	-43819	-33120	-22471	-11871	-1321	9180	19630	30031	40383	50685	60937	71139	81588

表 9 - 19　项目资本金现金流量表

单位：万元

序号	项目	合计	建设期/年	生产经营期/年																		
			1	2	3	4	5	6	7	8	9	10	11	12	13	14	15	16	17	18	19	20	21
1	现金流入	311652	0	16249	16249	16249	16249	16249	16249	16249	15554	15171	15171	15171	15171	15171	15171	15171	15171	15171	15171	15171	15468
1.1	营业收入	281864	0	14093	14093	14093	14093	14093	14093	14093	14093	14093	14093	14093	14093	14093	14093	14093	14093	14093	14093	14093	14093
1.2	补贴收入	29491	0	2156	2156	2156	2156	2156	2156	2156	1461	1078	1078	1078	1078	1078	1078	1078	1078	1078	1078	1078	1078
1.3	回收固定资产余值	0	0	0	0	0	0	0	0	0	0	0	0	0	0	0	0	0	0	0	0	0
1.4	回收流动资金	297	0	0	0	0	0	0	0	0	0	0	0	0	0	0	0	0	0	0	0	0	297
2	现金流出	269205	29692	13797	15056	15122	15188	15254	15410	15655	16072	16379	16550	16727	16910	17099	4928	4770	4820	4870	4919	4969	5019
2.1	项目资本金	29692	29692	0	0	0	0	0	0	0	0	0	0	0	0	0	0	0	0	0	0	0	0
2.2	借款本金偿还	118975	0	6748	7079	7425	7789	8171	8571	8991	9432	9894	10379	10887	11421	11980	208	0	0	0	0	0	0
2.3	借款利息支付	44742	0	5830	5499	5152	4788	4407	4006	3586	3146	2684	2199	1690	1157	597	0	0	0	0	0	0	0
2.4	经营成本	59629	0	1219	2478	2544	2610	2677	2743	2809	2875	2942	3008	3074	3140	3207	3273	3339	3406	3472	3538	3604	3671
2.5	营业税金及附加	2181	0	0	0	0	0	0	0	0	111	172	172	172	172	172	172	172	172	172	172	172	172
2.6	所得税	13985	0	0	0	0	0	0	90	268	508	687	792	902	1019	1142	1275	1259	1242	1225	1209	1192	1176
2.7	维持运营投资	0	0	0	0	0	0	0	0	0	0	0	0	0	0	0	0	0	0	0	0	0	0
3	净现金流量	42448	−29692	2453	1194	1128	1061	995	839	595	−518	−1208	−1378	−1555	−1738	−1928	10243	10401	10351	10302	10252	10202	10450

表 9-20 财务计划现金流量表

单位：万元

序号	项目	合计	建设期/年 1	2	3	4	5	6	7	8	9	10	11	12	13	14	15	16	17	18	19	20	21
1	经营活动净现金流量	235560	0	15030	13771	13705	13639	13573	13417	13172	12060	11370	11199	11022	10839	10650	10451	10401	10351	10302	10252	10202	10153
1.1	现金流入	329781	0	16489	16489	16489	16489	16489	16489	16489	16489	16489	16489	16489	16489	16489	16489	16489	16489	16489	16489	16489	16489
1.1.1	营业收入	281864	0	14093	14093	14093	14093	14093	14093	14093	14093	14093	14093	14093	14093	14093	14093	14093	14093	14093	14093	14093	14093
1.1.2	增值税销项税额	47917	0	2396	2396	2396	2396	2396	2396	2396	2396	2396	2396	2396	2396	2396	2396	2396	2396	2396	2396	2396	2396
1.1.3	其他流入	0	0	0	0	0	0	0	0	0	0	0	0	0	0	0	0	0	0	0	0	0	0
1.2	现金流出	94221	0	1459	2718	2784	2850	2916	3072	3317	4429	5119	5290	5467	5650	5839	6038	6088	6138	6187	6237	6287	6336
1.2.1	经营成本	59629	0	1219	2478	2544	2610	2677	2743	2809	2875	2942	3008	3074	3140	3207	3273	3339	3406	3472	3538	3604	3671
1.2.2	增值税进项税额	4794	0	240	240	240	240	240	240	240	240	240	240	240	240	240	240	240	240	240	240	240	240
1.2.3	营业税金及附加	2181	0	0	0	0	0	0	0	0	111	172	172	172	172	172	172	172	172	172	172	172	172
1.2.4	增值税（实缴）	13632	0	0	0	0	0	0	0	0	695	1078	1078	1078	1078	1078	1078	1078	1078	1078	1078	1078	1078
1.2.5	所得税	13985	0	0	0	0	0	0	90	268	508	687	792	902	1019	1142	1275	1259	1242	1225	1209	1192	1176
1.2.6	其他流出	0	0	0	0	0	0	0	0	0	0	0	0	0	0	0	0	0	0	0	0	0	0
2	投资活动净现金流量	-145827	-145827	0	0	0	0	0	0	0	0	0	0	0	0	0	0	0	0	0	0	0	0
2.1	现金流入	0	0	0	0	0	0	0	0	0	0	0	0	0	0	0	0	0	0	0	0	0	0
2.2	现金流出	145827	145827	0	0	0	0	0	0	0	0	0	0	0	0	0	0	0	0	0	0	0	0
2.2.1	建设投资	145530	145530	0	0	0	0	0	0	0	0	0	0	0	0	0	0	0	0	0	0	0	0
2.2.2	维持运营投资	0	0	0	0	0	0	0	0	0	0	0	0	0	0	0	0	0	0	0	0	0	0
2.2.3	流动资金	297	297	0	0	0	0	0	0	0	0	0	0	0	0	0	0	0	0	0	0	0	0

续表

序号	项目	合计	建设期/年 1	生产经营期/年 2	3	4	5	6	7	8	9	10	11	12	13	14	15	16	17	18	19	20	21
2.2.4	其他流出	0	0	0	0	0	0	0	0	0	0	0	0	0	0	0	0	0	0	0	0	0	0
3	筹资活动净现金流量	-17891	145827	-12578	-12578	-12578	-12578	-12578	-12578	-12578	-12578	-12578	-12578	-12578	-12578	-12578	-208	0	0	0	0	0	0
3.1	现金流入	145827	145827	0	0	0	0	0	0	0	0	0	0	0	0	0	0	0	0	0	0	0	0
3.1.1	项目资本金流入	29692	29692	0	0	0	0	0	0	0	0	0	0	0	0	0	0	0	0	0	0	0	0
3.1.2	建设投资资本金借款	115927	115927	0	0	0	0	0	0	0	0	0	0	0	0	0	0	0	0	0	0	0	0
3.1.3	流动资金借款	208	208	0	0	0	0	0	0	0	0	0	0	0	0	0	0	0	0	0	0	0	0
3.1.4	债券	0	0	0	0	0	0	0	0	0	0	0	0	0	0	0	0	0	0	0	0	0	0
3.1.5	短期借款	0	0	0	0	0	0	0	0	0	0	0	0	0	0	0	0	0	0	0	0	0	0
3.1.6	其他流入	0	0	0	0	0	0	0	0	0	0	0	0	0	0	0	0	0	0	0	0	0	0
3.2	现金流出	163718	0	12578	12578	12578	12578	12578	12578	12578	12578	12578	12578	12578	12578	12578	208	0	0	0	0	0	0
3.2.1	各种利息支出	44742	0	5830	5499	5152	4788	4407	4006	3586	3146	2684	2199	1690	1157	597	0	0	0	0	0	0	0
3.2.2	偿还债务本金	118767	0	6748	7079	7425	7789	8171	8571	8991	9432	9894	10379	10887	11421	11980	0	0	0	0	0	0	0
3.2.3	流动资金本金偿还	208	0	0	0	0	0	0	0	0	0	0	0	0	0	0	208	0	0	0	0	0	0
3.2.4	应付利润（股利分配）	0	0	0	0	0	0	0	0	0	0	0	0	0	0	0	0	0	0	0	0	0	0
3.2.5	其他流出	0	0	0	0	0	0	0	0	0	0	0	0	0	0	0	0	0	0	0	0	0	0
4	净现金流量	71843	0	2453	1194	1128	1061	995	839	595	518	1208	1378	1555	1738	1928	10243	10401	10351	10302	10252	10202	10153
5	累计盈余资金	71843	0	2453	3646	4774	5835	6830	7669	8264	7746	6539	5160	3605	1867	2061	10182	20583	30934	41236	51488	61690	71843

表 9 - 21 敏 感 性 分 析 表

序号	项目	财务内部收益率/%		序号	项目	财务内部收益率/%	
		项目投资	资本金			项目投资	资本金
1	基本方案	5.22	5.95	3	电量变化		
2	投资变化				−5%	3.83	2.42
	10%	4.00	2.83		−10%	4.53	4.15
	5%	4.58	4.29	4	电价变化		
	−5%	6.66	10.12		10%	6.56	9.80
	−10%	5.91	7.87		5%	5.89	7.82
3	电量变化				−5%	3.83	2.42
	10%	6.56	9.80		−10%	4.53	4.15
	5%	5.89	7.82				

3) 各年净现金流量和累计盈余资金均大于 0。

综上所述，该海上风电场项目具有一定的盈利能力和偿债能力，在各年能维持正常生产运营，具有一定的经济可行性。但在项目实施过程中应及时注意各种风险，以便采取措施，防止降低盈利能力。各项经济指标汇总见表 9 - 22。

表 9 - 22 各项经济指标汇总表

序号	名 称	单位	指标
1	装机容量	MW	99
2	运行期年上网电量	万 kW·h	19398
3	总投资（不含流动资金）	万元	148370
3.1	固定资产投资	万元	145530
3.2	建设期利息	万元	2840
4	流动资金	万元	297
5	上网电价（不含税）	元/(kW·h)	0.73
6	发电销售收入总额	万元	281853
7	总成本费用	万元	236883
8	实交增值税总额	万元	13631
9	营业税金及附加总额	万元	2181
10	发电利润总额	万元	56421
11	财务内部收益率		
11.1	总投资内部收益率（所得税后）	%	5.22
11.2	资本金内部收益率（所得税后）	%	5.95
12	投资利税率	%	1.5
13	资本金净利润率	%	7.1
14	投资回收期（所得税后）	年	12.1
15	借款偿还期	年	14
16	最大资产负债率	%	80.03

9.3.4　风电场的经济后评估

风电场经济后评估对于风电场的规划设计至关重要。风电场由于自身的特性和一些技术、经验上的不成熟，较容易出现场址选择不恰当、机位布点不佳、测风数据不准确、缺乏运营经验等问题。风电场经济后评价是从项目或企业角度出发，根据风电场正式运营后的实际经济指标与数据，如发电成本、发电小时数、上网电量等，计算风电场实际运营后产生的费用和经济效益，将其与规划设计阶段的预测值进行比较，分析两者之间存在的偏差及其原因，判断风电场预期的经济目标是否达到、前期规划设计是否合理、主要经济效益指标是否实现。

风电场经济后评估的主要目的是：①对照预期目标与实际运行情况之间的差异，考察风电场投资的正确性和预期目标的实现程度，发现问题并查明原因；②总结风电场建设和运营管理的经验教训，提出改进和补救措施；③反馈风电场经济后评价信息，提高下阶段拟建风电场项目的投资决策水平、管理水平和投资效益；④为国家风电发展规划和政策的制定及调整提供科学依据。

风电场经济后评估通常包括盈利能力评估、清偿能力评估等内容。

1. 盈利能力评估

盈利能力评估的主要指标为财务内部收益率（FIRR）和财务净现值（FNPV）。盈利能力评价的步骤如下：

（1）收集风电场实际运营的财务报表或会计账目。

（2）收集风电场开工以来的物价变化的统计资料（包括国家或地区的消费指数、行业产品物价指数等）。

（3）根据风电场财务报表数据编制项目现金流量表，计算净现金流量。

（4）用确定的物价指数对净现金流量进行换算，扣除物价的影响，由换算后的净现金流量得出后评估的 FIRR 和 FNPV，用后评价的结果与前评估的预测指标相比，与行业基准收益率相比或与同期借贷利率相比。

2. 清偿能力分析

在风电场经济后评估阶段，清偿能力分析主要用于鉴别该风电场是否具有财务上的持续能力。评估者可依据风电场的损益与利润分配表和资产负债表来考察资产负债率、流动比率和速动比率等指标。此外，还需按风电场的实际偿还能力来计算借款偿还期这一指标。在具体计算时，这些数据可根据后评估时点的实际值并考虑适当的预测加以确定。

风电场经济后评估常用的评价方法有对比分析法、层次分析法、逻辑框架法、灰色理论分析法等。随着模糊理论和人工智能方法的快速发展，用于风电场经济后评估的方法也越来越广泛。

（1）对比分析法。对比分析法也称比较分析法，是通过两个或多个数据之间的对比来分析彼此之间的差异，借以了解经济活动的成效和问题的一种分析方法。对比分析法又分为前后对比法和有无对比法。前后对比法是将风电场规划设计阶段预测的经济效果和风电场建成后的实际运营时的经济效果进行对比。有无对比法是在风电场建成运营后的某一时间点上,对比"有风电场"与"无风电场"时的效益与费用,以此来衡量风电场新增经济效益。该方法把建设这个风电场和没有建设这个风电场预计的状况进行比较,两者的差额就是由风电场投资所产生的净效益。

(2)层次分析法。层次分析法(analytic hierarchy process,AHP)是在 20 世纪 70 年代由著名运筹学家 T. L. Saayt 提出的一种层次权重决策分析方法。其基本思路是将评价对象按总目标、各层子目标、评价准则直至各评价指标的顺序分解为不同的组成因素,建立层级结构;然后对同层的各因素进行两两比较,并利用数学方法客观的计算出每一层中各因素的权值;再求得每一层次的各元素对上一层次某元素的优先权重;最后再加权和的方法递阶归并各评价方案对总目标的最终权重,此最终权重最大者即为最优的评价方案。

(3)逻辑框架法。逻辑框架法(logical framework approach,LFA)是美国国际开发署(USATID)在 1970 年开发并使用的一种设计、计划和评价的工具。目前全球有 2/3 的国际组织把该方法用作项目的计划、管理和评价。逻辑框架法从确定待解决的核心问题入手,向上逐级展开,得到其影响及后果,向下逐层推演找出其引起的原因;再将获得的因果关系转换为相应的手段——目标关系。逻辑框架法的核心是确定评价对象内在的因果逻辑关系。在风电场经济后评估中通过应用逻辑框架法来确立风电场经济目标层次间的逻辑关系,用于分析风电场的经济效益、效果、影响和持续性。

(4)灰色理论分析法。灰色系统理论由我国华中科技大学邓聚龙教授于 1982 年首次提出,目前已较多地应用在项目后评估工作中。灰色理论是用来解决信息不完备系统的数学方法。灰色理论中灰关联度分析方法对于项目后评估中确定因子间的影响程度十分有价值,它根据因素之间发展态势(相关变化)的相似或相异程度来衡量因素间的相互关联关系。

除了上述常用方法,模糊集理论、粗糙集理论、可拓理论等不确定性系统理论也逐步用于风电场的经济后评估,近年来正成为经济后评估领域的热门,也取得了不少的研究进展。

9.3.5 风电场经济评估软件

在进行风电场经济评估过程中,由于各类经济指标计算、财务表格编制、经济效果分析等工作非常烦琐,且数据计算量大,容易出错,为了提高风电场经济计算及分析评价的效率和准确性,可利用相关风电场经济评估软件来进行计算和评价。本书以木联能"CFD 风力发电工程软件—经济评价(WEE)"为例,对风电场经济评估软件进行介绍。

"CFD 风力发电工程软件—经济评价(WEE)"是由北京木联能软件技术有限公司开发,以 NB/T 31105—2016《陆上风电场工程可行性研究报告编制规程》、《建设项目经济评价方法与参数(第三版)》、《建设项目经济评价案例》以及 NB/T 31085—2016《风电场项目经济评价规范》为依据,通过输入相关参数,自动计算并生成财务评价报表的一款软件。该软件主要用来完成风电场项目经济评价中的财务评价内容，其特点是：①界面简洁，操作简单，能够满足不同的计算需求；②通过输入参数，可自动计算，减少了人工干预的问题；③生成报表符合相关规范要求；④计算速度快；⑤符合实际工作操作流程。

"CFD 风力发电工程软件—经济评价（WEE）"的功能主要包括基础数据、报表、敏感性分析 3 个部分。

1. 基础数据部分

该部分具体分为基本参数、成本费用、收入和税金 3 个模块，如图 9-3 所示。每个模块中输入的各项参数需完整和合理后，才能进行后续的经济计算及评价。

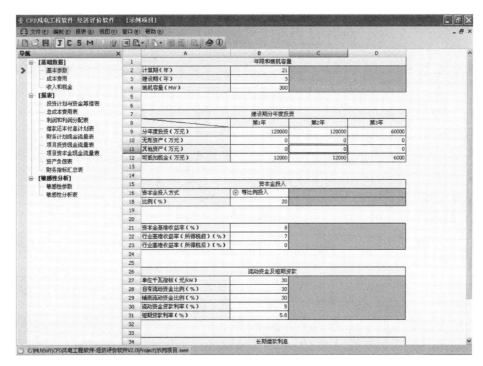

图 9-3　基础数据部分

（1）基本参数模块包括：年限和装机规模、建设期分年度投资、资本金投入、流动资金及短期贷款、长期借款等参数设置。

（2）成本费用模块包括：折旧费、维修费、人工工资及福利、保险费、材料费、摊销费、其他费用等参数设置。

（3）收入和税金模块包括：产量、装机进度、电价、税率、其他等参数设置。

2. 报表部分

该部分是根据软件输入的各类参数，自动计算生成各项数据报表，具体包括导出和打印报表等功能。可根据软件中的"报表"功能模块选择导出或打印投资计划与资金筹措表、总成本费用表、利润和利润分配、借款还本付息计划表、财务计划现金流量表、项目投资现金流量表、项目资本金现金流量表、资产负债表、财务指标汇总表等报表。

3. 敏感性分析部分

该部分包含"财务敏感性分析参数"和"敏感性分析成果"两个模块。通过设置投资变化、发电量变化、电价变化以及贷款利率变化四种参数，可进行敏感性分析，并生成敏感性分析表，如图 9-4 所示。

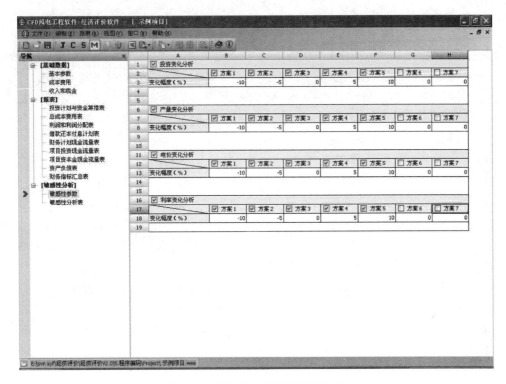

图 9-4　敏感性分析参数设置部分

9.4　风电场经济效益和社会效益

9.4.1　风电场的经济效益

1. 离网微小型风电机组的经济效益

离网微小型风电机组主要用于解决电网覆盖不到的地区，如海岛、边远农牧区的照明、看电视等生活用电问题。例如，内蒙古自治区安装微小型风电机组 140507 台，装机容量 15061kW，解决了 14 万农户、牧户的生活用电问题。尽管牧户实际承担的发电成本为 2.30 元/(kW·h)，然而，若用电网延伸的方法，供用电的还本付息成本将高于 8 元/(kW·h)，燃油发电的供用电成本也将高于 6 元/(kW·h)，因此，在这些地方采用微小型风电机组发电的经济效益相对较高。

2. 并网大、中型风电场的经济效益

并网大、中型风电场的经济效益主要体现在风电场自身获得较好的经济效益以及风电场对国民经济发展产生的宏观经济效益两方面。从风电场自身财务效益上来看，其利润水平较为理想。例如，一个大型风电场静态投资总额 18 亿元，动态投资总额 22 亿元，资产总额 38 亿元人民币，年发电量 8.6 亿 kW·h，年利润 1.9 亿元，年运行成本不超过销售收入的 20%，年资产收益率超过 5%，10 年左右可收回全部成本，其经济效益具有较为明显的优势。

3. 低风速分散式风电场的经济效益

我国低风速风能资源丰富，可利用的低风速风能资源面积约占全国风能资源区的 68%，且接近电网负荷中心，主要集中在我国的中东南部地区。此前，业内普遍认为，风速低于 6m/s 的风能资源区不具备经济开发价值。但是通过技术创新，风轮直径的加大、超高塔筒的应用、翼型效率的提升、控制策略的智能化以及微观选址的精细化等，提高了风电机组的年利用小时数，使得低风速风能资源也具备了经济开发价值。

2011 年 5 月我国首座低风速风电场——安徽龙源来安风电场建成投产。随着《风电发展"十三五"规划》（国能新能〔2016〕314 号）中把低风速分散式风电开发作为产业发展的重点，我国低风速风电场建设逐步加速。对于低风速分散式风电场，如果风电机组年利用小时数达到 2000~2500h，甚至更高，风电场的单位千瓦造价可降低到 4500 元/kW 及以下，单位发电成本则可降至 0.2 元/(kW·h) 左右，从而获得较好的经济收益和良好的盈利能力。

中东南部是我国经济发达地区，总能耗超过全国的一半，因而也是我国推进能源转型的重点区域。大力发展这些地区的低风速分散式风电，可以加速这一进程，并带动当地经济发展。据国家气象局评估，中东南部地区风速在 5m/s 以上达到经济开发价值的风资源技术可开发量接近 9 亿 kW。同时，伴随着风电机组制造技术的不断提升，新的机型不断推出，能够实现经济性开发的最低风速将从目前的 5m/s 下降到 4.8m/s，甚至更低。未来，开发低风速区分散式风场是我国风电发展的重点方向之一，并成为我国实现节能减排目标及可再生能源发展目标的重要补充力量。

9.4.2　风电场的社会效益

社会效益是指从全社会宏观角度来考察一个项目的效果和利益，这种效果一般体现在经济和精神两个方面，体现在对社会的发展进步，对物质文明和精神文明建设两个方面产生的影响。社会效益良好的工程项目能够促进和协调社会经济，使社会经济持续、稳定和协调发展。

风能作为一种清洁可再生新能源，对我国社会的能源节约，减少污染物排放有着重要意义。风能产业发展不仅能提供经济性的电力、清洁的空气以及更具灵活性的基础设施，还能创造数以百万计的工作岗位和数以百亿计的投资，为整个社会发展做出贡献。风电场的重要特点之一是社会效益显著。因此，要对风电场进行全面评估，在进行经济评估的同时，也应对风电场的社会效益进行评估分析。

风电场的社会效益主要体现在以下方面：

(1) 调整能源结构,保障能源安全。能源是国民经济发展的重要物质基础和人类生活必需的物质保证。截至 2020 年年底,我国总的发电装机容量约 22 亿 kW,其中煤电装机容量为 10.8 亿 kW,占全部装机容量的 49.07%,首次降至 50% 以下;水电装机容量为 3.7 亿 kW(含抽水蓄能 3149 万 kW),占全部装机容量的 16.82%;并网风电装机容量为 2.8 亿 kW,占全部装机容量的 12.79%;并网光伏发电装机容量为 2.5 亿 kW,占全部装机容量的 11.52%;核电总装机容量为 0.5 亿 kW,占全部装机容量的 2.27%。为了满足日益增长的能源需求,在增加能源供应的同时必须调整能源结构,大规模开发可再生能源。风力发电作为较为成熟的商业化可再生能源发电技术之一,是可再生能源发展的重点,也是最有可能大规模发展的能源资源之一。根据我国最新的风电发展目标,到 2030 年,风电、太阳能发电总装机容量将达到 12 亿 kW 以上。风能在调整能源结构和保障能源安全中起到重要的作用,和其他可再生能源一起,逐步从补充能源发展成为一种主流能源。

　　(2) 发展新兴产业,扩大就业机会。风力发电是一个高新技术产业,正在逐渐成为社会的一个新的经济增长点,对带动风力发电相关设备制造、安装、运行、维护等产业发展和技术进步,推进经济和社会可持续发展有重要意义。据统计,生产同样的电力,风电比火力发电可多创造近 27% 的就业。2020 年,据全球风能理事会(GWEC)报告,预计到 2030 年,风电产业在全球可创造近 400 万个直接和间接就业机会。随着海上风电产业的指数级增长态势,风电将创造更多的就业机会。

　　(3) 创建旅游景观,增加旅游收入。风电场也可以带动当地经济发展,形成一道赏心悦目的风景线,带动当地的旅游产业,提高当地的旅游收入和居民的收入水平。例如:内蒙古风电场虽然不大,但场面很壮观,现在正发展成为旅游区,旅游收入可观;贵州一些风电场结合当地的自然、人文景观,打造了融入风电科技、环保、绿色、节能等内涵的旅游元素,为当地的旅游收入增创起到了极大的促进作用;广东省南澳县为全国第二大风电场、亚洲海岛第一大风电场,随着该风电场的建设,造型新颖独特、线条优美流畅的风电机组成为众多游客热烈关注的对象,风电场也由此成为南澳一处旅游景点。

　　(4) 建设社会主义新农村,带动乡村经济发展。建设社会主义新农村是构建和谐社会的时代要求。目前我国经济和社会发展最薄弱的地区在农村,特别是中西部偏远山区。这些地区同时也是我国风能、太阳能资源丰富地区,风电场以及风力发电与其他可再生能源发电组成的互补发电系统有效解决了部分偏远地区风能资源丰富但缺电的问题,未来也将是解决偏远地区用电的重要途径。

　　另外,分布在县域及以下的低风速分散式风电场,凭借环境友好、占地少等优势,通过与微电网及其他分布式能源的融合互动,可实现优势互补,提高发电效率,减少输电网投资,惠及当地经济社会的发展,加快产业结构和能源结构调整,以最低成本满足乡村振兴过程中用电增长需求,并兼顾生态环境建设,减轻环保压力,实现与乡村发展双丰收。

第10章 风电场的环境评价及水土保持

10.1 风电场环境评价

风能作为一种可再生的清洁能源,取之不尽、用之不竭。建设风电场,利用风能进行发电,可节省生产相同数量电能所需的化石燃料,对保护环境有利,相比其他能源具有更好的环境效益。但与此同时,风电场的建设和运营也会对局部环境和生态系统产生一定的不利影响。

10.1.1 风电场对环境的有利影响评价

建设风电场进行风力发电,可减少因开发一次能源,如煤、石油、天然气等,所造成的环境污染破坏问题。

风资源作为清洁能源被利用,可以替代部分火电、核电,在取得相同电能的同时,不仅可减少常规能源的消耗,还可减少在电能生产过程中的二次污染,也没有碳排放。每生产 1kW·h 的电能,火力发电平均消耗 380g 标准煤。对于装机容量为 50MW,年利用小时数 2600h 的一个风电场,每年可发出约 1.3 亿 kW·h 的电能,则可以节约标准煤 4.94 万 t,相当于原煤约 10.17 万 t,可减排烟尘 650t、灰渣 1.56 万 t、二氧化硫 793t、氮氧化物 585t、二氧化碳 14.978 万 t。

风力发电还能够有效地遏制和缓解沙尘暴灾害,抑制荒漠化的发展。

风力发电没有水力发电所存在的诸如泥沙淤积、鱼类生存、物种多样性、移民、土地占用、自然景观破坏等问题,对保护生态环境起到了积极重要的作用。

低风速分散式风力发电与其他风力发电相比,对环境还具有占地面积小、植被破坏较小,对周围生态环境的影响较小等有利影响。

10.1.2 风电场对环境的不利影响评价

风电场在建设和运营过程中对环境产生的不利影响主要有噪声、电磁干扰、生态系统影响、景观影响等。

10.1.2.1 噪声

噪声是风电场对环境不利影响的一个重要方面。随着风电场的大规模开发建设以及风电机组的大型化,特别是近年来低风速分散式风电场的建设运营,风电场与居民区的距离变得越来越近,以及海上风电场的迅猛发展,风电场的噪声问题越加被重视,目前已经成为风电场微观选址的重要考虑因素。

噪声影响与时间(白天、黑夜)、地点(人口稠密的地区、偏远地区)、环境(低风速、高风速)等因素有关。在前期规划阶段,合理预测风电场噪声值及其影响范围也显得尤为必要。

陆上风电场噪声分为施工期产生的噪声以及运营期产生的噪声两个方面。其中施工期产生的噪声，主要来源有：工程区土地开挖、道路修建以及主体施工过程中使用施工机械产生的噪声，平整场地噪声，车辆运输产生的交通噪声等。风电场建设是一项大规模的施工过程，所使用的施工机械噪声通常在 90～110dB，混凝土搅拌系统等运行中产生噪声值也约在该范围内；交通运输噪声在 70～90dB。施工期产生的噪声伴随着风电场施工建设而存在，当风电场建成投产后，该噪声也随之消失。因此，陆上风电场在运营期产生的噪声影响更为长久。

1. 风电场运营期噪声的来源

风电场的噪声主要分为空气动力性噪声、机械性噪声和电磁性噪声等 3 个方面。

（1）空气动力性噪声。该类噪声属于宽频噪声，低频成分较为显著，是风电场噪声中强度最高、影响最大的一类，具体包括低频噪声、湍流噪声和空气动力自身噪声。

低频噪声是由经过叶片的风速变化所引起的，塔架的存在或者是风的切变会导致风速的变化。尽管这一效应在下风向的风电机组上很突出，但是在上风向的风电机组上也很突出。对于逆风的风电机组来说，增加叶片和塔架之间的间隙可以使这一影响大大降低。

湍流噪声是风力机叶片与来流中大小不一的湍涡相互作用产生的宽频噪声。湍流噪声的频率特点主要由湍涡大小和风力机叶片翼型弦长的相对关系决定，当湍涡的尺寸远远大于翼型的弦长时，就会产生低频噪声；当湍涡的尺寸远远小于翼型的弦长时，就会产生高频噪声。

空气动力自身噪声由空气动力本身产生，即使是在稳态、无湍流扰动的情况下也会产生。尽管叶片表面的缺陷会产生一定频率的噪声，但是空气动力噪声的带宽较宽。空气动力自身的噪声包括：①叶片后沿噪声，频率范围在 750～2000Hz，可以听得到的"嗖嗖"声，其大小取决于湍流的边缘层与叶片后的相互作用，噪声单点最大值出现在低频阶段，且在此阶段内噪声频谱值呈现出明显的变化规律，而在 2500Hz 之后噪声频谱没有明显波动，该噪声是风电机组高频噪声的主要来源；②叶尖噪声，同风电机组提供的功率一样，叶片的大部分噪声主要是由叶片外围 25% 的部分产生的，利用边缘制动或其他的使用表面的控制作用使叶片形状不再完整，这是产生噪声的其他潜在原因；③失速噪声，叶片失速在空气动力面附近产生了不稳定的气流，这也会产生宽频的噪声；④钝缘噪声，钝缘会引起涡流和音频噪声，这些噪声可以通过锐化边缘来消除，但是锐化边缘由制造和装配决定的；⑤表面缺陷噪声，如在安装过程中造成的破坏或雷击致使表面产生缺陷这样的情况，都会成为音频噪声的重要来源。

（2）机械性噪声。齿轮箱和发电机等部件发出的机械噪声。虽然冷却风扇、辅助设备（例如泵和压缩器）和偏航系统也会产生机械性噪声，但是机械性噪声主要是由机舱内的旋转机械，尤其是齿轮箱和发电机产生的。

（3）电磁性噪声。风电场内主变压器、电抗器和室外配电装置等电器设备所产生的电磁噪声，一般以中低频为主。

2. 风电场运营期噪声水平的衡量指标

衡量风电场运营期噪声水平主要有两个指标：声源的声强水平 L_W 和声压水平 L_P。

（1）声源的声强水平 L_W。L_W 描述声源的强度，即风电场的噪声为

$$L_W = 10 \lg \frac{W}{W_0} \qquad (10-1)$$

式中：W 为所有声音能量的辐射；W_0 为一个参考值，一般取 $W_0 = 10 \sim 12 W$；L_W 为声源的强度，dB。

（2）声源的声压水平 L_P。L_P 描述噪声传播到任何一点的情况，定义为

$$L_P = 20 \lg \frac{p}{p_0} \qquad (10-2)$$

式中：p 为均方根声压水平；p_0 为参考声压水平，通常取 $p_0 = 2 \times 10^6 Pa$；L_P 为声压水平，dB。

3. 风电场运营期噪声的测量与计算

现阶段国际风电机组制造厂商及认证机构通常采用 IEC 61400-11—2012《风力发电机组　第 11 部分：噪声测量技术》标准对风电场中的风电机组噪声进行定量的测试，我国相对应的标准为 GB/T 22516—2015《风力发电机组　噪声测量方法》。

现代大型风电机组制造商提供的典型声强水平值的范围在 95~105dB。声强水平随风速变化，所以与风电机组的运行状态有关。对于噪声评估来说，低风速是关键。风电机组的噪声水平随着风电机组设计和制造工艺水平的提高而有较大的改善。生活中常见的噪声源的噪声水平见表 10-1。由表 10-1 可知，风电机组的噪声对环境的影响不大，在距风电机组 500m 外所受影响已非常小。

表 10-1　常见的噪声源的噪声水平

噪 声 源	噪声水平/dB	噪 声 源	噪声水平/dB
落叶、静夜、消声室内	10~20	电锯织布机	100~110
轻声耳语、很安静的房间	20~30	柴油发电机	110~120
普通室内	40~60	气动锤、螺旋桨飞机	120~130
风力发电机组	40~50	喷气飞机	130~140
普通谈话声、较安静的街道	60~70	飞机起飞	140
城市街道、收音机，汽车启动	80	火箭、导弹	160 以上
重型汽车、嘈杂街道	90		

对于一个风电场周边的噪声，主要考虑为各台风电机组的单机噪声的叠加。按照声波叠加原理，可计算得出风电场周边某个位置的总叠加噪声，具体计算为

$$S_{LA} = 10\lg\left(\sum_{i=1}^{n} 10^{S_{LAi}/10}\right) \tag{10-3}$$

式中：S_{LA} 为风电场周边测试点的叠加噪声，dB；S_{LAi} 为风电场内第 i 个风电机组的噪声，dB。

4. 避免和减少陆上风电场噪声影响的对策

减少风电场噪声的对策，随着噪声对象（主要为空气动力性噪声和机械性噪声）的不同有很大的差异。

对于空气动力性噪声，显而易见的一种方法是降低风力机叶轮的旋转速度，但会增加能量的损耗，变速或双速风电机组的优点就是在低速的情况下能降低噪声；另一种方法是减小叶片的攻角，这样做也可能增加损耗。除此之外，还可对受音侧房屋采取隔音措施，具体措施是窗户隔音化和双重化，以及通风口的隔音处理等。

对于机械性噪声，可以在声源的边上采取处理措施，如在机舱内部粘贴吸音材料（玻璃棉），在通气口进行隔音处理等。但是为了控制机舱内部温度上升，需要进行废热处理。因此，采取这些措施，不可避免要增加投资成本。

在风电机组运行条件方面，可根据周围房屋的分布状况进行适当的公共管理，这对于减少噪声更为有效。图 10-1 是风电机组实际测量的噪声水平相对日常生活中噪声水平的比较。图 10-2 是避免位于上风向的风电机组后部湍流产生的影响，而使其相对应的下风向的风电机组停机的方案。基于下风向声音容易被传播的特性，在图 10-3 中，风向是使周围房屋位于下风向位置时，使一部分风电机组停机，从而降低了噪声的影响。可以把使风电机组停机限定在对房屋噪声的最大影响程度上，但前提要把发电量下降控制在最小限度内。

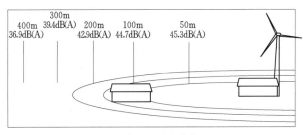

(a)实际测量噪声水平

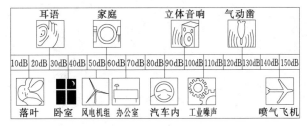

(b)相对噪声水平

图 10-1 风电机组实际测量的噪声水平与相对噪声水平

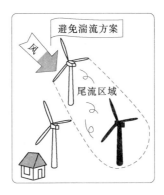

图 10-2 避免位于上风向的
风电机组后部湍流的影响

⊼—运行的风电机组;

⊼—停机的风电机组

图 10-3 避免位于下风向的
风电机组后部湍流的影响

⊼—运行的风电机组;

⊼—停机的风电机组

5. 海上风电场噪声影响

海上风电场的噪声影响除有类似于陆上风电场产生的水上噪声干扰海上鸟类飞行迁徙和栖息之外,还有在建设期水下打桩噪声和运营期产生的水下噪声影响。其中,运营期风电机组及其相关设备产生的噪声主要通过空气传播、基础桩体振动引起的声波水下传播、桩基底部振动引起的底质传播产生水下噪声,如图 10-4 所示。

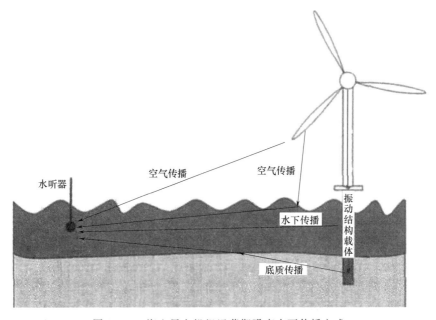

图 10-4 海上风电机组运营期噪声水下传播方式

研究表明,长时间的水下噪声会掩盖部分海洋鱼类之间的通信信号、造成海洋鱼类听力损失、行为模式和迁徙路线改变等,使鱼类远离风电场,国外也有部分有学者认为，海上风电场在运营过程中产生的噪声远达不到引起鱼类生理反应的声压水平，但可能会对其行为有一定的影响，因此在运营期间即使鱼类离风电机组很近，也不会产生有害生理健康的影响；对于海洋哺乳动物，建设期的水下打桩噪声会导致其产生听力损伤和躲避行为，但在运营期内水下噪声对其影响较小，且部分建设期产生的听力损伤和行为影响可得以恢复，不构成威胁；对于海洋底栖生物，水下噪声和振动则可能引起其心跳减速、生长繁殖率减少、进食量减少等。

目前由于缺少大量完整的观察、监测数据，水下噪声对海洋生物的具体不良影响程度以及产生的长期累积性影响仍有待进一步研究。

10.1.2.2 电磁干扰

1. 对电磁波的干扰

一切电气设备在运行时都会产生电磁辐射，在这种辐射叫作人工工频型辐射，风电场的辐射源有发电机、变电所、输电线路等3部分。

《电磁辐射环境保护管理办法》中规定：电压在100kV以上的送变电系统属电磁辐射项目，造成环境污染危害的必须依法对直接受到损害的单位或个人赔偿损失。一般风电场输电线路尚未达到国家规定的100kV，故不属于电磁辐射项目。风电场在设计时考虑了防磁、防辐射等要求，在选材时已将辐射降至最小，但也或多或少地对附近的用电设备产生电磁干扰。

风电机组对许多现代通信系统中使用的电磁信号都可能会造成干扰，特别是风电场中风电机组的布置常常会和无线电系统争夺山顶和其他的一些开阔地，这些地点对于风电场而言能够得到较高的能量输出，而对于通信信号而言则是很好的传播路径。可能会受到电磁干扰影响的系统类型及其工作频率分别为：无线电系统（30～300MHz）、电视广播（300MHz～3GHz）和微波中继站线路（1～30GHz）。风电机组与用于空中交通管制的军用和民用雷达的相互影响目前也已经成为正在研究的课题。

散射是与风电机组相关的一种非常重要的电磁干扰机制。一个暴露于电磁波中的物体会向各个方向分散入射的能量，这种空间分布就是所谓的散射。风电机组和无线电通信系统的相互干扰是一个复杂的问题，因为风电机组散射机制的特性不容易确定，而且干扰信号会随叶片的转速的变化而变化。据研究显示，风电机组叶轮的电磁特性主要受以下各方面因素的影响：

（1）叶轮直径和旋转速度。

（2）叶轮表面积、平面形状以及包括偏航角在内的叶片定向。

（3）轮毂高度和结构。

（4）叶片材料结构及其表面光洁度。

（5）表面污染（包括雨水和冰）。

（6）内部金属元件，包括避雷装置。

来自风电机组的电磁干扰，存在两个基本的干扰方式：一是前向散射，如图10-5所示；二是后向散射，如图10-6所示。其中：前向散射会使电视信号随叶轮转速引起不同程度的衰减；而后向散射会使电视画面出现重影或变形。

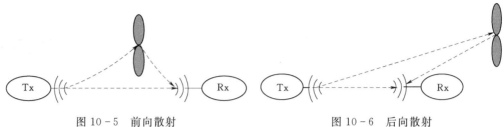

图 10-5　前向散射　　　　　　　　　图 10-6　后向散射

当风电机组安装在发射器和接收器之间时，出现前向散射。干扰方式是风电机组对信号的散射或折射，对于电视信号而言，叶片的旋转会导致电视图像的褪色。当风电机组安装在接收器后方时会出现后向散射情况。这将使预期信号和反射干扰后的信号之间存在一定的延时，导致电视画面出现虚像或双图像。

目前通过精确的分析来确定风电机组与无线电通信产生相互干扰的途径仍然是困难的，尤其是确定不规则地形和叶片形状及其材料的细节对电磁干扰的影响等技术仍需要进一步的发展。

2. 避免和减少电磁干扰的措施

对于微弱的反射干扰，提高天线的性能或安装无线电信号放大器等，对产生电波干扰的房屋尽可能采取措施进行改善。

图 10-7　通过安装共有信号接收
设备改善接收信号的图像

对于大强度的反射干扰，需要具有消除叠影功能的接收器。对于震颤干扰，不涉及干扰的区域另外安装信号接收装置，采取措施使用有线天线对多数房屋发送信号，这种方式称为共同接收信号方式，如图 10-7 所示。在采取该种方式的场合，为了安装共用信号接收设备，要确保有闲置的场所。这不仅增加了设备与安装费，而且长距离电缆的敷设费用也相当高。

由于安装风电机组产生电波干扰的可能性，对风电场场址规划范围不会改变太大。因此，在风电场建设项目规划的初级阶段，就要讨论电波干扰的可能性。在产生电波干扰的场合，事先要计算所需措施的成本。

3. 海上风电场电磁干扰影响

海上风电场产生的电磁干扰主要来源于海上风电机组、海上升压变电站及海底电缆产生的电磁场。由于许多海洋鱼类都利用磁场来进行空间定位、捕食，电磁干扰会对海洋鱼类产生一定的影响。目前研究表明，海上风电场在运营时期产生的电磁场会影响其周围鱼类的分布和迁移模式，还可能会影响鱼类的胚胎早期发育，但是否产生很大的负面影响，尚无法定论。

关于海上风电场水下电缆产生的电磁场对鱼类影响的研究也非常有限。有研究者认为海上风电场的弱磁场不会对周围环境造成严重影响，但也有研究表明海上风电场电缆两侧的海洋鱼类捕获量不对称，分析可能是由于海底电缆产生的电磁场干扰了这些鱼类的迁徙，也可能因鱼种类或其他未知因素导致。

海上风电电磁场对哺乳动物和底栖生物的影响尚无定论。

10.1.2.3 生态系统影响

1. 陆上风电场对生态系统的影响

对生态系统的影响是指对该区域生长的植物、小动物，以及捕食这些小动物的猛禽等生长环境的改变，其涉及面广，涉及项目繁多。建设风电场对当地生态环境的影响要是土地利用、施工期间对植被的改变以及对鸟类习性的改变、景观影响、视觉影响等。

（1）占用土地、改变植被。风电场在建设时，基础道路施工和建设都要占用一定的土地，对土壤及植被造成一定的破坏，在建设中应尽量减少破坏地表植被生态。同时风电机组在初装、调试及日常检修中要进行拆卸、加油清洗等，或多或少会造成漏油、滴油等油污染现象，污染植被、土壤等。

（2）鸟类习性的改变。随着风电机组容量的增加，其扫掠面积和高度都跟着增加，当大型风电机组安装在鸟类迁徙飞行的通道上，鸟类在迁徙飞行过程中可能撞上旋转的风电机组叶片，造成对鸟类的伤害，特别是对夜间迁徙的候鸟以及鸟类活动频繁的地区。

国外学者很早就开展了风电对鸟类影响的相关研究。美国鸟类专家罗格艾特埃奥尔曾对此进行过较为全面的研究。他曾于1976年和1977年，在秋天和冬天候鸟迁徙高峰期，对位于美国、加拿大边境安大略湖南岸的俄亥俄州普拉姆布鲁克风电场中的风电机组进行了细致全面的观察研究。该风电场是候鸟的重要迁徙地。他通过连续28个夜晚的观察研究，得到以下结论：①风电机组看来并不总是对大量夜间飞行的鸟类构成致命危险，即使是在相当高的迁徙密度和低云层、有雾情况下也是如此。②与死于飞机、汽车、架空电线、通信塔等人工设备的鸟类数量相比，死于风电场环境下的鸟类数量很少。甚至有鸟类在正常运行的风电机组机舱上建筑鸟巢，与风电机组和平共处相安无事。

2003年秋天，美国阿巴拉契亚北部，曾发生至少有四百余只蝙蝠与风电机组冲撞致死的实例。该事例促进了专家的调查研究工作。在日本，尽管鸟类冲撞实例很少，但已经陆续有报道。归纳来说，在视线变得不清晰、风电机组所在地捕食资源丰富、易形成上升气流的采饵地形等情况下，发生鸟类撞击风电机组的事故比较多。

2005年，瑞典KalmarSound风电场附近的鸟类被进行了一段时期的跟踪观测。结果显示，在1500万只迁徙的水鸟中，仅发生了一次撞击事件。另外一些研究也表明，鸟类的规避行为并不确定，会随着时间的推移而发生变化，例如一些鸟类对风电场建成后的生存环境会产生适应性。

因此，风电场中运行的风电机组对鸟类确实有驱赶作用，但不会对其数量有太大影响。在对风电场场址进行选择、规划时，仍应尽量避开候鸟迁徙的路径或鸟类的栖息地为宜。

2. 避免和减少陆上风电场对生态系统影响采取的措施

避免和减少陆上风电场建设及运营对生态系统的影响，主要可采取以下措施：

（1）在每个陆上风电场都应该进行基础研究，确定目前哪些物种在此居住，以及如何使用这块地方，从而尽量避开已知的鸟类迁徙走廊和已经是鸟类密集的地方。如果无法避开，在明显的鸟类迁徙通道上，风电机组应留有合理的间距（例如，在两个风电机组群之间留有较大的空间）。

（2）在稀有、敏感物种的居住环境，包括珍稀动物建巢和栖息的地方，都应避免建风电机组和辅助的建筑（如气象桅杆也会和风电机组一样对鸟类产生危险）。

（3）在建设过程中，如果可能的话，应该在非哺育季节建设陆上风电场。如果无法满足这一条件，那么建设应该在繁殖季节之前，这样就可以避免占用鸟巢的地点。

（4）在选择风电机组时，优先考虑采用少量的大型风电机组而不是大量的小型风电机组。大型风电机组具有较低的旋转速度，要比小型风电机组更容易让鸟类发现。

（5）对风电机组应该进行合理的排列，从而有足够的空间让鸟类飞过，并确保它们的行动不会遭遇严重的干扰。同时，布置风电机组应该远离山脊，并避免占用鸟类用于穿越高地的山坳和山谷。

3. 海上风电场对生态系统的影响

海上风电场
对生态系统
的各种影响

海上风电场在建设施工期间以及铺设海底输电电缆，需打桩、钻孔、开挖海沟，导致海底泥沙悬浮，水体浑浊，加上一些含油废水的不慎排泄，引起水质污染，使生活在此的海洋鱼类、浮游生物和底栖生物的繁殖和生存受到影响，对海洋的生态平衡造成一定的破坏；近海风电场在建设期会直接占用鸟类的栖息地，影响了海鸟的筑巢和繁衍。在运营期内，由于海床环境因人工建筑而改变，原有沉积物和水文特征也会随之改变，进而影响海洋底栖生物的生物量、多样性，导致区域现有生物群落组成结构发生变化。通常，近岸海域和风电场区附近的海洋生态受风电场建设的影响较大，远离工程区的海域环境受到的影响有限。

因此，与陆上风电场相比，海上风电场的规划、设计要求都比较高，必须要做到先科学规划，后建设施工，把海上风电场对海洋生态环境的影响降到最低。

10.1.2.4　景观影响

1. 陆上风电场对景观的影响

在早期的风力发电发展阶段，因为风电场很少，人们感到新奇，因此，风电场不仅可以用来发电，而且还作为一个景观吸引了大量的游客。但随着风力发电装机容量的逐渐增大，人们对其的新鲜感也逐渐消失。但是，在特定区域大规模地安装风电机组，往往会对景观产生一定影响。有些环保工作者对在田园风景的地区建造风电场持反对意见，认为是对田园风光的破坏，是一种视觉污染，但也有大量研究表明在美景如画的田园风光中点缀几台外观美丽的风电机组将起到画龙点睛的作用，使美丽的田园风光增添一些现代风味。

巨大的塔架和旋转的叶轮，几十台乃至数百台的机群分布在广袤的土地上，必然改变当地的景观。如果规划合理，风电机组排列整齐或错落有致，塔架结构和尺寸相似，叶轮叶片数、颜色和旋转方向相同，在视觉上给人以整齐和谐的感觉，当地居民也会乐于接受，甚至成为吸引游客的旅游资源。但是在实际中，往往受项目规模的限制，在同一地点分期建设项目选用的设备各异，风电机组有大有小，叶轮有两叶片的也有三叶片的，风电机组中有的叶轮逆时针旋转而有的顺时针旋转，便显得杂乱无章，导致风电场景观很差。有的风电场白天阳光照在旋转的叶片上投射上来的影子在附近居民的房前屋后晃动，人们无论在屋内还是在窗外都被笼罩在光影里，光影一晃一晃，使人时常产生心烦、眩晕的感觉，影响居民的正常生活。因此这也成为许多人反对建设风电场的理由。图 10-8、图 10-9 所示即为陆上风电场机组布置不当导致对景观影响的示意图。

图 10-8　不当布置导致对景观的影响（一）

图 10-9　不当布置导致对景观的影响（二）

2. 避免和减少陆上风电场对景观影响的对策

避免和减少陆上风电场对所在区域及周边产生景观影响的对策主要有：

（1）规划在山地间建设风电场时，在风电机组外观色彩上尽可能采用去掉光亮的淡灰色保护措施。

（2）在进行风电机组的排列布置时，通常最受重视的是地形的限制和风力发电效率，但同时也要兼顾区域的景观视觉效果，为此，可将一排风电机组排列成弧状。

（3）风电场建设之前，要根据当地的太阳高度角和叶片的长度计算出阴影的影响面积，避免影响附近居民的正常生活。

（4）随着经济和社会文化的发展，人们的审美观念也将发生改变，保护自然景观和人文景观的意识正逐渐增强，风电场的选址要避开自然保护区和存在文物古迹的地方。

　　3. 海上风电场对景观的影响

海上风电场的建设及运营也必然会改变原有海域的自然景观。有些海上风电场选址在离海岸线较远处，风电机组排列规则、有序，随风转动起来也是一道风景线。但有些海上风电场选址离附近海洋湿地生态区较近，会从视觉上破坏了湿地生态区的天然美感。

10.2　风电场水土保持

在风电场工程建设中，水土流失是非常值得重视的问题。加强风电场水土保持规划，做好水土流失防治工作，并采取保土、蓄水、促渗相结合的措施保护当地的水土资源是风电场规划设计阶段一项必不可少的工作内容。

10.2.1　水土流失的成因

在生产力水平不高的一些经济欠发达地区，为发展经济对土地实行掠夺性开垦，忽略因地制宜的农、林、牧综合发展，把只适合农、林、牧业利用的土地也开垦为农田。致使生态系统恶性循环，滥砍滥伐，甚至乱挖树根，树木锐减，使地表裸露，这些都加重了水土流失。另外，某些基本建设不按国家环保要求，不按规定修筑公路、建厂、采石等，任意破坏生态环境，使边坡稳定性降低，引起滑坡、塌方等更为严重的地质灾害。

在风电场工程建设中，会对土壤及植被造成一定的破坏，例如由于土方开挖、机械碾压、建筑材料和安装材料的堆放破坏了地表植被，导致地表裸露；产生大量的工程开挖破坏面、弃土弃渣和临时土堆等各种瓦砾、损坏，改变了外力和土体抵抗力之间的自然相对平衡，破坏了地表形态，损坏植被土层结构破坏。在风力和雨水的作用下，非常容易发生并加剧工程建设区及周边地区的水土流失。因此，风电场建设区域水土流失主要是由于强烈的人为活动造成的，是一种典型的人为加速侵蚀现象。

10.2.2　风电场建设造成的水土流失

　　1. 基础开挖

在风电机组基础开挖前进行的表土清理，施工过程中的基础开挖和覆土回填等施工工艺都会扰动地表。破坏微地形，造成土壤结构的破坏和肥力的下降，导致新的水土流失的发生。

　　2. 道路施工

场区内新建及改建施工检修道路都需要对表土进行剥离，地形起伏较大的路段，需要采取削高填低的土方开挖和填筑措施。这些施工活动会破坏地表植被扰动地表。如果实施过程中的临时防护措施不到位或施工工艺不合理都会导致新的水土流失。

3. 临时设施

临时设施包括临时堆料、施工生产生活和临时施工道路等场所的各种设施。临时设施的建立会破坏地表植被引起新的水土流失，如对施工材料和堆放的表土保护不到位均会造成水土流失；施工生产生活区生产、生活垃圾的不合理倾倒，以及生产、生活污水的不合理排放都会对项目区带来不良的环境影响。

4. 施工作业扬尘

工程施工过程中由于地表植被和表层土壤结构遭到破坏，土质疏松，不仅会产生水蚀，遇到大风天气还会产生扬尘。施工过程中的灰土拌和、沥青混凝土拌和、平整土地、道路填筑、材料运输和装卸在 2 级以上风力作用下就会产生扬尘。其中，最主要的是运输车辆道路扬尘和施工作业扬尘，对下风向的空气造成了严重的污染，会直接影响到人们的生产生活。

10.2.3 风电场水土流失防治分区

根据"谁开发，谁保护；谁造成水土流失，谁负责治理"的原则以及 SL 204—1998《开发建设项目水土保持技术规范》的要求，将项目区水土保持防治责任范围划分为项目建设区和直接影响区。在风电场建设项目中，项目建设区指风电场施工建设中永久和临时征用、租用的土地范围，包括风电机组、场内道路、输电线路等征占地和临时设施、临时吊装场地等临时占地；直接影响区指风电场征、占地范围以外，由于风电场建设施工和运行造成的水土流失可能对周围村庄、灌草植被等产生直接危害的区域，可根据项目的具体情况由项目建设区向外扩展一定范围。

风电场建设项目通常由风电机组、升压变电站、输电线路、场内道路、弃渣场和临时施工生产生活区构成，既有点状工程，又有线状工程。根据建设项目的施工布局特点和实施便利条件并结合各施工区的功能，将风电场建设项目的水土流失防治分区划分为风电机组及弃渣场区（包括风电机组、临时吊装平台和弃渣场）、升压变电站区、施工道路与输电线路区（包括施工检修道路、施工便道及输电线路）、临时生产及生活区（包括施工时临时生活办公区、材料与设备仓库、混凝土拌和站与堆放场）等 4 个分区，分别进行水土保持措施评价和防治措施布设。各水土流失防治分区施工特点、水土保持防治重点和主要水土流失因素情况见表 10-2。

表 10-2　风电场各水土流失防治分区特点及防治重点

防治分区	主要特点	水土流失因素	水土保持防治重点
风电机组及弃渣场区	基础施工、临时堆土、临时弃土（石）堆放、基础开挖、回填等	临时堆土，树木砍伐，土体裸露面	风电机组及箱式变电站周边及临时堆土

续表

防治分区	主要特点	水土流失因素	水土保持防治重点
升压变电站区	基础施工、临时堆土、临时弃土（石）堆放、基础开挖、回填等	临时堆土，植被破坏，土体裸露面	临时堆土和开挖沟槽边坡
施工道路与输电线路区	路面平整、路基挖填、表土剥离、线杆埋设、输电线路架设、基础开挖	临时堆土，树木砍伐，土体裸露面	道路路面及边坡的防护，电缆、杆位周边的临时堆土
临时生产及生活区	机械、人为扰动、施工活动、生活扰动	施工活动，生活扰动	施工扬尘、排水冲刷临时堆土、堆料

10.2.4　风电场水土保持措施

在对风电场建设项目进行水土流失防治分区后，结合工程的特点以及对水土流失影响、区域自然条件、工程的功能分区等，在综合分析其水土流失特点和危害的基础上，将水土保持工程措施和植物措施有机结合，合理布局，以期形成完整的水土保持措施防治体系，实现良好的水土保持防治效果。水土保持措施总体布局见表10-3。

表 10-3　风电场水土保持措施总体布局

防治分区		措施类型	水土保持措施	措施位置
风电机组及弃渣场区	风电机组	工程措施	截流沟	风电机组外围
		植物措施	种植灌木、撒播种草	风机、箱式变压器周边
		临时措施	表土剥离、临时挡拦、用苫布遮盖	施工区内、临时堆土区
	吊装平台	工程措施	场地平整、覆土复垦	施工扰动地表
		临时措施	表土剥离、临时挡拦、用苫布遮盖	临时堆土区
	弃渣区	植物措施	种植灌木、撒播种草	弃渣顶面及坡面
		临时措施	临时挡拦、用苫布遮盖	弃渣场
升压变电站		工程措施	表土剥离	施工扰动地表
		植物措施	种植灌木、撒播种草	升压变电站内、变电站安全警戒范围外
		临时措施	临时排水措施、临时挡拦、用苫布遮盖	施工区内、临时堆土区
施工道路与输电线路区	场内道路	工程措施	排水沟	道路两侧
		植物措施	道路绿化、种草护坡	道路两侧边坡
	输电线路	工程措施	覆土复垦	杆塔基础周边
		植物措施	种植灌木、撒播种草	杆塔基础周边
临时生产及生活区		工程措施	场地平整、复垦	施工扰动地表
		植物措施	种植灌木、撒播种草	施工扰动地表
		临时措施	临时遮盖、临时排水沟、临时沉淀池	临时堆土堆料周边、临时排水沟出口

风电场工程建设中水土流失主要发生在风电机组现场施工、升压变电站的施工、场内道路修筑、机电线路铺设，施工临时生产生活的场地等环节中。其中风电机组场地、场内道路和集电线路架设是产生水土流失的主要区域。

　　由于风电场建设过程中存在风力侵蚀，建议将施工期选择在风量小的季节。施工期间如遇大风天气可适量洒水，以减少扬尘污染。在植被恢复初期，植物措施还没有发挥功能，应对这些区域进行覆盖，以减少风力对地表的侵蚀，同时还可减少风蚀对种子和幼苗的危害，提高植物的成活率，使植物措施尽快发挥功能。

　　1. 风电机组及弃渣场区的水土保持措施

　　针对风电机组基础开挖和混凝土灌筑应该减少开挖和堆土石方面积，缩短新土堆放时间，减轻土壤侵蚀危害。在风电机组基础开挖和临时吊装平台平整之前，应先进行表土剥离。剥离的表土及风电机组建设过程中产生的弃土弃渣，为避免远距离运输可就近弃于风电机组周围。弃土、弃渣堆置体是水土流失程度和强度最大的侵蚀单元，如不采取措施极易产生水土流失，可在堆置体周围用编织袋装土筑坎进行临时拦挡并用苫布遮盖。风电机组安装结束，要清理施工场地垃圾，进行带状整地，带的方向垂直于主风向。在整治完毕后，对风电机组和弃渣场区进行植被恢复。

　　风电机组区的植被恢复以种草为主，在风电机组、箱式变压器周围及临时吊装场地播撒草籽，草坪中随机点缀一些低矮灌木。草坪周围种植绿篱，绿篱外设截流沟，将水引入通往风电机组道路的排水沟中。这样布设措施既可以满足风电机组区防治水土流失的要求，又考虑到景观需要，营造一个错落有致的人造景观。绿化时风电机组基础到通往风电机组的道路之间需留一定面积的空地用水泥硬化，为以后风机检修的机械车辆进出提供方便。

　　2. 升压变电站区的水土保持措施

　　升压变电站设计应考虑排水系统和绿化方案。施工时先修建围墙，减轻场内施工对周边环境的影响。升压变电站平整场地时，先采用拦挡措施，确保工程安全和防治水土流失。在升压变电站基础开挖前剥离的表土应集中堆放于升压变电站内的一角，待升压变电站施工结束后覆土进行场区的绿化。表土堆放区的周围及临时弃土的周围用编织袋装土筑坎进行临时拦挡，为防止大风扬尘，需用苫布遮盖。升压变电站基础的开挖量较大，需采取临时排水措施，在施工中的临时堆土和开挖沟槽边坡处应布设临时土质排水沟。施工结束后应及时对场地进行覆土平整和路面硬化，实施植物绿化措施。

　　根据升压变电站的平面布置和各功能区的特点，可采用多种植物混合配置的方式进行绿化美化。但考虑到安全因素，升压变压器及构架周围采取绝缘措施铺卵石。对离变压器较远的空地（变电站安全警戒范围外）进行绿化，可以种植草坪，草坪内点缀一定数量的圆顶绿篱，草坪边缘可种植矩形绿篱。再远一些的地方及通往升压变电站的道路两边种些不易长高且落叶少的树木，树木间播撒草种。

　　3. 道路和输电线路区的水土保持措施

　　施工检修道路的修筑和输电线路架设（电缆埋设），如遇乔木或高大灌木应适当绕让，要尽量减少因施工造成的植被破坏。道路两侧可布设防护林，防护林外侧设排水沟。沿道路走向在地形低洼处和填、挖方量较大的路段，设立急流槽，急流槽下方设消力池，消力池再接排水沟。这样布设措施将雨水沿自然坡度排到道路两边的沟道中，避免雨水对路基及边坡的冲刷。

输电线路由场内输电线路和接入电网的场外输电线路组成。考虑到输电线路的架设会增加对项目区地表的扰动，建议在可能的条件下应考虑将场内输电线路沿公路两侧布设。如此布设，输电线路区的植被恢复将在场内道路的植被恢复中一并考虑。出于对场外输电线路的安全考虑，避免火灾隐患的发生，根据《电力设施保护条例》及《电力设施保护条例实施细则》的规定，输电线路区的植被恢复应采取几种草种混播的方式，可选用低矮的灌木，但在线路保护区内不宜种植高大的乔木。

4. 临时生产生活区的水土保持措施

临时生产生活区使用前先进行表土清理工作，待施工结束经覆土平整后恢复植被。根据需要在临时堆土、堆料周边和生活区设置临时排水措施，排水措施采用人工开挖土质排水沟，在排水口附近设临时沉淀池，区内的排水先经过沉淀池处理后再排出，以减少对周边的影响。施工结束后对场地进行覆土平整后根据原有的土地利用类型进行植被恢复。

第11章　风电场预可行性研究报告和可行性研究报告

11.1　风电场预可行性研究报告的作用和特点

11.1.1　风电场预可行性研究报告的作用

风电场预可行性研究是风电场项目开发前期过程中，在风电场工程规划工作的基础上，进一步对选定风电场进行风能资源测量和评估，开展工程地质勘察、工程规模与布置、工程投资估算和初步经济评价等工作，初步研究风电场建设的可行性，并初步确定风电场的建设方案。它是继风电场宏观选址、风资源测量和风电场工程规划之后的一个重要阶段。风电场预可行性研究报告是对风电场建设项目的轮廓性设想，主要从客观的角度考察风电场项目建设的必要性，看其是否符合国家长远规划的方针和要求，同时初步分析风电场项目建设条件是否具备，是否值得进一步投入人力、物力。

风电场项目开发前期流程

在前期工作中，风电场预可行性研究报告的作用主要体现在以下方面：

（1）风电场预可行性研究报告是国家选择和审批风电场项目的依据。国家对风电场项目，尤其是大中型风电场项目的比选和初步确定又通过审批风电场预可行性研究报告进行。预可行性研究报告的审批过程实际上就是国家对所建议的众多项目进行比较筛选、综合平衡的过程。预可行性研究报告经过批准，项目才能列入长期计划并获得国家发改委办公厅同意开展该工程前期工作的批文。

（2）预可行性研究报告是可行性研究的依据。可行性研究在预可行性研究报告的基础上进行，在预可行性研究报告指导下开展。

（3）涉及利用外资的项目，在预可行性研究报告批准后，方可开展对外工作。

11.1.2　风电场预可行性研究报告的特点

从总体上看，风电场预可行性研究报告是属于定性性质的，与可行性研究报告相比，预可行性研究报告具有以下特点：

（1）从目的性来看，提交预可行性研究报告的目的是建议和推荐项目。因此，它只是对项目的一个总体设想，主要是从宏观上考察项目的必要性，分析项目的主要建设条件是否具备，研究有没有价值投入更多的人力、物力、财力，并为进一步深入的可行性研究提供有力的依据。

（2）从基础性分析，预可行性研究报告阶段是风电场项目投资建设的第一步，这时还难以获得有关项目本身的详细的经济、技术、工程资料和风能资源数据。因此，其工作依据主要是国民经济和社会发展的长远规划、行业规划、地区规划、技术进步的方针、国家产业政策、技术装备政策、生产力布局状况、自然资源状况等宏观信息资料，以及同类已建风电场项目的有关数据和其他经验数据。

（3）从内容上探究，预可行性研究报告的内容相对简单。这一阶段的工作对量化的精度要求不高，主要侧重于论证项目是否符合国家宏观经济政策的要求，特别是产业政策、产品结构政策的要求和生产力布局方面的要求。关于市场调查，市场预测、建设条件和建设措施以及社会经济效益评价等方面不如可行性研究深入、细致。

（4）从方法上看，在编制风电场预可行性研究报告阶段需要运用和计算的指标不多，而且大多采用静态指标，对一般数据的精度要求不高。但对风电场的风能资源数据精度要求较高。

（5）从结论上判断，预可行性研究报告的结论是否值得做进一步的研究工作，其批准也不意味着是对项目的决策。通常是在认为值得进行可行性研究时，才提交预可行性研究报告的，因而其结论一般都为肯定，而可行性研究有时会得出"不可行"的结论。

11.2　风电场预可行性研究报告的编制和报批

风电场工程
预可行性
研究报告
编制规程

风电场预可行性研究报告主要从投资建设的必要性角度，初步论证项目开发建设的可行性。因此，进行风电场预可行性研究的基本任务包括：①对风电场建设项目的任务和规模进行初步拟定，并论证项目建设开发的必要性；②进行风电场场址的综合比选；③风能资源情况和风电场建设条件的分析评估；④初选风电机组机型，提出风电机组初步布置方案，估算上网电量；⑤初拟风电场项目土建工程方案和接入电力系统方案，在此基础上初拟施工总布置和总进度方案；⑥对风电场建设项目产生的环境影响进行初步分析和评价；⑦编制项目投资估算，进行初步的经济评价。

11.2.1　基本内容

11.2.1.1　陆上风电场预可行性研究报告基本内容

1. 综合说明

简述风电场工程的地理位置、工程任务及建设规模、相关开发规划情况、风电场开发限制性因素等，综述风电场场址区域风能资源状况、风电场工程主要技术方案、总投资以及财务评价结论。

2. 工程任务和规模

简述工程涉及的风电开发规划以及与本工程相关的已建、在建工程等开发进展情况，阐述其与工程的关系；说明工程送出方案的初步可行性；根据工程开发条件，提出工程任务和建设规模。从国家、地方及投资企业三个层面进行工程建设必要性的论证。

3. 场址选择

阐述场址选择的各项原则，初步确定场址范围及场址的建设规模和接入系统方案设想，对主要开发优势和潜在问题做出初步评价，给出场址选择结论，绘制场址范围图及风电场地理位置图。

4. 风能资源

（1）概述风电场区域的风能资源特点、成因及宏观分布情况。

（2）依据 GB/T 18709—2002《风电场风能资源测量方法》和 GB/T 18710—2002《风电场风能资源评估方法》的有关规定，研究所收集的工程场区周边的气象站及其他长期观测站资料，选择确定参证气象站。依据参证气象站的统计数据，简述该地区的基本气象特征。

（3）说明风电场场址范围内及周边区域可用测风塔的基本状况，对场址测风装置观测数据是否具有代表性，以及数据是否满足评估要求做出评价，绘制风电场参证气象站及测风装置相对位置示意图，进行场址区域内测风数据的验证和订正计算。

（4）计算测风装置各观测高度以及风电机组预装轮毂高度的年均空气密度、风切变指数、湍流强度、风电机组预装轮毂高度的 50 年一遇最大风速、代表年平均风速及风功率密度，绘制相关成果图，说明风电场场址的风功率密度等级。

（5）根据长期气象资料，进行凝冻强度、台风强度及其频率等灾害影响的初步评估。

5. 风电机组选型及上网电量估算

（1）风电机组选型。确定风电机组安全等级，根据风电场场址条件初步选择和分析多种风电机组机型的适用性，推荐代表机型。

（2）制定风电机组布置原则，针对所推荐风电机组机型及布置方案，拟定预装风电机组轮毂高度，绘制风电机组布置图。

（3）估算风电场年平均理论发电量、年平均上网电量以及年平均等效满负荷利用小时数和容量系数。

6. 电气工程

（1）概述电气工程设计的基本依据和原则，说明风电场所在地区电力系统现状及其发展规划情况。根据风电场装机容量，结合电网现状及其规划情况，提出风电场接入系统方案，绘制所在地区电力系统地理接线图。提出升压变电站主要电气设备选用原则和升压变电站的主接线形式、初选主变压器的容量与台数，绘制升压变电站电气主接线图。

（2）初步提出风电场工程的主要电气设备选用原则，根据风电机组布置提出风电场集电线路方案，初选导线型号及参数，绘制风电场电气接线图。

（3）给出风电场和升压变电站保护、监控、电源及通信等系统的配置方案以及风电场和升压变电站的主要设备清单。

7. 工程地质与土建工程设计

（1）概述本阶段工程地质勘察的工作依据及内容。概述工程区域地质概况，评价区域地质构造稳定性，说明场址区地震动参数值及地震基本烈度；进行场址工程地质条件的初步评价，并提出岩土体物理力学性质参数的建议值和地基处理建议方案，初步说明场址区域的水文条件。

（2）概述土建工程设计的设计依据和编制方法，判别设计安全标准，初步确定风电机组基础及机组升压变压器基础的基础形式，绘制相应基础体型图，提出地基处理方案；初定升压变电站位置，推荐内部建筑总体布局方案，提出各建筑物建筑标准及结构型式；绘制升压变电站总平面布置图，估算主要工程量。

8．施工组织设计

（1）概述工程施工条件和工程区域交通运输条件，拟订风电场场外交通运输方案和场内道路布置方案，提出施工总布置方案，说明建筑材料、施工用电、施工用水来源及通信方式，绘制施工总布置图。

（2）提出工程建设用地方案和主体工程施工方案，初步拟定施工总进度和分项施工进度。

9．环境影响初步分析

分析风电场工程对所在地自然环境和社会环境的影响因子，预测相关影响，初步提出环境保护措施和投资；概述工程区水土流失现状，分析风电场工程对所在地水土流失的影响，初步提出水土保持措施及投资；根据风电场工程年平均上网电量，测算相当于替代的标煤数量以及相应污染物的减排数量。

10．投资估算

说明工程规模以及主要工程方案，投资估算采用的主要编制原则、依据、价格水平及费用标准，投资估算的基础价格，提出主要工程量及建设工期、工程主要技术经济指标，编制投资估算表。

11．财务初步评价

简述工程概况，说明财务评价原则和依据、工程资金筹措和贷款偿还条件，提出各项成本参数，估算总成本费用，测算发电效益，分析盈利能力和偿债能力，计算财务评价指标；根据项目需要，进行包括投资、发电量及其他要素的敏感性分析；提出财务评价初步结论，编制财务评价表。

12．结论与建议

综述风电场预可行性研究总的结论，提出相关工作建议。

11.2.1.2　海上风电场预可行性研究报告基本内容

海上风电场预可行性研究报告是在海上风电场工程规划的基础上，通过调查与分析，查明开发建设条件，排查影响风电场开发的限制性因素，提出主要工程技术方案，估算工程投资，初步评价经济效益，并初步论证项目开发建设的可行性。报告包括以下基本内容：

1．综合说明

简述海上风电场的场址位置、工程任务及各期建设规模、相关开发规划、工程开发限制性因素等内容，对整个预可行性研究报告的各部分内容进行概述。

2．工程任务和规模

该部分主要包括区域社会经济和能源电力概况、工程建设必要性、工程任务、工程规模 4 个方面，具体包括：①简述工程所在地区的社会经济现状及发展规划、能源资源开发利用现状及发展规划、电力系统现状及发展规划等；②从能源资源开发利用现状和趋势、国家和地方可再生能源发展规划以及区域能源资源合理利用角度等方面，说明工程开发符合国家与地方能源发展要求和区域能源结构优化要求；③简述风电场工程建设对地区经济社会发展的促进作用和工程建设条件、开发优势；提出工程开发任务和建设规模，以及工程项目的电力市场消纳范围；④给出风电场地理位置示意图。

3. 场址选择

简述风电场工程场址位置、场址范围及坐标、涉海范围及周边敏感性因素，说明分期开发项目的各期开发范围和时序；简述风电场工程与所在地区经济社会和能源电力等相关规划的符合性；分析与海洋功能区规划、生态红线保护规划、海洋产业布局及开发利用、航道等相关规划的协调性。

4. 风能资源

简述风电场所在区域气候特征，包括长期测站的气象资料、气象要素以及历史上影响风电场区域的热带气旋等，选定风电场参证气象站；简要分析风电场区域的风能资源特点及宏观分布情况，并对场址区域风能资源进行评估，给出风能资源评估结论。

5. 海洋水文

简要说明工程所在海域的海洋水文测站和海洋水文测验情况，给出风电场与相关海洋水文测站的位置关系；简述场址所在区域的潮汐、海流、波浪、泥沙、海冰、海水温度和盐度等海洋水文要素情况。

6. 工程地质

简要说明工程现场勘探工作量，简述场址区域地质、地形地貌及地震概况、地基的地震效应、场地稳定性与适应性等场址区域工程地质问题，评价区域地质构造稳定性，提出场区地震动参数及相应的地震基本烈度，给出包括各岩土体物理力学参数、桩基力学参数、岩土层物理力学性质指标统计表等在内的工程地质评价成果表。

7. 风电机组选型与布置及发电量估算

（1）简述海上风电机组技术发展现状及趋势、国家产业政策要求、海上风电机组并网性能要求等；说明海上风电场的风能特征参数、海洋环境条件、交通运输条件和施工安装条件，提出风电机组机型比选范围，通过技术经济综合比较后确定风电机组型号和推荐轮毂高度；进行风电机组布置方案比选，最终给出推荐布置方案。

（2）根据风电场所在海域实际情况，从海上风电场工程的安全性、经济性、运维方便性及国家用海管理要求等方面论述风电机组的布置原则，明确影响风电机组布置的限制性因素及相应避让要求。

（3）简述发电量估算依据，给出发电量计算的各项折减系数，计算风电场理论发电量、年上网电量、年等效满负荷利用小时数、容量系数以及场内各机位年发电量和建设期各年发电量。

8. 电气

（1）给出风电场电气一次部分的主要内容，包括进行接入电力系统设计、主接线及主设备选择设计、送出输电线路设计、集电线路设计、防雷接地及过电压设计，并列出风电场电气一次部分的主要设备材料清单。

（2）简述包括风电场运行方式与调度管理方式、计算机监控系统、继电保护及安全自动装置、通信及调度自动化系统等风电场电气二次部分，给出风电场电气二次部分的主要设备材料清单。

9. 土建工程

（1）说明风电场工程等别、主要建筑物级别和结构安全等级、洪水设计标准、潮水设计标准、抗震设防标准、设计依据的基本资料等，提出风电机组、升压变电站、集控中心、集电线路、高压海底电缆等布置方案。

（2）进行风电机组基础选型和基础方案设计，给出基础结构尺寸和地基处理措施，估算相应工程量。对于深海风电场中采用浮式基础型式的风电机组基础，还应给出动力响应初步分析成果。

（3）给出陆上升压变电站和陆上集控中心主要建筑物布置，估算其工程量；初选海上升压变电站的基础型式，给出结构尺寸及地基处理措施，并对海上升压变电站结构进行静力分析，估算其相应工程量。对于深海风电场中采用浮式基础型式的海上升压变电站基础，也应给出动力响应初步分析成果。

10. 辅助措施和监测

简要说明风电机组和海上升压变电站等主要建构筑物基础的防冲刷保护及靠船防撞保护措施、钢结构和混凝土结构的防腐蚀保护措施、风电场海底电缆及陆上电缆的敷设方案和保护措施，给出风电场主要建构筑物的监测方案和场址区域海上助航标志的设置方案，估算各类辅助措施和监测的工程量。

11. 施工组织设计

（1）简述工程概况及工程规模、自然条件、主要建筑物布置方案，对外交通运输和航运现状、拟建交通航运设施、场内外交通运输方案。

（2）简述风电场主体工程施工部分，提出风电机组基础、海上升压变电站基础、风电机组安装、海上升压变电站安装、海底电缆敷设的施工方案。

（3）提出施工总布置的规划原则和依据、施工总布置方案、施工用海用地的编制依据，估算工程用海面积及用地面积；对施工总进度编制的原则和依据、施工窗口期及施工进度的关键线路、施工总工期及总进度进行简述；给出风电场工程施工总布置图和风电场工程施工总进度表。

12. 环境影响分析

（1）对工程所在区域的自然环境、社会环境和生态环境现状以及环境敏感目标分布情况进行说明，给出工程与环境敏感区、生态保护红线、鸟类栖息地等环境敏感目标的相对位置关系与示意图。

（2）说明风电机组基础工程、海上升压变电站基础工程、海底电缆工程对海洋水文动力、地形地貌及冲淤环境、海洋水质和沉积物环境的影响；风电场工程对海洋生态、鸟类、声环境、电磁环境、其他开发活动以及环境敏感目标的影响；分析工程建设方案的环境合理性和减排效益。

（3）根据环境影响分析结果，初步提出各项环境保护对策措施，编制环境保护专项投资估算表，并给出下阶段工作建议。

13. 投资估算

简述工程概况、编制原则及依据、基础价格、费用标准、各部分投资编制情况、其他需要说明的问题，给出主要技术经济指标表。编制投资估算表，在具体编制时，应符合 NB/T 31009—2019《海上风电场工程设计概算编制规定及费用标准》的各项规定。

14. 财务初步评价

依据 NB/T 31085—2016《风电场项目经济评价规范》的规定，简述财务评价的编制依据，说明风电场项目的建设资金构成、资金筹措方案和贷款偿还条件，结合国家财税政策，计算抵扣固定资产进项税额后的固定资产价值，估算风电场工程的总成本费用和运行期末拆除费用，进行风电场项目盈利能力分析和清偿能力分析，计算项目财务评价指标，给出工程项目财务初步评价结论；进行投资、发电量和上网电价等因素变化的敏感性分析；根据项目特点及行业政策，简要分析可能面临的主要风险因素，提出规避、控制与防范风险的相关措施。

11.2.2 编制程序及依据

1. 编制程序

风电场预可行性研究报告由政府部门、全国性专业公司以及现有企事业单位或新组成的项目法人提出，根据国内有关风电投资政策、产业政策，由有资质的设计单位或工程咨询公司编制。

2. 编制依据

进行预可行性研究工作时，应首先对风电场项目的建设条件进行调查，取得可靠的基础资料。

对于陆上风电场，具体需收集的资料有以下方面：

（1）涉及风电场工程场区的风电开发规划资料，以及当地社会经济等宏观发展资料。

（2）工程所在地区的电力系统资料，包括工程电力送出与消纳方案有关的资料，以及环境保护、土地利用等专项资料。

（3）工程可以享受的优惠政策资料。

（4）风电场场址区域的地形图资料。地形图比例尺宜为 1∶10000～1∶50000，不应小于 1∶50000，有条件时优先选用现场实测地形图。

（5）风电场场址周边气象站及其他长期观测站的资料，时段不宜短于 30 年。其中包括位置、高程、周围地形地貌、周边建筑物现状及变迁、观测项目及仪器、数据记录方式等测站基础数据；气象特征参数；灾害评估成果；历年各月平均风速、历年最大风速及风向频率统计数据；与风电场场址测风观测同期的测站逐小时风速、风向数据，也可包括气象模式的模拟数据等。

（6）风电场场址区域的测风观测数据及其评估资料、测风装置资料等，具体包括测风塔位置、高程、安装报告、仪器设置及检验报告等。测风观测记录时长不应少于 1 年，时间间隔不应大于 1h。

（7）风电场场址区域的工程地质勘察资料，通常包括区域地质构造、地震活动度等资料。

（8）风电场场址区域的工程水文资料。

（9）工程所在地的对外交通及运输条件资料。

（10）工程可能涉及的主要设备价格，工程所在地的主要建筑材料及其价格，以及相关造价指标资料等。

对于海上风电场，具体需收集的资料有以下方面：

（1）风电场区域规划资料、当地国民经济及社会发展现状和规划、风电场区域的海上风电规划、海洋主体功能区规划、海洋功能区划、生态红线保护规划、海洋环境保护规划、土地利用总体规划等资料。

（2）拟接入电网电力系统现状及发展规划。

（3）风电场陆域的工程水文资料。

（4）风电场场址所在海域的航道、航路、描地和船只类型等资料。

（5）风电场场址所在海域的海底电缆、海底光缆和海底管线等资料。

（6）风电场场址所在海域渔业生产、养殖情况。

（7）区域风电场工程规划阶段工作成果。

（8）风电场场址附近的长期气象测站资料，资料年限不少于 30 年。资料内容应包括位置、高程、周围地形地貌、周边建筑物现状和变迁；测风仪器型号、高度及数据记录方式变更；历年各月平均风速；多年风向频率统计数据；历年最大风速及其对应风向；与风电场现场测风同期且时长不小于 1 个完整年的逐时风速、风向数据；多年气象特征参数；气象灾害记录。

（9）时长不少于 1 个完整年的代表性现场测站的风能资源数据，数据内容包括风速和风向梯度观测、气温、气压和湿度。现场风能资源测量应符合国家现行标准 GB/T 18709—2002《风电场风能资源测量方法》和 NB/T 31029—2012《海上风电场风能资源测量及海洋水文观测规范》的有关规定。

（10）影响风电场区域的热带气旋资料，包括热带气旋移动路径、强度、影响时段、最大风速等。

（11）其他相关的风能资源评估资料。

（12）具有代表性测站的长期潮位、波浪观测资料或已有资料整编成果，资料年限不少于 20 年，资料内容包括测站位置、高程、观测仪器等基本情况，年极值高潮位、低潮位，年极值波高及其对应的波向、周期。

（13）具有代表性测站的连续 1 年逐时潮位、波浪观测资料或已有资料整编成果，风电场场址海域完整潮周期海流观测资料或已有资料整编成果。

（14）反映风电场场址海域泥沙运动和海床冲淤演变的基础资料。

（15）风电场场址所在海域海冰资料。

（16）风电场场址海域海图、区域地质资料、地震资料和有关工程地质勘探资料。

（17）风电场涉及陆上区域 1：10000～1：50000 地形图及区域地质、地震资料和有关工程地质勘探资料。

（18）风电场周边港口及码头基本情况、租用条件和租用费用等。

（19）工程所在地的主要建筑材料供应、材料价格和有关造价指标。

11.2.3 立项报批

风电场项目开发企业在完成预可行性研究工作后，应向能源主管部门提出开发前期工作的申请并编制申请报告，经能源主管部门同意后开展后续前期工作。按照项目核准权限划分，5 万 kW 及以上项目，开发前期工作申请由省级政府能源主管部门受理后，上报国务院能源主管部门批复。企业取得主管部门出具的开展前期工作的批复后，方可进一步开展项目的可行性研究工作。

11.3 风电场可行性研究的意义、作用和程序

通过风电场预可行性研究阶段，经有关主管的上级部门的审批立项后。可进行风电场项目可行性研究设计阶段的工作。

风电场可行性研究是对选定的风电场进行风能资源评估，开展工程地质评价、工程规模与布置、电气与消防设计、土建工程设计、土地征用、施工组织设计、工程管理设计、劳动安全与工业卫生设计、环境保护及水土保持设计、设计概算及经济评价等工作，研究风电场建设的可行性，并确定风电场的建设方案。

由于风电场可行性研究的内容是在预可行性研究报告基础上的进一步深化，因此，在广度和深度上都要严格得多，风能资源的资料数据更加准确可靠，工程（包括配套）各部分的设计和实施方案都已经确定，经济分析和财务评价也更加接近实际情况。总体而言，风电场可行性研究报告的编制应更加规范、完善、客观、科学、准确和严密。

11.3.1 研究的意义

在风电场预可行性研究阶段，对风电场项目的总概况已了解；对风能资源资料进行初步的分析和处理，并进行发电量的估算；对风电场接入电力系统的接线和风电场的主接线、风电场的建设条件也做初步述说；根据预可行性研究阶段设备初步选型和土建的工程量的初步估算，进行风电场项目工程的投资估算和财务初步计算。由于是在预可行性研究阶段，不进行风电场内风电机组的机位优化，风电场项目接入电力系统有可能还没有审查，因此，风电场可行性研究是在获批准的预可行性研究报告的基础上，进一步进行调查、落实和论证风电场工程建设的必要性和可能性。通过风电场可行性研究以及报告的编写，经审批和批准后该项目可立项，业主可着手进一步落实解决配套资金及其融资和还贷的银行进行评估工作，并做好施

工前的准备工作。

11.3.2　研究的作用

　　通过风电场可行性研究阶段的工作，设计单位应提供给业主一份风电场可行性报告，其中包括文中的插图和报告的附图。报告里应对风电场进行合理的选址，并对风电机组进行优化布置；从技术经济比较，选择适合于本风电场项目的风电机组机型；经过论证、比较，优选接入电力系统和电气主接线方案；从施工角度推荐使工程早见成效的施工方法；经过工程投资概算和财务分析，测算并评价工程可能取得的经济效益、业主可能获得的回报率。

11.3.3　研究的程序

　　1. 基础资料收集

　　进行风电场项目的可行性研究，首先要收集基础资料，并进行分析归纳，以作为可行性研究的依据。需要收集的基础资料包括：经批准的风电场预可行性研究报告；地区经济发展规划；本地区电力发展规划；本地区与风电场接入电力系统相适应的电压等级的电力系统地理接线图；待选风电场风能资料和整编后的当地气象站的风能资料；工程地质资料；中国地震烈度区划图；上网电价的初步批件；风电机组技术资料；本地区劳动力；工程材料（包括水泥、沙、石子）、施工用电、用水以及劳动力等价格；融资的条件；需要 1∶10000 的地形图和 1∶50000 的地形图等资料。

　　2. 风资料处理

　　进行风电场项目可行性研究时，收集的风电场场址处测站需有一年以上的测风资料，有效数据不宜少于收集期的 90%。收集到的风资料需进行分析和处理，最终应提供给业主轮毂高度的风向玫瑰图（全年和每月的风向玫瑰图）、风能玫瑰图（全年和每月的风能玫瑰图）、轮毂高度代表年的平均风速、风功率密度，如果风电场在海拔 1000m 以上，或在高纬度处，还需测量大气压或温度，计算空气的密度和低于 $-30℃$ 的小时数，作为以后修正理论发电量的依据。

　　3. 地质勘察

　　地质专业人员需要到现场勘察风电场，了解风电场的地形地貌以及场址的地震烈度，评价场址的稳定性、边坡的稳定性，需判别岩土体的容许承载力等场址的主要地质条件。

　　4. 风电机组机型选择、机位优化和发电量估算

　　风资料处理后，需进行风电机组布机工作，根据处理的成果，风电机组排列的行应垂直于风能玫瑰图中风能最大比例方向，一般布置机位的数量多于需要的机位，供以后的选择。可采用欧洲通用的风电机组发电量计算软件 WAsP，计算各机位的风电机组理论发电量。选择发电量较大并符合风电机组的安装条件和运输可能性以及减少尾流影响的因素选定机位。考虑尾流影响、当地空气密度与风电机组标准状态下的功率曲线不同的修正系数，考虑空气湍流的影响、叶片污染的影响、风电机组的可利用率的影响和场用电及其线损等能耗的因素，估算出风电场的上网电量。

5. 风电场接入电力系统及风电场主接线设计

根据风电场所在地（省、自治区）的电力系统规划、地区风电场规划、风电场近几年建设的计划以及工程布置等具体条件，确定风电场接入电力系统的方案。即风电场与电力系统连接的方式、输电电压等级、出线回路数、输送容量，以及配套输变电工程等。该项工作一般是由业主委托电力系统设计部门进行，风电场的设计人员提供给业主风电场接入电力系统的基本资料，包括风电场建设近三年的计划，本期的装机容量、风电机组的特点和风电机组布机大致范围等。这些资料由业主交给风电场项目接入电力系统的设计单位。电力系统设计人员在接到资料后，完成风电场接入电力系统的设计，包括电气一次、电气二次以及通信和远动接入电力系统的具体要求，随后将接入电力系统的报告和图纸提交给业主，业主交给风电场项目设计单位。由风电场设计单位完成编写风电场可行性研究报告中接入电力系统的章节。

风电场主接线设计根据所选的风电机组单机容量和出口的电压等级，首先，初选一机一变或多机一变的风电场主接线方式，根据国内外运行经验，一般选用一机一变。然后，经过技术经济比较选定若干串的一机一变组成一组，根据风电场的装机容量，确定一机一变的组数。风电厂专用变电所高压进线柜数量是根据风电场进入变电所的组数，并留有发展的余地。最后，提出主要电气设备选型、布置和机电设备、材料的工程量。

6. 土建工程设计

土建工程的设计内容需作两方面的工作：一是风电场的风电机组的基础和箱式变电站的基础；二是风电场联网工程的变电所土建部分设计和风电场中控室土建设计。由于风电机组的受力情况设计单位不清楚，考虑涉及风电机组运行安全的责任问题，目前风电机组的基础设计是由机组厂家负责，并将设计成果提供给风电场设计单位，由风电场设计单位进行具体设计。

7. 工程管理

工程管理包括拟定风电场的管理机构、人员编制和主要管理设施。由于风电机组自动化程度很高，风电场可做到无人值班，因此，可精简风电场的管理机构。风电机组的大修可以外包，不需要建立大修机构。

8. 施工组织设计

施工组织设计主要解决风电场所在地的对外交通运输条件，对内设备运输的道路设计、施工场地的平整以及施工的工程量，预计风电场项目建设工期，绘制施工总进度表，核定工程永久用地的范围及计算征地面积，估算施工临时用地面积，提出电气设备的施工技术要求以及安装工程量。

9. 环境影响评价

风电场项目本身有利于环保，但在建设过程中和建设后也会对环境产生一定的不利影响，因此需对风电场项目建设需进行环境影响评价。

（1）施工期对环境影响的预评估。风电场项目所在区域环境现状和工程建设主要施工内容进行分析，工程建设期可能造成的环境影响问题，包括林地的征用、水土流失、植被的破坏、施工噪声、施工生活废水和施工粉尘等问题，需进行述说和采取相应的措施。

（2）建成后对环境的预评估。在风力发电生产过程中不需要燃料和水量，在生产全过程中基本不产生"三废"；对风电机组在运行过程中可能产生的噪声污染，风电机组若布置不当可能影响景观，以及运行期间风力发电机组对候鸟迁徙的影响等进行评估。

（3）环境保护对策、措施和投资估算。

（4）环境经济效益的分析。

（5）结论和建议。

10. 工程投资概算

风电场项目工程投资概算是确定和控制基本建设投资、编制利用外资概算、编制设备招标（或议标）标底的依据。业主在建设风电场的思路中，除需考虑建设拟建风电场的规模和今后几年建设计划外，还需考虑选用设备的型号的类型，如选用的箱式变电站是采用的干式变压器还是选用油浸变压器，升压变电站的高压断路器选用 SF_6 断路器还是选用真空断路器等设备，这些都将直接影响风电场项目工程投资概算。

风电场项目工程投资概算编制包括：①总概算表；②机电设备及安装工程概算表；③建筑工程概算表；④施工临时设施概算表；⑤其他费用概算表；⑥联网工程概算表。

11. 财务评价

风电场项目财务评价是经过上述工作后的最后一道工序，也是投资者最关心的一道工序，如不满足审批或投资者的要求，需修改上述的设计方案，重新进行工程投资概算和财务评价，使其满足要求，否则本项目不可行。

风电场财务评价是从风电场项目的角度，用现行动态价格和财务税务规定，估算风力发电项目需投入的资金（若建设期在一年以上，即为各年投入资金）、年运行费、（经营成本）及项目建成后可获得的财务收益。计算投资回收期（含建设期）财务内部收益率、投资利润率、上网电价等财务指标，评价本项目的财务可行性，并做必要的敏感性分析。

具体进行财务评价计算时，进行计算、填报的表格有：①固定资产投资估算表；②投资计划与资金筹措表；③总成本费用表；④损益表；⑤还本付息计算表；⑥财务现金流量表（全部投资）；⑦财务现金流量表（自有资金）；⑧资金来源与运行表；⑨资产负债表；⑩财务指标汇总表；⑪财务评价敏感性分析成果表。

11.4 风电场可行性研究报告的编制和报批

11.4.1 主要内容

1. 陆上风电场

陆上风电场可行性研究报告包括以下内容：

风电场工程
可行性研究
报告编制
规程

(1) 对陆上风电场风能资源进行评估。

(2) 查明陆上风电场场址工程地质条件和水文设计条件，提出相应的评价和结论。

(3) 确定项目任务和规模，研究陆上风电场电力电量消纳情况，论证项目开发必要性及可行性。

(4) 选择风电机组机型，说明风电机组对场址条件的适应性；提出风电机组优化布置方案，并计算风电场年上网发电量。

(5) 说明相关的陆上风电场规划及综合送出情况，陆上风电场总体规划及项目装机容量、集电线路型式、回路数及长度、升压变电站规划及工程规模、接线型式、各电压等级出线回路数及无功补偿容量；确定风电场接入系统方案。

(6) 拟定各类消防方案。

(7) 确定工程总体布置，中央控制建筑物的结构型式，布置和主要尺寸，拟定土建工程方案和工程量。

(8) 确定工程占地的范围及建设征地主要指标，选定对外交通方案、风电机组的安装方法、施工总进度。

(9) 拟定陆上风电场工程管理设计，包括机构组成、定员编制等，提出工程管理方案。

(10) 进行环境保护和水土保持设计。

(11) 拟订劳动安全与工业卫生方案。

(12) 编制工程设计概算。

(13) 财务与社会效果分析以及风险分析。

(14) 进行节能降耗分析。

(15) 明确工程招标内容、方案、方式及组织型式。

2. 海上风电场

海上风电场可行性研究报告包括以下内容：

(1) 对海上风电场所在区域的风能资源进行分析和评估。

(2) 简要说明海上风电场所在海域的海洋环境概况、各项海洋水文特征值及分析成果。

(3) 简述海上风电场区域地质概况、工程地质条件及分析、基础型式和工程地质勘察的主要结论。

(4) 确定项目任务、规划容量和装机规模，说明项目开发必要性。

(5) 给出推荐的风电机组型号及主要技术参数、风电机组布置方案，估算风电场年上网发电量。

(6) 确定海上风电场接入电力系统方案、升压变电站位置、电气主接线形式，进行主要电气一次设备选型，说明风电场二次部分主要设备和通信调度方案。

(7) 进行工程消防设计，确定施工期消防原则，拟定消防方案。

(8) 说明工程等别和主要建筑物级别，确定海上风电场总体布置方案、陆上升压变电站或集控中心的总体布置方案，主要建筑物布置与结构型式。

（9）简述工程施工条件、交通运输方案和主体部分施工方案，给出发电工期和施工总工期。

（10）给出海上风电场环境影响评价的主要结论，以及环境保护和水土保持的设计方案、主要措施与专项投资。

（11）拟订劳动安全与职业卫生设计方案。

（12）简述海上风电场运行期的主要能耗种类、数量和指标，以及采取的节能降耗措施和预期效果。

（13）编制海上风电场工程设计概算。

（14）进行财务评价与社会效果分析。

（15）简述工程招标范围和招标方式。

11.4.2　编制要求

在上述工作完成后，风电场项目设计单位的设计人员可编写可行性研究报告和绘制报告中所附的图纸和插图。

1. 陆上风电场

陆上风电场可行性研究报告的编制章节按以下顺序进行：

（1）综合说明。概述陆上风电场可行性研究报告的各章节主要内容与结论。

（2）风能资源。说明风电场所在区域风能资源分布情况及相关参数，选定参证气象站或其他测站，根据现场测风及参证气象站资料，进行测风数据的检验、处理以及风能资源评估，给出各类风能资源成果图表。

（3）工程地质与水文。

（4）工程任务和规模。

（5）风电机组选型、布置及发电量估算。

（6）电气。

（7）消防

（8）土建工程。

（9）施工组织设计。

（10）环境保护与水土保持。

（11）劳动安全与工业卫生

（12）设计概算。

（13）财务评价与社会效果分析。

（14）节能降耗。

（15）工程招标。

2. 海上风电场

海上风电场可行性研究报告的编制章节按以下的顺序进行：

（1）综合说明。概述海上风电场可行性研究报告各章节的结论。

（2）风能资源。进行海上风电场区域气象分析和风能资源数据分析，根据分析结果，对工程所在区域的风能资源状况进行评估。

(3) 海洋水文。给出工程海域的海洋水文环境状况，包括所在海域的潮汐、海流、波浪、海冰、泥沙和其他海洋水文要素等。

(4) 工程地质。

(5) 工程任务和规模。

(6) 风电机组选型与布置及发电量估算。

(7) 电气。

(8) 消防。

(9) 土建工程。

(10) 施工组织设计。

(11) 工程建设用海及用地。

(12) 环境保护与水土保持。

(13) 劳动安全与职业卫生。

(14) 节能降耗。

(15) 设计概算。

(16) 财务评价与社会效果分析。

(17) 工程招标。

(18) 附图。

11.4.3 立项报批

设计单位将风电场可行性研究报告提交业主单位，并由当地主管部门进行审查，审查的主要目的是确定工程项目技术上的可行性和经济上的合理性，更重要的是要审批是否符合电力发展规划、环保、水土保持要求，能否占用土地和允许的上网电价等。

风电场工程项目按照国务院规定的项目核准管理权限，分别由国务院投资主管部门和省级政府投资主管部门核准。由国务院投资主管部门核准的风电场工程项目，经所在地省级政府能源主管部门对项目申请报告初审后，按项目核准程序，上报国务院投资主管部门核准。项目单位属于中央企业的，所属集团公司需同时向国务院投资主管部门报送项目核准申请。

在具体申请项目核准时，需委托具有相关资质的单位编写项目申请报告，对拟建项目从规划布局、产业政策、资源利用、征地移民、生态环境、工程技术、经济和社会效益等方面综合论证，为项目核准提供依据（重点审查其支持性文件的符合性）。

风电场工程项目申请核准的报告应达到可行性研究的深度，并附有下列文件：

(1) 项目列入全国或所在省（自治区、直辖市）风电场工程建设规划及年度开发计划的依据文件。

(2) 项目开发前期工作批复文件，或项目特许权协议，或特许权项目中标通知书。

(3) 项目可行性研究报告及其技术审查意见。

（4）土地管理部门出具的关于项目用地预审意见。

（5）环境保护管理部门出具的环境影响评价批复意见。

（6）安全生产监督管理部门出具的风电场工程安全预评价报告备案函。

（7）电网企业出具的关于风电场接入系统的批复函，或省级以上政府能源主管部门关于项目接入电网的协调意见。

（8）金融机构同意给予项目融资贷款的文件。

（9）根据有关法律法规和各省市要求应提交的其他文件。

参 考 文 献

［1］ 宫清远，贺德馨，孙如林，吴运东. 风电场工程技术手册［M］. 北京：机械工业出版社，2004.

［2］ 曹云，孙华. 风电场规划设计与施工［M］. 北京：中国水利水电出版社，2009.

［3］ 霍志红，郑源，左潞，张德虎. 风力发电机组控制技术［M］. 北京：中国水利水电出版社，2010.

［4］ 赵振宙，郑源，高玉琴，陈星莺. 风力机组原理与应用［M］. 北京：中国水利水电出版社，2010.

［5］ 刘万琨，张志英，李银凤，赵萍. 风能与风力发电技术［M］. 北京：化学工业出版社，2009.

［6］ 宋海辉. 风力发电技术及工程［M］. 北京：中国水利水电出版社，2009.

［7］ 倪受元. 风力发电讲座［J］. 太阳能，2000，4，1－29.

［8］ 刘国喜，赵爱群，刘晓霞. 风能利用技术讲座［J］. 农村能源，2001，6，24－27.

［9］ 肖方. 察右中风电场二期工程项目可行性研究［D］. 北京：华北电力大学，2009.

［10］ 任彦忠，鹿浩. 风电场工程设计浅谈［J］. 内蒙古电力技术，2008，26（1）：59－60.

［11］ 邓院昌，余志，钟权伟. 风电场宏观选址中地形条件的分析与评价［J］. 华东电力，2010，38（8）：1244－1247.

［12］ 邓院昌，余志，周卉. 风电场宏观选址中交通条件的一种评价方法［J］. 华东电力，2010，38（2）：281－284.

［13］ 彭怀午，王晓林. 风电场设计后评估活动的探讨［J］. 可再生能源，2009，27（4）：97－99.

［14］ 张德. 风能资源数值模拟及其在中国风能资源评估中的应用研究［D］. 兰州：兰州大学，2009.

［15］ 李长春. 风资源评估方法研究［D］. 呼和浩特：内蒙古工业大学，2006.

［16］ 关国印. 沽源县狼尾巴山风电场规划研究［D］. 天津：天津大学，2007.

［17］ 何杰，赵鑫，杨家胜. 海上风电场规划的主要影响因素分析［J］. 中国工程科学，2010，12（11）：16－18.

［18］ 赖海林，翟树忠，贾剑. 河北省沽源东辛营风电场建筑场地适宜性评价［J］. 电力勘测设计，2008，3：55－58.

［19］ 袁晓东. 胡铁岭风电场项目经济评价研究［D］. 哈尔滨：哈尔滨工程大学，2009.

［20］ 姚家伟. 惠来石碑山风电场可行性研究［D］. 成都：西南交通大学，2005.

［21］ 王浩，刘爱实. 基岩山区风电场选址的主要工程地质问题［J］. 山西建筑，2008，34（19）：79－80.

［22］ 邓院昌，余志. 基于参考风电机组的风电场宏观选址资源评价方法［J］. 太阳能学报，2010，31（11）：1516－1520.

［23］ 邓院昌，余志，刘沙. 基于尾流试验的风电场装机容量估算方法［J］. 中山大学学报，2010，49（6）：53－57.

［24］ 陈海清. 吉林省洮南风电场选址及长远发展分析［D］. 长春：长春理工大学，2010.

［25］ 郭昆. 内蒙古太仆寺旗贡宝拉格风电场项目综合效益评价研究［D］. 北京：华北电力大

学，2009.

[26] 王文国，张文忠. 如何估算风电场的装机容量 [J]. 太阳能，2008：62.

[27] 刘文堂. 山地风电场工程规划设计 [D]. 天津：河北科技大学，2010.

[28] 廖良胤. 山地风电场建设施工道路选线概论 [J]. 水利水电施工，2010，6：82-83.

[29] 梅春晓. 山湾子风电场发展规划研究 [D]. 天津：天津大学，2007.

[30] 富剑，刘明宇. 谈风能开发利用中的场址选择 [J]. 赤峰学院学报，2007，23 (2)：58-60.

[31] 乌云塔娜，田德. 提高风电场发电量的分析研究 [J]. 内蒙古农业大学学报，2007，28 (2)：157-159.

[32] 张燕. 烟台芝罘岛风力发电场可行性研究 [D]. 沈阳：沈阳工业大学，2006.

[33] 王丰，刘德有，曾利华，陈守伦，陈星莺. 大型风电场风机最优布置规律研究 [J]. 河海大学学报，2010，38 (4)：472-478.

[34] 万春秋，王峻，杨耕，张兴. 动态评价粒子群优化及风电场微观选址 [J]. 控制理论与应用，2011，28 (4)：449-456.

[35] 陈晓明. 风场与风力机尾流模型研究 [D]. 兰州：兰州理工大学，2010.

[36] 乔歆慧，张延迟，解大. 风电场的选址及布局优化仿真 [J]. 华东电力，2010，3838 (6)：934-936.

[37] 连捷. 风电场风能资源评估及微观选址 [J]. 电力勘测设计，2007，2：71-73.

[38] 徐国宾，彭秀芳，王海军. 风电场复杂地形的微观选址 [J]. 水电能源科学，2010，28 (4)：157-160.

[39] 池钊伟，王小明，黄静. 风电场机型选择中的技术经济评价指标 [J]. 上海电力，2007，1：36-38.

[40] 冯宾春，杨锋. 风电场机组布局优化 [J]. 水利水电技术，2009，9 (40)：78-80.

[41] 魏慧荣. 风电场微观选址的数值模拟 [D]. 北京：华北电力大学，2007.

[42] 王改丛，楚宪峰，于德志，王建华，田建茹. 风电场微观选址对发电量影响的分析 [J]. 可再生能源，2009，27 (6)：84-86.

[43] 白绍桐，胡晓春，陈显扬，葛文刚. 风电场微观选址工作的探讨 [J]. 华电技术，2008，30 (3)：73-76.

[44] 赵伟然，徐青山，祁建华，周琦. 风电场选址与风机优化排布实用技术探讨 [J]. 电力科学与工程，2010，26 (3)：1-4.

[45] 郭静婷. 风电场中风力机间相互影响的研究 [D]. 呼和浩特：内蒙古工业大学，2010.

[46] 李刚. 风电机组的优化选型与布置研究 [D]. 北京：东北电力大学，2010.

[47] 易雯岚. 风电机组选型及风电场优化设计研究 [D]. 北京：华北电力大学，2010.

[48] 赵冬. 风力发电场微观选址的重要性 [J]. 农林电气化，2010，10：56.

[49] 孙永岗. 风力发电场微观选址与机型优化综合研究 [D]. 上海：上海交通大学，2010.

[50] 姚兴佳，王士荣，董丽萍. 风力发电技术讲座（六）风电场及风力发电机并网运行 [J]. 可再生能源，2006，6：98-101.

[51] 岳巍澎. 风力机尾流气动性能及风场阵列研究 [D]. 吉林：东北电力大学，2011.

[52] 田子婵. 复杂地形的风资源评估研究 [D]. 北京：华北电力大学，2009.

[53] 鲁倩. 复杂地形风电场风机布置的探讨 [J]. 上海电力，2008，6：513-515.

[54] 张升，孙江平. 复杂地形条件下的风电场风机机位布置研究 [J]. 山东电力技术，2010，4：22-26，44.

[55] 郭文星. 复杂山地地形风场 CFD 多尺度数值模拟 [D]. 哈尔滨：哈尔滨工程大学，2010.

[56] 宋梦譞，陈凯，张兴，王峻. 基于 CFD 的风电场微观选址软件的开发 [J]. 工程热物理学

报，2011，6（32）：989－992.

[57] 易雯岚. 基于 WindFarmer 软件的风电场优化设计 [J]. 电力勘测设计，2009，5：73－77.

[58] 刘国忠，胡学敏. 基于 WindPRO 软件的风电场产能估算 [J]. 科学研究，2010，7，20－23.

[59] 李远. 基于风能资源特征的风电机组优化选型方法研究 [D]. 北京：华北电力大学，2008.

[60] 郑睿敏，李建华，李作红，刘议华. 考虑尾流效应的风电场建模以及随机潮流计算 [J]. 西安交通大学学报，2008，12（42）：1515－1520.

[61] 周沈杰. 内陆风力发电场风机布置方法探讨 [J]. 华东电力，2007，10（35）：96－98.

[62] 刘志强，吴永忠，李冬梅. 山脊地形上的风场简化模型 [J]. 可再生能源，2008，4（26）：24－27.

[63] 刘志强，吴永忠，李冬梅. 山脊地形上风速场模型的实验验证与结果分析 [J]. 太阳能学报，2010，4（31）：507－512.

[64] 王明伟. 风电的优点 [D]. 兰州：兰州理工大学，2009.

[65] 马学滨. 风电行业发展分析预测 [J]. 行业公司，2010，1：53－55.

[66] 王素霞. 国内外风力发电的情况及发展趋势 [J]. 电力技术经济，2007，1（19）：2－6.

[67] 苏万新，苏志. 国内外风能开发利用的现状和发展趋势 [J]. 大众科技，2009（6）：131－133.

[68] 单晓晖. 浅论风力电场的建设和运行 [J]. 科技创新导报，2010（22）：103.

[69] 颜根英，肖贻滨. 浅析风能发电的现状与发展趋势 [J]. 商场现代化，2008（24）：216.

[70] 倪云林，辛华龙，刘勇. 我国海上风电的发展与技术现状分析 [J]. 新能源及工艺，2007（4）：21－25.

[71] 韩志强，姚国兴. 小功率风力充电控制器 [J]. 可再生能源，2011，29（2）：114.

[72] 柯晓阳，杨晓华. 中部高山风电建设之策 [J]. 中国电力企业管理，2009（10）：45－46.

[73] 段盛兰，张慧慧. 中国风电发展现状与潜力分析 [J]. 中国集体经济，2011（4）：56－57.

[74] 阳云，桂武鸣. 中国风力发电的未来趋势 [J]. 国内外机电一体化技术，2001（5）：41－43.

[75] 吴丰林，方创琳. 中国风能资源价值评估与开发阶段划分研究 [J]. 自然资源学报，2009，24（8）：1413－1421.

[76] 王宏波. 低温环境对风力发电机组的影响 [J]. 科技文汇，2009（35）：277－278.

[77] 李长青，丁立新，关哲，赵书强. 仿真技术在风力发电系统中的应用 [J]. 电力科学与工程，2008，24（8）：5－13.

[78] 张照彦，王兴武，武永利. 风电场仿真机研究与开发 [J]. 电力科学与工程，2010，26（9）：1－7.

[79] 田迅，任腊春. 风电机组选型分析 [J]. 电网与清洁能源，2008，24（4）：37－39.

[80] 徐花荣. 风电机组选择应考虑的主要因素 [J]. 电网与清洁能源，2008，24（4）：39.

[81] 丁汉启. 风电技术的发展及风机选型 [J]. 电网与清洁能源，2009，25（12）：85－86.

[82] 李志梅，赵东标. 风电技术现状及发展趋势 [J]. 风电技术，2007（4）：63－68.

[83] 李建春. 风力发电机组选型因素探析 [J]. 甘肃科技，2010，26（4）：110－149.

[84] 梁勇军，吴志方. 风力发电机组选型在风场建设中听重要性 [J]. 能源与环境，2010（5）：70－82.

[85] 周力炜，罗利群. 福建莆田石城风电场风电机组选型研究 [J]. 能源与环境，2008（2）：73－75.

[86] 王兴武，高叔开，张照彦. 基于 STAR－90 风力发电场仿真系统研制 [J]. 电力科学与工程，2009，25（11）：1－11.

［87］ 邹振宇，陈博，王文莉. 基于 WAsP 软件的风电场机组选型 [J]. 山东电力技术，2009 (6)：9 - 13.

［88］ 陈宗波. 莱州风电工程项目主要设备选择研究 [D]. 北京：华北电力大学，2008.

［89］ 徐佳宇，陈燕华. 数字化风电场的应用研究和发展方向 [J]. 重庆电力高等专科学校学报，2011，16 (1)：83 - 84.

［90］ 于汉启. 我国风电发展的成本与风机选型研究 [D]. 北京：华北电力大学，2009.

［91］ 赖永伦，巫卿. WAsP 软件在贵州四格风电场风资源评估中的应用分析 [J]. 红水河，2009，28 (4)：106 - 109.

［92］ 王美琳，罗勇，周荣卫. WindSim 软件在复杂地形风电场风能资源评估中的应用 [J]. 气象，2010，36 (2)：114 - 119.

［93］ 王美琳. WindSim 软件在我国风电场风能资源评估中的应用 [D]. 北京：中国气象科学研究院，2009.

［94］ 冯长青，杜燕军，包玲玲，车利军. WT 在风电场风能资源推算中的应用 [J]. 安徽农业科学，2009，37 (19)：9294 - 9296.

［95］ 胡学敏. 测风塔选型及数据采集对风电场产能评估的影响 [J]. 新能源产业，2011 (2)：21 - 24.

［96］ 周涛，匡礼勇，程序，崔方. 测风塔在风能资源开发利用中的应用研究 [J]. 水电自动化与大坝监测，2010，34 (5)：5 - 8.

［97］ 高延庆，陶林，宗英飞，冷怀存. 朝阳燕山湖区风电厂风能资源评价 [J]. 安徽农业科学，2008，35 (36)：11969 - 11970.

［98］ 解大，康建洲. 崇明风力资源分析及风力机组的选择 [J]. 电力系统保护与监测，2009，37 (24)：66 - 70.

［99］ 王文龙. 大气风场模型研究及应用 [D]. 长沙：国防科学技术大学研究生院，2009.

［100］ 孔新红. 风场原始数据检验中异常数据的处理 [J]. 江西能源，2007 (2)：14 - 16.

［101］ 郝庆福，刘延泉，王坤. 风电厂风能资源分析与评价 [J]. 华电技术，2010，32 (8)：77 - 83.

［102］ 谢建华，汪萍萍，张焕宇. 风电场测风数据的插补和修正 [J]. 能源工程，2010 (6)：35 - 40.

［103］ 王有禄，李淑华，宋飞. 风电场测风数据的验证和处理方法 [J]. 新能源，2009 (1)：60 - 66.

［104］ 徐力卫. 风电场测风数据分析中有关问题的探讨 [J]. 宁夏电力，2008 (6)：59 - 61.

［105］ 包小庆，张国栋. 风电场测风塔选址方法 [J]. 资源节约与环保，2008，24 (6)：55 - 56.

［106］ 杜燕军，冯长青. 风电场代表年风速计算方法的分析 [J]. 可再生能源，2010，28 (1)：105 - 108.

［107］ 王有禄，沈檬. 风电场代表年风速系列计算方法的探讨 [J]. 新能源，2008 (6)：60 - 76.

［108］ 杨振斌，朱瑞兆，薛桁. 风电场风能资源评论两个新参数——相当风速、有功风功率密度 [J]. 太阳能学报，2007，28 (3)：249 - 251.

［109］ 陈继传，段巍，叶芳. 风电场风 Weibull 分布参数的估计方法研究 [J]. 机械设计与制动，2011 (3)：201 - 203.

［110］ 牟聿强，王秀丽，别朝红. 风电场风速随机性及容量系数分析 [J]. 电力系统保护与监测，2009，37 (1)：66 - 70.

［111］ 吕鹏远，邓志勇. 风电场建设中的风力发电机组选型 [J]. 水利水电技术，2009，40 (9)：57 - 59.

［112］ 彭虎. 风电分布模式及概率预测方法研究 [D]. 哈尔滨：哈尔滨工业大学，2010.

[113] 刘志煌，杨宜已. 风能评估系统的研究与实现 [J]. 计算机工程与设计，2010，31 (10)：
　　　2363 - 2366.

[114] 高春香. 风能资源评估的参数计算和统计分析方法研究 [D]. 兰州：兰州大学，2008.

[115] 韩春福. 风能资源评估方法的分析及应用 [J]. 节能，2009 (5)：23 - 28.

[116] 冯长青，杜燕军，包紫光，旋继新. 风能资源评估软件 WaSP 和 WT 的适用性 [J]. 中国
　　　电力，2010，43 (1)：61 - 65.

[117] 杨仁贤，汪文其，高宾永. 风能资源评估软件的设计及应用 [J]. 气象与环境科学，
　　　2009，32：341 - 343.

[118] 曹慧敏. 风能资源评估系统的研究 [D]. 西安：西北工业大学，2006.

[119] 石秉楠. 风资源评估及风力机气动性能研究 [D]. 重庆：重庆大学，2010.

[120] 吴乃军. 风资源评估数据记录仪 [D]. 北京：中国气象科学研究院，2005.

[121] 冯宾春，邢占清. 风资源评估中的关键问题评述 [J]. 水利水电技术，2009，40 (9)：
　　　46 - 49.

[122] 张健. 风资源评估中风速分布方法研究 [D]. 呼和浩特：内蒙古工业大学，2009.

[123] 肖仪清，李朝，欧进萍. 复杂地形风能评估的 CFD 方法 [J]. 华南理工大学学报（自然
　　　科学版），2009，37 (9)：31 - 35.

[124] 孔建荣. 广西风电场测风塔设计综述 [J]. 红水河，2006，25 (3)：141 - 143.

[125] 韩春福，南明君. 基于 WaSP 的风电场风能资源评估的应用及分析 [J]. 能源工程，2009
　　　(4)：26 - 36.

[126] 胡学敏. 基于风力发电的风特性模拟系统研究 [D]. 呼和浩特：内蒙古工业大学，2009.

[127] 靳全，冯春. 基于幂律过程和改进参数估计方法的风电场风能评估 [J]. 中国电机工程学
　　　报，2010，30 (35)：107 - 111.

[128] 吴琼，贺志明. 鄱阳湖区松门山—吉山风场风能资源特性分析 [J]. 能源研究与管理，
　　　2010 (2)：4 - 33.

[129] 黎发贵，巫卿. 浅谈风电场测风 [J]. 水利发电，2008，34 (7)：82 - 92.

[130] 张翰林. 锡林郭勒盟正镶白旗建 49.5MW 风电场工程可行性研究 [D]. 北京：华北电力
　　　大学，2008.

[131] 朱永强，张旭. 风电场电气系统 [M]. 北京：机械工业出版社，2010.

[132] 苏州龙源白鹭风电职业技术培训中心. 风电场建设、运行与管理 [M]. 北京：中国环境
　　　科学出版社，2010.

[133] 卓乐友，董柏林. 电力工程电气设计手册-电气二次部分 [M]. 北京：水利电力出版
　　　社，1991.

[134] 熊信银，朱永利. 发电厂电气部分 [M]. 北京：中国电力出版社，2004.

[135] 阮全荣，孙帆，路秀丽. 风电场电气设备选择特点 [C]//2010 输变电年会论文集，2010：
　　　60 - 64.

[136] 陈博. 风力发电中的电气设计 [C]//上海市电机工程学会 2006 年学术年会论文集，
　　　2006：134 - 135.

[137] 靳静，艾芊，奚玲玲. 海上风电场内部电气接线系统的研究 [J]. 华东电力，2007，35
　　　(10)：20 - 23.

[138] 贺益康，郑康，潘再平. 交流励磁变速恒频风电系统运行研究 [J]. 电力系统自动化，
　　　2004，28 (13)：55 - 59.

[139] 张保会，尹项根. 电力系统继电保护 [M]. 北京：中国电力出版社，2005.

[140] 方大千. 继电保护及二次回路实用技术问答 [M]. 北京：人民邮电出版社，2008.

[141] 马丁·J. 希思科特. 变压器实用技术大全 [M]. 王晓莺，等，译. 北京：机械工业出版

社，2008.

[142] 肖耀荣，高祖绵. 互感器原理与设计基础 [M]. 沈阳：辽宁科学技术出版社，2003.

[143] 国家电力调度通信中心. 电力系统继电保护规程汇编 [G]. 北京：中国电力出版社，2000.

[144] 王承煦，张源主编. 风力发电 [M]. 北京：中国电力出版社，2002.

[145] 李建林，许洪华. 风力发电中的电力电子变流技术 [M]. 北京：机械工业出版社，2008.

[146] 卢文鹏，吴佩雄. 发电厂变电所电气设备 [M]. 北京：中国电力出版社，2005.

[147] Tony Burton. 风能技术 [M]. 武鑫，译. 北京：科学出版社，2007.

[148] 李辉，薛玉石，韩力. 并网风力发电机系统的发展综述 [J]. 微特电机，2009，（5）：55-61.

[149] 计崔. 大型风力发电场并网接入运行问题综述 [J]. 华东电力，2008，36 (10)：71-73.

[150] 陈远. 风电场接入系统规划设计研究 [D]. 北京：华北电力大学，2011.

[151] 肖创英. 欧美风电发展的经验与启示 [M]. 北京：中国电力出版社，2010.

[152] 叶杭治. 风力发电系统的设计、运行与维护 [M]. 北京：电子工业出版社，2010.

[153] 王伟胜，范高锋，赵海翔. 风电场并网技术规定比较及其综合控制系统初探 [J]. 电网技术，2007，31 (18)：73-77.

[154] 史保壮，Jason MacDowell，Richard Piwko，等. 风电并网技术的新进展 [J]. 电力设备，2008，19 (11)：20-23.

[155] 胡卫红，王炜. 风电并网对电网影响探讨 [J]. 湖北电力，2006，30 (5)：3-4.

[156] 孙涛，王伟胜，戴慧珠. 风力发电引起的电压波动和闪变 [J]. 电网技术，2003，27 (12)：62-66.

[157] 朱莉，潘文霞，霍志红，杨磊. 风电场并网技术 [M]. 北京：中国电力出版社，2011.

[158] 张希良. 风能开发利用 [M]. 北京：化学工业出版社，2005.

[159] 苏绍禹. 风力发电机设计与运行维护 [M]. 北京：中国电力出版社，2003.

[160] 肖湘宁. 电能质量分析与控制 [M]. 北京：中国电力出版社，2010.

[161] 罗如意，林晔，钱野. 世界风电产业发展综述 [J]. 可再生能源，2010，28 (2)：14-17.

[162] Castronuovo Edgardo D, Lopes Joao A. Pecas. Optimal operation and hydro storage sizing of a wind hydro power plant [J]. Electrical Power and Energy Systems，2004，26 (10)：771-778.

[163] 杨校生. 风力发电技术与风电场工程 [M]. 北京：化学工业出版社，2011.

[164] 刘德有，谭志忠，王丰. 风电-抽水蓄能联合运行系统的可行性研究 [J]. 上海电力，2007，（1）：39-42.

[165] 孙春顺，王耀南，李欣然. 水电-风电系统联合运行研究 [J]. 太阳能学报，2009，30 (2)：232-236.

[166] 范永威. 风-水电联合优化运行研究 [D]. 南京：河海大学，2007.

[167] C. Bueno, J. A. Carta. Technical-economic analysis of wind-powered pumped hydro storage systems. Part I: model development [J]. Solar Energy，2005，78 (3)：382-395.

[168] 李建林. 大规模储能技术对风电规模化发展举足轻重 [J]. 变频器世界，2010，（6）：65-67.

[169] 董永祺. 风电蓄能技术的近况与发展方向 [J]. 能源研究与利用，2005，（1）：33-34.

[170] 王利鑫，李伟华，曹文平. 飞轮储能技术对改善风力发电性能的应用前景分析 [J]. 华东电力，2011，39 (3)：0450-0454.

[171] HEBNER R，BENO J，WALLS A. Flywheel batteries come around again [J]. IEEE Spectrum，2002，39 (4)：46-51.

［172］ WERFEL S F N，FLOEGEL‐DELOR U，RIEDEL T. A compact HTS 5kWh/250kW flywheel energy storage system ［J］. IEEE Transactions on Applied Super conductivity, 2007，17 (2)：2138‐2141.

［173］ 孙春顺，王耀南，李欣然. 飞轮辅助的风力发电系统功率和频率综合控制［J］. 中国电机工程学报，2010，28 (29)：111‐116.

［174］ 阮军鹏. 飞轮储能技术应用于风力发电系统的基础研究［D］. 保定：华北电力大学，2007.

［175］ 张建成. 飞轮储能系统及其运行控制技术研究［D］. 保定：华北电力大学，2000.

［176］ 魏凤春，张恒，蔡红. 飞轮储能技术研究［J］. 洛阳大学学报，2005，20 (2)：27‐30.

［177］ 王健，王昆，陈全世. 风力发电和飞轮储能联合系统的模糊神经网络控制策略［J］. 系统仿真学报，2007，19 (17)：4017‐4020.

［178］ 王哲明，谢红，陈保甫. 超导飞轮储能系统研究综述［J］. 电力情报，2000，(3)：1‐4.

［179］ 陆俊杰，陈光会，王巨丰. 不同风速概率分布参数下的风力抽水储能分析［J］. 华东电力，2009，37 (6)：1038‐1041.

［180］ 李霄，胡长生，刘昌金. 基于超级电容储能的风电场功率调节系统建模与控制［J］. 电力系统自动化，2009，33 (9)：86‐90.

［181］ 张步涵，曾杰，毛承雄. 串并联型超级电容器储能系统在风力发电中的应用［J］. 电力自动化设备，2008，28 (4)：1‐4.

［182］ 王振文，刘文华. 钠硫电池储能系统在电力系统中的应用［J］. 能源及环境，2006，(13)：41‐44.

［183］ 赵平，张华民，周汉涛. 我国液流储能电池研究概况［J］. 电池工业，2005，10 (2)：96‐99.

［184］ 吴宇平. 水锂电：未来大型储能的发展方向［C］// 第七届中国功能材料及其应用学术会议论文集，2010：483.

［185］ 尹炼，刘文洲. 风力发电［M］. 北京：中国电力出版社，2002.

［186］ 林景尧，王汀江，祁和生. 风能设备使用手册［M］. 北京：机械工业出版社，1992.

［187］ 牛山泉，刘薇，李岩. 风能技术［M］. 北京：科学出版社，2009.

［188］ 姚兴佳，宋俊. 风力发电机组原理与应用［M］. 北京：机械工业出版社，2009.

［189］ 中国可再生能源发展战略研究项目组. 中国可再生能源发展战略研究丛书：风能卷［M］. 北京：中国电力出版社，2008.

［190］ 顾为东. 中国风电产业发展新战略与风电非并网理论［M］. 北京：化学工业出版社，2006.

［191］ 熊少宇. 风电场技术经济参数与盈利能力分析［J］. 财会通讯，2010，(2)：155‐156.

［192］ 叶敏. 风电建设项目经济评价及社会效益评价研究［D］. 北京：华北电力大学，2008.

［193］ 王正明，路正南. 风电项目投资及其运行的经济性分析［J］. 可再生能源，2008，26 (6)：21‐24.

［194］ 郑照宁，刘德顺. 中国风电投资成本变化预测［J］. 中国电力，2004，37 (7)：77‐80.

［195］ K. Ibenholt. Explaining learning curves for wind power ［J］. Energy Policy, 2002，(30)：1181‐1189.

［196］ 朱光华. 风电项目投资及等效满负荷小时与上网电价的关系［J］. 上海电力，2010，(2)：104‐107.

［197］ 王素娟，罗利群. 海上风电场投资匡算及经济评价［J］. 能源与环境，2009，(6)：57‐58.

［198］ 刘庆超，范炜，张伟. 基于灰色预测变化风速下的风电场经济评价［J］. 现代电力，2010，27 (2)：91‐94.

[199] 邢红，赵媛. 江苏省风电发展的经济效应评价 [J]. 安徽农业科学，2009，37（34）：17151-17154.

[200] 李俊峰. 中国风电发展报告 2008 [M]. 北京：中国环境科学出版社，2008.

[201] 任清晨. 风力发电机组安装·运行·维护 [M]. 北京：机械工业出版社，2010.

[202] 吴运东. 风力发电厂对未来环境的影响 [J]. 能源工程，1999，(6)：23-24.

[203] 谷朝君. 风力发电项目主要环境问题及可能的解决对策 [J]. 环境保护科学，2010，36（2）：89-91.

[204] 郑有飞，白雪，许遐祯. 风力发电对江苏省的环境影响及对策初探 [J]. 能源环境保护，2008，22（3）：40-43.

[205] 陈雷，邢作霞，李楠. 风力发电的环境价值 [J]. 可再生能源，2005，(5)：45-47.

[206] 周艳芬，耿玉杰，吕红转. 风电场对环境的影响及控制 [J]. 湖北农业科学，2011，50（13）：2642-2646.

[207] 孙春顺，王耀南，李欣然. 风力发电工程对环境的影响 [J]. 电力科学与技术学报，2008，23（2）：19-23.

[208] 马元珏. 减少风轮机与鸟类碰撞的新方法 [J]. 水利水电快报，2005，26（3）：30.

[209] 杨丹青，张峰，武文一. 风电场工程项目水土保持措施配置研究 [J]. 水土保持通报，2008，28（4）：116-120.

[210] 韩庆华. 创新能源战略发展风电产业 [J]. 经济纵横，2007，(5)：41-43.

[211] 赵大庆，王莹，韩玺山. 风力发电场的主要环境问题 [J]. 环境保护科学，2005，31（3）：66-67.

[212] 苏彩秀，黄成敏，唐亚. 工程建设中产生的水土流失评估研究进展 [J]. 水土保持研究，2006，13（6）：168-174.

[213] 张国亮. 开发建设项目水土保持临时防护措施应用 [J]. 中国水土保持，2006，(8)：10-11.

[214] 赵永军. 水土流失防治责任范围的界定 [J]. 中国水土保持，2005，(1)：21-23.

[215] 赵永军. 水土流失防治责任范围的界定（续）[J]. 中国水土保持，2005，(2)：19-20.

[216] 中国水电工程顾问集团公司. 风电场规划及后评估 [M]. 北京：中国环境科学出版社，2010.

[217] 王民浩. 2008 年中国风电技术发展研究报告 [M]. 北京：中国水利水电出版社，2009.

[218] 李俊峰，施鹏飞，高虎. 中国风电发展报告 2010 [M]. 海口：海南出版社，2010.

[219] 李俊峰，等. 中国风电发展报告 2012 [M]. 北京：中国环境科学出版社，2012.

[220] 国家发改委能源研究所. 中国风电发展路线图 2050 [R]. 北京：国家发改委能源研究所，2011.

[221] 张怀全. 风资源与微观选址：理论基础与工程应用 [M]. 北京：机械工业出版社，2013.

[222] 朱蓉，王阳，向洋，孙朝阳，常蕊，胡高硕，高梓淇. 中国风能资源气候特征和开发潜力研究 [J/OL]. 太阳能学报. https：//kns. cnki. net/kcms/detail 11. 2082. TK. 20200618. 1136. 002. html.

[223] 中国气象局. 全国风能资源详查和评价报告 [M]. 北京：气象出版社，2014.

[224] 薛桁，朱瑞兆，杨振斌，袁春红. 中国风能资源贮量估算 [J]. 太阳能学报，2001（2）：167-170.

[225] 孙一琳. 全球风电市场展望 [J]. 风能，2019（11）：68-70.

[226] 董德兰. 中国千万千瓦级风电基地规划与发展——中国电建西北院领跑中国风电大基地规划设计 [J]. 西北水电，2020（5）：8-13.

[227] 王强. 风电场尾流效应及其对大气环境影响的中尺度数值模拟研究 [D]. 杭州：浙江大学，2020.

[228] 李春山，任普春，吴姜. 扎鲁特直流对吉林省风电消纳影响研究 [J]. 东北电力大学学报，2018，38（6）：1-8.

[229] 李国庆，李晓兵. 风电场对环境的影响研究进展 [J]. 地理科学进展，2016，35（8）：1017-1026.

[230] 胡雅杰，闫业庆，孙继成，魏国孝. 酒泉风电基地对区域生态环境的影响 [J]. 甘肃农业大学学报，2013，48（2）：92-98.

[231] 孙继成. 甘肃酒泉千万千瓦级风电基地工程对生态环境的影响研究 [D]. 兰州：兰州大学，2011.

[232] 张金接，符平，凌永玉. 海上风电场建设技术与实践 [M]. 北京：中国水利水电出版社，2013.

[233] 朱永强，王伟胜. 风电场电气工程 [M]. 北京：机械工业出版社，2014.

[234] 马宏忠，杨文斌，刘峰，等. 风电场电气系统 [M]. 北京：中国水利水电出版社，2017.

[235] 郭玉敬. 永磁内嵌凸极式海上风力发电机设计分析研究 [D]. 南京：东南大学，2014.

[236] 李俊贤. 基于生成树算法的陆上风电场集电系统综合优化 [D]. 成都：电子科技大学，2020.

[237] 严干贵，孙兆键，穆钢，等. 面向集电系统电压调节的风电场无功电压控制策略 [J]. 电工技术学报，2015，30（18）：140-146.

[238] 卢兴康. 浅析海上风电集电系统 [J]. 上海节能，2019，（9）：749-752.

[239] 国家电网公司组编. 风电场电气系统典型设计 [M]. 北京：中国电力出版社，2011.

[240] 孟海燕，乔大雁，韩仲卿. 风电场电气设计要点综述 [J]. 华北电力技术，2014，（3）：64-66.

[241] 曹善军，王金雷，吴小钊，等. 海上风电送出技术研究浅述 [J]. 电工电气，2020，（9）：66-69.

[242] 黄玲玲，曹家麟，符杨. 海上风电场电气系统现状分析 [J]. 电力系统保护与控制，2014，42（10）：147-154.

[243] 史晨星. 风电场集电系统及无功补偿设计方法优化 [D]. 北京：华北电力大学，2013.

[244] 卢思瑶. 海上风电场电力电缆优化与全寿命周期成本管理研究 [D]. 南京：东南大学，2017.

[245] 严玉峰. 海上风电场电气二次设计原则和要点 [J]. 电气时代，2020，（4）：22-26.

[246] 每日风电. 国内首台 5MW "箱变上置" 风机通过高低穿测试 [J]. https：//mp. weixin. qq. com/s/tdun6Wiy6DnEvVLRymih6A，2021-02-01.

[247] 邓华阳. 风力发电场通信系统设计 [J]. 通讯世界，2015，（8）：123-124.

[248] 肖华锋. 光伏发电高效利用的关键技术研究 [D]. 南京：南京航空航天大学，2010.

[249] 肖白，王涛. 太阳能光伏-光热联合发电的优化运行模型 [J]. 现代电力，2020，37（2）：163-170.

[250] 孙守强，袁隆基，杨宏坤，等. 生物质能发电技术及其分析 [J]. 中国新能源网，http：//www. china-nengyuan. com/tech/81159. html，2015-08-06.

[251] 李晓光. 基于生物质发电的电网并网运行监控系统设计 [D]. 大连：大连理工大学，2020.

[252] 水电水利规划设计总院. 风电场项目经济评价规范：NB/T 31085—2016 [S]. 北京：中国电力出版社，2016.

[253] 木联能. CFD 风力发电工程软件-经济评价（WEE）[A/OL]. （2015-12-24）[2020-10-22]. http：//www. mlnsoft. net/2015122426. jsp.

[254] 夏云峰. 低风速风电，下一个蓝海 [J]. 风能，2017，（4）：23-28.

［255］ 宋巍. 论风力发电项目的经济效益与环境效益 ［J］. 中国市场，2019，（2）：72 - 73.

［256］ 王雪莉，王志增. 风机噪声环境影响预测研究 ［J］. 环境科学与管理，2017，42 （10）：180 - 184.

［257］ 徐超. 大型风力机叶片设计与气动噪声研究 ［D］. 舟山：浙江海洋学院，2014.

［258］ 张晶磊，杨红，王春峰，等. 江苏滨海海上风电场建设对近岸海洋生态环境的累积影响评价 ［J］. 海洋环境科学，2019，38 （6）：884 - 890.

［259］ 袁征，马丽，王金坑. 海上风机噪声对海洋生物的影响研究 ［J］. 海洋开发与管理，2014，31 （10）：62 - 66.

［260］ 胡剑. 海上风电项目对海洋生态环境的影响及防治措施 ［J］. 科技创新与应用，2016，（34）：147.

［261］ 水电水利规划设计总院. 陆上风电场工程预可行性研究报告编制规程：NB/T 31104—2016 ［S］. 北京：中国电力出版社，2016.

［262］ 水电水利规划设计总院. 海上风电场工程预可行性研究报告编制规程：NB/T 31031—2019 ［S］. 北京：中国电力出版社，2019.

［263］ 水电水利规划设计总院. 陆上风电场工程可行性研究报告编制规程：NB/T 31105—2016 ［S］. 北京：中国电力出版社，2016.

［264］ 水电水利规划设计总院. 海上风电场工程可行性研究报告编制规程：NB/T 31032—2019 ［S］. 北京：中国电力出版社，2019.